D1677002

Leiterplattendesign mit Eagle 5

André Kethler, Marc Neujahr

Leiterplattendesign mit Eagle 5

mitp

Bibliografische Information der Deutschen Nationalbibliothek
Die Deutsche Nationalbibliothek verzeichnet diese Publikation in der Deutschen Nationalbibliografie. Detaillierte bibliografische Daten sind im Internet über http://dnb.d-nb.de abrufbar.

ISBN 978-3-8266-1740-9
1. Auflage 2009

Printed in Austria

Verlagsgruppe Hüthig Jehle Rehm GmbH
Heidelberg, München, Landsberg, Frechen, Hamburg
www.it-fachportal.de

Lektorat: Sabine Schulz
Sprachkorrektorat: Petra Heubach-Erdmann
Satz: III-satz, Husby, www.drei-satz.de

Inhaltsverzeichnis

## Kapitel 1

Der erste Kontakt

1.1 Installation und Konfiguration

Eagle wird – wie inzwischen der überwiegende Teil aktueller Windows-Software – als einzelne ausführbare Datei geliefert. Durch Ausführen dieser Datei wird die Installation (nahezu) automatisch durchgeführt. Es sind nur einige Bestätigungs-Klicks bezüglich Lizenzvereinbarung und Installationsverzeichnis notwendig. Das Ende der Installation wird dann ein wenig spannender:

Nach der Installation wird nach einer eventuell vorhandenen Lizenz gefragt. Der Anwender kann jetzt entscheiden, ob Eagle mit LIZENZ oder als FREEWARE genutzt werden soll.

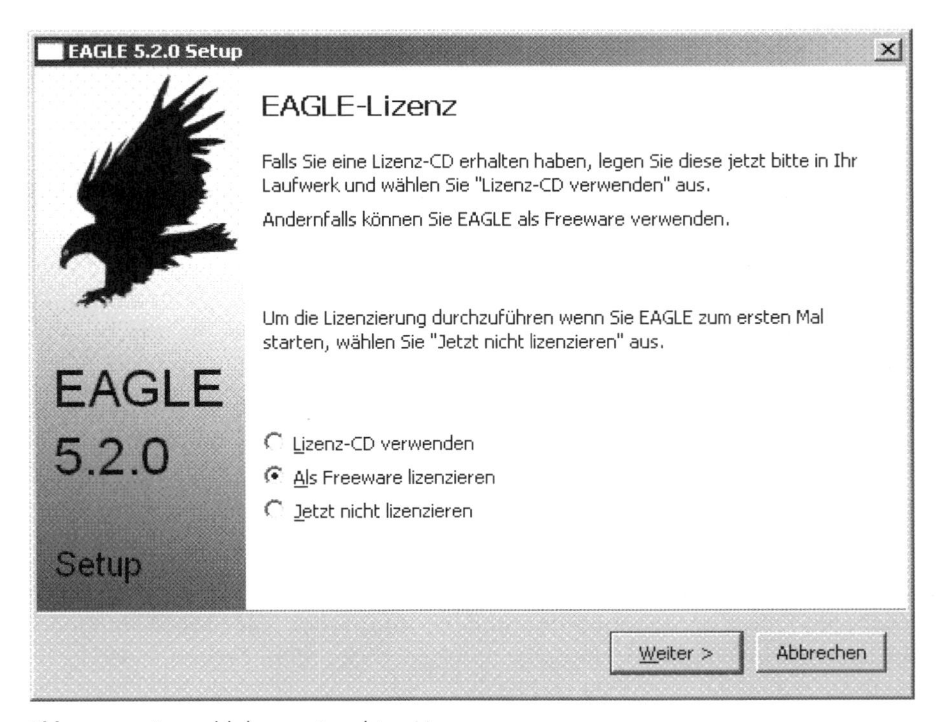

Abb. 1.1: Auswahl der gewünschten Lizenz

Wird Eagle, wie hier gezeigt, als FREEWARE lizenziert, so sind außer der Betätigung des WEITER-Buttons keine weiteren Aktionen notwendig. Möchte man allerdings eine vorhandene oder neu gekaufte Lizenz verwenden, so ist im in Abbildung 1.1 gezeigten Fenster LIZENZ-CD VERWENDEN zu wählen und dann mit WEITER fortzufahren. Es erscheint das Dialogfenster aus Abbildung 1.2.

Abb. 1.2: Eingabedialogfenster für Lizenzdaten

Die Datei `license.key` ist im Gegensatz zu früheren Versionen bei Eagle 5 auf der Installations-CD enthalten. Es ist also hierfür der entsprechende Pfad zum Installations-CD-Laufwerk anzugeben. Eagle akzeptiert hier beliebige Eingaben – man kann sich also die `license.key`-Datei zum Beispiel auf die Festplatte kopieren, damit man bei Eagle-Updates aus dem Internet nicht jedes Mal die Installations-CD suchen muss, um die neue Version zu lizenzieren.

So, Eagle ist nun installiert! Fassen wir Mut und starten das Programm jetzt zum ersten Mal.

1.2 Control Panel

Eagle ist modular aufgebaut. Im vollen Ausbaustadium gehören zum Programm der Schaltplan-Editor, der Layout-Editor und der Autorouter. Alle diese Komponenten werden von einer zentralen Einheit aus zugänglich – dem *Control Panel*. Es ist also sozusagen die Steuerzentrale von Eagle.

Wird Eagle das erste Mal gestartet, so erscheint eben dieses CONTROL PANEL wie in Abbildung 1.3 gezeigt auf dem Bildschirm.

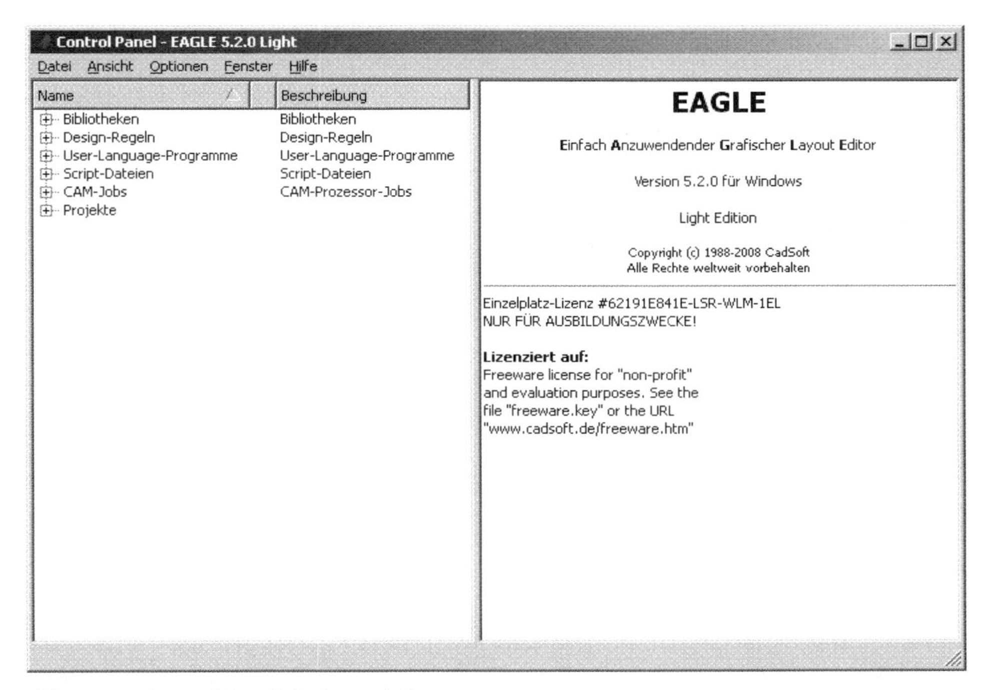

Abb. 1.3: Control Panel direkt nach Programmstart

Zunächst fällt die Aufteilung des Control Panel in zwei Hälften auf. In der linken Hälfte befindet sich eine Baumstruktur und in der rechten Hälfte das so genannte *Informationsfenster*. Oberhalb dieser beiden Fensterhälften finden Sie ein normales Pulldown-Menü.

Was kann man nun mit dem Control Panel alles anstellen? Fangen Sie mit dem Pulldown-Menü an.

1.2.1 Das Pulldown-Menü

Der erste Eintrag des Pulldown-Menüs ist DATEI.

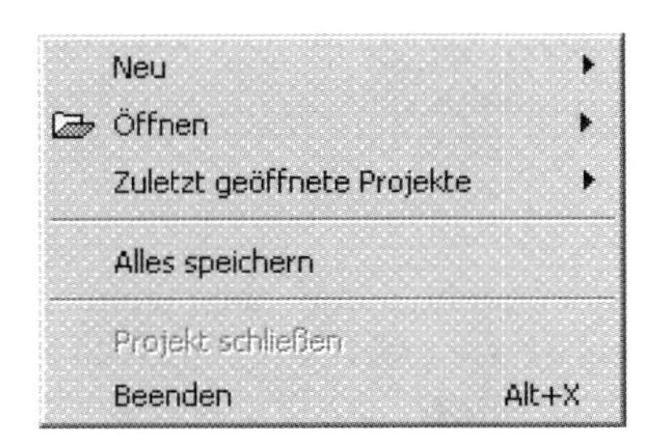

Abb. 1.4: Pulldown-Menü DATEI

Wie in Abbildung 1.4 zu erkennen ist, enthält es erwartungsgemäß Einträge zur Dateiverwaltung. Die ersten drei Einträge NEU, ÖFFNEN und ZULETZT GEÖFFNETE PROJEKTE verweisen auf Untermenüs, in denen die Befehlsauswahl weiter verfeinert werden kann.

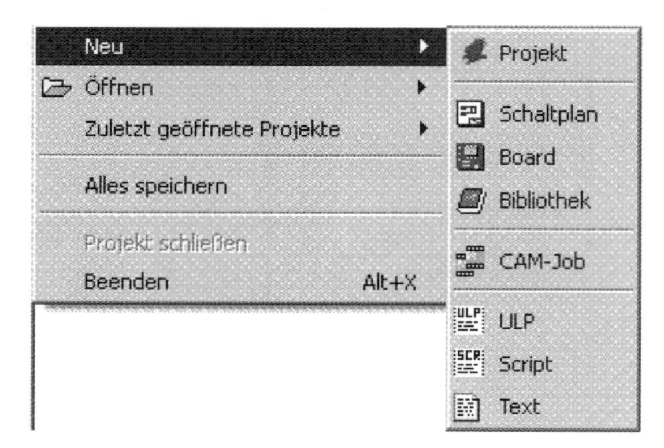

Abb. 1.5: Untermenü zum Menüpunkt NEU

In Abbildung 1.5 ist das Untermenü des Menüpunktes NEU gezeigt. Es ist annähernd dasselbe wie das Untermenü von ÖFFNEN. Wie die Bezeichnung NEU schon ankündigt, können Sie auf diesem Wege die hinter den Einträgen des Untermenüs stehenden Objekte oder Dateien neu erstellen.

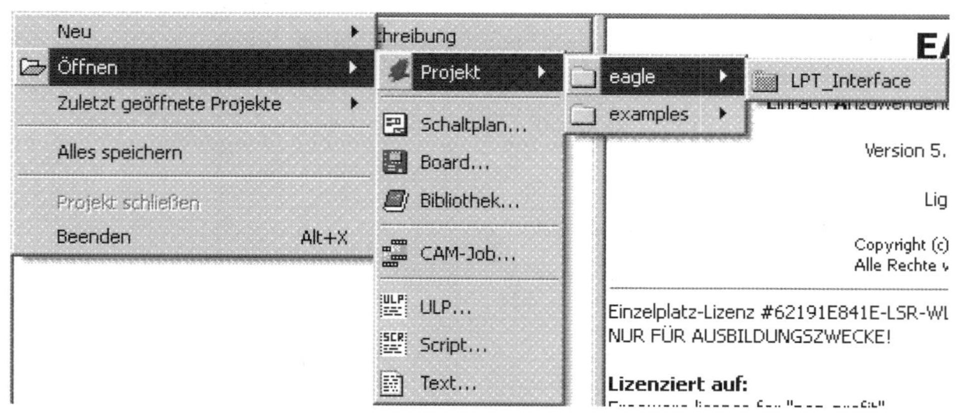

Abb. 1.6: Untermenü zum Menüpunkt ÖFFNEN

Wird das Untermenü ÖFFNEN aufgerufen, so können bereits bestehende Objekte oder Dateien geöffnet werden. Der Inhalt von zum Beispiel der voreingestellten Eagle-Projektordner wird wie in Abbildung 1.6 gezeigt angezeigt. Die Bedeutung und Funktion der einzelnen Objekte des Untermenüs wird in den Kapiteln über deren jeweiligen Einsatz erklärt. Der Eintrag ALLES SPEICHERN erklärt sich selbst und PROJEKT SCHLIESSEN ist ein Befehl, der erst dann zum Einsatz kommt, wenn ein Leiterplattenprojekt in Arbeit ist. Die Beschreibung dieses Befehls werden wir also in den entsprechenden Kapiteln nachholen.

Der nächste Menüpunkt ist ANSICHT. Die hier enthaltenen Befehle sind nur für die Ansicht des Control Panel bestimmt. Mit AKTUALISIEREN kann sie zum Beispiel nach Dateioperationen aktualisiert werden und mit SORTIEREN kann die Anzeigereihenfolge in der Baumstruktur geändert werden. Möglich sind hierbei NACH NAME und NACH TYP. Da diese Menüpunkte selbsterklärend sind, gibt es hier keine Abbildung.

Weiter geht's mit dem Menüpunkt OPTIONEN. Hier können Grundeinstellungen zur Arbeit mit Eagle vorgenommen werden, es kann aber auch während der Arbeit mit Eagle der Funktionsumfang für einige Befehle den aktuellen Wünschen angepasst werden.

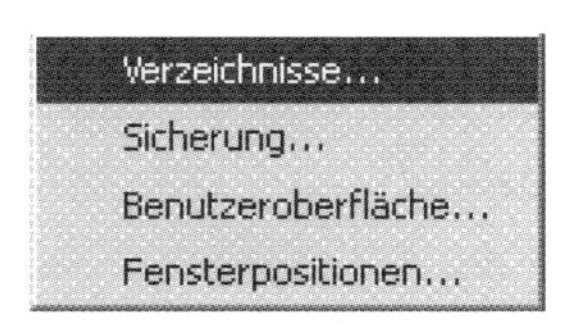

Abb. 1.7: Pulldown-Menü OPTIONEN

Der Menüpunkt VERZEICHNISSE öffnet ein Dialogfenster, in das Sie die Pfade zu den bei der Arbeit mit Eagle verwendeten Dateien einstellen können. Eagle durchsucht die hier eingetragenen Verzeichnisse zur Aktualisierung der Baumstruktur im Control Panel. Im Moment kennen Sie die einzelnen Dateitypen noch nicht und wir beschränken uns daher auf die Erklärung der Einträge. `$EAGLEDIR` ist immer das *Programmverzeichnis* von Eagle, also das Verzeichnis, in dem sich die `Eagle.exe` befindet. Bei der Installation wurde eine vorgegebene Verzeichnisstruktur, ausgehend vom Programmverzeichnis, angelegt. Die Unterverzeichnisse, die hier in diesem Dialogfenster schon eingetragen sind, existieren bereits und sind auch schon mit Dateien bestückt. Schauen Sie nach! Falls Ihnen diese Verzeichnisstruktur nicht gefällt oder Sie bereits andere Verzeichnisse für die Dateien angelegt haben, können Sie hier die entsprechenden Einträge vornehmen und somit werden im Control Panel die Dateien aus den eingetragenen Verzeichnissen angezeigt. Anstelle des Programmverzeichnisses `$EAGLEDIR` kann auch das Verzeichnis `Home` des Anwenders als Ausgangspunkt für weitere Verzweigungen gewählt werden. Unter Windows gilt für `$HOME` entweder die Umgebungsvariable `HOME` (falls gesetzt) oder der Wert des folgenden Schlüssels in der Windows-Registry.

```
HKEY_CURRENT_USER\Software\Microsoft\Windows\
CurrentVersion\Explorer\Shell Folders\Personal
```

Hier ist der gültige Pfad zum Verzeichnis `Eigene Dateien` enthalten. Ein sehr angenehmes Feature ist, dass auch Mehrfacheinträge erfolgen können. So können Sie für jeden Dateityp in mehreren Verzeichnissen suchen lassen. Die einzelnen Einträge müssen dabei nur durch einen Strichpunkt getrennt werden.

```
$HOME\eagle;$EAGLEDIR\projects\examples
```

Verzeichnisse
Bibliotheken $EAGLEDIR\lbr
Design-Regeln $EAGLEDIR\dru
User-Language-Programme $EAGLEDIR\ulp
Script-Dateien $EAGLEDIR\scr
CAM-Jobs $EAGLEDIR\cam
Projekte $HOME\eagle;$EAGLEDIR\projects\examples
OK Abbrechen Durchsuchen...

Abb. 1.8: Verzeichnisänderungsdialogfenster

Mit dem Menüpunkt DATENSICHERUNG wird ein kleines Dialogfenster aufgerufen, in dem Einstellungen zur Dateispeicherung während der Arbeit an einem Projekt vorgenommen werden können.

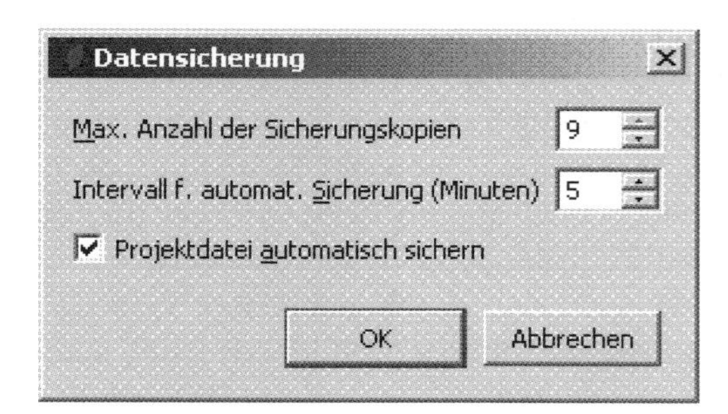

Abb. 1.9: DATENSICHERUNG-Dialogfenster

Bei der Arbeit an einem Projekt sichert Eagle bei jedem Speichervorgang die Vorgängerversion der gerade bearbeiteten Schaltplandatei (`*.sch`), Layoutdatei

(*.brd) oder Librarydatei (*.lbr) mit veränderter Dateiendung ab, um so eine Sicherungsfunktion zu gewährleisten. Diese Sicherungsdateien werden nicht im Control Panel angezeigt. Es kann insbesondere bei der Arbeit an größeren Projekten schnell passieren, dass eine Vorgängerversion benötigt wird, weil zum Beispiel eine Änderung nicht überzeugte oder eine Variante einfacher aus einer früheren Version erstellt werden kann. Im DATENSICHERUNG-Dialogfenster können Sie nun unter dem Punkt MAX. ANZAHL DER SICHERUNGSKOPIEN die Anzahl der Vorgängerversionen einstellen. Die Dateiendung wird für Backupdateien in folgender Weise geändert: Aus .sch einer Schaltplandatei wird eine Endung im Format .s#x. Es werden bei der gezeigten Einstellung von maximal neun Backupdateien die Endungen .s#1 bis .s#9 vergeben. Bei den Layoutdateien wird ebenso vorgegangen. Die Endung ändert sich von .brd zu .b#x. Bei gleicher Einstellung vergibt Eagle die Endungen .b#1 bis .b#9. Für die Librarydateien wird aus .lbr eine Endung von .l#1 bis .l#9. Ist dann bei der Arbeit die hier eingetragene Anzahl an früheren Versionen erreicht, so wird fortan immer die älteste Version mit der dann jüngsten Vorgängerversion überschrieben. Hier ergibt sich ein kleines Problem mit der Übersichtlichkeit: Da die Backupdateien durchnummeriert werden, können Sie sich nach Erreichen der Maximalanzahl nicht mehr an der höchsten Zahl in der Dateiendung orientieren, um die jüngste Version herauszufinden. Haben Sie die gewünschte Datei gefunden, so benennen Sie sie und insbesondere die Endung einfach um, um sie wieder mit Eagle-Editoren öffnen zu können.

Vorsicht

Wenn die maximale Anzahl an Backupdateien erreicht ist, überschreibt Eagle die jeweils älteste Datei mit der jüngsten Backupdatei. Die Reihenfolge der Speicherung lässt sich dann nicht mehr anhand der Nummerierung innerhalb der Dateiendung ermitteln. Es ist dann sinnvoller, den Zeitpunkt der Speicherung mit dem Windows-Explorer zu ermitteln.

Eagle erlaubt auch eine automatische Sicherung der gerade bearbeiteten Dateien in regelmäßigen Abständen. In das Eingabefeld zum Punkt INTERVALL F. AUTOMAT. SICHERUNG kann dieses Sicherungsintervall in Minutenschritten festgelegt werden. Diese Sicherungsdateien haben für Schaltpläne immer die Endung .s##, für Layouts immer die Endung .b## und für Libraries immer die Endung .l##. Diese Dateien werden dann in dem eingegebenen Intervall immer wieder überschrieben. Kann eine Datei nicht mit dem WRITE-Befehl gespeichert werden (zum Beispiel aufgrund eines Stromausfalls), benennen Sie die Sicherungsdatei einfach um. So kann sie als normale Schaltplan-, Board- bzw. Librarydatei wieder geladen werden.

Ist die Checkbox zum Punkt PROJEKTDATEI AUTOMATISCH SICHERN aktiviert, so speichert Eagle automatisch beim Schließen eines Projekts alle offenen Dateien.

Vorsicht

Die Backup-Funktion hat eine weitere Eigenart. Die Backup-Generationen eines Schaltplans und das zugehörige Layout innerhalb eines Projekts müssen nicht gleichartig nummeriert sein! Es ist zum Beispiel möglich, dass zum Schaltplan-Backup `*.s#3` eines Projekts das Layout-Backup `*.b#4` gehört. Es gilt hier wieder, dass die zusammengehörenden Backupdateien am Zeitpunkt der Speicherung zu erkennen sind.

Der nächste Punkt im Menü heißt BENUTZEROBERFLÄCHE. In dem zugehörigen Dialogfenster können Sie Einstellungen für die Editoren vornehmen.

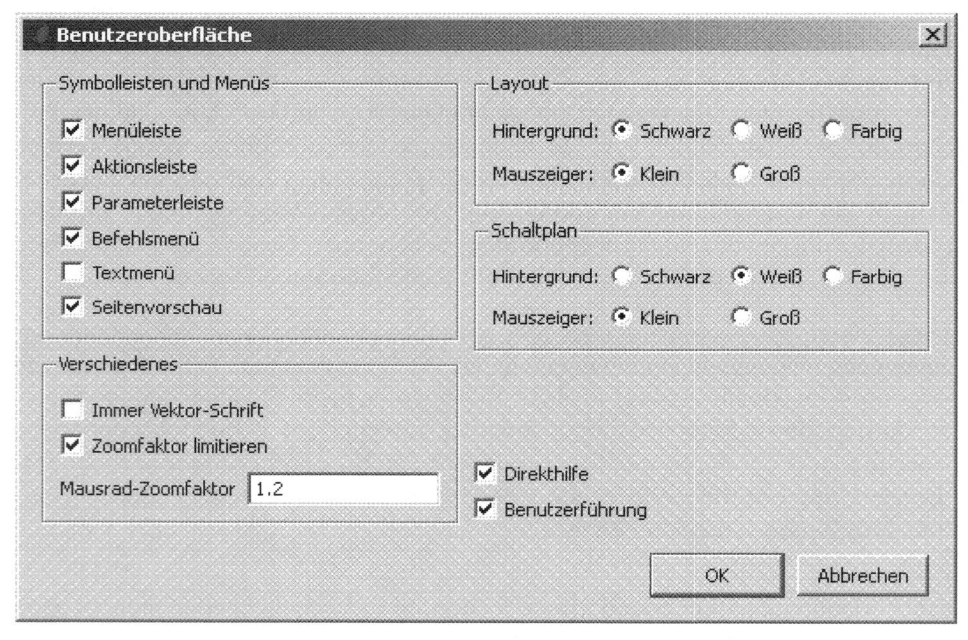

Abb. 1.10: Dialogfenster BENUTZEROBERFLÄCHE

Da diese Einstellungen ausschließlich für die Editoren gelten, wird erst in deren Beschreibungen genauer auf sie eingegangen.

Die beiden folgenden Menüpunkte FENSTER und HILFE sind wie in üblichen Windows-Programmen implementiert. Im Menüpunkt HILFE verbirgt sich allerdings noch das Dialogfenster zur Registrierung der Software. Die Registrierung wurde schon in einem vorherigen Abschnitt behandelt und braucht daher nicht weiter erwähnt zu werden.

1.2.2 Die Baumstruktur

Beschäftigen wir uns nun mit einem weiteren Teil des Control Panel, der Baumansicht in der linken Fensterhälfte.

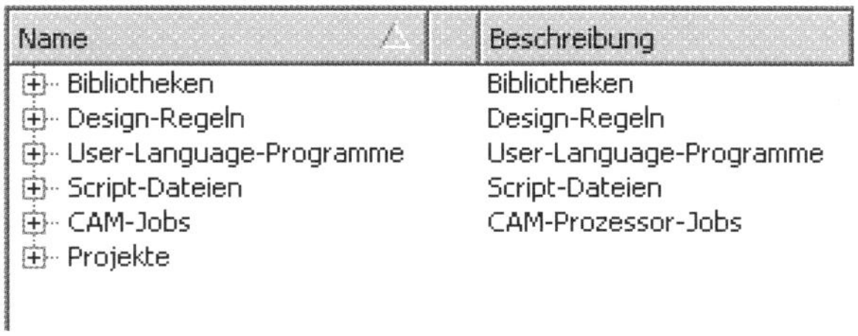

Name	Beschreibung
⊞ Bibliotheken	Bibliotheken
⊞ Design-Regeln	Design-Regeln
⊞ User-Language-Programme	User-Language-Programme
⊞ Script-Dateien	Script-Dateien
⊞ CAM-Jobs	CAM-Prozessor-Jobs
⊞ Projekte	

Abb. 1.11: Baumansicht beim ersten Programmstart

Die Haupteinträge in der Baumansicht repräsentieren die verschiedenen Eagle-Dateitypen. Jeder der Einträge kann auf ein oder mehrere Verzeichnisse zeigen, die Dateien dieses Typs enthalten. Die Verzeichnisse werden im VERZEICHNISSE-Dialogfenster definiert. Die Bedienung der Baumansicht ist stark an den Windows-Explorer angelehnt. Die einzelnen Einträge können durch einen Klick auf das kleine Plus-Symbol aufgeklappt werden oder mit einem Doppelklick auf den Eintrag selbst. Sind in dem für diesen Dateityp im VERZEICHNISSE-Dialogfenster eingetragenen Verzeichnis entsprechende Dateien enthalten, so werden sie nun angezeigt. Sind mehrere Verzeichnisse für diesen Dateityp im Dialogfenster eingetragen, so werden alle angegebenen Verzeichnisse durchsucht und alle gefundenen Dateien angezeigt. Für jeden Eintrag in der Baumstruktur ist es möglich, eine Beschreibung anzulegen, die dann im Informationsfenster angezeigt wird, sobald ein Eintrag angeklickt wird. Diese Description ist in einer Textdatei mit dem Namen `Description` gespeichert, die in jedem Verzeichnis der Baumstruktur vorhanden ist. Im Control Panel wird jedoch sinnvollerweise nur die Beschreibung selbst angezeigt.

Was sind das nun für Dateitypen, die bei der Arbeit mit Eagle Verwendung finden? Zählen wir sie einfach einmal in der Reihenfolge auf, wie sie in der BAUMANSICHT vorkommen.

Bibliotheken

Bibliotheken sind die Eagle-Bauteilbibliotheken. Die zugehörigen Dateien besitzen die Endung `.lbr`. Es sind schon jetzt, ohne dass Sie selbst tätig werden müssen, eine große Anzahl von Bibliotheken für viele Standardbauteile, aber auch für spezielle Dinge vorhanden. Cadsoft stellt auf seiner Homepage ständig neue Bibliotheken zur Verfügung. Es besteht natürlich auch die Möglichkeit, sich selbst eine oder mehrere maßgeschneiderte Bibliotheken zu erstellen.

Design-Regeln

In den Design-Regeln legt man alle für die Leiterplatte und deren Fertigung wichtigen Parameter fest. Die Einhaltung dieser Regeln kann jederzeit mit Hilfe eines so genannten *Design Rule Check* überprüft werden. *Design Rule*-Dateien enden auf `.dru`.

User-LanguageProgramme

Ein *User-Language-Programm* (ULP) ist eine reine Textdatei und wird in einer C-ähnlichen Syntax geschrieben. User-Language-Programme verwenden die Endung `.ulp`. Sie können ein ULP mit jedem beliebigen Texteditor schreiben, vorausgesetzt, er fügt keine Steuerzeichen ein. Mit einem solchen ULP ist es möglich, zum Beispiel auf die Datenstrukturen innerhalb von Eagle-Dateien zuzugreifen, um beliebige Ausgabedateien zu erzeugen. Ein Beispiel wäre das Erzeugen von Stücklisten, die schon mit den Preisen der einzelnen Bauteile verknüpft sind. Nach der Installation sind auch hier schon ULPs für viele verschiedene Anwendungen vorhanden.

Scripte

Scriptdateien (`*.scr`) sind ein überaus leistungsfähiges Werkzeug. Sie können längere Befehlssequenzen, etwa die Einstellung bestimmter Farben oder Füllmuster für Layer enthalten. Da sich jede Eagle-Operation mit Textbefehlen ausführen lässt, können Sie zum Beispiel mit Scriptdateien Daten importieren oder Eagle nach Ihren Bedürfnissen konfigurieren.

CAMJobs

Hier handelt es sich um etwas Ähnliches wie Scriptdateien. Ein CAM-Job (`*.job`) ist jedoch für die Erstellung von Ausgabedaten vorgesehen. Der CAM-Prozessor, der die Ausgabedaten erstellt, kann mit einem CAM-Job konfiguriert werden. Der CAM-Prozessor stellt einen Job-Mechanismus zur Verfügung, mit dem die gesamte Erstellung der Ausgabedaten für eine Platine automatisiert werden kann.

Projekte

Dies ist nun der Eintrag in der Baumansicht, mit der Sie bei der Arbeit mit Eagle am meisten umgehen werden. Eagle 5 erstellt schon bei der Installation zwei Unterordner: `eagle` und `examples`. Im Verzeichnis `eagle` landen in der Grundeinstellung alle Dateien, die mit Leiterplattenprojekten zu tun haben, aber zu keinem der anderen eben beschriebenen Dateitypen gehören. Da wären zunächst die Schaltplandateien (`*.sch`) und die Layoutdateien (`*.brd`), im weiteren Verlaufe der

Arbeit an einem Projekt entstehen noch mehr Dateien, die Ergebnisse von ausgeführten Befehlen darstellen, doch dazu später. Das Verzeichnis `examples` beinhaltet ein Beispielprojekt. Nicht im Control Panel angezeigt, aber dennoch vorhanden, wie Sie im Windows-Explorer feststellen können, sind die Backupdateien des Schaltplans und des Layouts und eine Datei mit dem Namen `Eagle.epf`.

Nun sind die Komponenten des Control Panel beschrieben, aber wie fangen Sie nun an, damit zu arbeiten? Die Befehlseingabe bei Eagle kann immer auf mehrere Arten erfolgen. Im Control Panel geht das zum Beispiel über das Pulldown-Menü oder über Kontextmenüs, die für jedes Objekt in der Baumstruktur mit einem Klick auf die rechte Maustaste aufgerufen werden können.

Tipp

Erstellen Sie für jedes Leiterplattenprojekt auch ein Projekt in Eagle. Falls Sie Schaltpläne und Layouts bisher direkt erstellen, gewöhnen Sie sich um! Es lohnt sich.

Erstellen Sie als Beispiel nun einmal ein neues Projekt. Im Pulldown-Menü klicken Sie dazu, wie in Abbildung 1.5 gezeigt, auf DATEI und dann auf NEU. Wählen Sie den Menüpunkt PROJEKT, so erstellt Eagle einen neuen Projektordner im Projektverzeichnis `eagle`. Dieser kann sofort nach Belieben benannt werden. Bei Verwendung der Kontextmenüs gehen Sie folgendermaßen vor: Sie öffnen das Kontextmenü des Projektverzeichnisses – in diesem Fall das Unterverzeichnis `eagle` unter PROJEKTE der Baumansicht.

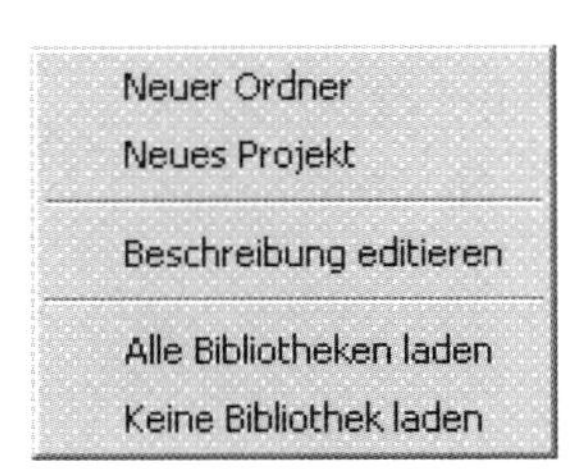

Abb. 1.12: Neues Projekt über Kontextmenü

Wählen Sie jetzt aus dem Menü NEUES PROJEKT, dann erstellt Eagle ebenfalls einen neuen Projektordner. Mit dem Menüpunkt NEUER ORDNER kann ein normales Verzeichnis angelegt werden, um zum Beispiel verschiedene Projekte unter einem Sammelbegriff zu ordnen.

Tipp

Nutzen Sie die Möglichkeit, zu jedem Projekt eine kleine Beschreibung anzulegen! Viele Kleinigkeiten, die zwar nicht direkt zur Schaltung gehören, aber dennoch wichtig sind, können hier schnell und einfach vermerkt werden. Die Beschreibung kann auch – eine stetige Aktualisierung vorausgesetzt – als eine sehr einfache Versionsverwaltung eingesetzt werden. Mit BESCHREIBUNG EDITIEREN kann diese kurze Beschreibung, die dann im INFORMATIONSFENSTER erscheint, editiert werden. In dem sich öffnenden Editorfenster kann der entsprechende Text im RICH TEXT FORMAT eingegeben werden (Syntax für das RICH TEXT FORMAT im Anhang).

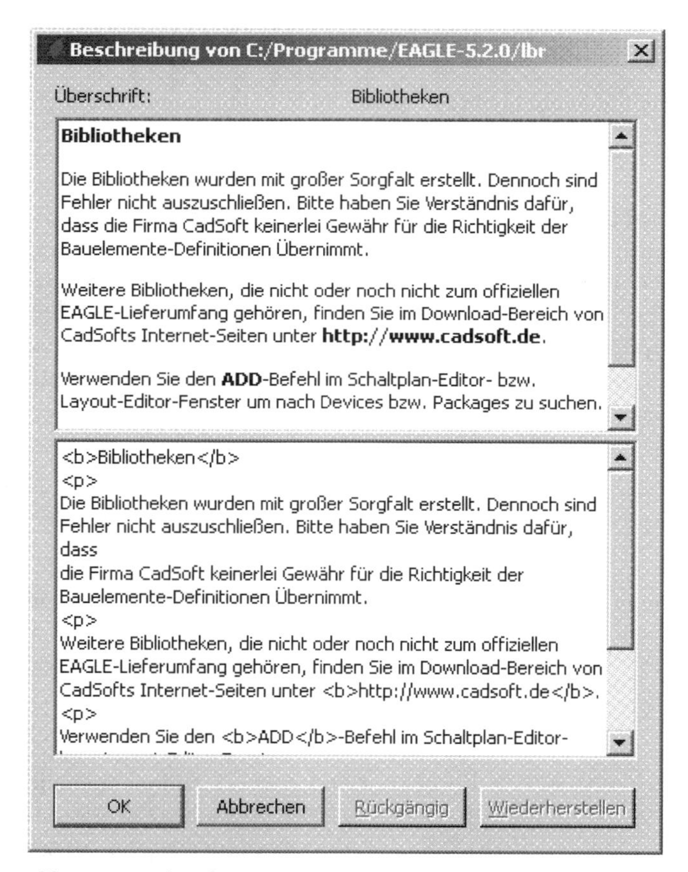

Abb. 1.13: Editorfenster zu BESCHREIBUNG EDITIEREN

Schauen Sie sich einmal den Aufbau des bei der Eagle-Installation angelegten Ordners `examples` an. Die Vorgehensweise, um eine gleichartige Struktur zu erstellen, wäre hier, zunächst das Kontextmenü von PROJEKTE, Unterverzeichnis eagle, wie in Abbildung 1.12 gezeigt, zu öffnen und dann NEUER ORDNER auszuwählen. Das neu angelegte Verzeichnis können Sie sofort nach Wunsch umbenennen (hier examples). Weiter geht's mit dem Kontextmenü des neuen Folders. Es wird der Punkt NEUES PROJEKT ausgewählt und Eagle erstellt einen Projektordner (hier zum Beispiel hexapod).

Nun wird ein weiteres Mal mit NEUES PROJEKT ein neues Projekt angelegt und mit singlesided benannt. Das Unterverzeichnis Tutorial kann aus dem Kontextmenü durch Anklicken von NEUER ORDNER erstellt werden. Das Ganze sieht dann jetzt wie in Abbildung 1.14 gezeigt aus.

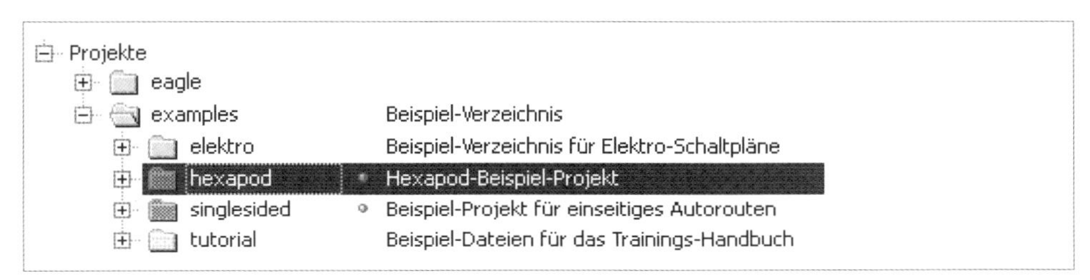

Abb. 1.14: Projektordner examples aufgeklappt

Der nächste Schritt wäre jetzt, das eigentliche Projekt zu beginnen. Zunächst muss sichergestellt sein, dass das Projekt geöffnet ist, da sonst das in Abbildung 1.15 gezeigte Kontextmenü zu hexapod erscheint:

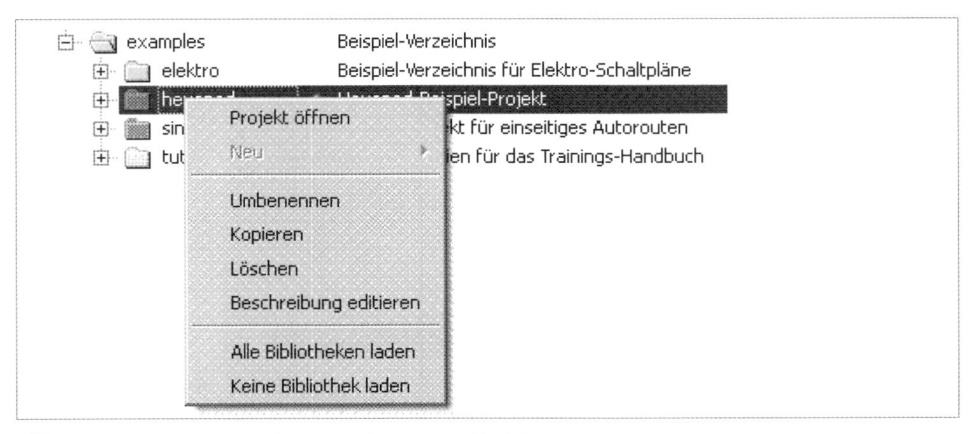

Abb. 1.15: Kontextmenü bei geschlossenem Projekt

Ist das Projekt nicht geöffnet, ist der Menüpunkt NEU deaktiviert. Sie können also keine Datei zu einem Projekt anlegen. Zum Anlegen einer Schaltplandatei öffnen Sie also zunächst das Projekt mit PROJEKT ÖFFNEN, wie in Abbildung 1.15 gezeigt. Jetzt sieht das Kontextmenü zu hexapod wie in Abbildung 1.16 aus.

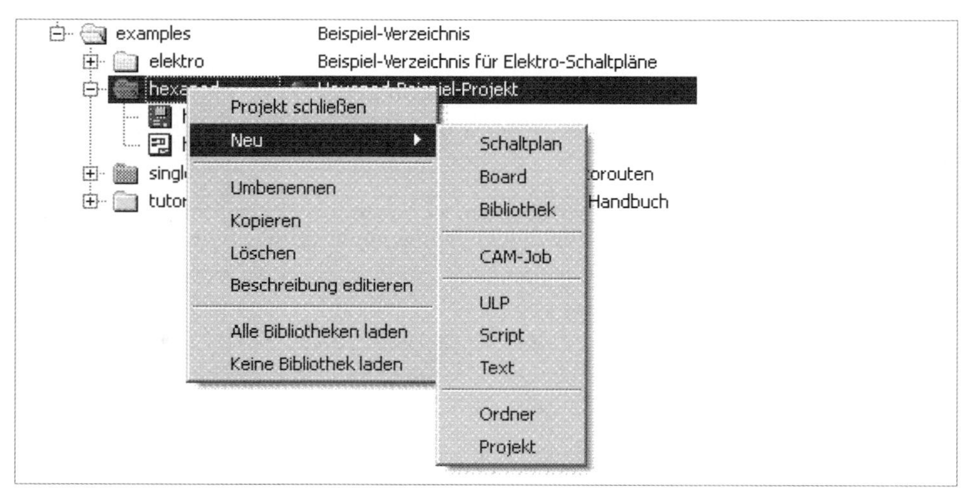

Abb. 1.16: Schaltplandatei hexapod anlegen

Das Kontextmenü zum Projekt **hexapod** hat sich in Abbildung 1.16 komplett geöffnet und der Menüpunkt NEU ist aktiv. Sie können jetzt durch Klicken auf SCHALTPLAN im Untermenü zu NEU eine neue Schaltplandatei anlegen. Ist das Projekt schon eine Zeit lang in Arbeit oder gar fertig, könnte das Verzeichnis etwa wie in Abbildung 1.17 aussehen.

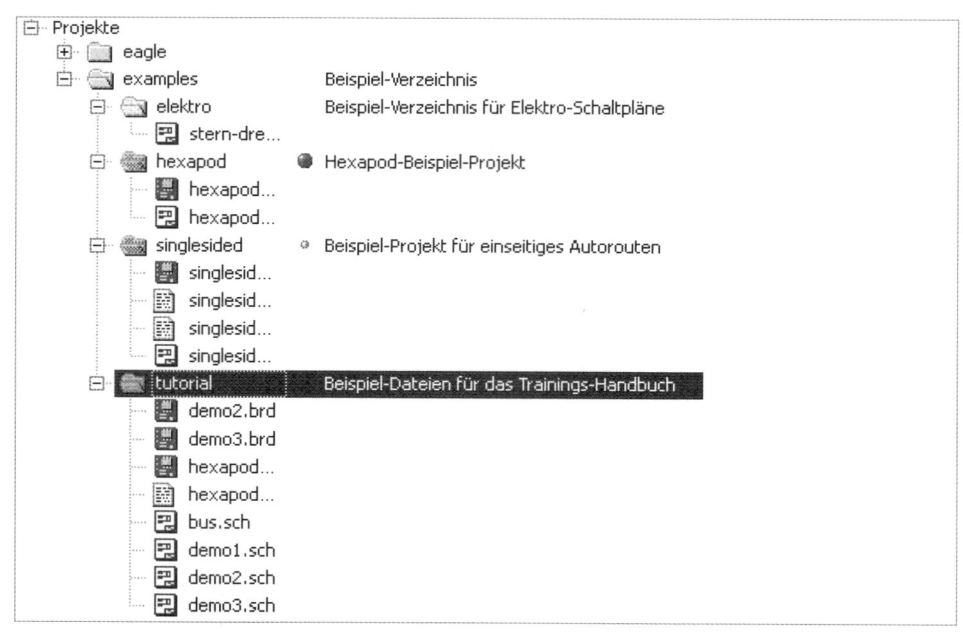

Abb. 1.17: Alle Dateien im Beispielprojekt

Warum ist eigentlich ein Projektordner im Gegensatz zu normalen Foldern rot dargestellt?

Hier kommt die Datei `Eagle.epf` ins Spiel. Mit dieser Datei, die wie schon beschrieben in jedem Projektordner vorhanden ist, wurde eine RESUME-Funktion realisiert, die zunächst einmal ein Verzeichnis als Projektorder kennzeichnet. Weiterhin wird in dieser Datei gespeichert, welche Dateien zu einem Projekt gehören, ob das Projekt geöffnet ist oder nicht und welche Bibliotheken in dem Projekt aktiv sind. Zu der RESUME-Funktion gehört aber auch, dass der komplette Desktop, so wie er beim Anlegen der Datei aussieht, gespeichert wird. Das ist sehr praktisch, weil Sie in der Regel sofort sehen, woran Sie zuletzt gearbeitet haben, wenn ein Projekt zum Beispiel aus vielen Schaltplanseiten besteht oder die Leiterplatte durch viele Kupferlagen oder ihre Größe unübersichtlich ist.

Angelegt wird die `Eagle.epf` beim Erstellen des Projekts und aktualisiert wird sie bei jeder Ausführung des Befehls PROJEKT SCHLIESSEN. Die Datei `Eagle.epf` liegt im Textformat vor und ist in ihrer Syntax an die `ini`-Dateien von Windows angelehnt.

Hier einfach einmal die `Eagle.epf` zum Projekt `hexapod`:

```
[Eagle]
Globals="Globals"
Desktop="Desktop"
[Globals]
AutoSaveProject=0
[Win_1]
Type="Control Panel"
Loc="0 0 550 320"
State=2
Number=0
[Win_2]
Type="Board Editor"
Loc="7 24 811 647"
State=2
Number=1
File="hexapod.brd"
[Win_3]
Type="Schematic Editor"
Loc="14 48 818 671"
State=2
Number=2
File="hexapod.sch"
View="-80122 -55229 3966456 2696891"
Sheet=1
```

```
[Desktop]
Screen="1024 768"
Window="Win_1"
Window="Win_2"
Window="Win_3"
```

Listing 1.1: Datei `Eagle.epf` des Projekts `hexapod`

Tipp

Jedes beliebige Verzeichnis können Sie zu einem Projektordner machen, indem Sie einfach eine bereits in einem anderen Projekt vorhandene Datei `Eagle.epf` in das gewünschte Verzeichnis kopieren. Nach einer Aktualisierung der Ansicht im Control Panel stellt Eagle das Verzeichnis jetzt als Projektordner dar. Beim Öffnen des Projekts wird zwar zunächst das Projekt geöffnet, aus dem die `Eagle.epf` stammt, aber das können Sie im nächsten Schritt ändern, indem Sie die gewünschten Dateien öffnen und dann speichern.

Die Menüpunkte ALLE BIBLIOTHEKEN LADEN und KEINE BIBLIOTHEKEN LADEN werden in Kapitel 6 beschrieben.

1.3 Der Schaltplan-Editor

1.3.1 Das Pulldown-Menü

Nach dem Control Panel wollen wir uns jetzt mit dem Schaltplan-Editor von Eagle befassen. Der Schaltplan-Editor ist nicht in jeder lizenzierten Eagle-Version vorhanden, jedoch wollen wir ihn vor dem Layout-Editor behandeln, da er normalerweise während eines Leiterplattenprojekts zuerst zum Einsatz kommt.

Schauen Sie sich den Schaltplan-Editor zunächst einmal an.

In Abbildung 1.18 ist hier beispielhaft die im Eagle-Lieferumfang befindliche Datei `hexapod.sch` im Schaltplan-Editor dargestellt. Im Moment interessieren aber nur Komponenten der Programmoberfläche und die Einstellmöglichkeiten, die es möglich machen, den Editor an die Vorlieben des Benutzers anzupassen. Hier sind alle möglichen Controls aus dem Dialogfenster in Abbildung 1.10 eingeschaltet.

Was gibt es sonst noch zu sehen? Oberhalb des Editorfensters für das Schaltplanblatt sind folgende Bedienelemente angeordnet.

Das Pulldown-Menü befindet sich direkt unter dem Fenstertitel und besteht aus den in Abbildung 1.19 gezeigten Einträgen.

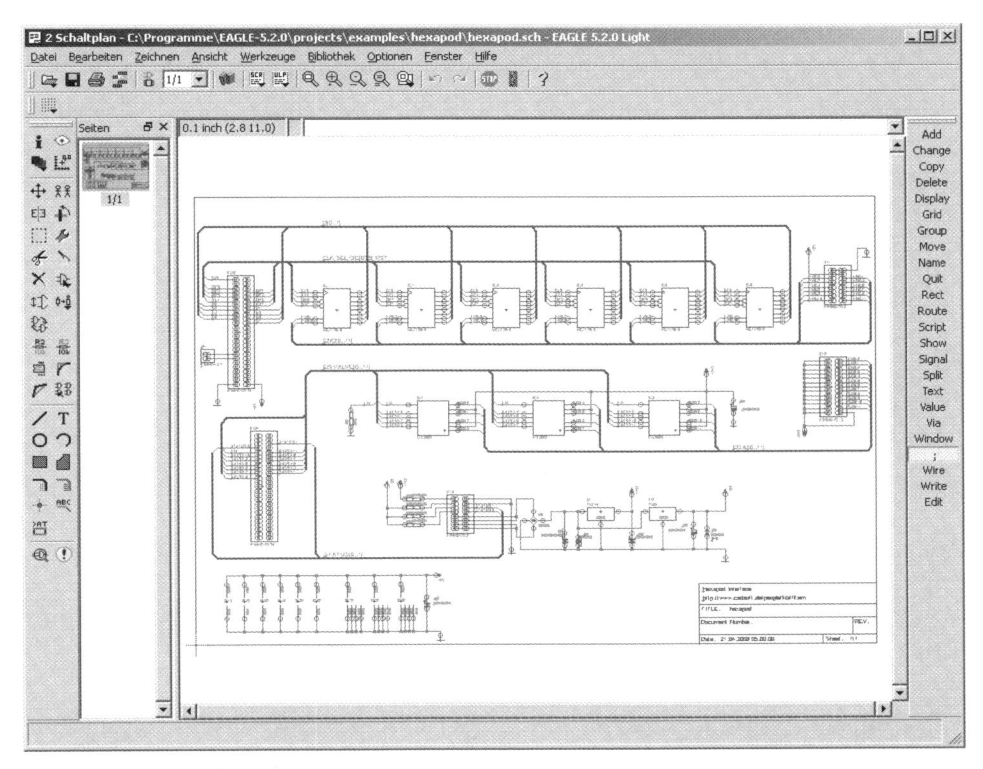

Abb. 1.18: Schaltplan-Editor

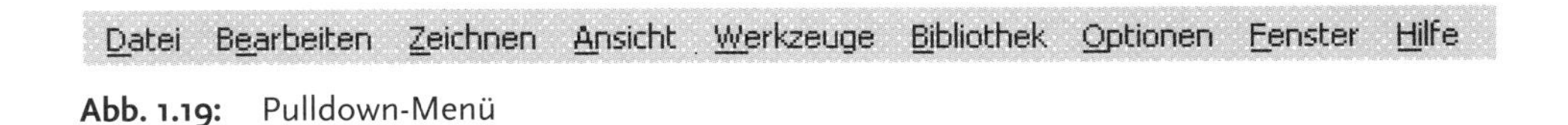

Abb. 1.19: Pulldown-Menü

Darunter liegt die ACTION-Toolbar, in der oft benötigte Befehle in Form von so genannten *Command Buttons* enthalten sind

Abb. 1.20: ACTION-Toolbar

und wieder darunter die PARAMETER-Toolbar. Sie enthält je nach ausgewähltem Befehl unterschiedliche Bedienelemente. Als Beispiel ist in Abbildung 1.21 die Ansicht der PARAMETER-Toolbar bei angewähltem Befehl NET abgebildet.

Abb. 1.21: PARAMETER-Toolbar für den Befehl NET

Direkt oberhalb des Schaltplans ist links das eingestellte Raster dargestellt und daneben die aktuelle Mauszeigerposition relativ zum Nullpunkt des Schaltplans.

Neu in Eagle 5 ist die Seitenvorschau. In Abbildung 1.22 ist sie als zusätzliche Spalte zwischen den Befehls-Icons und dem Editorfenster zu erkennen. In dieser Vorschau werden alle zum Projekt gehörenden Schaltplanseiten in miniaturisierter Form angezeigt.

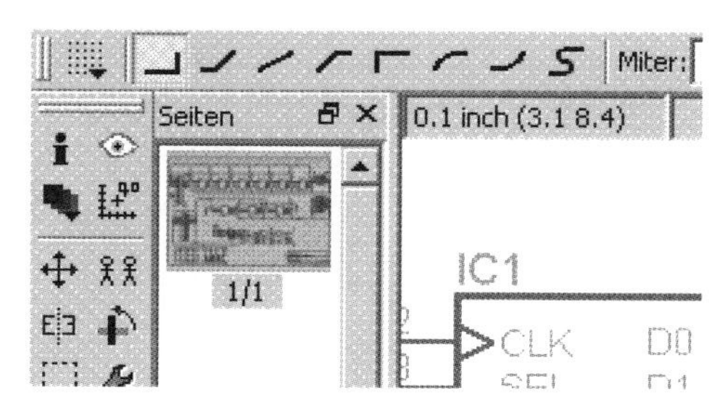

Abb. 1.22: Mausposition, aktuelle Rastereinstellung, Seitenvorschau

Wir fangen mit der Beschreibung der Programmoberfläche wie beim Control Panel mit dem Pulldown-Menü an. Wir beginnen mit DATEI.

Abb. 1.23: Pulldown-Menü DATEI

Der erste Eintrag ist NEU und wie der Name eigentlich schon sagt, wird mit diesem Befehl ein neuer Schaltplan angelegt. Wurde aus dem Control Panel heraus ein neuer Schaltplan angelegt, so ist die erneute Ausführung dieses Befehls aus dem Schaltplan-Editor heraus nicht mehr nötig. Mit ÖFFNEN wird eine bereits existierende Schaltplandatei in den Editor geladen. Eagle bedient sich dabei zur Auswahl der gewünschten Datei dem Dateiauswahldialogfenster von Windows. Das Untermenü zu ZULETZT GEÖFFNET listet die drei zuletzt mit dem Editor geöffneten Schaltplandateien auf. Sie können sie auf diesem Wege direkt auswählen. Die weiteren Befehle SPEICHERN, SPEICHERN UNTER und ALLES SPEICHERN gleichen den entsprechenden Befehlen in anderen Windows-Applikationen. DRUCKER EINRICHTEN öffnet ein Dialogfenster zur Einstellung der Druckausgabe. Ein sehr ähnliches Dialogfenster mit denselben Einstellmöglichkeiten, aber dazu noch der Möglichkeit, den Druck zu starten, verbirgt sich hinter dem Befehl DRUCKEN. Jetzt wird es ein wenig Eagle-spezifischer. Der Befehl CAM-PROZESSOR öffnet ein Dialogfenster, in dem Sie die Schaltplandaten in eine Reihe von Ausgabeformaten umwandeln und dann ausgeben können. ZUM BOARD WECHSELN schaltet zum zugehörigen Layout (*Board*) um, falls eines vorhanden ist. Wenn nicht, fragt Eagle, ob es ein Board aus dem Schaltplan erstellen soll. Der Befehl EXPORT öffnet ein Auswahlfenster, in dem die zu exportierenden Daten ausgewählt werden können. Standardmäßig wird die erzeugte Datei in das Projektverzeichnis geschrieben.

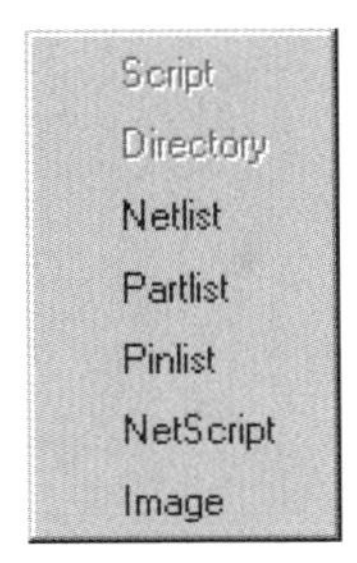

Abb. 1.24: Auswahlliste EXPORT

Diese Dateien sind bis auf das Image alle Textdateien. Die Eigenschaften und Verwendungszwecke der einzelnen Daten werden im Kapitel über die Datenausgabe behandelt.

Nun weiter mit dem DATEI-Menü:

SCRIPT AUSFÜHREN öffnet ein Dialogfenster, in dem zur Verfügung stehende Scriptdateien ausgewählt und dann ausgeführt werden können. ULP AUSFÜHREN öffnet ebenfalls ein Auswahldialogfenster, jedoch für ULPs. Nach Auswahl wird das entsprechende ULP sofort ausgeführt. SCHLIESSEN schließt den Schaltplan-Editor und mit BEENDEN beenden Sie Eagle.

Der nächste Eintrag im Pulldown-Menü ist BEARBEITEN und ist in Abbildung 1.25 dargestellt. In diesem Menü sind erstmals Befehle enthalten, mit denen im Schaltplan direkt gearbeitet wird. Cadsoft hat diese Befehle in Gruppen unterteilt, die sich in der Anordnung der Befehle in den Menüs widerspiegeln.

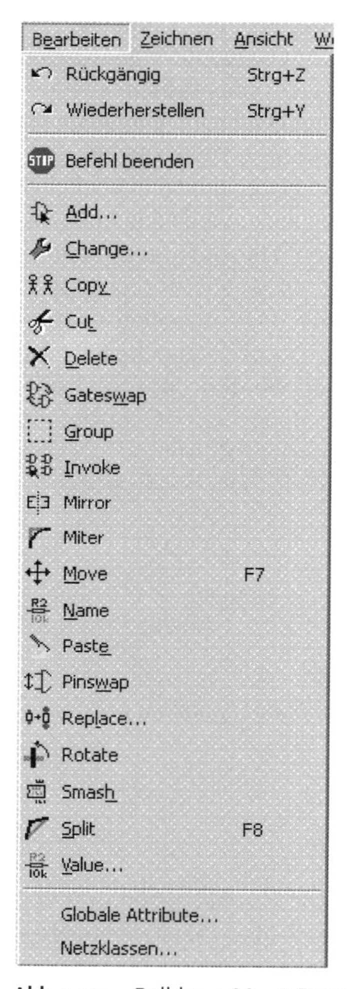

Abb. 1.25: Pulldown-Menü BEARBEITEN

Dieses Pulldown-Menü enthält alle Befehle, die zum Editieren eines Schaltplans von Eagle zur Verfügung gestellt werden. Da später alle Befehle im Rahmen eines Leiterplattenprojekts behandelt werden, wird hier noch nicht darauf eingegangen, was genau sich hinter den einzelnen Befehlen verbirgt. Gleiches gilt für das ZEICHNEN-Pulldown-Menü. Hier sind, wie in Abbildung 1.26 zu sehen, alle mit Eagle möglichen Zeichenbefehle enthalten.

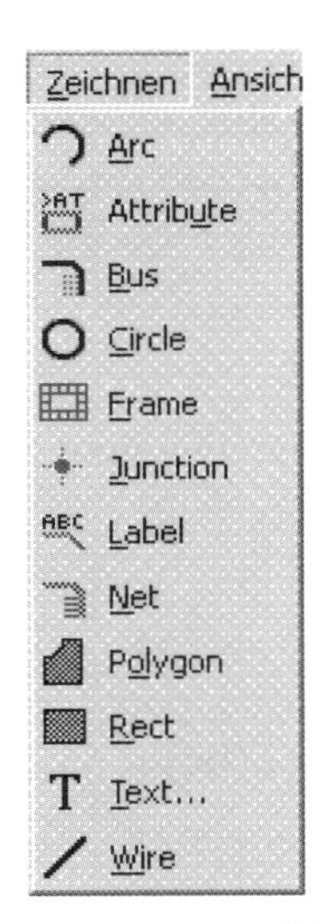

Abb. 1.26: Pulldown-Menü ZEICHNEN

Im Pulldown-Menü ANSICHT sind Befehle enthalten, die die Ansicht der Editor-Oberfläche beeinflussen.

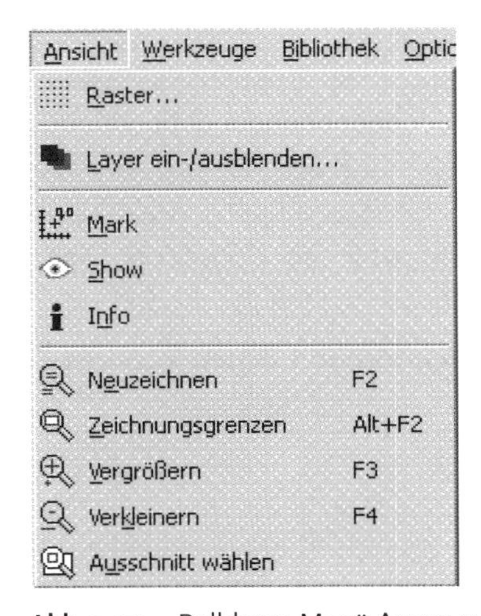

Abb. 1.27: Pulldown-Menü ANSICHT

Dazu gehören, wie in Abbildung 1.27 gezeigt, zum Beispiel die Einstellung des Rasters (*Grid*), die Auswahl, welche Elemente des Schaltplans dargestellt werden, Markierfunktionen, Befehle zur Hervorhebung von einzelnen Objekten und ein Befehl, der die Eigenschaften eines Objekts auflistet. Abgerundet wird dieses Menü durch Befehle zur Auswahl des Bildausschnittes.

Das Pulldown-Menü WERKZEUGE ist im Schaltplan-Editor mit nur einem Befehl bestückt, dem ERC (*Electrical Rule Check*). Dieser Befehl wird im Zusammenhang mit der zum Schaltplan gehörenden Layoutdatei benötigt. In Eagle 5 kann man sich über den Menüpunkt FEHLERLISTE jederzeit die zuletzt gefundenen ERC-Fehler auflisten lassen.

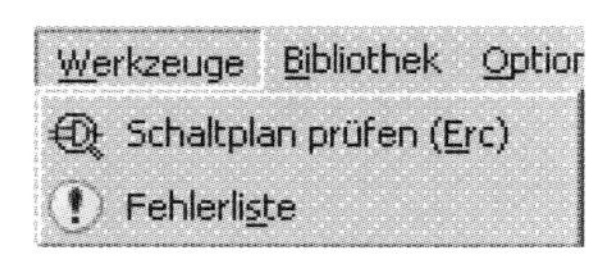

Abb. 1.28: Pulldown-Menü WERKZEUGE

Das folgende Pulldown-Menü BIBLIOTHEK ist mit Befehlen zur Verwaltung und Verwendung der Bauteilbibliotheken bestückt.

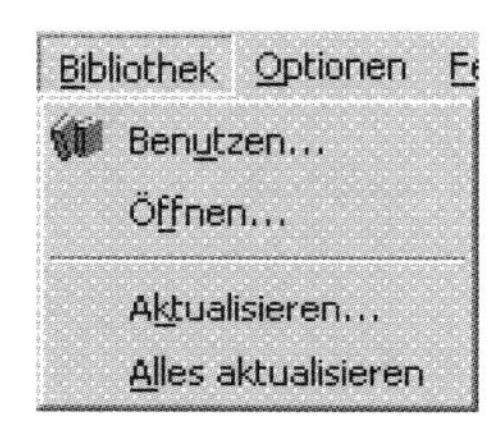

Abb. 1.29: Pulldown-Menü BIBLIOTHEK

Mit den in Abbildung 1.29 gezeigten Befehlen können Bibliotheken aktiviert und bearbeitet werden. Außerdem können Elemente im Schaltplan auf den neuesten Stand gebracht werden, sofern sich die Bibliothek nach der Erstellung eines Schaltplans noch geändert hat.

In dem Menüpunkt OPTIONEN sind nun Befehle integriert, mit denen Voreinstellungen getroffen werden können.

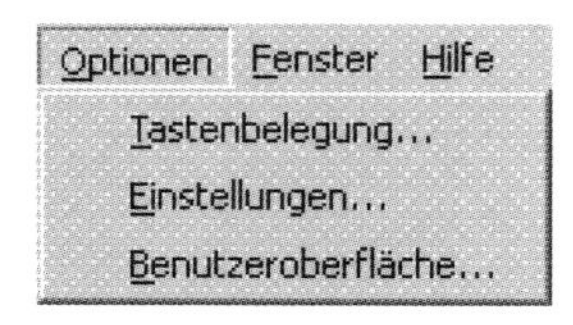

Abb. 1.30: Pulldown-Menü OPTIONEN

Der Befehl TASTENBELEGUNG öffnet ein Dialogfenster, in dem Befehle mit Tastenkombinationen verknüpft werden können. Abbildung 1.31 zeigt die Tastenkombinationen, die schon direkt nach der Installation definiert sind.

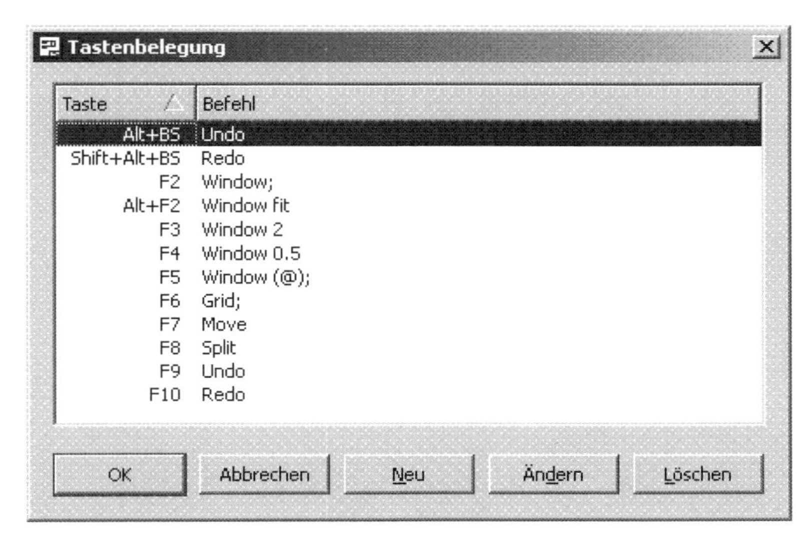

Abb. 1.31: Dialogfenster TASTENBELEGUNG

Mit dem Button NEU können Sie ein weiteres Dialogfenster aufrufen, mit dem Sie neue Tastenkombinationen für Befehle anlegen können.

Abb. 1.32: Dialogfenster NEUE TASTENBELEGUNG

In Abbildung 1.32 ist zu erkennen, dass Sie sich eine Tastenkombination einfach zusammenstellen können und dann den damit zu verknüpfenden Befehl in das untere Eingabefeld eingeben – fertig!

Der Befehl EINSTELLUNGEN öffnet ein weiteres Dialogfenster, in dem Sie die Ansicht von Schaltplanelementen in verschiedenen Situationen einstellen können, aber auch so grundlegende Dinge wie die Hintergrundfarbe des Schaltplan-Editors.

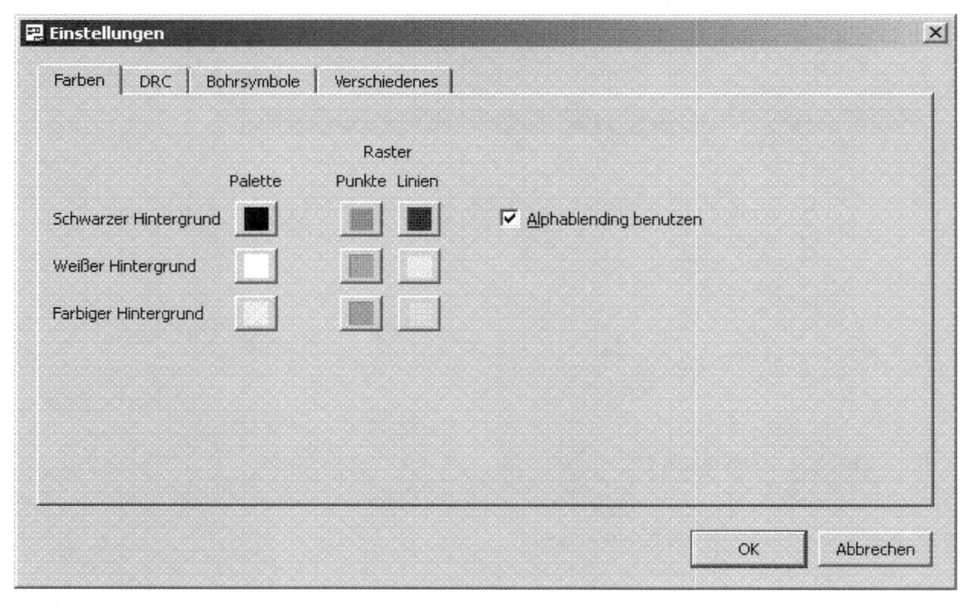

Abb. 1.33: Dialogfenster EINSTELLUNGEN|FARBEN

In Abbildung 1.33 ist das Dialogfenster zum Einstellen der Farbe von Hintergrund und Raster gezeigt. Durch einen Doppelklick auf einen Farb-Button erscheint ein Auswahldialogfenster für die Farbe. So kann der Editor den persönlichen Wünschen angepasst werden. Da dieses Dialogfenster für den Schaltplan-Editor und den Layout-Editor dasselbe ist, sind schon hier die Reiter DRC und BOHRSYMBOLE enthalten. Sie haben im Schaltplan-Editor keine Bedeutung. Auch die Check-Box ALPHABLENDING BENUTZEN beeinflusst nur die Farbdarstellung im Layout-Editor. Der letzte Reiter ist für gemischte Einstellungen und da man sie nicht alle mit einem Oberbegriff bezeichnen kann, trägt er die Bezeichnung VERSCHIEDENES.

Es geht hier, wie in Abbildung 1.34 gezeigt, um das Verhalten des Editors bei verschiedenen Ereignissen, die beim Erstellen eines Schaltplans, aber auch eines Layouts vorkommen. Die für den Schaltplan geltenden Einstellungen sind die unteren beiden Checkboxen. Die zwei Eingabefelder rechts oben gelten sowohl für den Schaltplan-Editor als auch für den Layout-Editor. MIN. SICHTBARE TEXTHÖHE gibt an, ab welcher Darstellungsgröße ein Text auf dem Editor erscheint. So wird die Übersichtlichkeit zum Beispiel bei einem extremen ZOOM OUT erhöht, indem Texte unterhalb einer gewissen Größe aus der Darstellung verschwinden. MIN. SICHTBARE RASTERGRÖSSE gibt dasselbe für das Raster an. Wird die Darstellung immer weiter ausgezoomt, so verschwindet bei dieser Einstellung das Raster, sobald die Rasterlinien enger als fünf Pixel nebeneinander liegen. Die Menüpunkte FENSTER und HILFE entsprechen denen im Control Panel.

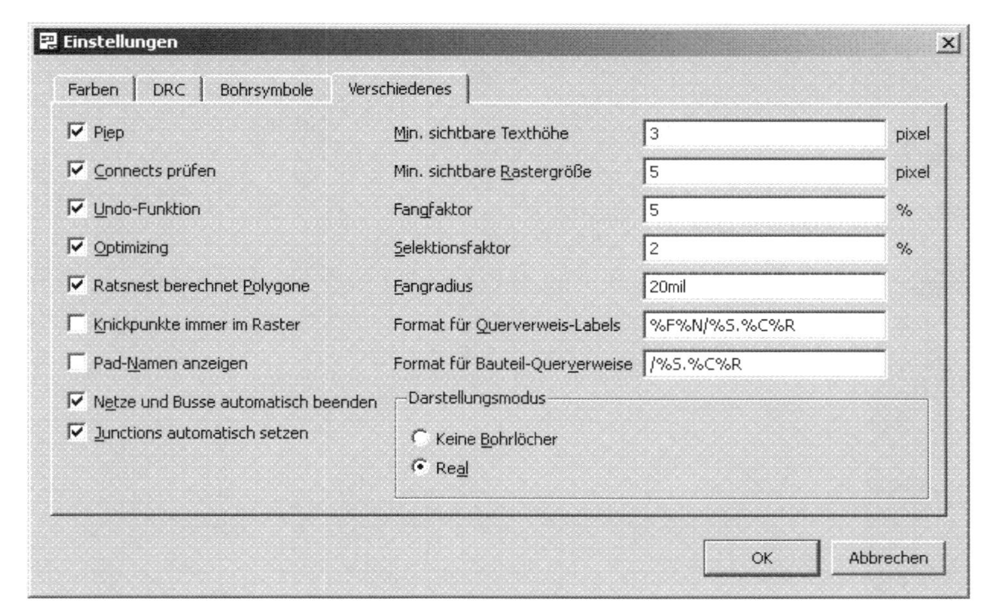

Abb. 1.34: Dialogfenster EINSTELLUNGEN|VERSCHIEDENES

1.3.2 Die Command Buttons

Die Befehle und Funktionen, die Eagle zum Erstellen eines Schaltplans zur Verfügung stellt, sind natürlich nicht nur über das Pulldown-Menü erreichbar. Wie in Abbildung 1.18 zu erkennen, sind an der linken Fensterseite eine Reihe Icons angeordnet. Dies sind die so genannten *Command Buttons*, über die die Aktivierung der Checkbox COMMAND BUTTONS im Dialogfenster von Abbildung 1.10 eingeblendet werden können. Wer lieber die traditionelle Ansicht früherer Eagle-Versionen mag, der kann auf der rechten Seite des Programmfensters die bekannten Command Texts einblenden. Die Vorgehensweise ist dieselbe wie bei den Command Buttons, jedoch wählt man natürlich die Checkbox COMMAND TEXTS zur Aktivierung.

Die Command Buttons sind in Gruppen aufgeteilt, die untereinander durch jeweils einen Strich getrennt sind. Die gleiche Aufteilung findet sich auch im Pulldown-Menü. Schauen Sie sich die Gruppen einfach mal an.

Ganz oben finden Sie die Command Buttons zum Pulldown-Menü ANSICHT (siehe Abbildung 1.35).

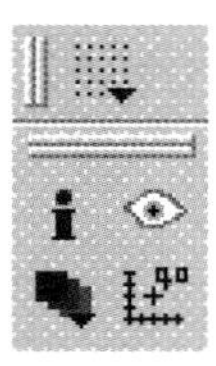

Abb. 1.35: Command Buttons ANSICHT

Gleich darunter folgen die Command Buttons zu EDITIEREN (siehe Abbildung 1.36).

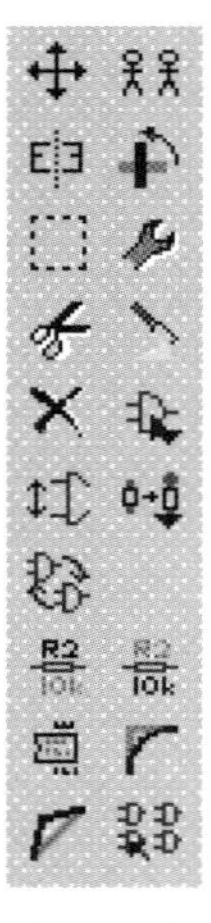

Abb. 1.36: Command Buttons EDITIEREN

Dann folgen die Command Buttons für Befehle aus dem Menü ZEICHNEN (siehe Abbildung 1.37).

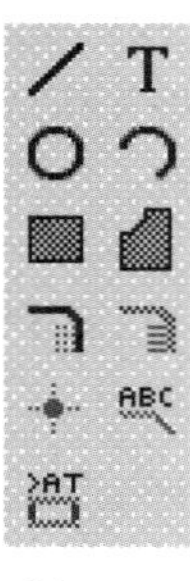

Abb. 1.37: Command Buttons ZEICHNEN

Am Schluss gibt es noch den Command Button zum Menü WERKZEUGE (siehe Abbildung 1.38).

Abb. 1.38: Command Buttons WERKZEUGE

Welche Command Buttons entsprechen denn nun welchen Befehlen? Schauen Sie dazu in das Kapitel *Kurzreferenz*. Dort sind alle Command Buttons und die entsprechenden Befehle aufgeführt.

1.3.3 Die Command Texts

Wie die Command Texts eingeblendet werden können, wurde ja schon im Abschnitt über die Command Texts behandelt. Hier soll noch einmal darauf eingegangen werden, wie Sie sich die Liste der Command Texts nach Ihren Wünschen zusammenstellen können. Vielleicht erinnert sich der eine oder andere Leser, wie es in den frühen Eagle-Versionen 2.x bis hoch zur Version 3.55 für DOS war. Eagle führte beim Programmstart eine Scriptdatei aus. Diese musste im Programmverzeichnis stehen und den Namen `Eagle.scr` haben. In den Versionen ab 4.01 bis jetzt zur Version 4.11 geht das ähnlich. Die Datei ist immer noch die `Eagle.scr`, jedoch ist sie im `Script`-Verzeichnis, definiert im DIRECTORIES-Dialogfenster, enthalten. Ausgeführt wird dieses Script immer, wenn ein Editorfenster neu geöffnet wird. Um die Editorfenster für verschiedene Projekte unterschiedlich zu konfigurieren, sucht Eagle beim Öffnen eines Projekts zunächst im zugehörigen Projektverzeichnis nach einer Datei `Eagle.scr`. Erst wenn dort keine solche Datei gefunden wird, wählt Eagle die globale `Eagle.scr` im `Script`-Verzeichnis.

Eine Standardversion dieses Scripts ist natürlich schon vorhanden. Schauen Sie mal rein:

```
# Configuration Script
#
# This file can be used to configure the editor windows.
BRD:
#Menu Add Change Copy Delete Display Grid Group Move \ #Name Quit Rect
Route Script Show Signal Split Text \ #Value Via Window ';'  Wire Write
Edit;
SCH:
Grid Default;
Change Width 0.006;
#Menu Add Bus Change Copy Delete Display Gateswap Grid \ #Group Invoke
Junction Label Move Name Net Pinswap Quit\ #Script Show Split Value Window
';' Wire Write Edit;

LBR:
#Menu Close Export Open Script Write ';' Edit;
```

```
DEV:
Grid Default;
#Menu Add Change Copy Connect Delete Display Export \ #Grid Move Name
Package Prefix Quit Script Show Value \ #Window ';' Write Edit;
SYM:
Grid Default On;
Change Width 0.010;
#Menu Arc Change Copy Cut Delete Display Export Grid \ #Group Move Name
Paste Pin Quit Script Show Split Text \ #Value Window ';' Wire Write Edit;
PAC:
Grid Default On;
Change Width 0.005;
Change Size 0.050;
#Menu Add Change Copy Delete Display Grid Group Move \ #Name Pad Quit
Script Show Smd Split Text Window ';' \ #Wire Write Edit;
```

Listing 1.2: `Eagle.scr`

Zu erkennen ist, dass dieses Script nicht nur für den Schaltplan-Editor gilt, sondern für alle in Eagle enthaltenen Editoren. Für den Schaltplan-Editor gelten die Einträge nach der Dateiendung für Schaltplan-Dateien: SCH. Alle Einträge, die Menüs betreffen, sind in dieser Standardversion auskommentiert. Zu erkennen ist das an den jeweils vorangestellten Doppelkreuzen #. Da die Anzahl der Einträge im Menü so groß ist, dass sie natürlich nicht alle in eine Zeile des Editors passen, kann mit einem Backslash die Reihe in der nächsten Zeile fortgesetzt werden. Entfernen Sie in dieser Datei die Doppelkreuze vor den Zeilen im Abschnitt zum Schaltplan-Editor, so stellen Sie fest, dass nach dem nächsten Aufruf des Schaltplan-Editors genau diese Befehle und diese auch in genau dieser Reihenfolge erscheinen, wenn Sie die Command Texts einblenden. Außer der Menüstruktur kann natürlich noch viel mehr eingestellt und vorkonfiguriert werden, aber an diesem Punkt soll es erst einmal reichen, da dem Thema *Scripte* noch ein ganzes Kapitel dieses Buches gewidmet ist.

Fahren Sie also fort und betrachten Sie den Layout-Editor.

1.4 Der Layout-Editor

Beim ersten Blick auf den Layout-Editor in Abbildung 1.39 fällt zunächst auf, dass er dem Schaltplan-Editor ziemlich gleicht. Die Command Texts sind hier ebenfalls eingeblendet. Sind sie im VERZEICHNISSE-Dialogfenster aktiviert, so erscheinen sie auch im Layout-Editor.

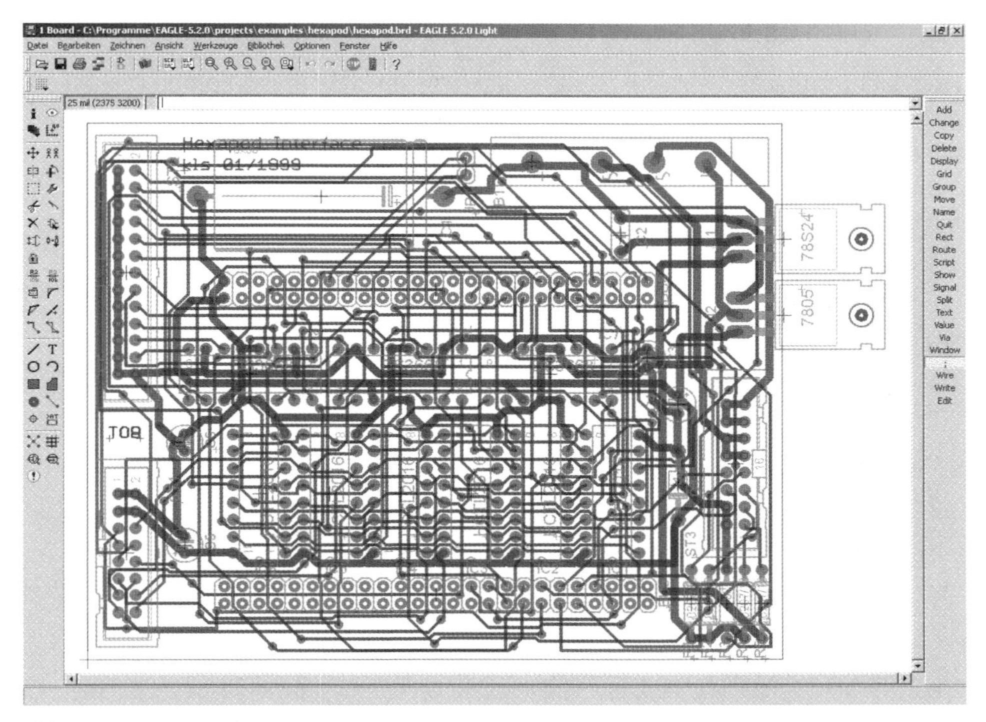

Abb. 1.39: Layout-Editor

Es ist nicht von der Hand zu weisen, dass sich die beiden Editoren in ihren Bedienelementen ziemlich gleichen. Diese Ähnlichkeit ist natürlich gewollt und auch logisch. Viele Arbeitsschritte, die bei der Schaltplanerstellung verwendet werden, können auch zur Layouterstellung zum Einsatz kommen – natürlich an anderen Objekten. Daher ist es für den Anwender einfacher, sich intuitiv im Layout-Editor zurechtzufinden, wenn schon vorher mit dem Schaltplan-Editor gearbeitet wurde und umgekehrt.

Es gibt aber auch einige Unterschiede, die sich erst auf den zweiten Blick offenbaren. Zur Layouterstellung sind einige Befehle notwendig, die bei der Schaltplanerstellung keinen Sinn hätten, und andersherum. Werfen Sie also zunächst wieder einen kurzen Blick in die Bedienelemente, um die Unterschiede zu erkennen.

1.4.1 Das Pulldown-Menü

Hier sieht zunächst wirklich alles so aus wie im Schaltplan-Editor. Die Menüpunkte sind gleich! Schauen Sie aber mal in die Menüs selber hinein (siehe Abbildung 1.40).

Abb. 1.40: Pulldown-Menü DATEI

Dieses Pulldown-Menü stimmt fast komplett mit dem DATEI-Menü des Schaltplan-Editors überein. Es sind dieselben Menüpunkte vorhanden, die auch genau dieselben Dialogfenster aufrufen. Einziger Unterschied ist der Punkt ZUM SCHALTPLAN WECHSELN. Aus dem Schaltplan-Editor konnte man an dieser Stelle zum Layout umschalten, hier ist es genau andersherum.

Jetzt werfen Sie einen Blick auf die Menüs, die Editorbefehle enthalten. Zunächst das BEARBEITEN-Menü (siehe Abbildung 1.41).

Viele Befehle dieses Pulldown-Menüs finden wir auch im Schaltplan-Editor. Unterschiede gibt es da, wo die Befehle speziell für Schaltplan oder das Layout bestimmt sind. Am Ende des Menüs ist zu den Punkten NETZKLASSEN und GLOBALE ATTRIBUTE noch DESIGN-REGELN hinzugekommen.

Design-Regeln sind Regeln, die für ein Layout festgelegt werden. Das können zum Beispiel Leiterbahnbreiten, Abstände zwischen bestimmten Objekten oder Überlappungen verschiedener Layer sein. Bei Anwahl dieses Menüpunktes öffnet sich das in Abbildung 1.42 gezeigte Dialogfenster mit einer Anzahl von Seiten.

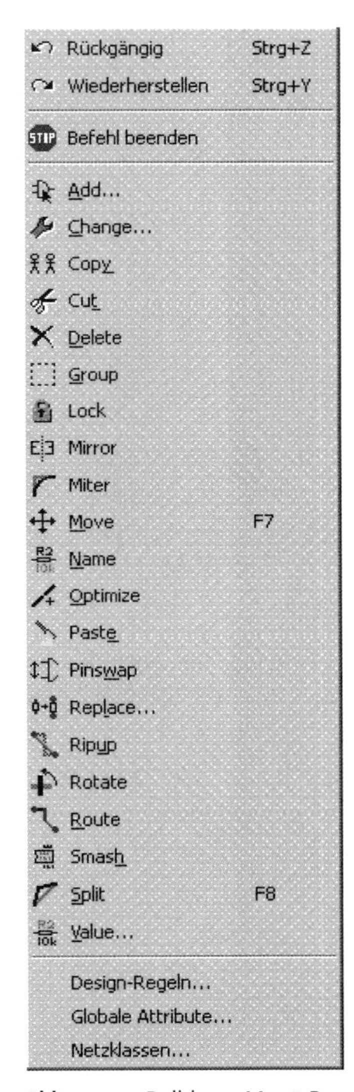

Abb. 1.41: Pulldown-Menü BEARBEITEN

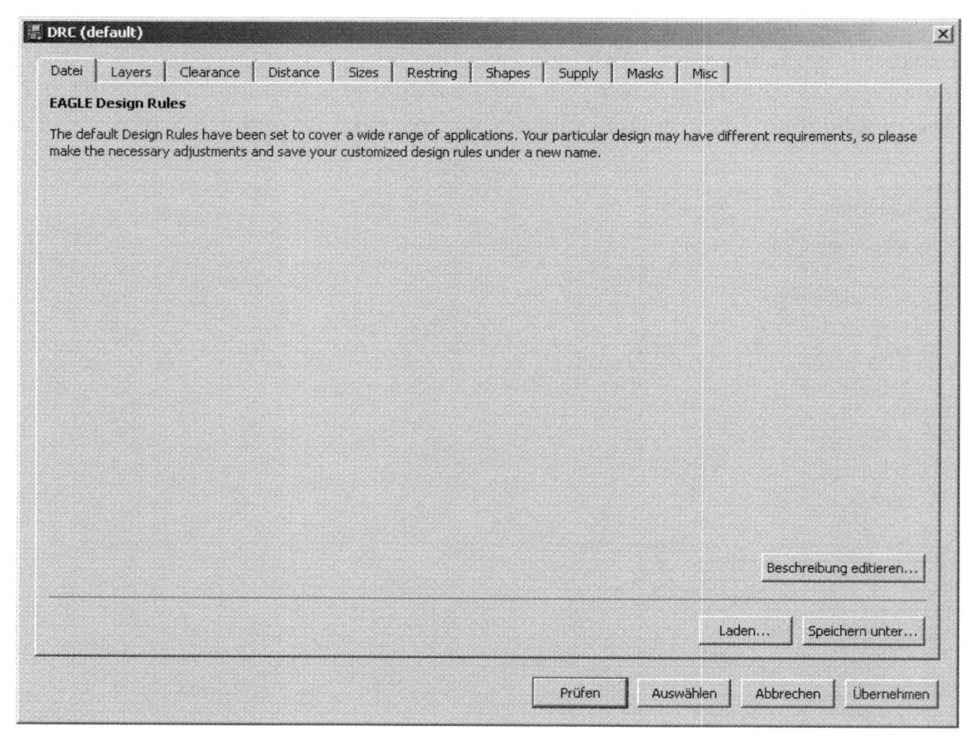

Abb. 1.42: DESIGN RULES-Dialogfenster

Wie die einzelnen Einstellungen vorgenommen werden und was Sie damit bewirken können, wird in den Kapiteln zur Anwendung von Eagle beschrieben. Hier geht es zunächst nur um die Oberfläche.

Was für das BEARBEITEN-Menü gilt, ist auch für das ZEICHNEN-Menü richtig.

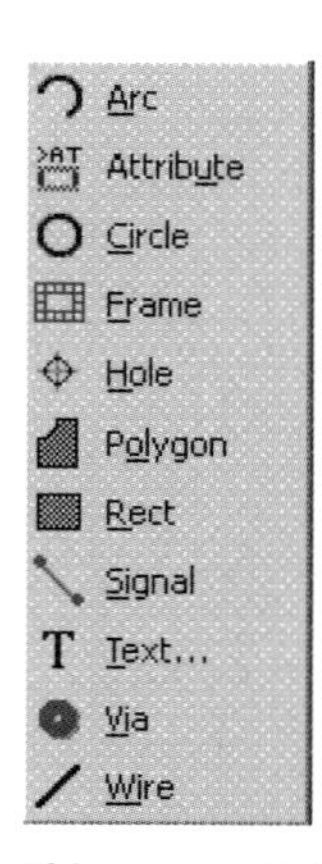

Abb. 1.43: Pulldown-Menü ZEICHNEN

Einige Befehle kennen Sie schon aus dem Schaltplan-Editor, jedoch ist eine Anzahl neuer Befehle enthalten, die nur im Layout zur Anwendung kommen.

Das Pulldown-Menü ANSICHT ist unverändert und entspricht damit genau dem entsprechenden Menü im Schaltplan-Editor. Richtig Gesellschaft bekommen hat der Befehl ERC im WERKZEUGE-Menü. Sie finden dort jetzt vier weitere Befehle.

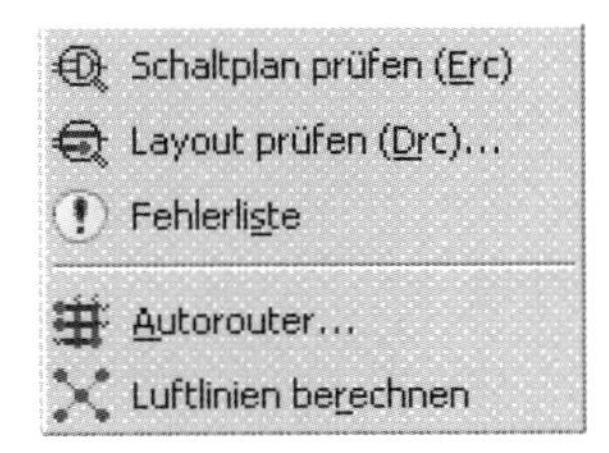

Abb. 1.44: Pulldown-Menü WERKZEUGE

LAYOUT PRÜFEN und FEHLERLISTE beziehen sich auf Design Rules, LUFTLINIEN BERECHNEN ist ein Befehl, der während der Erstellung eines Layouts öfter einmal angewendet wird, um die Platzierung der Bauteile oder die Leitungsführung zu optimieren. Wie schon erwähnt, geht es in diesem Kapitel aber eigentlich nur um die Programmoberfläche und Grundzüge der Bedienung. Die Anwendung des Befehls LUFTLINIEN BERECHNEN wird später ausgiebig beschrieben. Alle weiteren Pulldown-Menüs stimmen inhaltlich und funktionell mit den entsprechenden Menüs im Schaltplan-Editor überein und werden daher hier nicht noch einmal erwähnt.

1.4.2 Die Command Buttons

Werfen Sie nun noch einen Blick auf die Command Buttons. Die neuen Befehle zum Erstellen von Layouts sind ja auch hier enthalten. Betrachten Sie dazu zunächst wieder die einzelnen Gruppen.

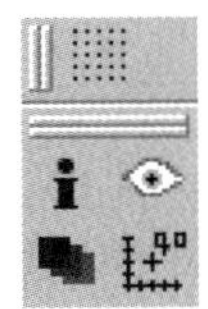

Abb. 1.45: Command Buttons ANSICHT

Die Gruppe von Command Buttons zum Pulldown-Menü ANSICHT entspricht genau der im Schaltplan-Editor. Das war eigentlich auch zu erwarten, da sich das Pulldown-Menü ANSICHT auch nicht geändert hat. Leichte Veränderungen sind in der Gruppe der Command Buttons zum Menü BEARBEITEN zu erkennen.

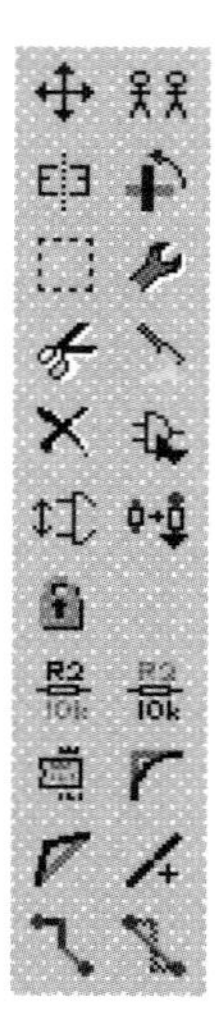

Abb. 1.46: Command Buttons BEARBEITEN

In dieser Gruppe kennen Sie 17 Buttons und deren Befehle schon aus dem Schaltplan-Editor. Vier spezielle Befehle zur Layouterstellung sind neu enthalten. Da die Anzahl der Buttons in dieser Gruppe von 19 im Schaltplan-Editor auf jetzt 21 angewachsen ist, sind demnach alle bis auf zwei Befehle aus dem Schaltplan-Editor weiterhin enthalten. Die ZEICHNEN-Gruppe der Command Buttons zeigt sich ebenfalls verändert.

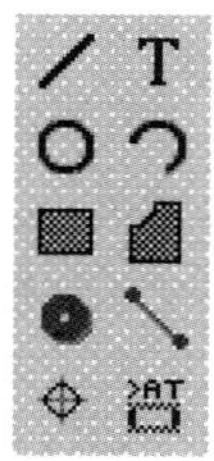

Abb. 1.47: Command Buttons ZEICHNEN

Hier stimmen die ersten sechs Befehle überein, dann aber wurden die folgenden vier Befehle aus dem Schaltplan-Editor durch neue Befehle ersetzt. Bei Eagle 5 ist in beiden Editoren ein Button für Attribute hinzugekommen. Richtig voll geworden ist die Gruppe WERKZEUGE. Im Schaltplan-Editor war hier, genau wie im Pulldown-Menü, nur der Befehl ERC enthalten. Nun tummeln sich hier die Buttons für alle fünf Befehle aus dem Pulldown-Menü WERKZEUGE. Welche Buttons sind mit welchen Befehlen verknüpft? Für eine Beschreibung der zu den Buttons gehörenden Befehle sei auf das Kapitel *Kurzreferenz* verwiesen.

1.4.3 Die Command Texts

Für die Command Texts im Layout-Editor gilt das Gleiche wie im Schaltplan-Editor. Einblenden erfolgt über die Checkbox COMMAND TEXTS im DIRECTORIES-Dialogfenster und die enthaltenen Befehle sowie auch deren Reihenfolgen werden über die Scriptdatei `Eagle.scr` festgelegt. Hier gilt allerdings ein anderer Teil des Scripts:

```
BRD:
Menu Add Change Copy Delete Display Grid Group \
Move Name Quit Rect Route Script Show Signal Split \
Text Value Via Window ';' Wire Write Edit;
```

Listing 1.3: `Eagle.scr` – Einträge für den Layout-Editor

So, damit haben wir die Programmoberfläche ein wenig beschrieben. Für alles, was hier nicht erwähnt wurde, zum Beispiel wenn es um die genaue Funktion eines Befehls und dessen Anwendung geht, sei auf die folgenden Kapitel verwiesen. Dort werden alle Befehle und die Anwendung der Editoren im Rahmen eines Beispielprojekts erklärt.

Kapitel 2

Eagle 5 gegen Eagle 4

2.1 Grundsätzliches

Die erste Auflage dieses Buches beschäftigte sich hauptsächlich mit Eagle in der Version 4.x. Alle vorherigen Versionen wurden kurz erwähnt – ja, es gibt frühere Versionen und man kann auch prima damit arbeiten –, aber genauer betrachtet wurden sie nicht. Wie bei der Weiterentwicklung »vernünftiger« Software üblich, wurde das ursprüngliche Bedienkonzept immer weiter verfeinert, aber nie komplett über den Haufen geworfen.

Eben dieses Prinzip gilt auch für den Übergang von Eagle 4 zu Eagle 5. Hat man sich in die Bedienung von Eagle 4 eingefuchst, so kommt man auch mit Eagle 5 wunderbar zurecht. Es gibt hier und da ein paar kleine Änderungen, die den Anwender zunächst stutzen lassen, aber grundsätzlich lässt sich Eagle 5 genau wie Eagle 4 bedienen.

In diesem Kapitel möchten wir nun – ohne den Anspruch auf Vollständigkeit zu erheben – die Neuerungen in Eagle 5 zeigen und beschreiben.

Warum dieses Kapitel schon an dieser Stelle? Nun, den Einsteiger werden die neuen Funktionen von Eagle 5 an dieser Stelle nicht wirklich interessieren, aber wenn schon Erfahrungen mit Eagle 4 gemacht wurden, sieht die Sache schon anders aus. In dem Fall ist es sicher auch nicht unpraktisch, die (unserer Meinung) wichtigsten Neuerungen konzentriert in einem Kapitel zu finden und nicht verstreut im ganzen Buch. Bleibt noch die Frage nach der Platzierung im Buch – eher vorne oder doch lieber weiter hinten? Wir haben für beide Möglichkeiten Argumente gefunden, uns jedoch schließlich für die Variante »eher vorne« entschieden.

Lesern, die ihre ersten Schritte mit Eagle machen, sei also empfohlen, zunächst die folgenden Kapitel über das in diesem Buch behandelte Beispielprojekt zu lesen, um sich mit den in diesem Kapitel erwähnten Begriffen und Programmfunktionen zunächst vertraut zu machen.

2.2 Erste Auffälligkeiten

2.2.1 Alphablending

Beim Öffnen eines (vorhandenen) Projektes fällt als Erstes auf, dass die Darstellung im Layout-Editor komplett überarbeitet wurde. Der Hintergrund ist jetzt standardmäßig weiß. Die für die einzelnen Layer verwendeten Farben sind ein wenig gedeckter und bei sich in der Darstellung kreuzenden Leiterbahnen in verschiedenen Layern wird mit *Alphablending* die Übersichtlichkeit verbessert. Dabei werden die jeweiligen Leiterbahnen in einem bestimmten Maße transparent und Kreuzungen somit nicht mehr über die Mischfarbe dargestellt wie bisher. Das *Alphablending* kann auch bei schwarz gewähltem Editorhintergrund aktiviert werden. In Abbildung 2.1 und Abbildung 2.2 ist der Unterschied bei schwarzem Hintergrund (hoffentlich) zu erkennen.

Abb. 2.1: Darstellung ohne Alphablending

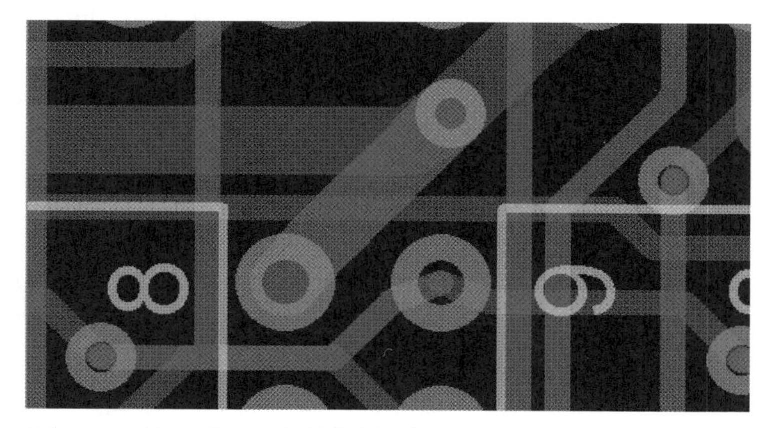

Abb. 2.2: Darstellung mit Alphablending

2.2.2 Seitenvorschau

Im Schaltplan-Editor fällt sofort die Seitenvorschau ins Auge. In dieser zusätzlichen Spalte zwischen Befehls-Buttons und Editorfenster sind alle zum Projekt gehörenden Schaltplanseiten miniaturisiert dargestellt. So kann man sich einfach von Seite zu Seite durchhangeln oder auch gezielt eine bestimmte Seite auswählen.

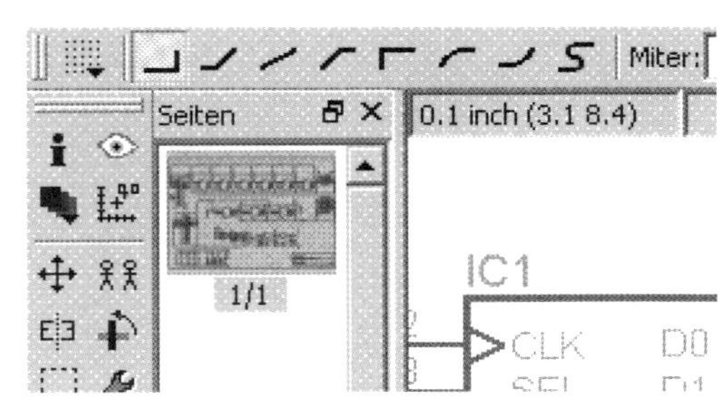

Abb. 2.3: Seitenvorschau im Schaltplan-Editor

Innerhalb der Seitenvorschau können per Drag&Drop die Schaltplanseiten umsortiert werden und über das zugehörige Kontextmenü Schaltplanseiten angelegt bzw. gelöscht werden.

Weitere Unterschiede in den Editoren sind in neu hinzugekommenen Buttons zu finden.

2.2.3 Replace im Schaltplan-Editor

Im Schaltplan-Editor ist jetzt auch ein REPLACE-Button zu finden. Das deutet schon mal darauf hin, dass dieser Befehl stark überarbeitet wurde – und richtig, mit Eagle 5 ist es möglich, Bauelemente im Schaltplan auszuwechseln und bei bestehender Konsistenz zwischen Schaltplan und Layout das entsprechende Bauteil im Layout ebenfalls mit auszuwechseln. So kann man jetzt auf einfache Weise zum Beispiel einen SMD-Widerstand mit Gehäuse 0805 im Schaltplan gegen einen mit Gehäuse 1206 tauschen. Im Layout behält das Bauteil Position und Rotation bei und ändert nur die Bauform.

Dadurch eröffnen sich völlig neue Möglichkeiten – bis hin zu den Bibliotheken. Im Buch wird später detaillierter auf diesen Befehl eingegangen.

2.2.4 Attribute

Eine weitere Neuerung in Eagle 5 sind die so genannten Attribute.

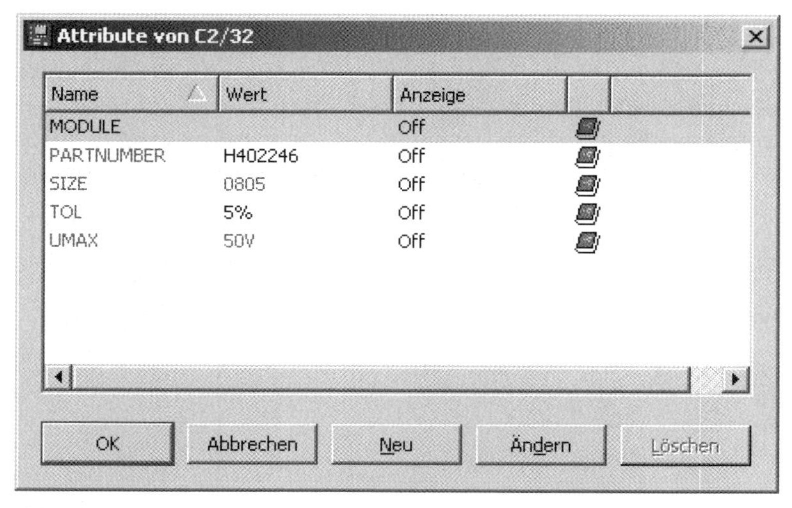

Abb. 2.4: Beispiele für Attribute

Diese Funktion verbirgt sich hinter diesem Button . Zu jedem Bauteil können in einer Bibliothek beliebige Zusatzinformationen als Attribut hinzugefügt werden. Das könnte zum Beispiel eine Artikelnummer sein, eine Bestellnummer beim Bauteillieferanten oder eine spezielle Eigenschaft des Bauteils selbst. Diese Attribute sind den einzelnen »Technology«-Varianten eines Bauteils zugeordnet. In dem Dialogfenster aus Abbildung 2.4 können die angelegten Attribute gezeigt und auch bearbeitet werden. Natürlich hat man auch über ein ULP vollständigen Zugriff auf die Attribute.

2.2.5 Kontextmenü

Nach kurzer Arbeit mit Eagle 5 fällt auf, dass die rechte Maustaste mit völlig neuen Funktionen ausgestattet wurde. Die bisherigen Funktionen, zum Beispiel beim Drehen von Bauteilen, sind weiterhin vorhanden, aber überall dort, wo bei Eagle 4 die rechte Maustaste keine Funktion hatte, erscheint bei Eagle 5 ein Kontextmenü, das je nachdem, ob ein Bauteil oder eine Leiterbahn im Fokus steht, wie in Abbildung 2.5 gezeigt aussieht.

Man kann also jetzt, ohne mit der Maus auf die *Command Buttons* wandern zu müssen, alle für Bauteile sinnvollen Befehle aus dem Kontextmenü auswählen – sehr schön! Mit der Option WEITERSCHALTEN kann bei nicht eindeutiger Auswahl der Fokus auf die in Frage kommenden Elemente des Layouts weitergeschaltet werden – so, wie es bei Eagle 4 mit der rechten Maustaste in Verbindung mit zum Beispiel dem Befehl MOVE funktionierte.

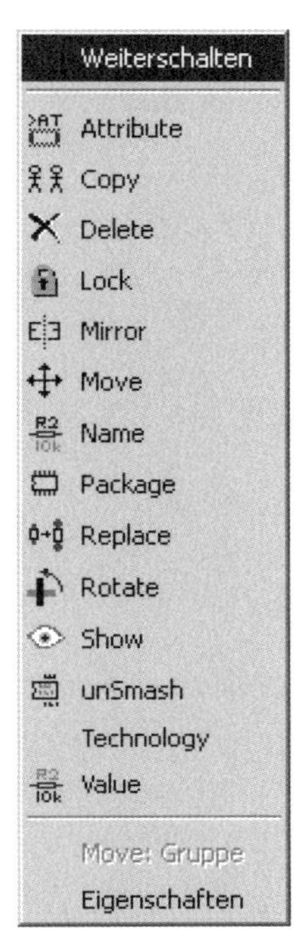

Abb. 2.5: Kontextmenü mit Bauteil im Fokus

Der Befehl MOVE ist durch dieses Kontextmenü leicht modifiziert, wie am vorletzten Eintrag des Menüs zu erkennen ist. Möchte man eine Gruppe bewegen, so erscheint nach Betätigung der rechten Maustaste zunächst dieses Menü. Nun muss man einfach den Eintrag MOVE: GRUPPE wählen und dann ist wieder alles wie bei Eagle 4.

Tipp

Wird bei dem Rechtsklick gleichzeitig die [Strg]-Taste gedrückt, wird das Kontextmenü unterdrückt.

Das Kontextmenü bei ausgewählter Leiterbahn sieht etwas anders aus (siehe Abbildung 2.6).

Hier sind nun alle für Leiterbahnen sinnvollen Befehle aufgelistet. Der Eintrag WEITERSCHALTEN ist nicht vorhanden, da in diesem Fall die gewünschte Leiterbahn eindeutig angewählt war, weil sie mit großem Abstand zu weiteren Elementen verlegt wurde.

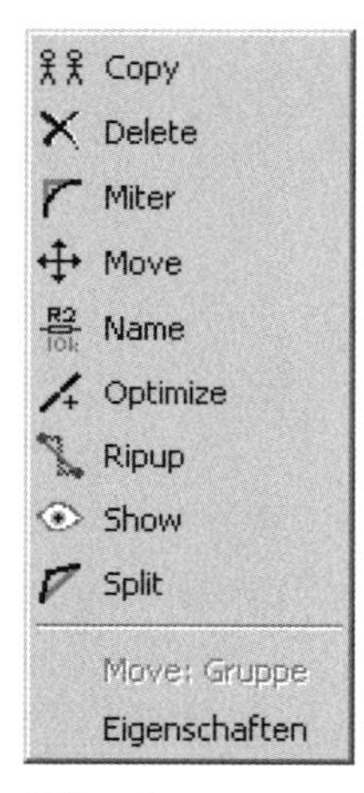

Abb. 2.6: Kontextmenü mit Leiterbahn im Fokus

2.3 Die Neuerungen unter der Haube

2.3.1 Bauteileigenschaften/Info

Einige Worte noch zum Eintrag EIGENSCHAFTEN. Hier verbirgt sich der ehemalige Befehl Info .

Das Infofenster wurde bei Eagle 5 deutlich überarbeitet und sieht für Bauteile (Elemente) wie in Abbildung 2.7 aus. In Eagle 4 handelte es sich dabei um ein reines Anzeigefenster und wurde in Eagle 5 durch ein Dialogfenster ersetzt, in dem die Eigenschaften des betreffenden Elementes angepasst werden können.

2.3.2 Popup-Menüs für Buttons

Betrachtet man die Befehls-Buttons ein wenig genauer, so fällt bei einigen ein Pfeil im Button auf. Einige Buttons haben jetzt ein Popup-Menü, das eine Liste der zuletzt verwendeten Objekte bzw. benutzerdefinierte Aliase enthält (je nach Button-Typ). Um diese Liste zu öffnen, klicken Sie auf den Button und halten die Maustaste gedrückt, bis die Liste erscheint (ein Rechtsklick führt ebenfalls zum Ziel). Die Popup-Menüs für die Befehle DISPLAY, GRID und WINDOW enthalten zwei spezielle Einträge: LAST und NEU...

LAST stellt die vorherigen Einstellungen wieder her und NEU... erfragt vom Benutzer einen Namen, unter dem die aktuellen Einstellungen gespeichert werden sollen.

Tipp

Auch in der deutschen Programmversion heißt der Eintrag LAST, da dies ein Schlüsselwort der Befehle ist und auch in Scripten funktionieren muss.

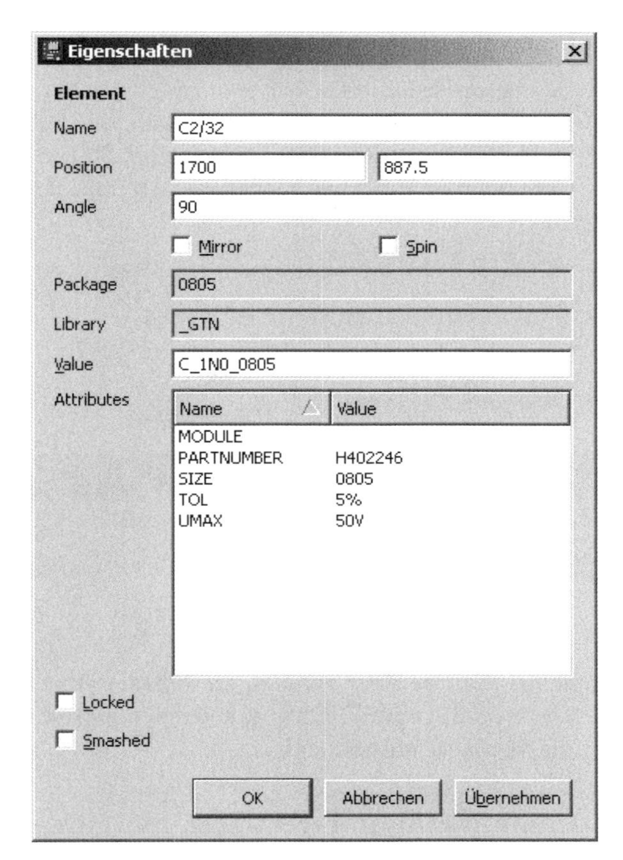

Abb. 2.7: Infofenster für Elemente

Abb. 2.8: Popup-Menü für GRID

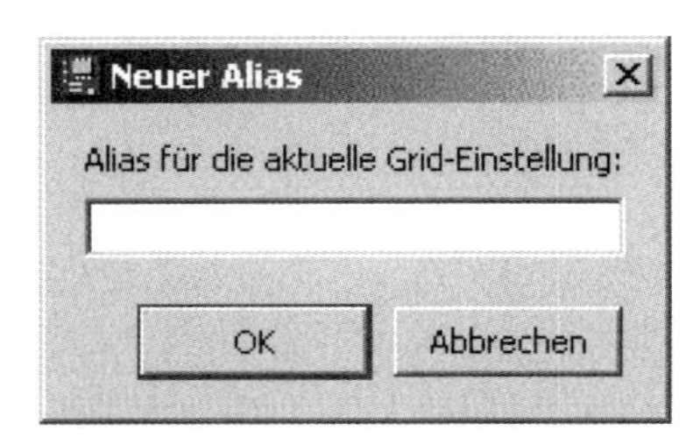

Abb. 2.9: Eingabedialogfeld für Alias-Namen

2.3.3 Aliase für Befehls-Parameter

Die Befehle DISPLAY, GRID und WINDOW verfügen jetzt über eine erweiterte Syntax, in der solche ALIASE für Befehls-Parameter verwendet werden können. Die entsprechenden Eingaben werden in der Kommandozeile vorgenommen. So können zum Beispiel bestimmte Rastereinstellungen immer wieder einfach über ein solches Alias aufgerufen und eingestellt werden.

Für den Befehl DISPLAY kann so zum Beispiel einfach eine persönliche Lagenfolge festgelegt werden.

Alias definieren: DISPLAY = MyLayers None Top Bottom Pads Vias Unrouted

Alias expandieren und ausführen: DISPLAY MyLayers

Tipp

Der Aliasname darf beim Aufruf abgekürzt werden und Groß-/Kleinschreibung spielt keine Rolle.

2.3.4 Position eines Bauteils verriegeln

Der neu eingeführte Befehl LOCK kann dazu benutzt werden, die Position eines Bauteils im Board zu verriegeln. Der Aufhängepunkt ORIGIN eines verriegelten Bauteils wird als *x* dargestellt, um die Verriegelung anzuzeigen.

2.3.5 Negierte Namen

Eagle 5 ist jetzt in der Lage, die Namen von negierten Signalen mit einem Überstrich darzustellen. Hierfür muss dem Namen ein Ausrufezeichen vorangestellt werden.

!RESET würde dann zum Beispiel folgendermaßen im Schaltplan oder Layout erscheinen: $\overline{\text{RESET}}$

Diese Möglichkeit ist nicht auf Signalnamen beschränkt, sondern kann in allen Texten verwendet werden. Es ist auch möglich, nur einen Teil eines Textes mit einem Überstrich zu versehen:

!RST!/NMI ergibt folgende Darstellung:

$\overline{\text{RST}}\text{/NMI}$

oder R/!W ergibt:

$\text{R/}\overline{\text{W}}$

Zu beachten ist das zweite Ausrufezeichen, das das Ende eines Überstriches markiert. Ein Text kann beliebig viele Überstriche enthalten. Möchte man in einem solchen Text sowohl Überstriche als auch Ausrufezeichen darstellen, so verhindert man die Erzeugung eines Überstriches durch einen dem Ausrufezeichen vorangestellten Backslash »\«.

Kein Überstrich wird generiert, wenn das Ausrufezeichen

- das letzte Zeichen eines Textes ist
- von einem Leerzeichen gefolgt wird
- von einem weiteren Ausrufezeichen gefolgt wird
- von einem Apostroph oder Anführungszeichen gefolgt wird
- von einer schließenden Klammer irgendeiner Form gefolgt wird

Steht ein Ausrufezeichen oder Komma ohne vorangestellten Backslash nach einem Ausrufezeichen, das einen Überstrich begonnen hat, so beendet es den Überstrich.

Tipp

Beim Update von Dateien aus früheren Versionen wird ein Backslash in einem Pin-, Net-, Bus- oder Signalnamen durch ein entsprechendes Ausrufezeichen ersetzt.

2.3.6 Zeichnungsrahmen

Eagle 5 stellt einen Befehl namens FRAME zur Verfügung. Dieser kann benutzt werden, um einen Rahmen mit nummerierten Spalten und Zeilen zu zeichnen. In einem ULP kann durch das Objekt UL_FRAME auf die Daten eines Zeichnungsrahmens zugegriffen werden.

2.3.7 Querverweis-Labels

Ein LABEL an einem Netzsegment hat in Eagle 5 eine neue Eigenschaft namens XREF, mit der es in den QUERVERWEIS-MODUS geschaltet werden kann. Damit ist es möglich, Netze, die sich über mehrere Schaltplanseiten erstrecken, mit einem Hinweis über die Fortführung auszustatten. In diesem Modus zeigt das Label seinen Text etwas versetzt zu seinem Aufhängepunkt an, damit es passend am Ende eines Netzes oder Wires platziert werden kann. Ein Querverweis-Label verbindet sich mit dem Ende eines Netzes oder Wires derart, dass es sich mit dem Netz/Wire mitbewegt und umgekehrt.

Die Darstellung von Querverweis-Labels kann im Dialogfenster OPTIONEN EINSTELLUNGEN VERSCHIEDENES definiert werden. Hier ist eine Liste der hierfür verwendbaren Platzhalter:

%F aktiviert das Zeichnen eines Rahmens um das Label

%N der Name des Netzes

%S die nächste Seitennummer

%C die Spalte auf der nächsten Seite

%R die Zeile auf der nächsten Seite

Die Platzhalter können in beliebiger Reihenfolge verwendet werden. Das Standard-Format ist %F%N/%S.%C%R. Neben den definierten Platzhaltern können Sie auch beliebige andere ASCII-Zeichen verwenden.

Bei der Ermittlung der Spalte und Zeile eines Netzes auf einer Schaltplanseite wird das umschließende Rechteck um alle Netz-Segmente auf dieser Seite betrachtet.

Für höhere Seitennummern werden die Rahmen-Koordinaten der linken oberen Ecke dieses Rechtecks genommen, während für niedrigere Nummern die der rechten unteren Ecke genommen werden. Abhängig von der tatsächlichen Lage der Netz-Wires kann es daher vorkommen, dass manche Netze das im Querverweis-Label angegebene Koordinatenfeld nicht wirklich tangieren.

Die Orientierung eines Querverweis-Labels bestimmt, ob es auf eine höhere oder niedrigere Schaltplanseitennummer verweist. Labels mit einer Orientierung von R0 oder R270 zeigen zum rechten bzw. unteren Rand der Zeichnung und beziehen sich daher auf eine höhere Seitennummer. Entsprechend verweisen Labels mit einer Orientierung von R90 oder R180 auf eine niedrigere Seitennummer. Hat ein Label eine Orientierung von R0 oder R270, aber das Netz, an dem es hängt, kommt auf keiner höheren Seite vor, so wird stattdessen ein Verweis auf die nächstniedrigere Seite angezeigt (Entsprechendes gilt für R90 und R180). Kommt das Netz ausschließlich auf der aktuellen Seite vor, so wird keinerlei Querverweis angezeigt, sondern nur der Netzname (mit Rahmen, falls das Format den %F-Platzhalter enthält).

2.3.8 Bauteil-Querverweise

Was für Netze nützlich ist, kann auch bei Bauteilen sinnvoll sein. Als Beispiel können hier Relais angeführt werden. Die Ansteuerung der Relaisspule ist oftmals an völlig anderer Stelle im Schaltplan platziert als die Kontakte. Über einen Bauteil-Querverweis kann nun die Zugehörigkeit der Kontakte zu ihrer Relaisspule dokumentiert werden. Dieser Querverweis erfolgt immer zum MUST-Gatter eines Device – hier die Relaisspule.

Das Anzeigeformat eines Bauteil-Querverweises kann im Dialogfeld OPTIONEN EINSTELLUNGEN VERSCHIEDENES festgelegt werden. Folgende Platzhalter sind definiert und können in beliebiger Reihenfolge verwendet werden:

%S die Seitennummer

%C die Spalte auf der Seite

%R die Zeile auf der Seite

Das Standard-Format ist /%S.%C%R. Neben den definierten Platzhaltern können Sie auch beliebige andere ASCII-Zeichen verwenden.

2.3.9 Kontaktspiegel

Hier wird der Bauteil-Querverweis speziell für Elektro-Schaltpläne angewendet.

In Elektro-Schaltplänen mit Elektro-mechanischen Relais, deren Spulen und Kontakte auf unterschiedliche Seiten verteilt sind, ist es nützlich, sehen zu können, auf welchen Seiten sich die einzelnen Kontakte eines Relais befinden. Eagle 5 kann einen solchen Kontaktspiegel automatisch anzeigen, wenn folgende Voraussetzungen erfüllt sind.

- Die Kontakt-Symbole müssen den Platzhaltertext >XREF enthalten, damit Bauteil-Querverweise erzeugt werden.
- Die Kontakt-Symbole sollten so gezeichnet werden, dass die Pins nach oben bzw. unten zeigen und dass der Ursprung in der Mitte des Symbols liegt.
- Das erste Kontakt-Gatter in der Device-Set-Zeichnung sollte an der X-Koordinate 0 platziert werden, und seine Y-Koordinate sollte so groß sein, dass sein unterer Pin sich im positiven Bereich befindet, typischerweise bei 100 mil. Die restlichen Kontakt-Gatter sollten rechts davon platziert werden, mit ihrem Ursprung an der gleichen Y-Koordinate wie das erste. Das Spulen-Gatter kann an einer beliebigen Stelle platziert werden.

Im Schaltplan wird der Kontaktspiegel an derselben X-Koordinate dargestellt wie die Spule und direkt unterhalb der Y-Koordinate, die durch den Platzhaltertext >CONTACT_XREF definiert wird. Dieser Platzhaltertext kann entweder in einem Zeichnungsrahmen-Symbol oder direkt auf der Schaltplanseite platziert werden. Kommt er an beiden Stellen vor, so wird derjenige in der Schaltplanseite genommen. Der Text selber ist auf der Schaltplanseite nicht sichtbar.

Die grafische Darstellung des Kontaktspiegels besteht aus allen Gattern, die einen >XREF-Platzhaltertext haben (ausgenommen das erste MUST-Gatter, hier die Spule). Die Gatter werden um 90 Grad gedreht und von oben nach unten in dem gleichen Abstand dargestellt, den sie im Device-Set von links nach rechts haben. Ihre Seitennummern und Zeichnungsrahmen-Koordinaten werden rechts neben jedem verwendeten Gatter angezeigt. Jegliche anderen Texte, die in den Symbolen definiert wurden, werden nicht dargestellt, wenn die Symbole zur Anzeige des Kontaktspiegels verwendet werden.

Tipp

Der Kontaktspiegel kann nicht mit der Maus selektiert werden. Falls Sie ihn verschieben wollen, so bewegen Sie die Spule und der Kontaktspiegel folgt ihr automatisch. Es kann vorkommen, dass der Kontaktspiegel nach dem Einfügen, Verschieben, Löschen oder Vertauschen von Kontakt-Gattern beziehungsweise einer Veränderung des >CONTACT_XREF-Platzhaltertexts nicht mehr aktuell ist. Ein neuer Bildaufbau aktualisiert ihn wieder.

2.3.10 Mindestabstände zwischen Netzklassen

Eagle 5 hat den Befehl CLASS mit einer neuen Möglichkeit ausgestattet, den Mindestsignalabstand zwischen verschiedenen Netzklassen einzustellen. Dies geschieht nun in Form einer Matrix, wodurch es möglich ist, für jede Kombination zweier Netzklassen einen separaten Mindestabstand festzulegen. Hierzu wurde das Netzklassen-Dialogfenster um eine zweite Seite erweitert, die durch den Pfeil-Button erreicht wird. Diese zweite Seite sieht dann aus, wie in Abbildung 2.10 dargestellt.

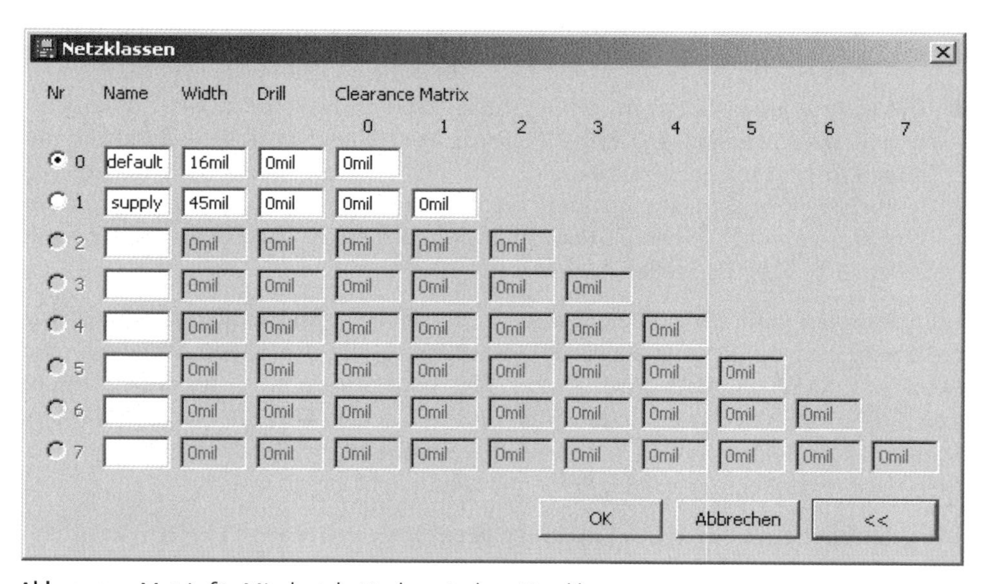

Abb. 2.10: Matrix für Mindestabstände zwischen Netzklassen

2.3.11 Kopieren von Gruppen

Der Befehl COPY wurde in Eagle 5 um die Möglichkeit erweitert, auch Gruppen kopieren zu können. Eine selektierte Gruppe wird dazu bei ausgewähltem COPY-Befehl mit der rechten Maustaste angeklickt. Sind Schaltplan und Layout gleichzeitig geöffnet und befinden sich in Konsistenz, so wird eine kopierte Gruppe im Schaltplan automatisch im Layout hinzugefügt – allerdings nur die Bauteile mit Verschaltung als Airwires –, die Platzierung der Bauteile und Verlegung der Leiterbahnen muss noch vorgenommen werden. Soll eine Gruppe im Layout kopiert werden, so funktioniert das nur bei nicht vorhandener Konsistenz zwischen Layout und zugehörigem Schaltplan. Wendet man diese Funktion zum Klonen von Schaltungsteilen an, so gilt im Grunde die gleiche Vorgehensweise, wie sie im Kapitel *Spezialfälle* beschrieben ist. Man spart nur einen Arbeitsgang, da nicht mehr die Befehle CUT und PASTE separat angewendet werden müssen.

2.3.12 Design Rule Check (DRC)

- Der Design Rule Check (DRC) meldet jetzt Wires in Versorgungs-Layern als Fehler, wenn sie Bestandteil eines Signals sind, das an irgendein PAD oder SMD angeschlossen ist.
- Der DRC prüft jetzt immer alle Signal-Layer, egal ob sie momentan eingeblendet sind oder nicht.
- Der DRC unterscheidet jetzt zwischen Verletzungen des Mindestabstands (»Clearance«) und echten Überlappungen (»Overlap«) zwischen Kupfer von unterschiedlichen Signalen.
- Wenn Design-Regeln verändert wurden, markiert das Design-Regeln-Dialogfenster jetzt deren Namen mit einem Stern.

2.3.13 Electrical Rule Check (ERC)

- Die Ergebnisse des ERC werden jetzt in einem Dialogfenster angezeigt, bei dem ein Klick auf einen Eintrag das entsprechende Ergebnis im Zeichenfenster grafisch markiert.
- Der ERC prüft jetzt Bauteile mit benutzerdefinierten Werten auf das Vorhandensein eines tatsächlichen Wertes.
- Der ERC warnt jetzt, wenn ein Input-Pin eines nicht verwendeten Gatters offen ist.
- Der ERC warnt jetzt, wenn ein Netz aus mehreren Segmenten besteht und eines oder mehrere davon nicht seine Zugehörigkeit zu einem größeren Netz – zum Beispiel durch ein LABEL, einen BUS oder einen SUPPLY-PIN – anzeigt.
- Der ERC prüft jetzt, ob der Name eines Netz-Segmentes, das an einen BUS angeschlossen ist, auch wirklich in diesem BUS enthalten ist.
- Der ERC warnt jetzt, wenn ein Pin an einem Netz angeschlossen ist, es aber keine sichtbare Verbindung gibt.

2.3.14 Ratsnest

Ausgewählte Luftlinien ausblenden

Manchmal kann es sinnvoll sein, die Luftlinien von bestimmten Signalen auszublenden, zum Beispiel wenn diese später durch ein Polygon verbunden werden. Typischerweise sind dies Versorgungssignale, die viele Luftlinien haben, aber nicht explizit geroutet werden und so nur die Luftlinien anderer Signale verdecken.

Um Luftlinien auszublenden, kann der RATSNEST-Befehl mit einem Ausrufezeichen, gefolgt von einer Liste von Signalnamen, aufgerufen werden:

```
RATSNEST ! GND VCC
```

Hiermit würden die Luftlinien der Signale GND und VCC ausgeblendet.

Um die Luftlinien wieder einzublenden, geben Sie einfach den RATSNEST-Befehl ohne das Ausrufezeichen mit der Liste der Signale ein:

```
RATSNEST GND VCC
```

Damit wird die Anzeige der Luftlinien der Signale GND und VCC aktiviert und diese werden auch gleich neu berechnet. Auf diese Weise lassen sich auch die Luftlinien und Polygone nur für bestimmte Signale neu berechnen.

Die Signalnamen können Platzhalter enthalten, und die beiden Varianten können kombiniert werden, wie in

```
RATSNEST D* ! ?GND VCC
```

womit die Luftlinien aller Signale, deren Namen mit `D` beginnen, neu berechnet und angezeigt werden, und die Luftlinien der verschiedenen GND-Signale (wie AGND, DGND etc.) und des VCC-Signals ausgeblendet werden.

Tipp

Der Befehl wird von links nach rechts abgearbeitet, so dass für den Fall, dass es ein DGND-Signal gibt, dieses im Beispiel zuerst für die Anzeige neu berechnet wird, seine Luftlinien dann aber ausgeblendet werden.

Ausgeblendete Luftlinien werden mit SHOW nicht angezeigt und können auch nicht selektiert werden.

Um sicherzustellen, dass alle Luftlinien eingeblendet sind, geben Sie Folgendes ein:

```
RATSNEST *
```

2.3.15 Neues beim Route-Befehl

- Die Combo-Box VIA-LAYERS wurde aus der Parameter-Toolbar des ROUTE-Befehls entfernt, da der ROUTE-Befehl das minimal nötige VIA für eine Verbindung immer automatisch ermittelt.
- Der ROUTE-Befehl kann jetzt Luftlinien über den Signalnamen selektieren.
- Der ROUTE-Befehl erlaubt es nicht mehr, in Versorgungs-Layern zu routen.
- Mit gedrückter [Strg]-Taste kann der ROUTE-Befehl den ROUTE-Vorgang auch an einem VIA beginnen

2.3.16 Polygone

- Beim Freirechnen von Signal-Polygonen werden runde Objekte jetzt so abgezogen, dass der dabei entstehende Fehler 0.05 mm (50 micron) nicht übersteigt. Das bedeutet, dass der Abstand zwischen einem Objekt und einem generierten Polygon um bis zu 0.05 mm größer sein kann als der für die Clearance bzw. Isolation definierte Wert. Dies wird gemacht, um die Anzahl der Polygon-Ecken in einem vernünftigen Rahmen zu halten.
- Signal-Polygone im »Urzustand« werden jetzt als gepunktete Wires dargestellt, um sie von anderen Wires unterscheiden zu können.
- Das Freirechnen von Polygonen in Signalen, die auch andere WIRES, VIAS, PADS oder SMDS enthalten, wurde korrigiert. Liegt keines dieser anderen Objekte auf demselben Layer wie das Polygon, wurde in Eagle 4 das Polygon freigerechnet, anstatt nur als Umriss dargestellt zu werden.

Risiko

Diese Korrektur kann dazu führen, dass Polygone, die bisher freigerechnet wurden, nun nicht mehr freigerechnet werden, und daher beim Ausdruck oder in den CAM-Daten fehlen! Diese Polygone hatten kein definiertes Potenzial, da sie nicht mit dem Rest des gleichnamigen Signals verbunden waren.

So viel zu den Neuerungen, die Eagle ab der Version 5 mitbringt. Einiges kommt eher unscheinbar daher, entpuppt sich in der Praxis aber oft als große Hilfe. Anderes scheint ein großer Fortschritt, macht sich aber bei der Arbeit nur selten bemerkbar ... entscheiden Sie selbst!

## Kapitel 3

Die erste Leiterplatte!

3.1 Achtung!

Eagle wird und wurde in verschiedenen Ausbaustufen lizenziert. Da die einzelnen Programmteile Schaltplan-Editor, Layout-Editor und Autorouter unabhängig voneinander funktionieren, sind mit Sicherheit diverse Kombinationen aus nur zwei oder gar einer einzigen Komponente (im Allgemeinen dann der Layout-Editor) im Umlauf. Je nach Umfang der verwendeten Lizenz kann es also vorkommen, dass eine beschriebene Vorgehensweise nicht oder nur eingeschränkt möglich ist.

Dieses Kapitel beschreibt nun die Erstellung einer einfachen Leiterplatte – bei den Vorüberlegungen angefangen bis zum fertigen Layout. Dies geschieht, so weit möglich, unter Berücksichtigung der oben genannten Unterschiede der jeweiligen Lizenzen. Wir gehen dabei in der Beschreibung vor, wie man es auch bei der Arbeit mit Eagle machen würde. Das heißt, wir beschreiben nicht alle Befehle und Funktionen von Eagle nacheinander in einem bestimmten Kapitel, sondern immer dann, wenn man sie bei der Arbeit verwenden kann oder muss. Die verwendeten Funktionen und Befehle werden in diesem Kapitel auch nicht erschöpfend behandelt, sondern es wird immer nur der Teil beschrieben, der im Moment zur Anwendung kommt. Das mag vielleicht unübersichtlich erscheinen, aber gerade bei Eagle eröffnen sich unserer Meinung nach auf diese Weise die Funktionen und Möglichkeiten, die das Programm bietet, am wirkungsvollsten. Wer direkte Informationen zu bestimmten Themen sucht, der sei hierbei auf den Index am Ende des Buches verwiesen.

3.2 Das Projekt

Die Auswahl des in diesem Kapitel behandelten Projekts wurde von so einigen Vorgaben bestimmt, die sich aus der Zielsetzung dieses Buches ergaben. Das Projekt sollte zum Beispiel nicht allzu viele Bauteile enthalten, da es auch mit der Light-Version von Eagle möglich sein soll, alle gezeigten Schritte vom Beginn bis zur Fertigstellung der Leiterplatte nachzuvollziehen. Auf der anderen Seite sollten aber doch einige »Fallstricke« vorhanden sein, um zeigen zu können, wie diese mit den Werkzeugen, die Eagle bietet, umgangen werden können. Ein weiterer Punkt war, ein einigermaßen interessantes Projekt auszuwählen, damit ein großer Teil der Leser damit etwas anfangen kann. Die Wahl fiel hier auf ein Projekt, das mit Computern zu tun hat: ein Parallelport-Interface zur Ansteuerung von Relais.

Das Projekt beschränkt sich auf relativ wenige Standardbauteile, die im Allgemeinen sehr leicht zu beschaffen sind. Die gesamte Schaltung lässt sich auf einer halben Euro-Platine unterbringen und der Schaltplan dazu passt auf ein Blatt.

Hier soll zunächst die Vorgehensweise zur Erstellung einer Leiterplatte beschrieben werden, die von *Cadsoft* und auch von uns als die sinnvollste angesehen wird. Dabei wird mit der Erstellung eines Schaltplans mit dem Schaltplan-Editor begonnen. Danach wird aus den Schaltplandaten die Leiterplatte im Layout-Editor erstellt. Die Bedienung von Eagle wird in diesem Kapitel über die Maus, Buttons und Dialogfenster erfolgen. Weiterführende Bedienmöglichkeiten werden an späterer Stelle beschrieben.

3.3 Erste Stufe: Der Schaltplan

3.3.1 Einführung in die Arbeit mit Eagle

Sie haben nun den Schaltplan-Editor das erste Mal gestartet und einiges über Voreinstellungen gelernt. Wie aber teilen Sie Eagle mit, was Sie machen möchten? Dazu stellt Eagle eine Reihe von Befehlen zur Verfügung, die es erlauben, einen Schaltplan bzw. ein Layout komfortabel zu erstellen. Die Arbeitsweise unterscheidet sich dabei nicht von anderen CAD-Programmen. Sie überlegen sich zunächst, was Sie tun möchten, wählen den entsprechenden Befehl aus und fangen dann an, das jeweilige Projekt zu bearbeiten. Wie die einzelnen Befehle lauten, was man damit machen kann und wie sie angewendet werden, wollen wir in diesem Kapitel einführend anhand einer kleinen Beispielschaltung zeigen. Es wird zunächst bewusst auf Sonderfälle und spezielle Vorgehensweisen für Fortgeschrittene verzichtet, um einfach zu zeigen, wie man problemlos eine Schaltung im Schaltplan-Editor anlegt und daraus auf direktem Wege ein Layout erstellt.

Die Befehle können bei Eagle stets auf vier unterschiedliche Arten ausgewählt werden. Sie können

1. in den Pulldown-Menüs den gewünschten Befehl auswählen
2. den gewünschten Befehl, so Sie ihn kennen, in das Eingabefeld eintippen
3. den Befehl aus den Command Buttons am linken Bildschirmrand auswählen oder
4. zur Auswahl des Befehls die Command Texts am rechten Bildschirmrand wählen

Wie man es anstellt, den gewünschten Befehl auszuwählen, bleibt also jedem Anwender und seinen Vorlieben oder Gewohnheiten selbst überlassen. Allerdings kostet jede überflüssige Darstellung von Menüs oder Buttons Platz auf dem Bildschirm.

3.3.2 Ein neues Projekt

Der erste Schritt zu unserer ersten eigenen Leiterplatte ist, ein neues Projekt anzulegen. Dazu klicken Sie im in Abbildung 3.1 dargestellten Kontextmenü des Projektordners PROJEKTE auf NEUES PROJEKT.

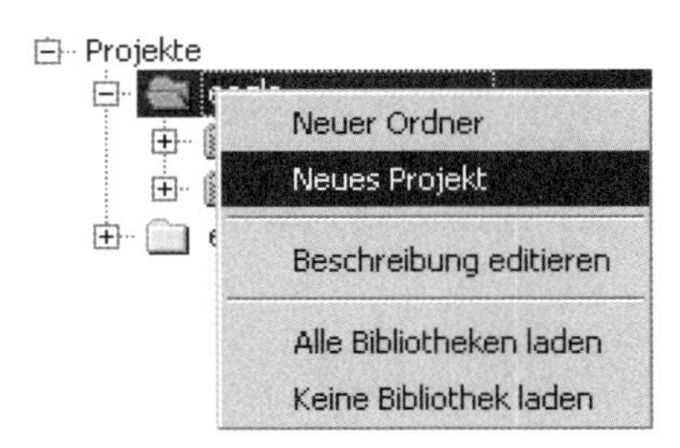

Abb. 3.1: Neues Projekt anlegen

Es erscheint dann folgender in Abbildung 3.2 gezeigter neuer Eintrag in der Baumstruktur.

Abb. 3.2: Neues, leeres Projekt

Der Name des neuen Projekts kann sofort geändert werden. Sie können es zum Beispiel LPT-INTERFACE nennen. Ist der Name eingetragen, kann noch eine kurze Beschreibung, wie in Kapitel 4 beschrieben wird, erstellt werden. Dazu klicken Sie im Kontextmenü aus Abbildung 3.1 auf BESCHREIBUNG EDITIEREN und können dann eine kurze Beschreibung erstellen. Soll ein strukturierter Text erstellt werden, so ist das *Rich Text Format* zu verwenden. Eine Syntax ist im Anhang enthalten.

Das Ganze könnte dann zunächst wie in Abbildung 3.3 aussehen.

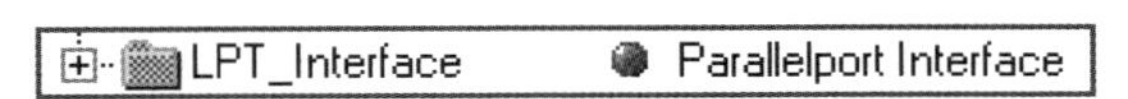

Abb. 3.3: Fertig benanntes Projekt

Der nächste Schritt ist das Anlegen eines neuen Schaltplans. Dazu öffnen Sie wie in Abbildung 3.4 das Kontextmenü des gerade angelegten Projekts und klicken auf NEU und dann auf SCHALTPLAN.

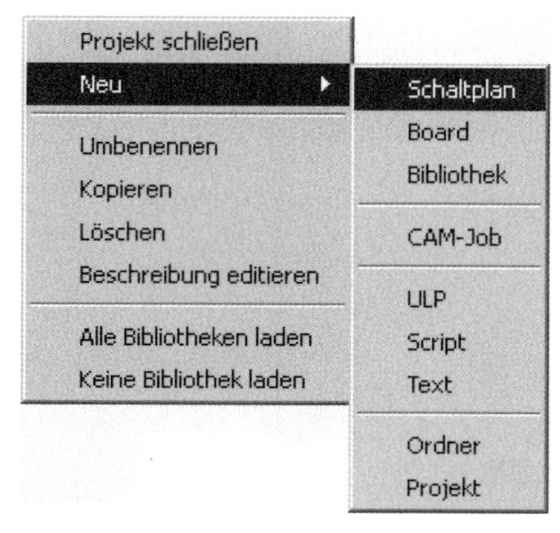

Abb. 3.4: Neuen Schaltplan erstellen

Nun öffnet sich der Schaltplan-Editor und Sie haben ein leeres Schaltplanblatt vor sich.

3.3.3 Einstellarbeiten

Wie im letzten Abschnitt beschrieben, sind vor Beginn der eigentlichen Arbeit einige Einstellungen am Editor vorzunehmen. Einzustellen sind zum einen Punkte, die die Bedienung des Editors betreffen. Hier kann alles so gestaltet werden, wie Sie es mögen. Zum anderen sind Einstellungen vorzunehmen, die sich auf das Arbeiten mit dem Schaltplan auswirken.

Tipp

Die Voreinstellung der Editoren kann über das Pulldown-Menü im Control Panel und auch in den Editoren vorgenommen werden. Die getroffenen Einstellungen haben immer Einfluss auf beide Editoren.

Um die Grundeinstellungen vorzunehmen, öffnen Sie das in Kapitel 2 schon einmal erwähnte Dialogfenster BENUTZEROBERFLÄCHE aus dem OPTIONEN-Menü des Control Panel.

In Abbildung 3.5 sind die Grundeinstellungen des Editors beim ersten Aufruf nach der Installation dargestellt.

Im Abschnitt SYMBOLLEISTEN UND MENÜS können Sie je nach Vorliebe verschiedene Toolbars ein- und ausblenden und, wenn Sie wollen, auch die Menüleiste ausblenden. Probieren Sie es einfach aus! Wer schon lange mit älteren Eagle-Versionen vor Version 3.55 gearbeitet hat, kann durch Deaktivierung der Option BEFEHLSMENÜ und Aktivierung der Option TEXTMENÜ anstatt der als Symbole dargestellten Befehle an der linken Bildschirmkante die ausgeschriebenen Befehle an der rechten Bildschirmkante einblenden. Welche Befehle in der Liste erscheinen und in welcher Reihenfolge, kann wie bisher mit einer Scriptdatei bestimmt werden.

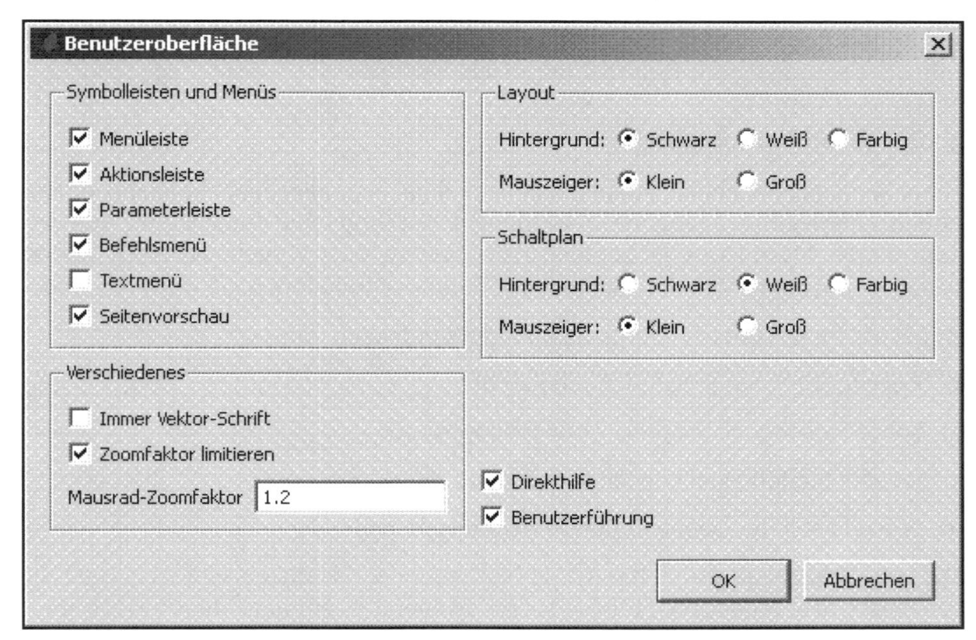

Abb. 3.5: Grundeinstellung der Editoren

Der Abschnitt VERSCHIEDENES betrifft die in den Editoren verwendeten Schriftarten und das Verhalten bei Verwendung einer Maus mit Scrollrad. Mit der Option IMMER VEKTOR-SCHRIFT kann gewählt werden, ob die Beschriftungen im Schaltplan oder im Layout in einer Proportionalschrift oder eben in einer Vektor-basierten Schrift dargestellt werden.

Tipp

Verwenden Sie, wenn möglich, die Eagle-Vektorschrift! Nur so können Sie sicherstellen, dass zum Beispiel die Beschriftungen im Schaltplan oder ein Bestückungsaufdruck auf der Leiterplatte so erscheinen, wie es vorgesehen ist.

ZOOMFAKTOR LIMITIEREN bedeutet, dass der Editor eine Vergrößerung der Darstellung über ein bestimmtes Maß hinaus nicht zulässt, da es unter Umständen zu Problemen mit verschiedenen Grafiktreibern unter Windows kommen kann. Über die Option MAUSRAD-ZOOMFAKTOR kann eingestellt werden, in welchen Schritten die Darstellung beim Drehen des Scrollrades vergrößert oder verkleinert wird. Die

Eingabe von 0 deaktiviert die Funktion und ein eventuell angegebenes Vorzeichen bestimmt die Drehrichtung des Scrollrades. Die weiteren Einstellungen sind eigentlich selbsterklärend. Es kann der Hintergrund der Editoren jeweils auf Schwarz oder Weiß eingestellt und die Größe des Mauscursors gewählt werden.

Die nützlichsten Einstellungen zu Beginn haben Sie jetzt geschafft, jetzt geht's mit Überlegungen zum Leiterplattenprojekt weiter.

3.3.4 Grundsteinlegung

Bevor Sie jetzt die ersten Schritte auf dem Weg zur Leiterplatte machen, sollten einige Überlegungen angestellt werden, deren Ergebnis das spätere Arbeiten enorm erleichtern kann. Es gilt hier insbesondere, dass Vorgehensweisen, die im ersten Moment viel Arbeit bedeuten, am Ende wahrscheinlich die besseren sind.

Zunächst stehen Entscheidungen zu folgenden Fragen an:

1. Erstelle ich einen Schaltplan oder nicht?
2. Sollen viele Spezialbauteile verwendet werden?
3. Welche Bibliotheken will ich verwenden und welche nicht?
4. Wie fein soll das Layout am Ende strukturiert sein?

Die erste Frage wird durch die Art der vorhandenen Lizenz entschieden. Sind Sie im Besitz des Schaltplan-Editors, so ist dringend anzuraten, diesen auch zum Erstellen des Schaltbildes für das Leiterplattenprojekt zu nutzen.

Tipp

Falls der Schaltplan-Editor zur Verfügung steht, sollte ein Projekt mit einem Schaltplan begonnen werden. Im fortgeschrittenen Stadium erspart dieses Vorgehen oft viel Arbeit.

Wer nur den Layout-Editor lizenziert hat, braucht sich darüber keine Gedanken zu machen. Hier ist ein komplett anderer Ansatz nötig, der im späteren Verlauf eventuell höhere Aufmerksamkeit erfordert als die Vorgehensweise mit Schaltplanerstellung.

Die Frage der zu verwendenden Bauteile wirft auch gleich die Frage auf, ob die mit Eagle gelieferten bzw. auf der Homepage herunterladbaren Bibliotheken verwendet werden sollen. Eine andere Option ist es, eine oder mehrere Bibliotheken mit allen zu verwendenden Bauteilen selbst zu erstellen. Ist die Anzahl der verschiedenen zu verwendenden Bauteile nicht allzu groß oder sind viele Spezialbauteile dabei, lohnt es sich, darüber nachzudenken, eine eigene Bibliothek zu erstellen.

Tipp

Sollen viele Spezialbauteile verwendet werden und ist die Anzahl der sonst zu verwendenden Bauteile übersichtlich, so empfiehlt sich die Erstellung einer eigenen Bibliothek, die alle verwendeten Bauteile enthält.

Tipp

Sind im Control Panel zu viele Bibliotheken aktiviert, kommt es bei verschiedenen Funktionen zu teilweise erheblichen Wartezeiten. Deaktivierung nicht verwendeter Bibliotheken spart eventuell viel Zeit.

Die gewünschte Feinheit der Strukturen auf dem zu erstellenden Layout gibt das einzustellende Raster im Layout-Editor vor. Die richtige Wahl des Rasters sollte nicht unterschätzt werden. Es gelten dabei folgende Regeln:

1. Das Raster sollte immer in INCH oder MIL angegeben werden, da die meisten gängigen Bauteilraster darauf basieren. (1 inch entspricht dabei 1000 mil.) Nur wenn ausdrücklich Bauteile mit metrischem Raster verwendet werden, empfiehlt sich natürlich ein metrisches Raster.
2. Es gilt: »So fein wie nötig, so grob wie möglich.« Aus einem zu fein gewählten Raster entstehen im Verlauf der Layouterstellung viele Probleme. Als absolutes Minimum hat sich für uns ein Raster von 2.5 mil herausgestellt.
3. Die Bauteile in verwendeten Bibliotheken müssen zu dem verwendeten Raster im Layout passen.

Die Rastereinstellung im Schaltplan-Editor sollte bei der Voreinstellung von 100 mil belassen werden. Falls doch ein feineres Raster eingestellt werden soll, dann nicht unter 50 mil. Feinere Einstellungen führen zu Problemen beim Erstellen des Schaltplans.

Wichtig

Die Rastereinstellung ist im Layout-Editor und insbesondere auch in Bibliotheken sehr von Bedeutung. Falsch gewählte Raster führen zu vielen Problemen im Verlauf der Layouterstellung, die oft nur aufwändig ausgebügelt werden können.

Rasterfahndung

Zunächst sollte die Rastereinstellung (GRID) überprüft und gegebenenfalls angepasst werden. Die Voreinstellung von Eagle ist für Schaltpläne 0.1 INCH. Die Auswahl einer Einheit auf INCH-Basis ist eigentlich immer zu empfehlen, da so gut wie alle Bauteilraster darauf basieren. Cadsoft empfiehlt für Schaltpläne, das Raster bei 0.1 INCH zu belassen, da es sonst zu Schwierigkeiten kommen könne. Wir hatten allerdings auch keinerlei Probleme mit 50 mil oder gar 25 mil, falls viele Bauteile und Leiterbahnen unterzubringen sind. Feiner sollte das Raster jedoch nicht eingestellt werden. Die Probleme, die dann entstehen können, beschreiben wir im Laufe der Erstellung des Schaltplans bzw. der Leiterplatte.

Wie wird nun die Rastereinstellung vorgenommen? Ein Klick auf den Command-Button GRID links neben dem Eingabefeld öffnet das GRID-Dialogfenster. Eingabe von GRID in das Eingabefeld des Editors führt zum selben Ergebnis. In den Command Texts am rechten Bildschirmrand ist der Befehl GRID ebenfalls enthalten. Egal wie Sie es nun anstellen, es öffnet sich immer das in Abbildung 3.6 gezeigte Dialogfenster. Darin kann zunächst eingestellt werden, ob auf dem Schaltplanblatt überhaupt ein Raster angezeigt werden soll. Weiter kann man entscheiden, ob das Raster als schachbrettartiges Muster oder ob nur die Kreuzungspunkte des Rasters angezeigt werden sollen.

Interessant wird's bei der Option EINHEITEN, wo festgelegt wird, mit welcher Einheit im Schaltplan-Editor gemessen wird. Zur Verfügung stehen MICROMETER »MIC«, MILLIMETER »MM«, MIL und INCH. Weiter oben haben wir schon empfohlen, möglichst auf ein Inch-basiertes Maß zurückzugreifen, um vernünftige, händelbare Zahlen bei Bauteilmaßen zu erhalten, da fast alle Bauteildimensionen Inch-basiert sind. Ob Sie dabei nun echte Inch-Werte bevorzugen oder auf mil ausweichen, ist jedem selbst überlassen. Der große Vorteil der mil-Bemaßung besteht in den ganzen Zahlen. Normalerweise bekommt man nicht mit Dimensionen zu tun, die kleiner als 5 mil sind. Die metrischen Maße bieten sich an, wenn Leiterplattenmaße oder andere Abstände eben im metrischen Maßstab bestimmt werden sollen. Geht man mit Inch-basierten Bauteilen um, entstehen bei Verwendung metrischer Maße schnell Dezimalbrüche mit drei oder mehr Nachkommastellen. Der Wert im Eingabefeld MULTIPLIKATOR bestimmt, ob alle Rasterlinien auf dem Schaltplanblatt angezeigt werden oder ob zum Beispiel nur jede zweite Linie (MULTIPLIKATOR: 2) dargestellt wird. Egal, was als MULTIPLIKATOR eingestellt ist, es ändert nichts am eigentlich eingestellten Raster. Es ist bei MULTIPLIKATOR-Einstellungen größer als 1 scheinbar möglich, Bauteile oder Netze OFF GRID zu platzieren, da ja noch weitere Rasterlinien versteckt zwischen den angezeigten liegen. Sinnvoll ist diese Option dann, wenn zum Beispiel aus Platzmangel durch eine besonders komplexe Vernetzung von wenigen Bauteilen eine engere Verlegung von Netzen an einigen Stellen im Schaltplan nötig ist. Man würde dann zum Beispiel die Standardeinstellung RASTER 0.1 INCH und MULTIPLIKATOR 1 auf RASTER 0.05 INCH und MULTIPLIKATOR 2 ändern. Das Aussehen des Rasters auf dem Schaltplanblatt ändert sich nicht, jedoch ist es jetzt um den Faktor 2 feiner. Bei MULTIPLIKATOR-Einstellungen größer als 1 sollte bei der Arbeit mit Bauteilen besonders darauf geachtet werden, diese korrekt auf dem angezeigten Raster zu platzieren.

Im Eingabefeld zu ALT kann ein alternatives Raster festgelegt werden, das in der Regel feiner als das Standardraster ist. Dieses alternative Raster kann durch Drücken und Halten der [Alt]-Taste aktiviert werden. Nach Lösen der [Alt]-Taste ist wieder das Standardraster aktiv. Ein feineres alternatives Raster kann zum Beispiel dazu verwendet werden, einzelne Stellen eines Schaltplans oder einer Leiterplatte, die besonders dicht mit Bauteilen oder Leiterbahnen bzw. Netzen belegt sind, feiner abgestuft bearbeiten zu können, ohne für das gesamte Projekt ein (zu) feines Raster verwenden zu müssen.

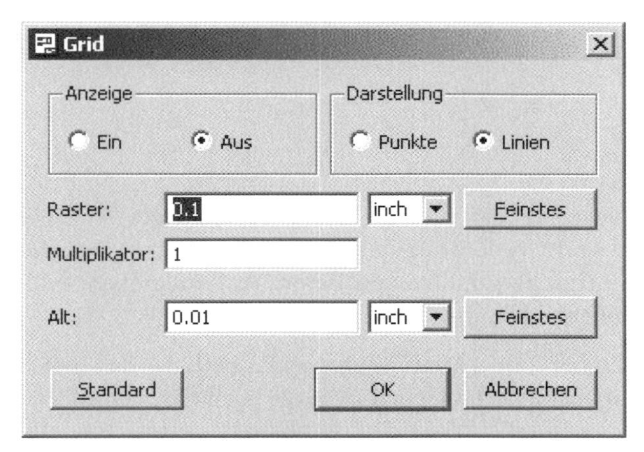

Abb. 3.6: Das GRID-Dialogfenster

Tipp

Mit dem GRID-Befehl definiert man, ob und wie das Raster auf dem Bildschirm dargestellt wird. Außerdem legt dieser Befehl die verwendete Rastereinheit fest. Objekte und Elemente lassen sich nur auf dem eingestellten Raster platzieren. Für Platinen im Inch-Raster darf deshalb zum Beispiel kein mm-Raster verwendet werden.

3.3.5 Jetzt kommen die Bauteile

Verwendung der mitgelieferten Bauteilbibliotheken

In diesem Abschnitt werden Sie die Bauteile aus den mit Eagle gelieferten Bibliotheken zusammensuchen. Dazu schauen Sie erst einmal, was überhaupt benötigt wird. Fangen Sie einfach mit den traditionellen bedrahteten Bauteilen an:

1. 8 Stück Relais (12V Printversion zum Beispiel Siemens V23040-A0002-B201)
2. 9 Stück Widerstände ¼ Watt

3. 1 Stück Elko stehend, Rastermaß 2,5 mm
4. 1 Stück Elko stehend, Rastermaß 4 mm
5. 4 Stück Keramikkondensatoren
6. 8 Stück Dioden 1N4148
7. 1 Stück Diode 1N4001
8. 1 Stück LED
9. 1 Stück ULN 2803
10. 1 Stück 78L05
11. 1 Stück 74HCT574
12. 1 Stück 74LS05

So, mit dieser Liste gehen Sie jetzt auf die Suche. Bei der Installation von Eagle wurde schon eine ziemliche Anzahl von Bibliotheken eingebunden. Wenn Sie jetzt einfach anfangen und im Schaltplan-Editor den Befehl ADD anklicken, erleben Sie zunächst ein schönes Beispiel für Unübersichtlichkeit.

Es öffnet sich das ADD-Dialogfenster zum Hinzufügen von Bauteilen – das heißt, zunächst wartet man darauf. Eagle aktiviert nämlich jetzt alle vorhandenen Bibliotheken und wenn das Dialogfenster endlich erscheint, können Sie unsere Bauteile aus einem riesigen Haufen von Bibliotheken auswählen. Wir wünschen dazu schon mal viel Spaß beim Suchen! Um hier ein wenig Übersicht in diesen Auswahl-Overkill zu bekommen, deaktivieren Sie zunächst alle Bibliotheken mit dem folgenden in das Eingabefeld des Editors einzugebenden Befehl:

```
USE -*;
```

Rufen Sie das ADD-Dialogfenster jetzt noch einmal auf, so sind keine Bibliotheken mehr verzeichnet. Der nächste Schritt ist nun, die für dieses Projekt relevanten Bibliotheken auszuwählen und zu aktivieren, damit nur diese im ADD-Dialogfenster erscheinen. Dazu wechseln Sie jetzt wieder zum Control Panel.

Im Control Panel klappt nach einem Klick auf das kleine Plus-Symbol vor dem Verzeichnis `Bibliotheken` in der Baumstruktur eine Liste aller von Eagle im System gefundenen Bibliotheken auf. Die Bedienung des Verzeichnisbaumes im Control Panel ist stark an den Windows-Explorer angelehnt. Zu jeder Bibliothek erscheint eine Kurzbeschreibung rechts neben dem Bibliotheksnamen. Der zwischen Bibliotheksname und Kurzbeschreibung sichtbare Punkt zeigt an, ob die Bibliothek IN USE ist oder nicht. *In use* bedeutet, dass die entsprechende Bibliothek aus dem Schaltplan-Editor oder Layout-Editor zugänglich ist. Die Umschaltung des Zustandes erfolgt über das Kontextmenü der betreffenden Bibliothek. Ein einfacher Klick auf einen Bibliotheksnamen lässt im Informationsfenster des Control Panel je nach Bibliothek eventuell eine genauere Beschreibung des Inhalts erscheinen.

Für Ihr Vorhaben verwenden Sie das Informationsfenster des Control Panel als Vorschaufenster für die gesuchten Bauteile. Jede im Verzeichnisbaum angezeigte Bibliothek kann weiter so aufgeklappt werden, dass die enthaltenen Bauteile sichtbar werden. Zu jedem angewählten Bauteil (*Device*) erscheint im Informationsfenster das zugehörige Schaltbild (*Symbol*) und Gehäuse (*Package*).

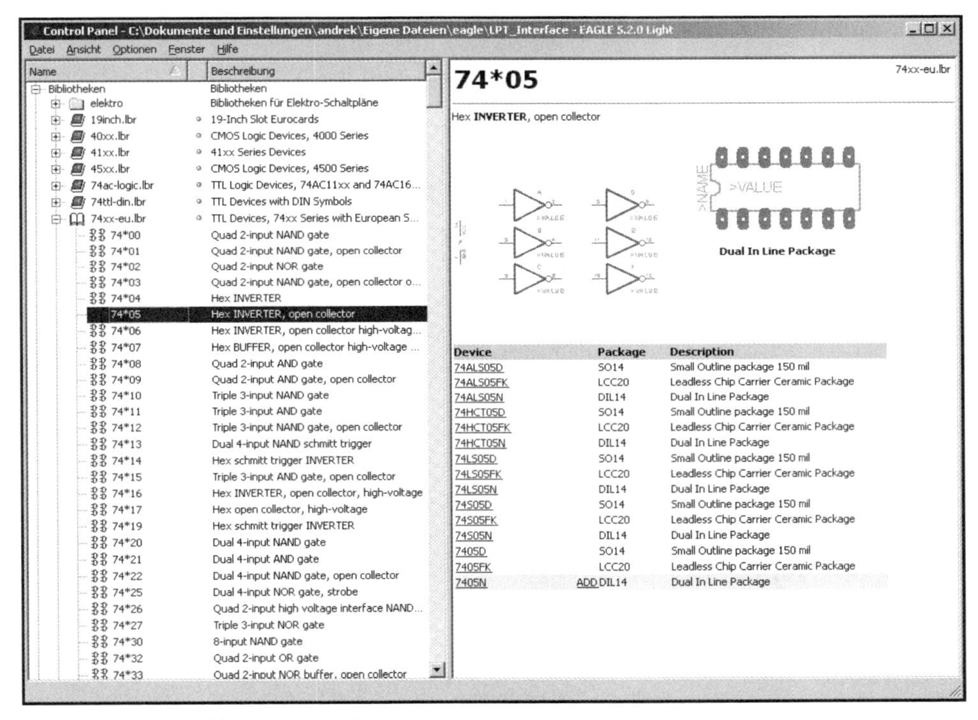

Abb. 3.7: Auswahl eines Bauteils

In Abbildung 3.7 ist beispielhaft der Inhalt des Control Panel dargestellt, wenn die Auswahl 74*05 in der Bibliothek `74xx-eu.lbr` getroffen wurde. Deutlich ist zu erkennen, dass im Informationsfenster das Schaltbild und das Gehäuse des Bauteils dargestellt sind. Weiterhin ist eine Liste der von diesem Bauteil abgedeckten realen Bauteile unterhalb der Schaltbild- und Gehäusedarstellung eingefügt. Alle blau und unterstrichen dargestellten Zeichenfolgen können wie beim Internet Explorer angeklickt werden.

Wie bekommen Sie das ausgewählte Bauteil jetzt in die Schaltung? Ein möglicher Weg ist, die Bibliothek mit den benötigten Bauteilen im Control Panel als IN USE zu kennzeichnen. Dazu wird im Kontextmenü der hier dargestellten Bibliothek

74xx-eu.lbr der Menüpunkt USE verwendet. Der schon erwähnte Punkt zwischen dem Bibliotheksnamen und der Kurzbeschreibung ändert seine Größe und färbt sich grün als Zeichen dafür, dass diese Bibliothek jetzt direkt aus den Editoren erreichbar ist. So verfahren Sie mit all den Bibliotheken, die benötigte Bauteile enthalten.

Sie sehen, je nach Anzahl der vorhandenen Bibliotheken kann dies recht zeitaufwändig werden.

Tipp

Steigern Sie die Übersichtlichkeit, indem Sie nur die benötigten Bibliotheken aktivieren Die ausgewählten Bibliotheken werden beim Abspeichern des Projekts ebenfalls gespeichert. Es ist so möglich, zu jedem Projekt die benötigten Bibliotheken auszuwählen.

Für unser kleines Projekt müssen auf diesem Wege die folgenden Bibliotheken aktiviert werden:

- 74xx-eu.lbr für die TTL-ICs
- con-amp.champ.lbr für den Centronics Steckverbinder
- discrete.lbr für die Widerstände, Kondensatoren und Dioden
- led.lbr für die LED
- V-reg.lbr für den 78L05
- uln-udn.lbr für den ULN2803
- relay.lbr für die Relais
- con-wago-508.lbr für die Schraubklemmen
- Supply1.lbr für Stromversorgungssymbole wie VCC und GND
- weiterhin jumper.lbr für Stiftleisten und frames.lbr für einen Rahmen

Jetzt können Sie mit dem Erstellen des Schaltplans im Schaltplan-Editor beginnen.

Der Schaltplan – das unbekannte Wesen

Wie ist nun ein Eagle-Schaltplan aufgebaut? Wenn der Button DISPLAY betätigt wird, erkennen Sie, dass ein Eagle-Schaltplan mit Elementen aus sechs verschiedenen Kategorien aufgebaut ist. Jede Kategorie ist in einem ihm eigenen Layer dargestellt.

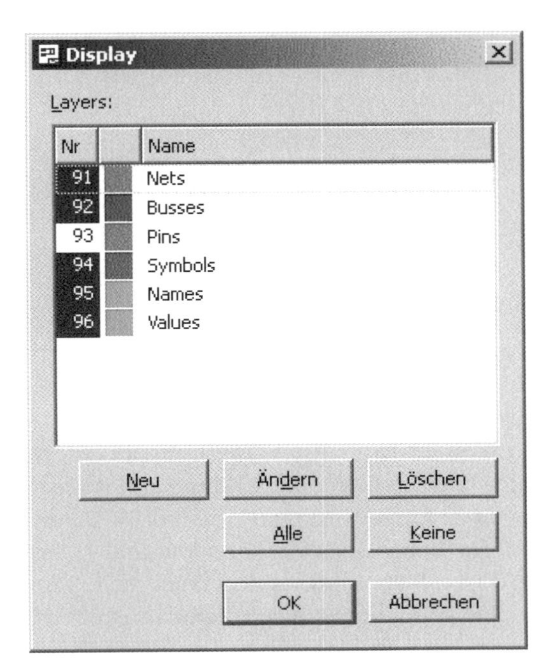

Abb. 3.8: Das DISPLAY-Dialogfenster

Was können Sie in Abbildung 3.8 sehen? Zunächst einmal die sechs soeben erwähnten LAYERS. Die Layer sind bei Eagle durchnummeriert. Sie können sich jetzt wundern, warum hier gleich bei Layer 91 angefangen wird. Dazu gibt es eine einfache Erklärung: Die Ursprünge von Eagle in grauer Vorzeit sind daran schuld! Damals erschien Eagle ohne Schaltplan-Editor und wahrscheinlich aus Gründen der Kontinuität wurde die Layernummerierung zwar von Version zu Version erweitert, aber die einzelnen Layernummern nicht verändert. Schauen Sie einmal im Beispielprojekt hexapod von Cadsoft im Layout-Editor nach. Der Button DISPLAY ist dort ebenfalls zu finden. Beim Betätigen desselben öffnet sich dasselbe Dialogfenster wie in Abbildung 3.8 gezeigt, jedoch sind natürlich andere Layer enthalten. Durchscrollen nach unten ergibt, dass die Nummerierung erst bei 52 endet. Da wie später noch beschrieben eigene Layer definiert werden können, brauchte man etwas Luft nach oben und somit hat sich die Nummer 91 als erste Layernummer für Schaltpläne ergeben. Ob ein Layer im Schaltplanblatt angezeigt wird, kann durch einen Mausklick auf die Layernummer ausgewählt werden. Ein Layer wird angezeigt, wenn die Layernummer blau hinterlegt ist. Mit einem Doppelklick auf die Layernummer oder das Farbkästchen des betreffenden Layers wird ein Dialogfenster zum Ändern der Layereigenschaften aufgerufen. Eine genauere Beschreibung der Funktionen dieser Dialogfenster erfolgt an späterer Stelle.

Tipp

Ein Eagle-Schaltplan ist aus unterschiedlichen Elementen zusammengesetzt, die jeweils in so genannten *Layern* untergebracht sind. Mit dem Befehl DISPLAY können alle vorhandenen Layer in einem Dialogfenster entweder eingeblendet oder auch ausgeblendet werden. Weiterhin kann zum Beispiel die Farbe geändert werden, mit der ein Layer dargestellt wird.

So, und was sind das jetzt für Layer, die da im Dialogfenster angezeigt werden?

Fangen wir gleich mal mit dem LAYER 91 an. Er trägt den schönen Namen NETS und ist mit der Farbe Grün gekennzeichnet. In diesen Layer werden im Schaltplan die Verbindungen, *Nets*, gezeichnet. Hinter der Nummer 92 steckt der Layer BUSSES. Es handelt sich hierbei ebenfalls um einen Layer für Verbindungen, jedoch wie der Name schon sagt, sind hierin Busstrukturen enthalten. Man kann so zum Beispiel viel Platz sparen, wenn anstatt von 16 Einzelleitungen eines 16-Bit-Datenbusses ein solcher Bus gezeichnet wird. Im Beispielprojekt hexapod sind gleich mehrere solcher Busse an der schönen Farbe Blau zu erkennen. Man stelle sich vor, alle diese Busse wären als einzelne Nets gezeichnet – das Schaltplanblatt wäre voll! Weiter geht's mit Nummer 93, bezeichnet mit PINS. Dieser Layer enthält die Positionen und Beschreibungen von Anschlusspins der Bauteile in Grün. Normalerweise wird dieser Layer nicht angezeigt, da seine Informationen relativ selten benötigt werden. Nummer 94 ist mit SYMBOLS bezeichnet. Dieser Layer enthält die Schaltplansymbole der Bauteile und ist dunkelrot dargestellt. Die LAYER 95 und 96 sind mit dem SYMBOLS-Layer verknüpft, denn sie enthalten die NAMES (95) und VALUES (96) der Bauteile in grauer Darstellung. Bei den in unserem kleinen Projekt benötigten TTL-Gattern wäre der NAME zum Beispiel IC1 und der VALUE zum Beispiel 74HCT574N.

Die ersten Bauteile wandern in den Schaltplan

Jetzt klicken Sie auf den ADD-Button, um aus dem schon erwähnten Dialogfenster zum Hinzufügen von Bauteilen der Reihe nach alle benötigten Teile in das Editorfenster zu transferieren.

Tipp

Der ADD-Befehl holt ein Schaltplansymbol (*Gate*) aus der aktiven Bibliothek und platziert es in der Zeichnung. Üblicherweise klickt man den ADD-Befehl an und selektiert das Symbol aus dem sich öffnenden Menü.

In Abbildung 3.9 ist das Dialogfenster abgebildet, das sich öffnet, wenn der ADD-Button im Schaltplan-Editor betätigt wird. Es handelt sich dabei im Grunde um eine verkleinerte Variante des Control Panel (siehe Abbildung 3.7). Sie erkennen, dass nur die soeben ausgewählten Bibliotheken im Auswahlfenster links erscheinen. Sie können sich jetzt wie im Windows-Explorer durch die Bibliotheken klicken, um das gewünschte Bauteil zu finden. Die erste Unterebene besteht im Beispiel der Bibliothek 74xx-eu aus einer Auflistung aller enthaltenen TTL ICs der 7400er-Serie. Zu jedem IC gibt es eine weitere Unterebene, in der alle zu diesem IC in der Bibliothek enthaltenen Gehäusetypen aufgelistet sind. In der Regel wissen Sie ja schon, mit welchen Bauteilen in welcher Bauform die Schaltung realisiert werden soll. Entsprechend wählen Sie hier dann das gewünschte Bauteil aus.

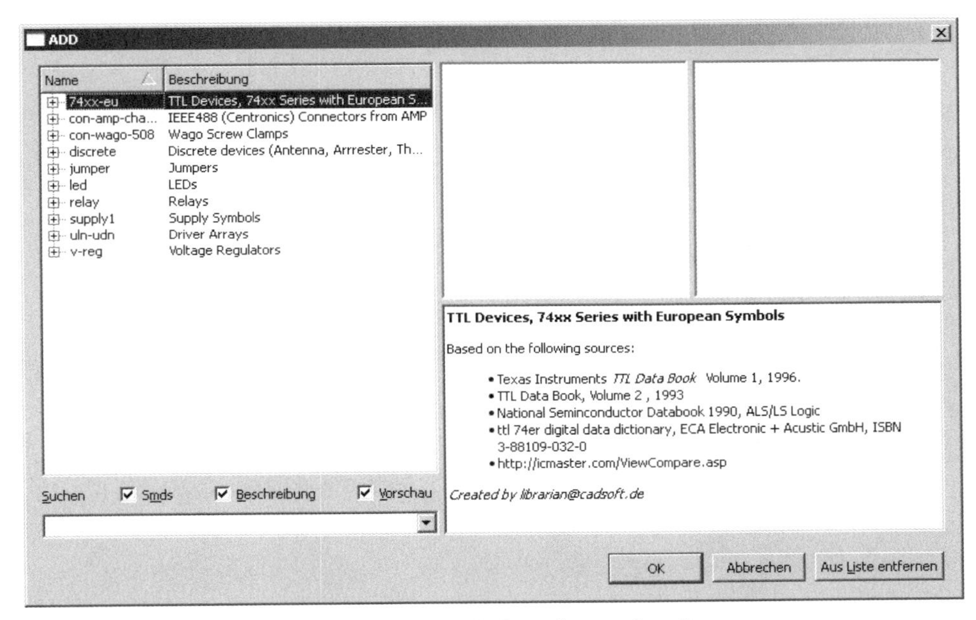

Abb. 3.9: ADD-Dialogfenster aus dem Schaltplan-Editor aufgerufen

Tipp

Bei der Auswahl der Bauteile müssen Sie schon in diesem Stadium des Projekts eine Gehäuseform auswählen, die Sie auf der Leiterplatte verwenden möchten. Die jetzt getroffene Auswahl kann jedoch später mit dem Befehl CHANGE wieder verändert werden, falls dies nötig ist. Näheres dazu folgt im weiteren Verlauf des Projekts.

Ist die Auswahl des Gehäuses getroffen, so hängen Sie sich das Bauteil mit einem Klick auf OK an den Mauszeiger. Ein normaler Mausklick platziert das Bauteilsymbol dann auf dem Schaltplanblatt. Dieses Bauteil ist natürlich auch gleich ein etwas spezielles, denn das Schaltplansymbol besteht hier aus sechs separaten Teilen, die auch nur dann alle auf dem Schaltplanblatt platziert werden, wenn man die Platzierung mittels Mausklick sechs Mal wiederholt. Achten Sie dabei auf die Bezeichnung der Symbole! Die Inverter sind, wie in Abbildung 3.10 dargestellt, mit den Buchstaben A bis F bezeichnet. Eagle nummeriert alle platzierten Inverter stets fortlaufend durch. Also zum Beispiel hier IC1A..F. Dann folgt, falls noch Inverter benötigt werden, IC2A..F. Wichtig ist, dass man aufpassen muss, sofern nicht sofort alle Inverter auf das Schaltplanblatt gebracht werden. Benötigen Sie zu einem späteren Zeitpunkt weitere Inverter, so zählt Eagle dort weiter, wo Sie vorher aufgehört haben. Dies kann zu etwas unglücklichen Beschaltungen der einzelnen IC führen, in denen zum Beispiel ein in sich abgeschlossenes Schaltungsteil, das sechs Inverter benötigt, auf zwei oder mehrere ICs aufgeteilt ist.

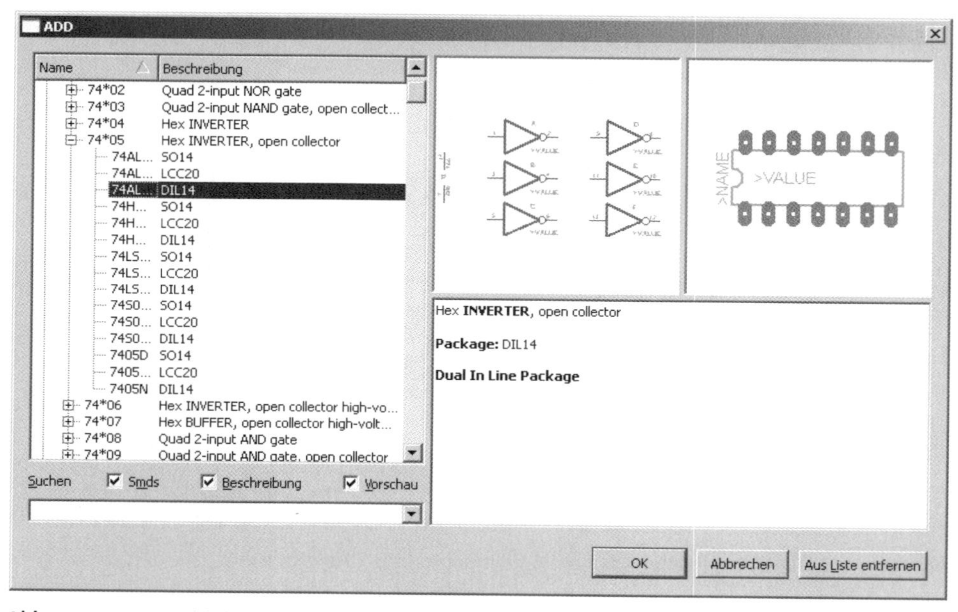

Abb. 3.10: Auswahl der Gehäuseform für den 7405

Eine weitere Besonderheit aller Bauteile in dieser Bibliothek ist die Spannungsversorgung. In Abbildung 3.10 ist zu erkennen, dass außer den sechs Invertern noch zwei Pins mit den Bezeichnungen VCC und GND in der Symbolansicht zu erkennen sind. Normalerweise sind diese Pins nicht im Schaltplan sichtbar. Eine Frage stellt sich nun: »Wie schließe ich diese ICs an die Versorgungsspannung an, ohne die entsprechenden Anschlusspins auf dem Schaltplan zu haben?« Eine Möglichkeit wäre, die entsprechenden Pins mit dem Befehl INVOKE sichtbar zu machen. Wie man sonst noch vorgehen kann, wird im weiteren Verlauf dieses Projekts beschrieben, oder schauen Sie zunächst im Kapitel über die Bibliotheken nach, wie derartige Bauteile aufgebaut sind.

Empfehlenswert ist es, einen Rahmen um den Schaltplan zu legen. Er begrenzt zwar die Größe des Plans, jedoch können Sie sicher sein, dass bei einem Ausdruck des Plans auf eine DIN-A4-Seite alles zu erkennen ist. Solche Rahmen sind in der Bibliothek FRAMES in verschiedenen Ausführungen vorhanden und werden wie normale Bauteile auf dem Schaltplanblatt platziert.

In Abbildung 3.11 sind alle für unser kleines Projekt benötigten Bauteile in ein Schaltplanblatt eingefügt. Wie eben beschrieben, ist ebenfalls ein Rahmen in der Größe eines DIN-A4-Blatts eingefügt. Sie sehen, dass alle Bauteile des zukünftigen Schaltplans gut zu erkennen sind, was dann auch für einen Ausdruck gelten würde. Der Rahmen ist natürlich nicht Pflicht. Ohne Rahmen ist es möglich, sehr viel mehr Bauteile auf einem Schaltplanblatt zu platzieren. Sinnvoll kann das bei Verwendung der Eagle-Light- oder Freeware-Version sein, die ja nur ein Schaltplanblatt zulässt. In lizenzierten Eagle-Versionen kann eine Schaltung aus bis zu 255 Schaltplanblättern bestehen.

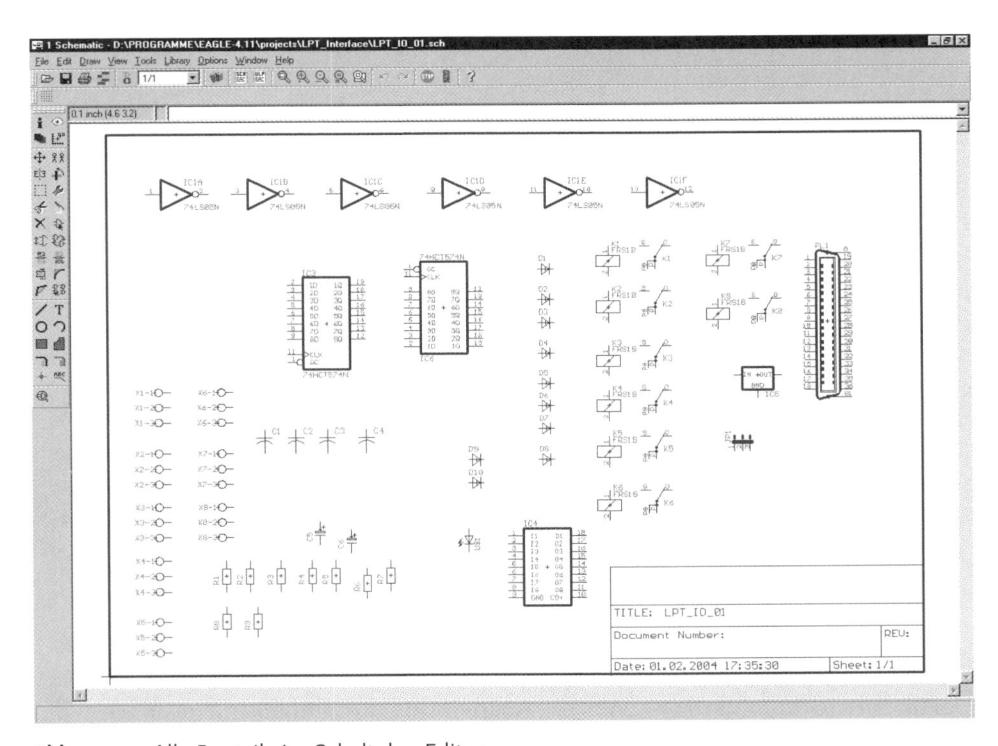

Abb. 3.11: Alle Bauteile im Schaltplan-Editor

Nun haben Sie alle nötigen Bauteile aus den Bibliotheken extrahiert und auf dem Schaltplanblatt verteilt. Die Arbeit geht jetzt aber erst richtig los! Alles will sinnvoll angeordnet werden und – das Allerschlimmste – verdrahtet werden!

Platzierung und Verdrahtung – In Eagle's Net!

Die Anordnung der Bauteile ist dabei jedem Anwender selbst überlassen. Jeder entscheidet anders über die Übersichtlichkeit und Logik einer Bauteilanordnung.

Wie aber bewegt man die Bauteile auf dem Schaltplanblatt?

Wie in eigentlich allen CAD-Programmen üblich, muss zunächst die Aktion, die mit einem Mausklick ausgelöst wird, ausgewählt werden. Wir wollen die Bauteile ordentlich so auf dem Blatt anordnen, dass sich nach der Verdrahtung ein übersichtlicher Schaltplan ergibt. Sie wählen dazu aus den Command Buttons den Befehl MOVE aus. Wird jetzt ein Bauteil mit der Maus angeklickt, so hängt es fortan am Mauszeiger und Sie können es mit der Maus dahin bewegen, wo es entweder platziert werden soll oder zwischengelagert werden kann.

Welches Bauteil ausgewählt wird, entscheidet Eagle mit Hilfe des Ankerpunktes ORIGIN, den jedes Schaltplansymbol enthält. In Abbildung 3.11 und Abbildung 3.12 ist das ORIGIN jeweils in der Mitte der Symbole als Kreuz zu erkennen. Achten Sie einmal darauf! Dieses Kreuz werden Sie in allen Symbolen finden! Die Position des Symbols im Schaltplan wird ebenfalls über das ORIGIN bestimmt. Mehr dazu lesen Sie bitte im Kapitel über Bibliotheken. So, nun zurück dazu, welches Symbol Eagle nach einem Mausklick auswählt.

Einfache Antwort: Es wird immer das Symbol ausgewählt, dessen ORIGIN am dichtesten bei den Koordinaten des Mausklicks liegt. Dabei kann es bei sehr dicht beieinander angeordneten Symbolen, deren ORIGINS vielleicht am Rand des Symbols und nicht in dessen Mitte liegen, zu Fehlschüssen kommen und man hat dann halt das falsche Symbol erwischt.

Tipp

Der MOVE-Befehl bewegt das Objekt, das dem Cursor am nächsten liegt. Wird ein Objekt mit der linken Maustaste angeklickt und die Taste danach nicht wieder losgelassen, so kann das Objekt sofort bewegt werden (Click&Drag). Es ist dann allerdings nicht möglich, das Objekt während des Bewegens zu drehen oder zu spiegeln.

Drehen und Spiegeln von Symbolen

Gefällt Ihnen außer der Lage auch die Ausrichtung des Bauteils nicht, so kann das gerade ausgewählte Bauteil, solange es an der Maus hängt, mit einem Rechtsklick um jeweils 90° gegen den Uhrzeigersinn gedreht werden, bis es passt. Sollten Sie immer noch nicht zufrieden sein, weil einige Anschlüsse irgendwie immer falsch liegen, so kann das Symbol im Schaltplan auch gespiegelt werden. Dazu gibt es den Befehl MIRROR. Gespiegelt wird ein Bauteil bei Eagle immer an einer vertikalen Achse, die durch das ORIGIN des Bauteils führt. Kombiniert man die beiden

Funktionen MOVE und MIRROR, so sollte jedes Bauteil zufriedenstellend platziert werden können. In Abbildung 3.12 ist dargestellt, wie sich die Darstellung eines Schaltsymbols für einen IC nach einer Drehung um 180° und anschließender Spiegelung an der y-Achse ändert.

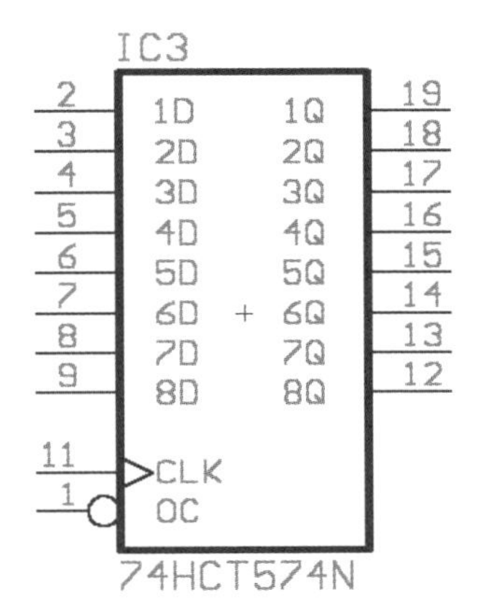

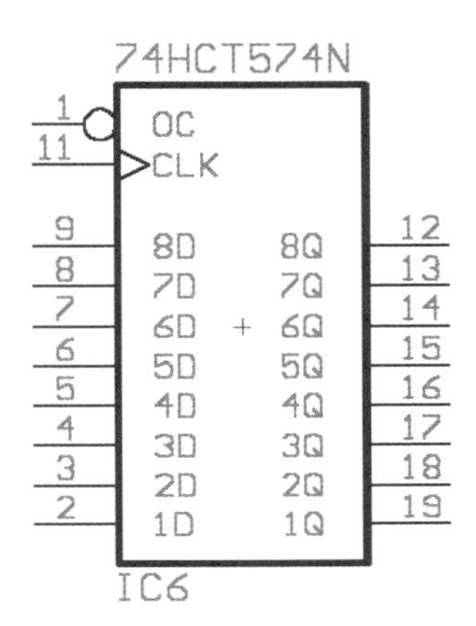

Abb. 3.12: Bauteil drehen und spiegeln

> **Tipp**
>
> Mit dem MIRROR-Befehl können Symbole an der y-Achse gespiegelt werden. So können zum Beispiel die Ein- und Ausgänge eines Symbols an die gewünschte Seite gebracht werden.

Wenden Sie diese Funktionen auf alle in Abbildung 3.11 enthaltenen Bauteile an, so gelangen Sie beispielsweise zu der in Abbildung 3.13 gezeigten Platzierung im Schaltplan.

Weiter oben wurde beschrieben, dass das TTL Gatter 7405 im Schaltplan aus sechs einzelnen Invertern besteht. Für unsere Beispielschaltung wird aber nur einer der Inverter benötigt. Da keine Erweiterung der Schaltung geplant ist, können die überflüssigen fünf Inverter IC1B..F gelöscht werden. Dabei können Sie gleich die Funktion DELETE ausprobieren.

> **Tipp**
>
> Der DELETE-Befehl löscht, wenn angewählt, bei jedem Mausklick ein beliebiges Element auf dem Schaltplan. Ausgewählt wird immer das dem Cursor am nächsten liegende Element.

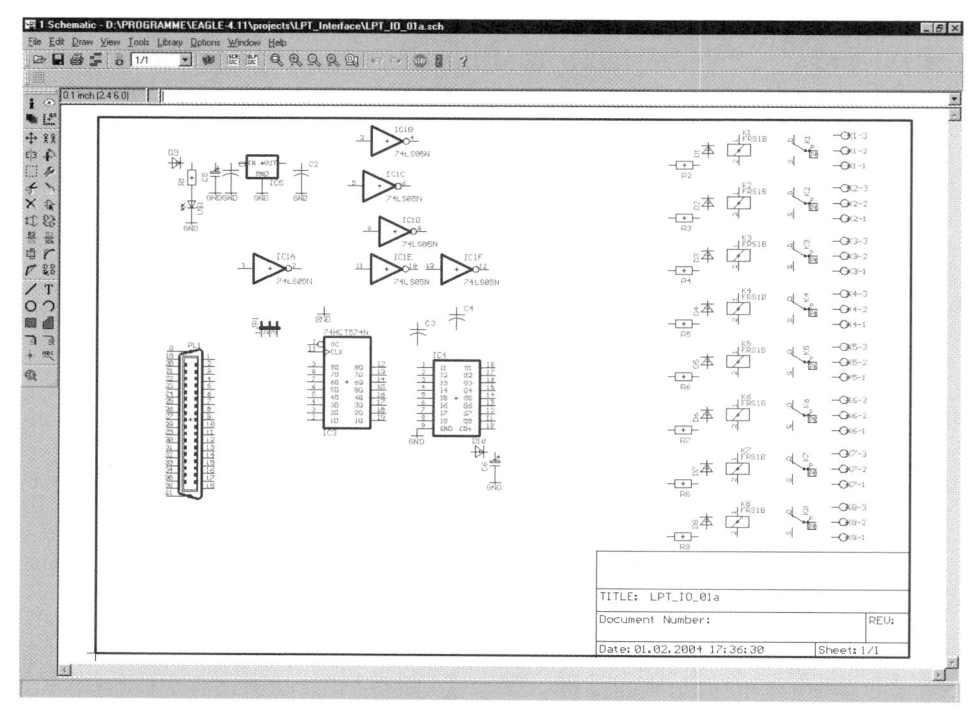

Abb. 3.13: Bauteile im Schaltplan angeordnet

Hierbei gilt wie beim Bewegen eines Bauteils mittels MOVE-Befehl, dass es zu Fehlschüssen beim Anklicken der einzelnen Symbole aufgrund des von Eagle verwendeten Auswahlverfahrens kommen kann. Zum Glück gibt es ja die UNDO-Funktion in der ACTION-Toolbar, mit der unbeabsichtigte Aktionen rückgängig gemacht werden können.

Wichtig

Die UNDO-Funktion kann alle Aktionen bis zum Zustand nach dem letzten EDIT-, OPEN-, AUTO- oder REMOVE-Befehl rückgängig machen. Nur diese in diesem Buch erst später beschriebenen Befehle löschen die Vorgeschichte.

Vernetzung der Bauteile

Nachdem jetzt alle Bauteilsymbole mehr oder weniger sinnvoll auf dem Schaltplanblatt platziert sind, kann nun mit der Vernetzung begonnen werden. Dafür verwenden Sie den Befehl NET. Das Raster auf dem Schaltplanblatt ist auf 100 MIL eingestellt und als Schachbrettmuster dargestellt. Nachdem der Befehl NET selektiert ist, können Sie mit der Maus auf einen Anschluss eines beliebigen Bauteilsymbols klicken und kontaktieren damit das Netz mit dem Bauteilanschluss. Mit jeder Bewegung des Mauscursors ziehen Sie die Verbindung hinter sich her, jedoch bleibt die Verbindung mit dem Bauteilanschluss erhalten.

Nach Auswahl des NET-Befehls ändert sich die PARAMETER-Toolbar oberhalb des Schaltplanblatts.

Abb. 3.14: PARAMETER-Toolbar für den Befehl NET

Direkt neben dem GRID-Button sind jetzt sieben weitere Buttons auswählbar. Hier kann man vorab wählen, in welcher Art die Verbindung dem Mauscursor folgt, wenn zum Beispiel die Maus im 45°-Winkel vom Startpunkt wegbewegt wird. Bei Auswahl des ersten Buttons verläuft die Verbindung zunächst waagerecht und dann senkrecht vom Anfang bis zum Mauscursor. Mit dem zweiten Button ist der Verlauf der Verbindung ebenfalls zunächst waagerecht, es schließt sich dann aber ein Abschnitt im 45°-Winkel bis zum Mauscursor an. Der dritte Button ist für Hardcore-Verbindungen gedacht. Wählt man diese Option, so verläuft die Verbindung auf direktem Wege und in beliebigem Winkel zum Mauscursor (eine wunderbare Funktion zur Erstellung von Schnittmusterbögen). Die beiden folgenden Buttons sind in ihren Funktionen Umkehrungen der beiden ersten Fälle. Neu ab Eagle 4.1 sind die nächsten Buttons, die runde Abschnitte in den Verbindungen erlauben. Das Eingabefeld MITER gehört zu einer Funktion, die es ebenfalls erst ab Eagle 4.1 gibt. Sie erlaubt es, Knicke im Verlauf der Verbindung abzurunden. In das Eingabefeld ist dazu der gewünschte Krümmungsradius einzugeben. Es gilt dabei die aktuell für das Raster eingestellte Maßeinheit. Mit den folgenden beiden Buttons wählt man aus, ob die MITER-Funktion abschrägen oder abrunden soll. Jetzt folgt eine Scrollbox zur Auswahl des Linien-Style. Zur Auswahl stehen hier durchgehend (CONTINUOUS), lang gestrichelt (LONGDASH), kurz gestrichelt (SHORTDASH) und Punkt-Strich-Folge (DASHDOT). Zu guter Letzt folgt eine weitere Scrollbox mit der Bezeichnung NET CLASS. Was es damit auf sich hat, folgt später in diesem Buch. Dies zunächst nur zur Information. Für die Verdrahtung des Schaltplans brauchen Sie hier zunächst nichts auszuwählen. Die Standardeinstellung für durchgehende Verbindungslinien ist in Ordnung und die Auswahl des Linienverlaufs kann auch während des Zeichnens mit der rechten Maustaste vorgenommen werden. In Abbildung 3.15 ist als Beispiel die erste Verbindung während ihrer Entstehung dargestellt, die Sie in Ihrer Schaltung getätigt haben. Leider ist der Mauscursor auf den Screenshots nicht zu erkennen. Er wäre an der Spitze der Verbindung unterhalb des PIN 1 des Jumpers zu finden. Weiterhin zu erkennen ist, dass alle Bauteilanschlüsse (*Pins*) auf Rasterlinien und deren Enden immer auf Rasterkreuzungspunkten liegen. Besonders der letzte Punkt ist für einwandfreie Kontaktierung der Verdrahtung mit den Bauteilen wichtig.

Tipp

Mit dem NET-Befehl zeichnet man Einzelverbindungen (*Netze*) in den NET-Layer eines Schaltplans. Der erste Mausklick gibt den Startpunkt des Netzes an, der zweite setzt die Linie ab. Zwei Mausklicks am selben Punkt beenden das Netz. Wird ein Netz an einem Punkt abgesetzt, an dem schon ein anderes Netz, ein Bus oder ein Pin liegt, endet die Netzlinie hier. Wird eine Netzlinie an einem Punkt abgesetzt, an dem mindestens zwei Netzlinien und/oder Pins liegen, wird automatisch ein Verknüpfungspunkt (*Junction*) gesetzt.

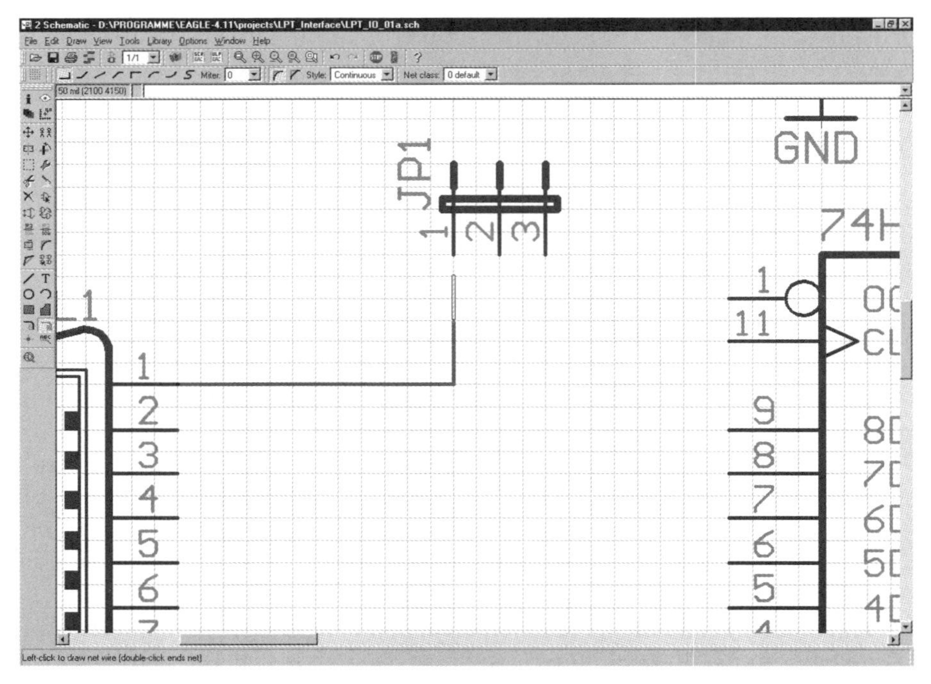

Abb. 3.15: Verdrahtung der Bauteile

Verdrahten Sie die Bauteile mit dem oben beschriebenen Befehl NET, so erhalten Sie beispielsweise den in Abbildung 3.16 dargestellten Schaltplan.

Wichtig

Überprüfen Sie während der Verdrahtung des Schaltplans alle Netze, ob sie korrekt mit allen Bauteilen verbunden sind! Insbesondere bei zu fein gewähltem Raster oder wenn Bauteile OFF GRID platziert sind, kommt es öfter vor, dass zwar das Netz augenscheinlich mit dem Bauteil verbunden ist, jedoch Eagle keine elektrische Kontaktierung vorgenommen hat. Diese Überprüfung kann mit dem SHOW-Befehl vorgenommen werden, der weiter unten beschrieben ist.

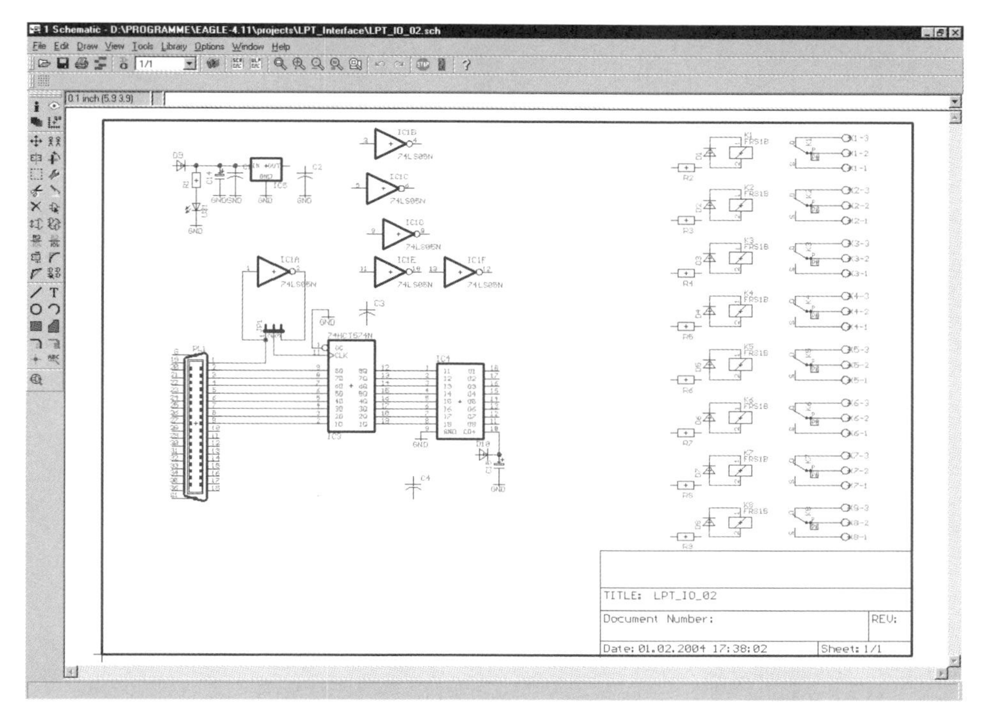

Abb. 3.16: Schaltung verdrahtet mit dem NET-Befehl

Achtung, ein Bus!

Weiter oben wurde beschrieben, dass auch Busstrukturen zum Beispiel zur Verbesserung der Übersichtlichkeit oder zur Verringerung des Aufwands beim Zeichnen erstellt werden können. Hier ist die Vorgehensweise ein wenig anders als beim einfachen Verdrahten mit NET, denn Eagle braucht ja auf jeden Fall Informationen zur Verwaltung der Leitungen im Bus. Zunächst wird der BUS-Button betätigt und dann der Verlauf des Busses in den Schaltplan gezeichnet. Die jetzt noch benötigten Informationen werden über den Namen des Busses übermittelt.

Tipp

Mit dem BUS-Befehl können Busstrukturen im Schaltplan erzeugt werden. Dies dient zunächst der Übersichtlichkeit, kann aber auch die Arbeit während der Schaltplanerstellung erleichtern, wenn die Schaltung viele Busse enthält oder an einen Bus sehr viele Bauteile angeschlossen sind. Mit diesem Befehl können nicht nur Busse mit zusammengehörigen Signalen gezeichnet werden, sondern zum Beispiel auch Kabelbäume, deren Signale außer der räumlichen Anordnung nichts miteinander zu tun haben.

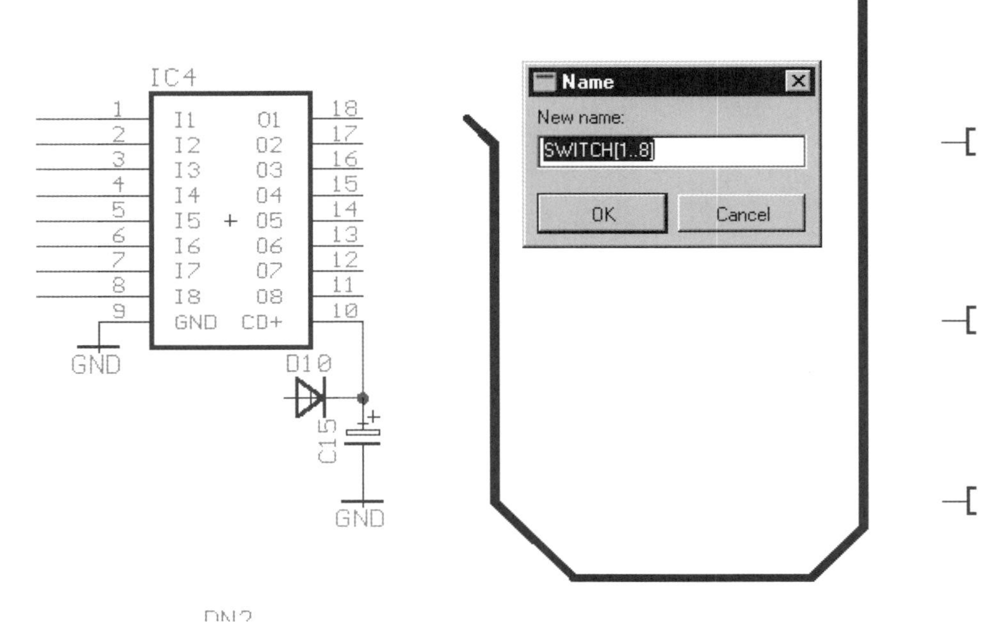

Abb. 3.17: Benennung eines Busses

Eagle braucht zur eindeutigen Zuordnung der Leitungen im Bus zunächst einen eindeutigen Vornamen. Der Vorname des Busses in Abbildung 3.17 ist zum Beispiel SWITCH. Nun muss Eagle noch wissen, wie viele Leitungen den Bus bilden sollen. Im Beispiel benötigen Sie acht Leitungen und teilen Eagle dies mit, indem Sie den Busnamen zu SWITCH[1..8] ergänzen. Der Bus mit diesem Namen enthält jetzt acht Leitungen mit den Bezeichnungen SWITCH1 bis SWITCH8. Geben Sie statt `[1..8]` zum Beispiel `[0..7]` an, so wären ebenfalls acht Leitungen im Bus enthalten, jedoch hießen sie dann SWITCH0 bis SWITCH7.

Die Vernetzung der Bauteile über den Bus wird etwas anders vorgenommen. Beginnen Sie mit dem Pin18 des IC4. Es handelt sich hier um das Schaltsignal für das erste Relais. Sie benutzen den Befehl NET und beginnen am Pin des IC. Legen Sie das Ende des Netzes auf den Busverlauf, so öffnet sich wie in Abbildung 3.18 dargestellt ein kleines Auswahlfenster.

In diesem Auswahlfenster sind alle im Bus enthaltenen Leitungen aufgeführt. Mit der Maus wählen Sie einfach die gewünschte Leitung, hier SWITCH1 aus. Dieses Verfahren wird jetzt so oft wiederholt, bis alle IC-Anschlüsse mit dem Bus verbunden sind. Es können so beliebig viele Bauteile an den Bus angeschlossen werden. Die Relaisseite des Busses wird ebenso angeschlossen. In Abbildung 3.19 ist zu erkennen, dass die an den Bus angeschlossenen Netze automatisch den Namen der Leitung im Bus erhalten.

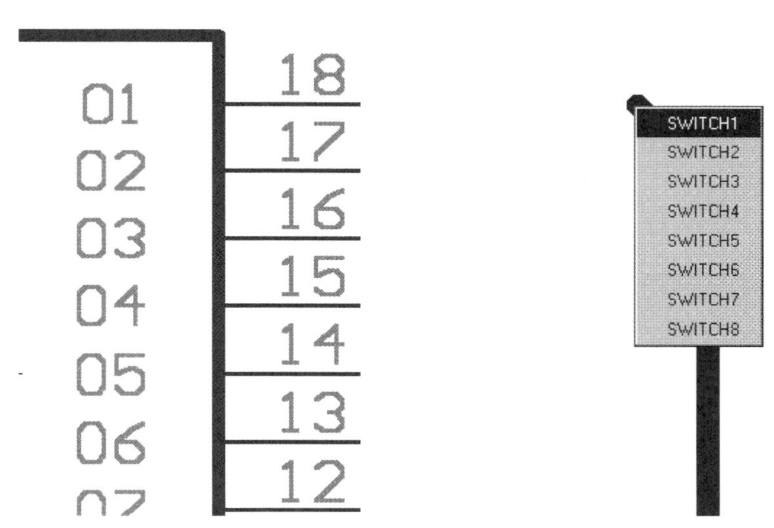

Abb. 3.18: Auswahlfenster zur Vernetzung einer Busstruktur

Der letzte Schliff – Benennung und Prüfung

Um zu überprüfen, ob alles richtig verdrahtet ist, benutzen Sie den Befehl SHOW. Ist er angewählt, so wird ein danach angeklicktes Netz in seinem Verlauf hervorgehoben. Angewendet auf unseren Bus sollte nach Anklicken des Netzes SWITCH1 auf der Eingangsseite des Busses auch die Leitung aufleuchten, die aus dem Bus zum ersten Relais führt – und nur diese (Abbildung 3.20)!

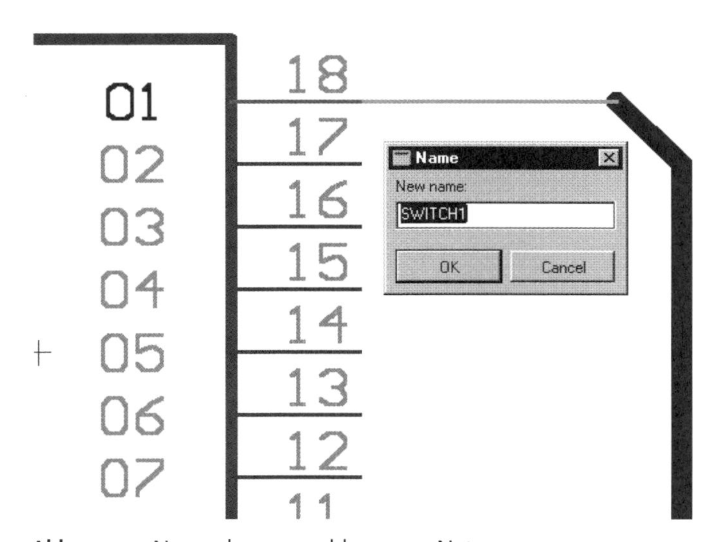

Abb. 3.19: Name des angeschlossenen Netzes

Tipp

Mit dem Befehl SHOW können zusammengehörende Netze in ihrer Darstellung hervorgehoben und damit verfolgt werden. Man kann dann zum Beispiel verfolgen, ob eine Busstruktur richtig angelegt ist. Wenn ein elektrischer Kontakt vorliegt, wird außer dem Netz auch der entsprechende Anschlusspin des Bauteils optisch hervorgehoben.

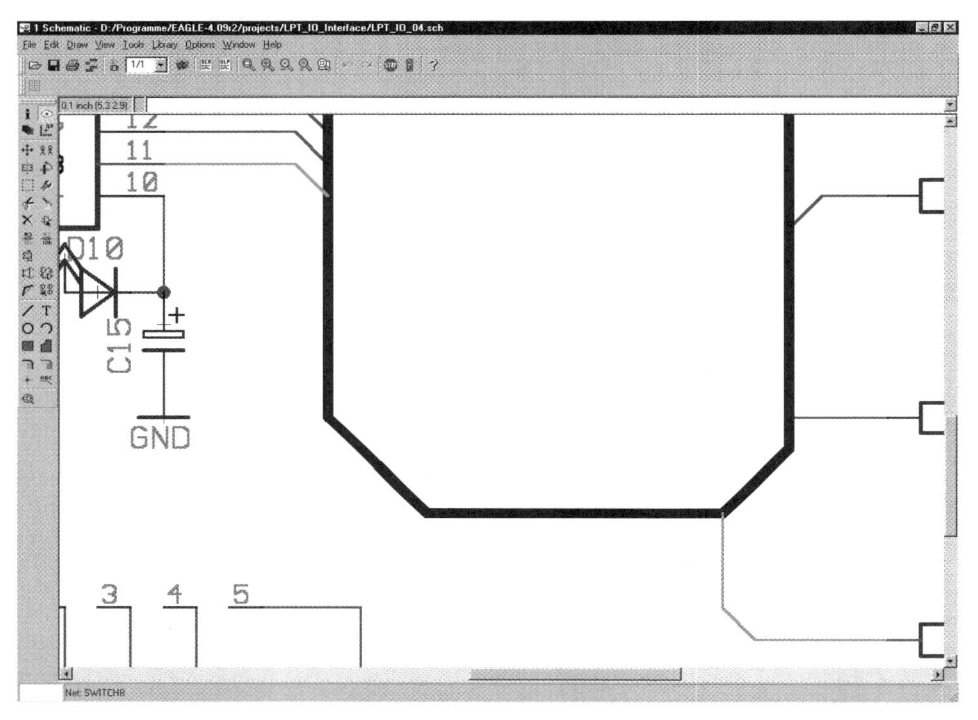

Abb. 3.20: SHOW-Befehl auf eine Busstruktur angewendet

In Abbildung 3.20 ist zu erkennen, dass es einfach möglich ist, über eine Busstruktur Verdrahtungen zusammenzufassen. Der hier angewendete SHOW-Befehl zeigt, wie die acht Schaltsignale zu den Relais im Bus gebündelt, aber auch einzeln wieder herausgeführt werden. Diese Bündelung gilt selbstverständlich nur für den Schaltplan. Im späteren Layout sind alle Leitungen einzeln angelegt!

Der komplette Schaltplan unseres kleinen Projekts ist in Abbildung 3.21 dargestellt. Die überzähligen Inverter sind gelöscht und einige Entstörkapazitäten an den einzelnen IC angeordnet. Dieser Schaltplan ist natürlich nur eine von vielen Möglichkeiten, die Schaltung darzustellen. Man könnte zum Beispiel noch weitere Bussysteme anlegen oder auch ganz auf Busse verzichten. Insbesondere aber die räumliche Aufteilung des Schaltplanblatts wird von jedem Anwender anders vorgenommen. Spätestens jetzt empfiehlt es sich übrigens, alle Netze mit prägnanten Namen zu versehen. Dazu benutzen Sie wie bei der Benennung der Busstruktur den NAME-Befehl. Bei jedem angeklickten Netz erscheint zunächst der von Eagle beim Zeichnen vergebene Name in der Form N$x im Eingabefeld des sich öffnenden Dialogfensters. Es ist sicherlich nicht zu verkennen, dass diese Namensgebung nicht besonders aufschlussreich ist und bei anwachsender Größe eines Projekts schnell die Übersicht verlieren lässt.

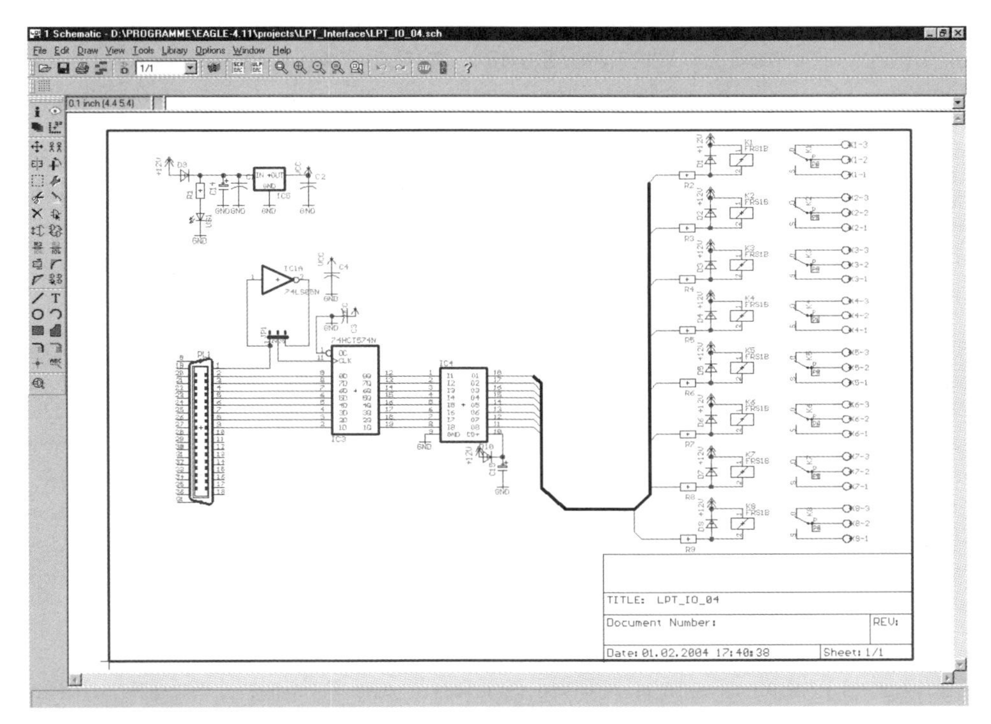

Abb. 3.21: Kompletter Schaltplan

Tipp

Eagle benennt alle Netze beim Zeichnen automatisch in der Form N$x. Ersetzen Sie diese spätestens nach Fertigstellung des Schaltplans mit dem NAME-Befehl durch schaltungsspezifische Ausdrücke. Die Funktion erklärende Namen erleichtern später das Erstellen des Layouts. Soll der Netzname im Schaltplan dargestellt werden, so ist dies über den LABEL-Befehl möglich.

Zauberei bei der Stromversorgung

Der Schaltplan ist nun so gut wie fertig. Alle Netze sind sinnvoll benannt, nun noch ein letzter Blick, ob alles korrekt ist, und schon wird Ihnen etwas seltsam vorkommen. Wo sind die Stromversorgungsanschlüsse der TTL-ICs? Sie haben zwar mit dem 78L05 eine 5V-Spannungsversorgung in die Schaltung integriert, aber offensichtlich keinen der TTL-ICs daran angeschlossen. Erinnern Sie sich kurz an die Beschreibung des 74LS05 im ADD-Dialogfenster. Neben den sechs Invertern waren im Symbol noch zwei zusätzliche Pins, mit VCC und GND bezeichnet, enthalten. Diese sind aber, wie auch dort schon beschrieben, nicht in unserem Schaltplan enthalten. Allgemein ist es bei Logikbausteinen üblich, die Versorgungspins nicht im Schaltplan anzuzeigen. Wahrscheinlich soll das der Übersichtlichkeit dienen und da ja alle TTL-ICs zum Beispiel mit 5 V gespeist werden, ist das ja auch eigentlich kein Problem. Wie lösen Sie diese Aufgabe? Im Kapitel über die Bibliotheken wird auf die besonderen Eigenschaften dieser im Bauteilsymbol enthaltenen Pins detailliert eingegangen. Sie müssen an dieser Stelle nur wissen, dass der Pin VCC automatisch an ein bestehendes Netz VCC angeschlossen wird. Ebenso wird mit dem Pin GND und dem Netz GND verfahren. Um also die Spannungsversorgung der TTL-ICs zu gewährleisten, müssen Sie folglich nur dafür sorgen, dass das Netz der 5V-Versorgungsspannung VCC genannt wird und die Masse der gesamten Schaltung GND ist.

Tipp

Bei Logik-ICs der TTL-Serie oder der CMOS-Serie sind die Pins für die Spannungsversorgung nicht im Schaltplan dargestellt. Diese werden von Eagle automatisch an entsprechend benannte Netze im Schaltplan angeschlossen. Die Benennung der entsprechenden Anschlüsse des Bauteils ist im ADD-Dialogfenster nach Auswahl des betreffenden Bauteils oder im Control Panel, ebenfalls nach Auswahl des Bauteils, ersichtlich. Weitere Informationen dazu lesen Sie bitte im Kapitel über Bibliotheken.

Ein kleines Problem ergibt sich allerdings, wenn zum Beispiel in einer Schaltung TTL- und CMOS-Logikgatter miteinander verschaltet sind. Beim TTL-Gatter sind die Versorgungsanschlüsse mit VCC und GND bezeichnet, wie in Abbildung 3.22 zu erkennen ist.

In dem ähnlichen Bauteil der CMOS-Reihe sieht das, wie in Abbildung 3.23 gezeigt, etwas anders aus.

Die Benennung des positiven Versorgungsanschlusses ist mit VDD anstatt VCC anders und auch der negative Anschluss ist nicht mit GND, sondern mit VSS bezeichnet. Wollen Sie nun alle ICs an dieselbe Versorgungsspannung anschließen, so müssen Sie sich jetzt etwas überlegen, da ein Netz ja jeweils nur einen Namen haben kann. In diesem Fall kann VCC nicht gleichzeitig auch VDD sein! Eine Möglichkeit zur Lösung dieses Problems ist in Abbildung 3.24 dargestellt.

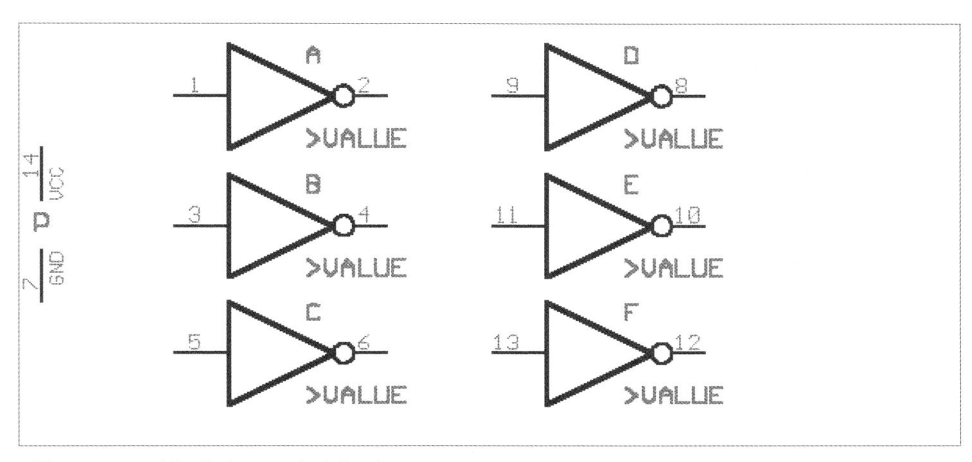

Abb. 3.22: Bibliotheks-Symbol für den SN 7405

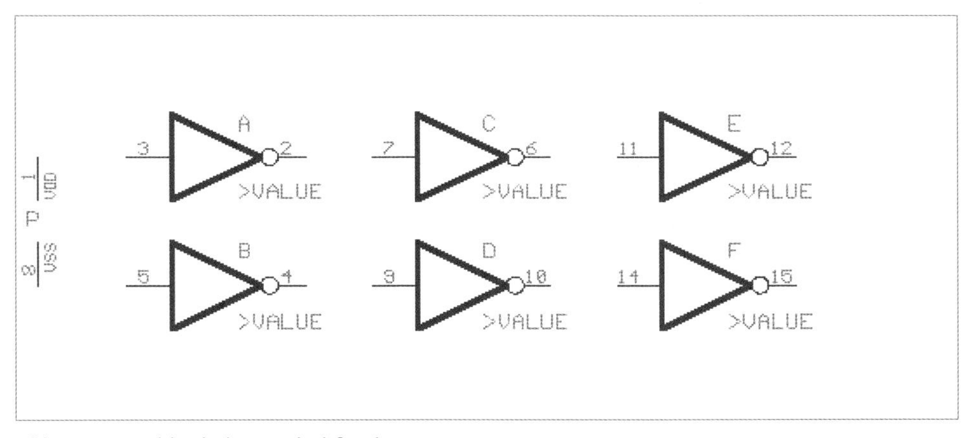

Abb. 3.23: Bibliotheks-Symbol für den CD 4009

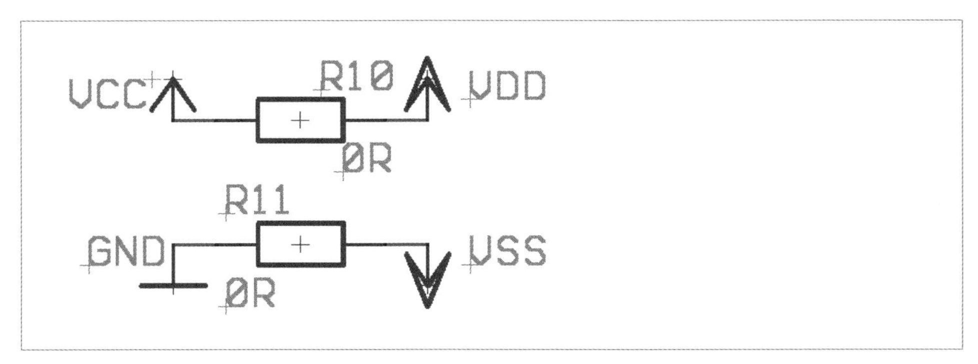

Abb. 3.24: Generierung von VDD und VSS aus VCC und GND

Im Schaltplan werden einfach 0Ω-Widerstände zur Verbindung der beiden Netze eingefügt. Man kann dann zum Beispiel in der eigentlichen Schaltung Drahtbrücken bestücken und Eagle hat wieder die zur automatischen Verbindung notwendigen Netze mit den erforderlichen Namen zur Verfügung. Die unterschiedliche Benennung bei CMOS und TTL ist übrigens keine Schikane von Cadsoft, sondern allgemein standardisiert und ist unter anderem auch deshalb nötig, weil die CMOS-ICs im Gegensatz zu den TTL-ICs auch mit höheren Versorgungsspannungen oder symmetrischer Versorgungsspannung betrieben werden können. Die Bezeichnungen finden sich auch in den jeweiligen Datenblättern zu den einzelnen ICs.

Vorsicht

Sie können auch die Holzhammermethode verwenden und die beiden Netze einfach miteinander verbinden. Dann wählen Sie einen Namen, den das entstehende Netz bekommen soll. Sie sollten dann aber sehr gut aufpassen, ob im späteren Layout auch alle Betriebsspannungen ordentlich angeschlossen sind und Eagle nicht irgendwo auf dem Weg dahin einen Schluckauf bekommen hat.

Eine andere Möglichkeit, dieses Problem anzugehen, ist der Befehl INVOKE, den wir im Zusammenhang mit dem 7405 schon kurz erwähnt hatten.

Tipp

Will man gezielt ein bestimmtes Gate eines Bauteils in den Schaltplan holen, dann benutzt man den Befehl INVOKE. Power Gates mit dem Addlevel Request werden im Schaltplan normalerweise nicht angezeigt. Weitere Informationen dazu entnehmen Sie bitte dem Kapitel über Bibliotheken.

Wenden Sie den INVOKE-Befehl nun einmal auf den 74LS05 aus Ihrer Schaltung an! Nach einem Klick auf das Bauteil öffnet sich das in Abbildung 3.25 dargestellte Dialogfenster.

Alle schon im Schaltplan befindlichen Elemente, hier GATES genannt, sind grau dargestellt und alle noch nicht im Schaltplan befindlichen Elemente sind schwarz dargestellt. Sie erkennen hier, dass die fünf gelöschten Inverter, die Gates B bis F, als nicht im Schaltplan befindlich gekennzeichnet sind. Genauso die Versorgungsanschlüsse, die als Gate P mit dem SYMBOL PWRN und dem ADDLEVEL REQUEST in Schwarz dargestellt sind. Was die einzelnen Bezeichnungen genau bedeuten, wird im Kapitel über die Bibliotheken erklärt. Hier ist zunächst wichtig, dass sich die schwarz dargestellten Gates mit einem Mausklick auswählen lassen und nach einem Klick auf OK dann im Schaltplan erscheinen. In Abbildung 3.26 sind für die ICs 74LS05 und 74HCT574 die Versorgungsanschlüsse in den Schaltplan geholt. Jetzt können diese Anschlüsse wie alle anderen auch mit dem NET-Befehl verdrahtet werden. Es würde auch kein Problem ergeben, wenn zum Beispiel ein CMOS-IC verwendet würde und mit dieser Methode der Pin VDD mit dem Netz VCC verbunden wird oder der Pin VSS mit dem Netz GND.

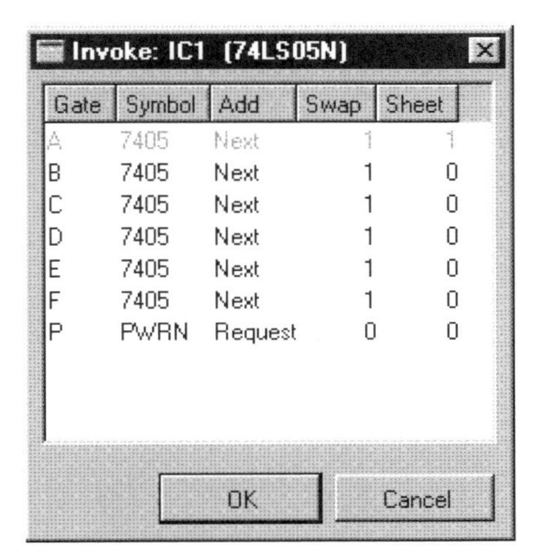

Abb. 3.25: INVOKE-Dialogfenster

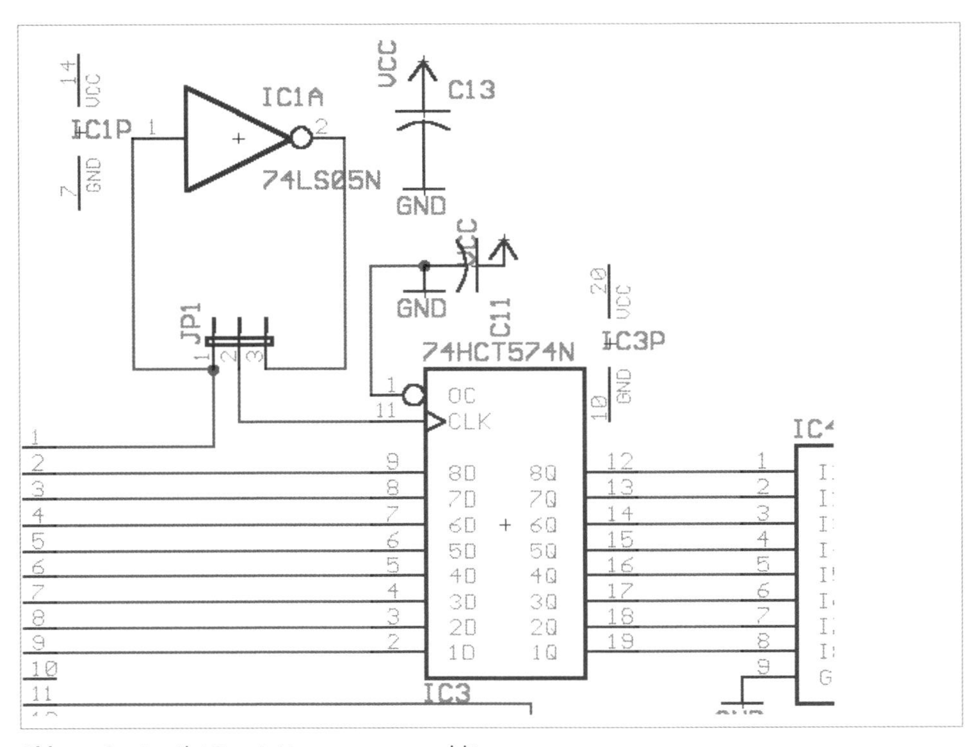

Abb. 3.26: Logik-ICs mit Versorgungsanschlüssen

Nun haben wir hoffentlich alles bedacht in unserer ersten Schaltung! Wir sind auf dem Weg zum Schaltplan auf eine Reihe der zur Verfügung stehenden Befehle eingegangen. Wie der versierte Leser sicher bemerkt hat, wurde nicht auf alle Funktionen eines jeden Befehls eingegangen. In diesem Kapitel haben wir uns auf die ersten Schritte konzentriert und sind daher noch nicht in die Tiefen von Eagle vorgedrungen, um besonders spezielle Fälle zu behandeln (kommt aber noch!), da wir in diesem Buch sowohl den Anfänger als auch den fortgeschrittenen Anwender ansprechen wollen. Also, wer in der Eagle-Hilfe zu den jeweiligen Befehlen etwas gefunden hat, das hier nicht beschrieben wurde, den möchten wir auf folgende Kapitel verweisen, die eben die spezielleren Fälle ansprechen werden.

## Kapitel 4

Vom Schaltplan zum Layout

4.1 Switch to Board

Nun geht's hier weiter – und zwar mit der Frage: »Wie mache ich aus dem Schaltplan ein Layout?« Dazu stellt Eagle den Befehl BOARD zur Verfügung. Das Layout oder die *Leiterplatte*, wie man es auch nennen mag, wird bei Eagle *Board* genannt. Die entsprechende Datei hat einen Namen der Form `*.brd`.

Tipp

Der BOARD-Befehl erzeugt eine Layoutdatei aus einem Schaltplan. Wenn die Leiterplatte bereits existiert, wird sie in den Layout-Editor geladen. Wenn die Leiterplatte nicht existiert, werden Sie gefragt, ob Sie eine neue Datei anlegen wollen. Der BOARD-Befehl überschreibt niemals eine existierende Leiterplattendatei. Wenn eine Datei mit diesem Namen existiert, muss sie erst mit REMOVE oder einfach mit dem Windows-Explorer gelöscht werden, bevor der BOARD-Befehl sie neu anlegen kann.

Es geschieht also eine ganze Menge, sobald man den BOARD-Befehl ausführt. Wird eine Platine zum ersten Mal geladen, prüft das Programm, ob im selben Verzeichnis ein Schaltplan mit demselben Namen existiert. Wenn ja, fragt das Programm, ob aus dem Schaltplan die Platine erstellt werden soll. Alle relevanten Daten der Schaltplandatei `LPT_IO_4.sch` werden dann in die Board-Datei `LPT_IO_4.brd` konvertiert. Das neue Board wird automatisch mit einer Größe von 160 x 100 mm (Light-Edition: 100 x 80 mm) angelegt, wobei die Umrisse so gelegt sind, dass das Board mittig im 50-mil-Raster liegt. Alle Packages mit den im Schaltplan definierten Verbindungen sind links neben der leeren Platine platziert. Die Spannungsversorgungsanschlüsse (*Power-Pins*) der Logik-ICs sind bereits verbunden. In Abbildung 4.1 ist der Layout-Editor direkt nach dem Ausführen des BOARD-Befehls dargestellt. Da wir mit der Light-Edition arbeiten, ist auch nur die halbe Euro-Platinen-Größe als Umriss angelegt. Leiterbahnen sind natürlich noch nicht angelegt, aber alle im Schaltplan definierten Verbindungen sind wie beschrieben vorhanden. Diese sind als so genannte *Airwires* ausgeführt, deren Beschaffenheit sich am besten mit einem Gummiband vergleichen lässt. Die Airwires verbinden die Bauteile wie im Schaltplan vorgegeben immer auf dem kürzesten Wege.

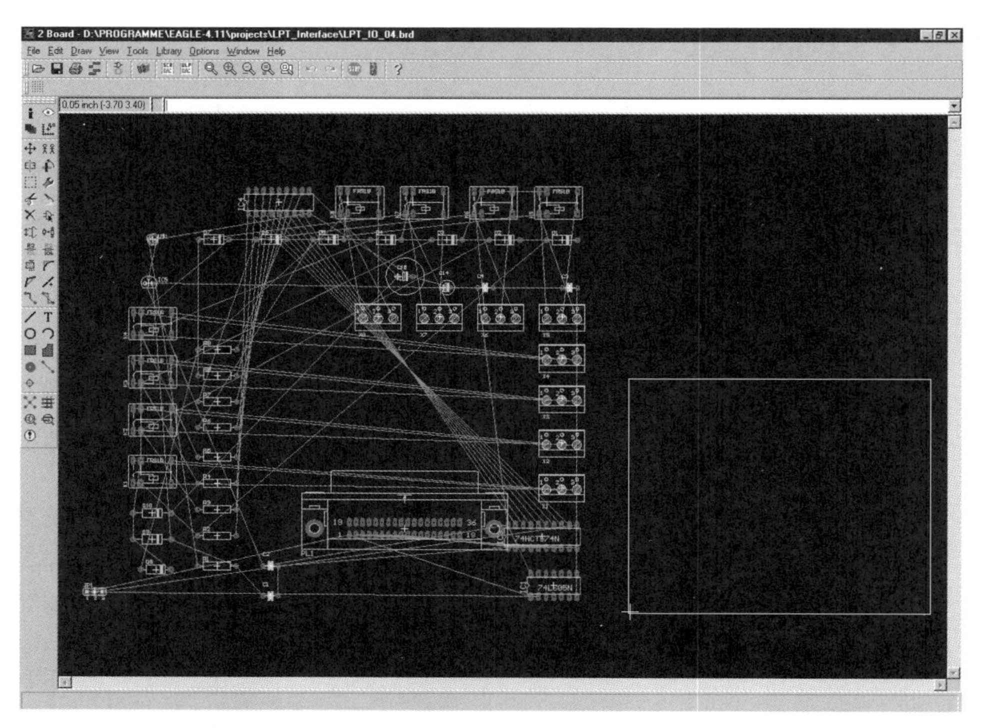

Abb. 4.1: Board-Datei im Layout-Editor direkt nach Ausführen des BOARD-Befehls

Der kürzeste Weg ist natürlich von der Platzierung der Bauteile auf der Platine abhängig. Der entscheidende Punkt aber ist, dass die Verdrahtungen im Schaltplan und im Layout übereinstimmen! Dieser Zustand wird als *konsistent* bezeichnet. Sobald Eagle die Konsistenz festgestellt hat, erlaubt es bei gleichzeitig geöffnetem Schaltplan und zugehörigem Layout nur Änderungen im Schaltplan. Versucht man zum Beispiel, einen Airwire im Layout zu löschen, reagiert Eagle mit der in Abbildung 4.2 gezeigten Fehlermeldung.

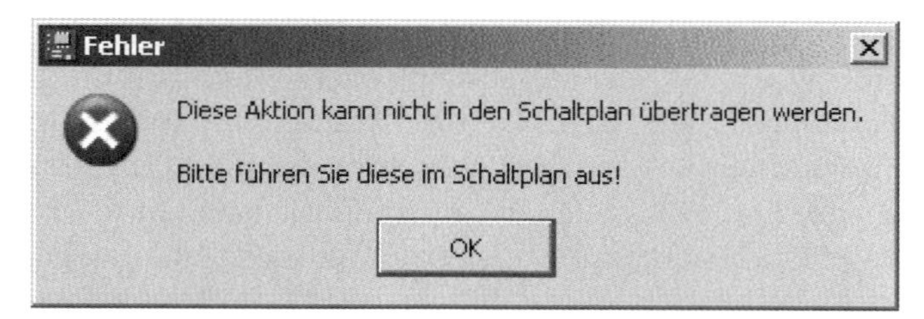

Abb. 4.2: Fehlermeldung bei nicht erlaubter Operation im Layout

Es bleibt dann eigentlich nur, die Änderung halt im Schaltplan vorzunehmen.

Und wieder das Raster

Bevor irgendwelche Veränderungen an der in Abbildung 4.1 gezeigten Anordnung vorgenommen werden, sollte wieder ein Blick auf das eingestellte Raster geworfen werden. Die Einstellung wird wie im Schaltplan-Editor vorgenommen und demzufolge erfolgt sie auch über dasselbe GRID-Dialogfenster. Die Standardeinstellung, die Eagle bei der Generierung des Boards vornimmt, ist beim ersten Aufruf des GRID-Befehls im Dialogfenster einzusehen. Sie ist auf 0.05 INCH oder 50 MIL eingestellt.

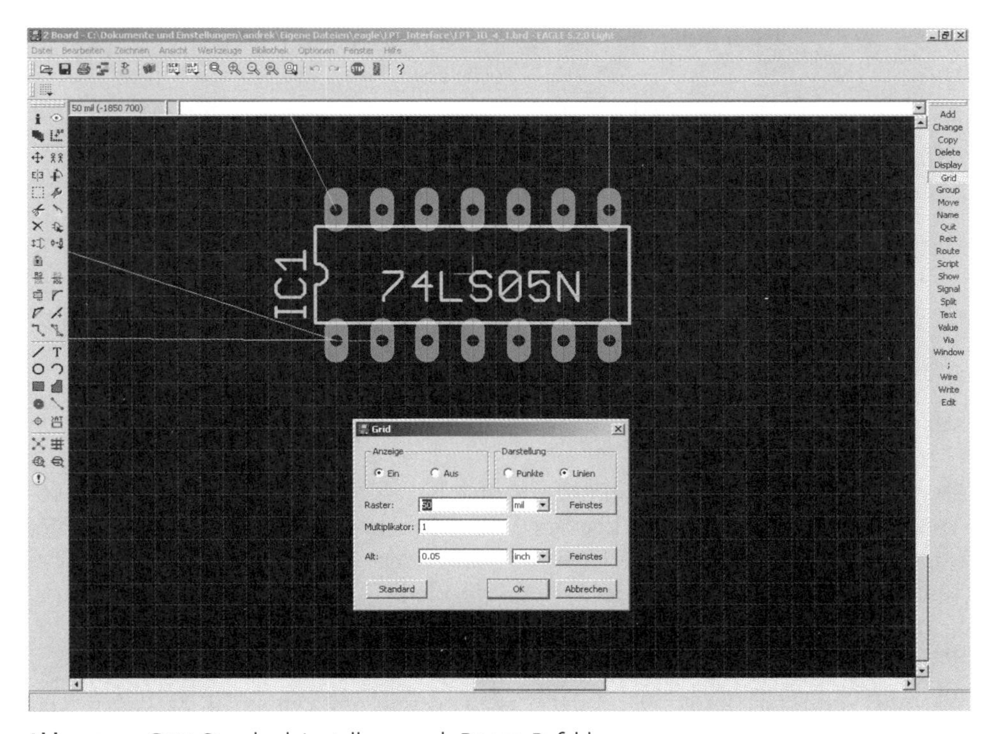

Abb. 4.3: GRID-Standardeinstellung nach BOARD-Befehl

In Abbildung 4.3 ist diese Standardeinstellung anhand eines Dual-Inline-ICs mit 14 Anschlüssen dargestellt. Zu erkennen ist, dass das Raster zweimal feiner als der Abstand zweier IC-Anschüsse ist. Für die Verdrahtung solcher Bauteile reicht diese Einstellung in der Regel aus. So ist es schon möglich, eine Leiterbahn zwischen zwei IC-Anschlüssen hindurchzulegen, was für Anwendungen im Hobbybereich eine ziemliche Genauigkeit beim späteren Übertragen des Layouts auf eine Leiterplatte erfordert. Andererseits ist es unter Umständen nötig, nebeneinander verlaufende Leiterbahnen dichter aneinanderzulegen, um zum Beispiel Platz zu sparen. Schauen Sie dazu einfach einmal in Abbildung 4.4, wie sich eine weitere Halbierung des Rastermaßes auswirkt.

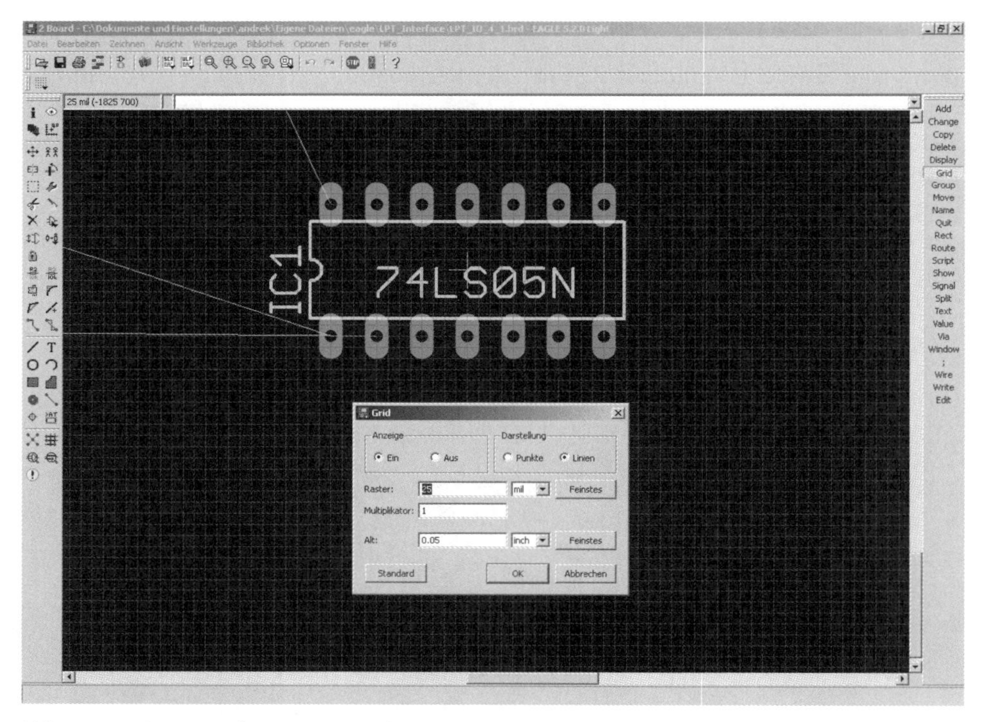

Abb. 4.4: Rastermaß 0.025 INCH oder 25 MIL

Sie erkennen, dass es weiterhin nur möglich ist, eine Leiterbahn zwischen die IC-Anschlüsse zu legen, jedoch können Leiterbahnen dichter gepackt werden. Wir wollen dieses Raster für unser Beispiel verwenden, da absehbar ist, dass für die Verdrahtung wenig Platz auf der Leiterplatte bleibt.

Raster zu fein gewählt?

Was aber kann passieren, wenn das Raster zu fein gewählt wird? Zunächst wird man nicht viel Ungemach feststellen – was ziemlich trügerisch ist. Später werden die ersten seltsamen Effekte auftreten. Man wundert sich vielleicht, dass einige Bauteile im Layout nicht wie im Schaltplan verschaltet sind. Es fehlen zum Beispiel bei einem IC mehrere Airwires, oder an einem einfachen Widerstand ist nur ein oder gar kein Airwire angeschlossen! Was ist passiert? Die Ursache für diese Probleme liegt schon bei der Erstellung des Schaltplans. Ist im Schaltplan-Editor das Raster viel zu fein gewählt, vielleicht weil man für irgendeine Operation während der Erstellung des Schaltplans ein feines Raster zu benötigen meinte und es dann nicht wieder zurückgestellt hat, kommt es zu – wir nennen es mal – Fehlverbindungen. Schauen Sie sich dazu einmal Abbildung 4.5 an. Man erkennt eine normale Vernetzung von Anschlusspins eines Bauteils. Einzig auffällig ist die leicht größere Überlappung an Pin 10.

Abb. 4.5: Vernetzung mit zu feinem Raster

Versuchen Sie jetzt, mit dem MOVE-Befehl die Netze zu bewegen, so werden Sie feststellen, dass sich das Netz an Pin 9 nicht vom Pin trennen lässt – es ist also richtig angeschlossen. Das Netz an Pin 10 allerdings lässt sich, wie in Abbildung 4.6 zu sehen, sofort vom Pin trennen.

Abb. 4.6: Pin 10 nicht angeschlossen

Also, zunächst sah der Schaltplan völlig normal aus, aber auf den zweiten Blick ist dem offensichtlich nicht so. Diese Fehlverbindungen können bei der Erstellung von Schaltplänen an vielen Stellen auftreten. Versuchen Sie doch einmal, bei feinster Rastereinstellung zwei Netze zu verbinden. Sie werden es nicht auf Anhieb schaffen, dass Eagle durch das automatische Setzen eines Junction-Punktes eine Verbindung anzeigt. Die gleiche Aktion mit dem empfohlenen Raster von 50 oder 100 mil wird sofort zum Erfolg führen! Ein Schaltplan mit solchen Fehlern ist natürlich nicht verloren! Zunächst können Sie mit dem SHOW-Befehl alle Netze auf Verdrahtungsfehler untersuchen. Verbindungen lassen sich dann auf relativ einfache Art herstellen. Benutzen Sie Eagle ab Version 4.1, sollte zunächst das Raster wieder in normale Regionen eingestellt werden – weniger als 25 mil werden nach unseren Erfahrungen *sehr, sehr* selten benötigt! Weiterhin muss jetzt im GRID-Dialogfenster der Eintrag MULTIPLIKATOR 1 sein. Nun können Sie feststellen, was außerhalb des Rasters liegt. Es ist entweder das Bauteil oder das Netz, vielleicht sogar beides. Liegt ein Bauteil außerhalb des Rasters, so erkennt man das wie in Abbildung 4.7 am Ankerpunkt (*Origin*) desselben. Das Origin muss auf dem Raster liegen! Netze, die nicht im Raster liegen, sind einfacher zu erkennen. Bei den genannten Rastereinstellungen liegen solche Netze nicht auf dem Raster, sondern *dazwischen*. Jetzt rücken wir das Problem einfach wieder gerade!

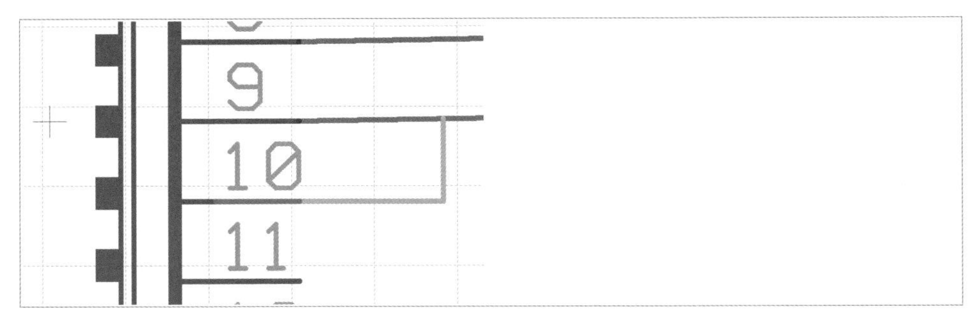

Abb. 4.7: Bauteil und Netz außerhalb des Rasters – OFF GRID

Eagle ab Version 4.1 stellt dazu eine Funktion zur Verfügung, die SNAP TO GRID genannt werden könnte. Der Aufruf ist denkbar einfach. Zuerst wird der MOVE-Befehl angewählt. Hat man ein Objekt im Schaltplan entdeckt, das außerhalb des Rasters positioniert ist, so selektiert man dieses bei gleichzeitig gedrückt gehaltener [Strg]-Taste. Wird das Raster angezeigt, so werden Sie feststellen, dass das Objekt jetzt im Raster liegt, auch während Sie es mit dem MOVE-Befehl noch bewegen! In Abbildung 4.7 ist ebenfalls zu sehen, wie mit dem SHOW-Befehl die fehlerhaften Verbindungen sichtbar gemacht werden können. Wären alle Verbindungen, die scheinbar zu erkennen sind, auch tatsächlich vorhanden, so müsste das Netz an Pin 9 ebenfalls hervorgehoben sein.

Eagle-Versionen bis 4.09 stellen den Anwender hier vor etwas größere Probleme. Es bleibt im Grunde nicht viel anderes übrig, als den größten gemeinsamen Nenner zu finden. Es muss also so lange gesucht werden, bis man eine Rastereinstellung gefunden hat, die zu den beiden zu verbindenden Objekten passt. Haben Sie Glück, so ist die Einstellung für weitere Problemfälle ebenfalls passend und darüber hinaus auch nicht zu fein, um damit den Schaltplan weiter bearbeiten zu können. Eine Möglichkeit, Bauteile nachträglich ins rechte Raster zu rücken, gibt es bis zur Version 4.09 nicht.

Wichtig

Eine zu feine Einstellung des Rasters im Schaltplan-Editor äußert sich vor allem in fehlerhaften Verbindungen zwischen Bauteilen und Netzen.

Das waren bisher nur Probleme, die aus der Rastereinstellung des Schaltplan-Editors entstehen können. Wie sich ein zu fein eingestelltes Raster im Layout-Editor auf das erstellte Layout auswirkt, werden wir am Ende dieses Kapitels behandeln, wenn die Leiterplatte unseres kleinen Projekts fertig ist.

Beginnen Sie also jetzt damit, die Bauteile aus Abbildung 4.1 auf der Leiterplatte zu platzieren. Dazu verwenden Sie den Befehl MOVE und bewegen damit jedes Bauteil einzeln auf einen vorläufigen Platz auf der eingezeichneten Leiterplatte.

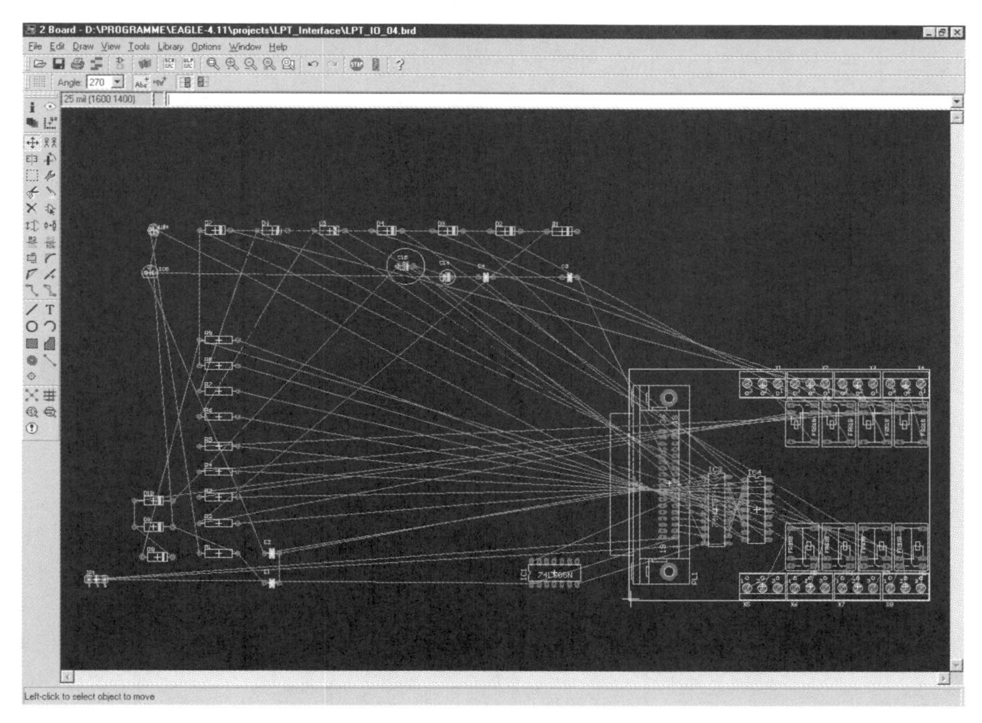

Abb. 4.8: Platzieren der Bauteile mit dem MOVE-Befehl

Dabei erkennen Sie schon jetzt ein kleines Problem. IC3 und IC4 sind nach Abbildung 4.9 ein wenig ungeschickt miteinander so verschaltet, dass entweder Eingangsseite und Ausgangsseite vertauscht sind oder alle Leitungen gekreuzt verlaufen.

Da in diesem Projekt der Schaltplan und das Layout konsistent sind, sind Änderungen nur im Schaltplan möglich. Drehen und spiegeln Sie also das IC4 im Schaltplan und schauen Sie dann, ob es besser passt.

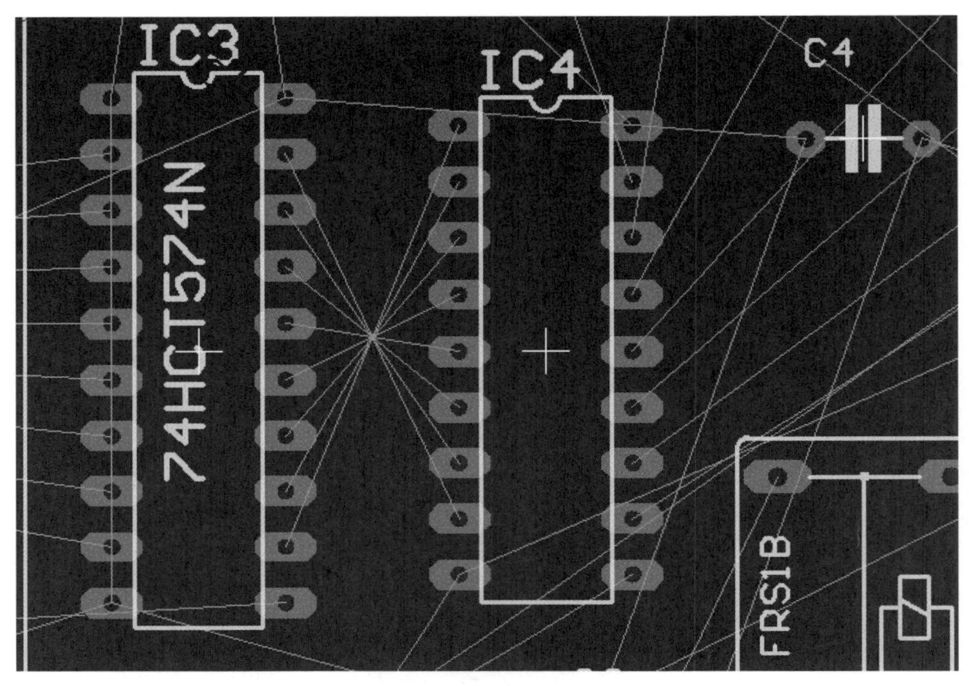

Abb. 4.9: Ungeschickte Verschaltung von IC3 und IC4

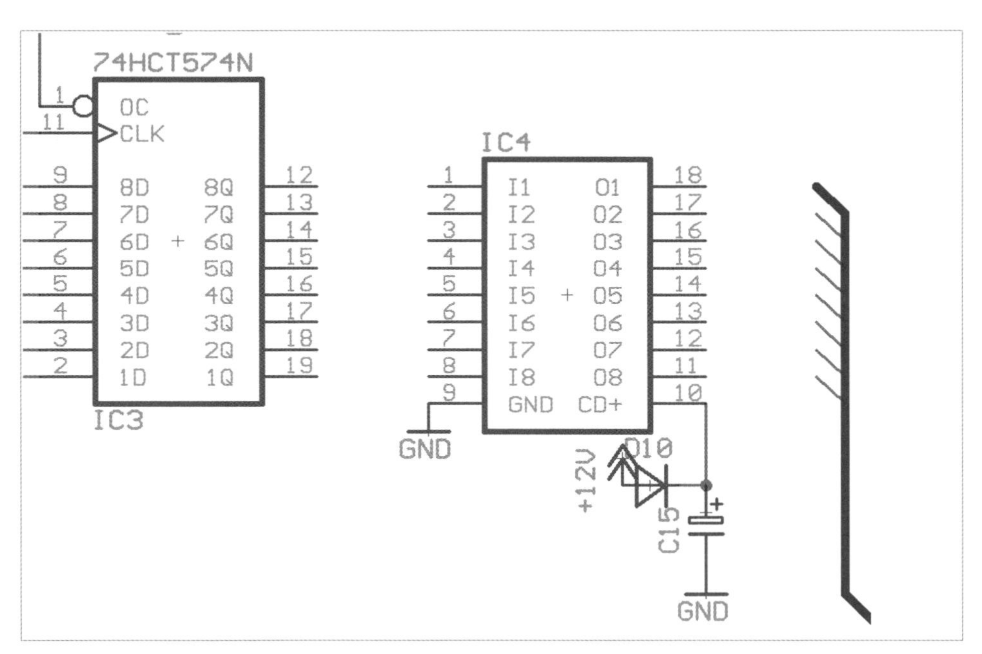

Abb. 4.10: Vorbereitung zum Drehen und Spiegeln von IC4 – Netze löschen

Zunächst löschen Sie die Netze an IC4, die geändert verschaltet werden müssen. Dann wird der IC4 mit der sonstigen Verschaltung mit dem GROUP-Befehl gruppiert. Jetzt wird wieder MOVE angewählt und die Gruppe mit der rechten Maustaste zunächst selektiert und dann mit jedem weiteren Rechtsklick um 90° weiter verdreht. Wenn eine Drehung um 180° erreicht ist, wird die Gruppe mit einem Klick auf die linke Maustaste wieder abgelegt. Jetzt folgt die Spiegelung mit dem Befehl MIRROR. Da Sie auch in diesem Fall den Befehl auf die immer noch bestehende Gruppe anwenden wollen, wird die Spiegelung mit einem Rechtsklick vorgenommen. Dadurch wird die komplette Gruppe gespiegelt und nicht nur das eine Bauteil, das den Koordinaten des Mauscursors am nächsten ist. Anschließend werden die zuvor gelöschten Netze wieder angeschlossen. Das Ergebnis ist in Abbildung 4.11 dargestellt.

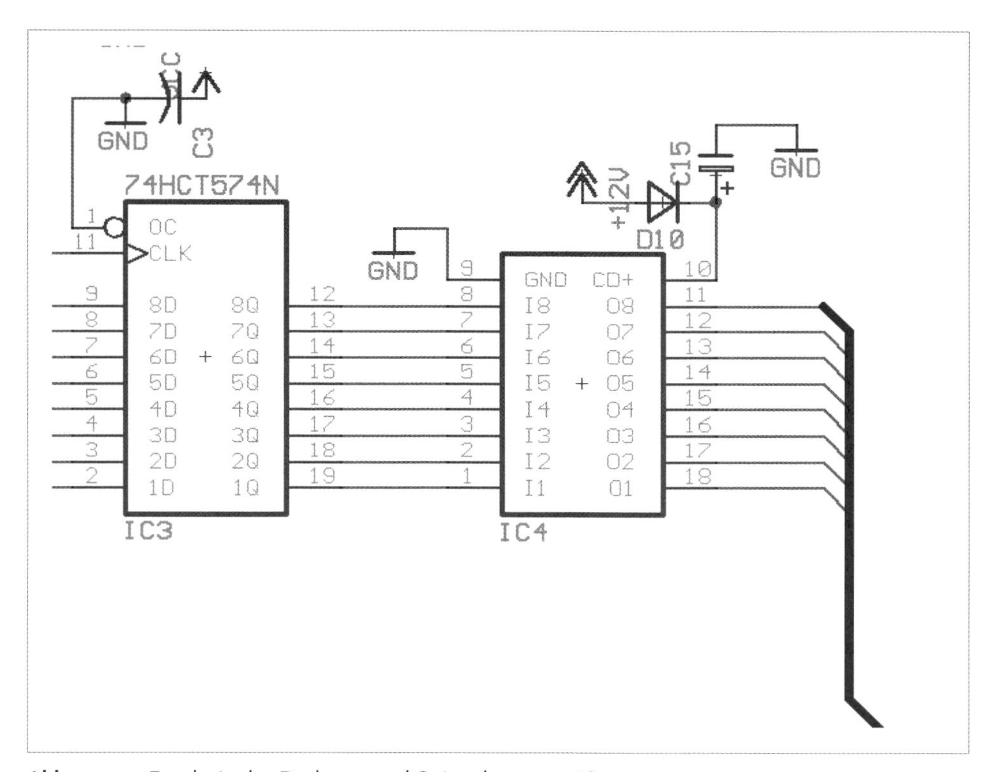

Abb. 4.11: Ergebnis der Drehung und Spiegelung von IC4

Wie sieht das Ergebnis der ganzen Operation nun im Layout aus? Schauen wir, was Abbildung 4.12 zeigt.

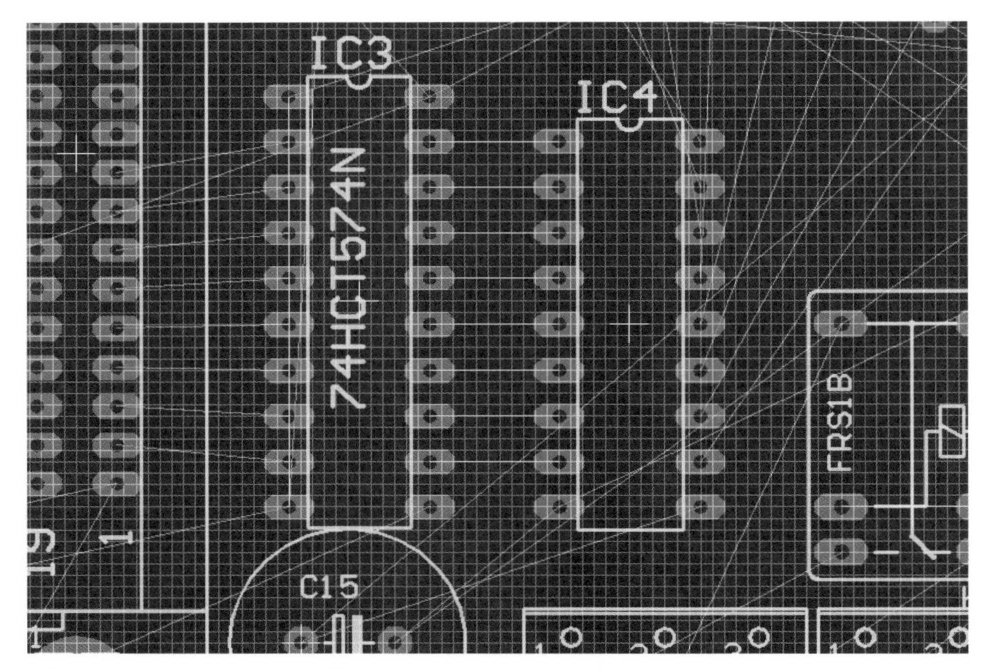

Abb. 4.12: Layout nach Modifikation der Verdrahtung

Forward Back Annotation

Sie erkennen, dass die Operation erfolgreich verlaufen ist. Die beiden ICs sind jetzt geschickter miteinander verschaltet und die Konsistenz von Schaltplan und Layout ist nicht zerstört. Warum sollte man auf die Erhaltung der Konsistenz achten?

Wichtig

Nur wenn ein Eagle-Schaltplan und ein gleichnamiges Eagle-Layout *konsistent* sind, findet eine *Forward Back Annotation* statt.

Forward Back Annotation? Aha!?

Ja! Sie haben soeben mit zweien ihrer Eigenschaften gearbeitet. Sie haben ja festgestellt, dass Eagle es nicht erlaubt, dass Änderungen im Layout vorgenommen werden, wenn der zugehörige *konsistente* Schaltplan ebenfalls geöffnet ist. Anders herum werden Änderungen, die im Schaltplan vorgenommen werden, auch in das Layout übernommen. »Welche Vorteile bringt uns das?«, mögen Sie denken, da ja zunächst einmal Änderungen im Layout nur über den Umweg des Schaltplans vorgenommen werden können. Erinnern Sie sich an den Anfang unseres Projekts! Sie haben die Schaltung bewusst zunächst als Schaltplan angelegt, weil eine

Schaltung nur so vernünftig überblickt werden kann. Denken Sie noch weiter und stellen sich ein Layout wie zum Beispiel das mitgelieferte Beispiel hexapod vor, so müssen Sie zugeben, dass die Arbeit ohne Schaltplan schon bei Leiterplatten dieser Größe mehr als mühsam wird. Viel schlimmer aber ist, dass es viel leichter zu Fehlern kommt, wenn man die Verschaltung der einzelnen Bauteile nur anhand des Layouts kontrollieren kann.

Um nun aber das Layout einer Schaltung anhand des erstellten Schaltplans überprüfen zu können, müssen Sie sicherstellen, dass beide elektrisch übereinstimmen. Dies stellt die *Forward Back Annotation* sicher. Fahren Sie aber nun fort mit der Platzierung der Bauteile auf der kleinen, von Eagle in der Light-Version vorgegebenen Leiterplatte. Das Ergebnis könnte am Ende in etwa so aussehen, wie in Abbildung 4.13 gezeigt.

Tipp

Eine Gesamtansicht der Leiterplatte, wie sie zum Beispiel in Abbildung 4.13 zu sehen ist, lässt sich jederzeit durch Klicken auf den Button FIT in der ACTION-Toolbar oder mit der Tastenkombination [Alt]+[F2] erreichen!

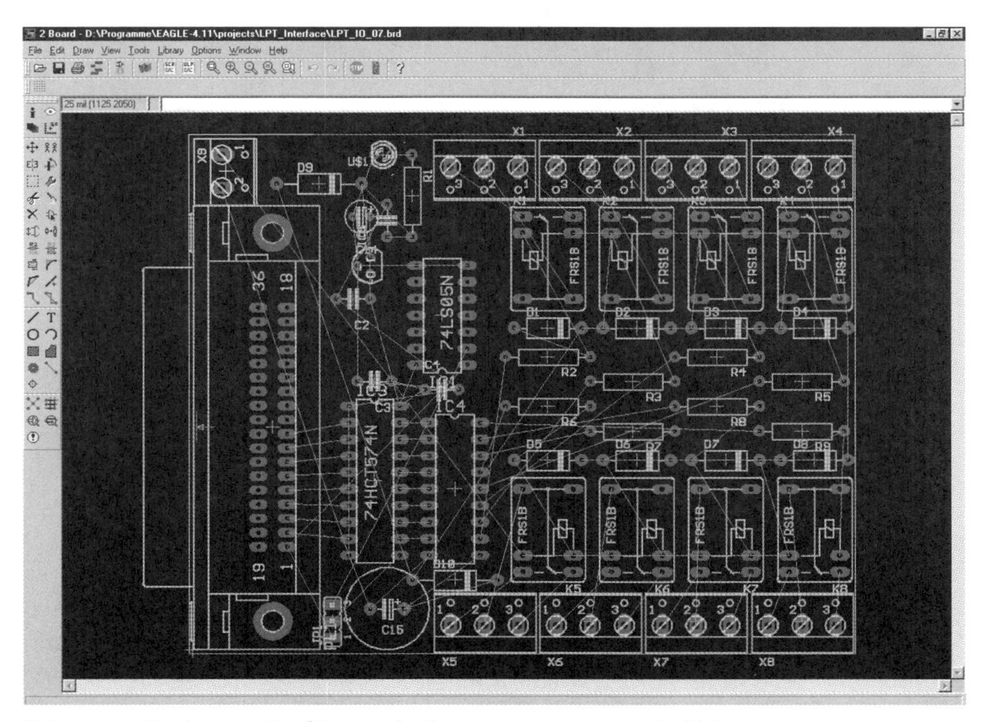

Abb. 4.13: Airwires vor Ausführung des LUFTLINIEN BERECHNEN-Befehls

In der Beschreibung des BOARD-Befehls wurde erwähnt, dass die Airwires die Bauteile auf dem kürzesten Weg verbinden. Das gilt allerdings zunächst nur für die Platzierung der Bauteile zum Zeitpunkt der Erstellung des Boards durch Eagle. Sie erinnern sich an Abbildung 4.1, in der alle Bauteile außerhalb des vorgefertigten Leiterplattenumrisses angeordnet waren. Demzufolge sind nach den erfolgten Änderungen der Bauteilplatzierungen die Airwires jetzt etwas verworren.

Luftlinien-Entwirrung

Für eine Neuberechnung der aktuell für die Platzierung geltenden kürzesten Verbindungen stellt Eagle den Befehl LUFTLINIEN BERECHNEN zur Verfügung. Was passiert, wenn auf die in Abbildung 4.13 gezeigte Platzierung der LUFTLINIEN BERECHNEN-Befehl angewendet wird, ist in Abbildung 4.14 zu sehen.

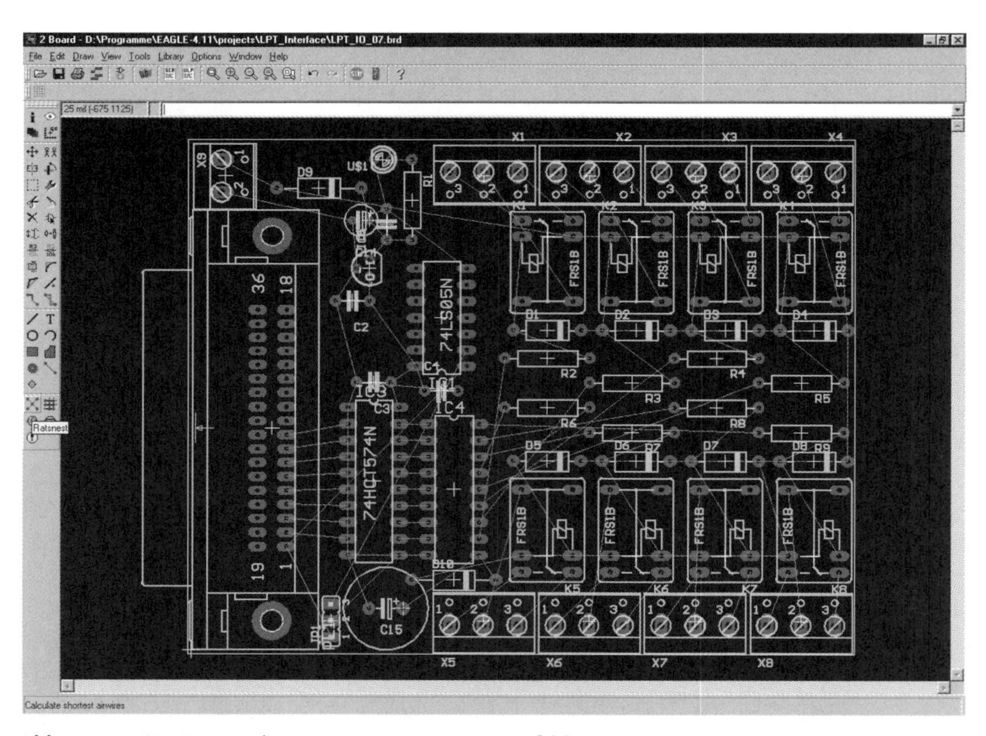

Abb. 4.14: Airwires nach LUFTLINIEN BERECHNEN-Befehl

Hoffentlich zu erkennen ist, dass sich die Anordnung der Airwires in einigen Leiterplattenabschnitten stark geändert hat. In diesem Beispiel wurde unüblicherweise zunächst die gesamte Platzierung auf der Leiterplatte vorgenommen und erst zum Ende der LUFTLINIEN BERECHNEN-Befehl ausgeführt.

Tipp

Führen Sie während der Platzierung der Bauteile auf der Leiterplatte öfters den LUFTLINIEN BERECHNEN-Befehl aus. Anhand des Verlaufs der Airwires kann die Platzierung der Bauteile gut beurteilt und dann optimiert werden.

Der Route-Befehl und seine Parameter

Gehen Sie jetzt davon aus, dass sich die gezeigte Platzierung auch auf der Leiterplatte mit Leiterbahnen verbinden (*Routen*) lässt, so können Sie jetzt anfangen. Die Umwandlung der Airwires in Leiterbahnen geschieht mit dem Befehl ROUTE. Wählen Sie den ROUTE-Befehl an, so fällt zunächst die Änderung der PARAMETER-Toolbar auf.

Abb. 4.15: PARAMETER-Toolbar zum Befehl ROUTE

Huch! Man wird ja quasi erschlagen von den vielen Optionen, die sich hier verbergen! Was ist das alles und was ist jetzt im Moment wichtig? Der Button für den GRID-Befehl ist wie immer links vorhanden. Dann folgt ein Auswahlfenster für den Layer, in dem die Leiterbahn gezogen werden soll. Sie müssen sich zu diesem Zeitpunkt entscheiden, ob Sie die Leiterbahn auf der Unterseite (Lötseite, *Bottom*) oder auf der Oberseite (Bestückungsseite, *Top*) zeichnen wollen. Mehr Optionen lässt die Light-Version hier nicht zu. Die nächsten acht Buttons brauchen Sie eigentlich noch nicht zu beachten. Sie zeigen an, welcher Zeichenmodus aktiviert ist, insbesondere das Verhalten der Leiterbahn beim Zeichnen von Richtungsänderungen; wir nennen sie hier ZEICHENMODUS-Buttons. Richtungsänderungen erzeugt man beim Zeichnen durch einen einfachen Klick mit der linken Maustaste. Das bis zum Klick gezeichnete Leiterbahnsegment wird festgelegt und ein neues Segment beginnt an den Koordinaten des Mausklicks. Die Leiterbahn folgt dem Mauscursor dabei in der im momentan aktiven ZEICHENMODUS-Button gezeigten Weise. Wird während des Zeichnens einer Leiterbahn die rechte Maustaste betätigt, so kann man beobachten, dass der aktive ZEICHENMODUS-Button mit jedem Klick durch die insgesamt acht Optionen wandert. Es ist somit einfach möglich, den Verlauf einer Leiterbahn den gerade aktuellen Gegebenheiten auf der Leiterplatte anzupassen. Die gerade in Bearbeitung befindliche Leiterbahn kann durch einen einfachen Klick mit der linken Maustaste segmentiert werden. Das bis zum Klick gezeichnete Teilstück der Leiterbahn wird dabei festgesetzt und kann jetzt mit dem ROUTE-Befehl nicht mehr verändert werden. Das vorher beschriebene Verhalten der Leiterbahn in den unterschiedlichen Zeichenmodi gilt nun für den Abschnitt vom Ende des festgesetzten Segments bis zum Mauscursor.

Tipp

Probieren Sie die verschiedenen Zeichenmodi aus, die Eagle bietet! Starten Sie dazu einfach den Layout-Editor mit FILE|NEW|BOARD im Control Panel und zeichnen Sie mit dem WIRE-Befehl eine Leiterbahn. Bewegen Sie die Maus und klicken Sie dabei mit der rechten Maustaste, um die verschiedenen Zeichenmodi auszuprobieren. Ein Sonderfall ist der achte Button, auf dem eine S-Kurve dargestellt ist. Hier muss die gezeichnete Leiterbahn durch einen linken Mausklick in mindestens zwei Segmente geteilt werden, damit die Leiterbahn mit beliebigem Radius weitergezeichnet werden kann.

Neu in Versionen ab 4.1 ist der Befehl MITER. Mit ihm kann eine Verbindung zweier Leiterbahnsegmente abgeschrägt oder abgerundet werden. Im Eingabefeld MITER kann der Radius eingestellt werden, mit dem zum Beispiel eine Ecke verrundet werden soll. Die zwei folgenden Buttons geben den Modus an: ABRUNDUNG oder ABSCHRÄGUNG. Das *Mitering* funktioniert in Verbindung mit den eben behandelten Zeichenmodi. Geben Sie einen anderen RADIUS als null ein, so werden Sie erkennen, dass zum Beispiel beim Abwinkeln einer Leiterbahn keine scharfe Ecke mehr entsteht, sondern die Ecke durch ein Kreissegment mit dem angegebenen Radius ersetzt wird. Die Maßeinheit des Radius entspricht dabei der im GRID-Dialogfenster gewählten Einheit für das Raster.

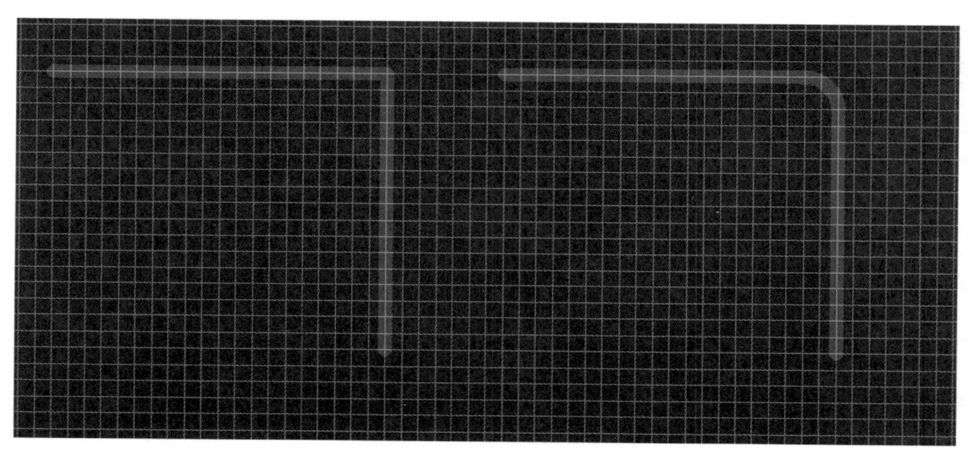

Abb. 4.16: Abgewinkelte Leiterbahn ohne und mit Mitering

Als Beispiel sind in Abbildung 4.16 zwei Leiterbahnen mit 40 mil Breite jeweils abgewinkelt eingezeichnet. Bei der linken Leiterbahn beträgt der Mitering-Radius 0 mil und bei der rechten Leiterbahn 100 mil. Im Eingabefeld WIDTH wird die gewünschte Breite der Leiterbahn eingetragen. Die Breite ist dabei in der Einheit anzugeben, mit der auch das Raster bemaßt ist. Es ist möglich, einen Wert direkt in das Eingabefenster einzugeben oder aber durch einen Klick auf den daneben befindlichen Pfeil eine Scrollbox zu öffnen und darin den gewünschten Wert auszuwählen. Die in der Scrollbox angezeigten Werte können über die Scriptdatei `Eagle.epf` voreingestellt werden. Nun folgen drei Buttons mit darauf abgebildeten Vias. Mit der hier getätigten Auswahl wird die Form der Durchkontaktierungen (*Vias*) festgelegt, die beim Wechseln der Layer beim Routen automatisch gesetzt werden. Zur Auswahl stehen *Quadratisch* (SQUARE), *Rund* (ROUND) und *Achteckig* (OCTAGON). Voreingestellt ist *Quadratisch*.

Tipp

Von der Form OCTAGON ist abzuraten, wenn man die Daten später im Gerber-Format einem Leiterplattenhersteller übergeben möchte. Sie wird nicht von allen Gerber-Interpretern unterstützt und es kann zu unerwarteten Überraschungen kommen – die entsprechenden Objekte fehlen dann einfach (siehe Kapitel zur Datenausgabe).

Das folgende Eingabefeld LAYER ist für Multilayer-Leiterplatten interessant. Seit Version 4.1 unterstützt Eagle jetzt auch *Durchkontaktierungen*, die nicht durch die gesamte Leiterplatte reichen, sondern nur bestimmte Layer verbinden. Dies ist dann interessant, wenn es wirklich darauf ankommt, möglichst viele Leiterbahnen auf festgelegter Fläche unterzubringen. Ohne diese *Sacklöcher* ist es zum Beispiel fast unmöglich, ein Bauteil mit BGA-Gehäuse komplett zu verdrahten. Die Light-Version von Eagle bietet hier jedoch keine Auswahlmöglichkeit, da ja auch nur zwei Layer unterstützt werden. Weiter geht's mit dem Eingabefeld DURCHMESSER. Hier kann der Durchmesser des Pads der zu setzenden Durchkontaktierung angegeben werden. Als Standardeintrag ist hier AUTO gesetzt. *Auto* bedeutet, dass Eagle in Abhängigkeit des Bohrdurchmessers, der im nächsten Eingabefeld BOHRUNG eingegeben wird, den Durchmesser des Pads anpasst. Machen wir einen kurzen Ausflug und schauen uns den Aufbau einer Durchkontaktierung an. Dazu rufen Sie aus dem Pulldown-Menü TOOLS den Punkt DRC auf und wählen dann die Seite RESTRING. Es erscheint das in Abbildung 4.17 gezeigte Dialogfenster.

Hier ist eine Durchkontaktierung in einer Multilayer-Leiterplatte dargestellt. Mit *Restring* ist das in der Skizze der Durchkontaktierung eingezeichnete Maß gemeint. Es handelt sich um die Breite des nach dem Bohren verbleibenden Kupferrings um die Bohrung, angegeben in Prozent des Bohrdurchmessers. Da es sich auch bei Pads von Bauteilen eigentlich nur um Durchkontaktierungen handelt, sind auch deren Eigenschaften hier erfasst und einstellbar. Was können Sie hier nun sehen? Eine *Durchkontaktierung* oder ein *Pad* kann Leiterbahnen in zwei oder mehreren Layern miteinander verbinden. Dazu ist in jedem Layer ein *Restring* zur Kontaktierung notwendig. In diesem Dialogfenster können die RESTRING-Einstellungen für den Top-Layer, den Bottom-Layer und die Innenlayer getrennt vorgenommen werden. Zusätzlich zur RESTRING-Einstellung in Prozent können ein minimaler Restring und ein maximaler Restring angegeben werden, die nicht vom Bohrdurchmesser abhängig sind. Dadurch wird zum Beispiel ein allzu großer Gesamtdurchmesser vermieden, wenn eine große Bohrung benötigt wird. Ist im Eingabefeld DIAMETER der PARAMETER-Toolbar für den ROUTE-Befehl AUTO angegeben, so verwendet Eagle diese Einstellungen zur Bestimmung des Gesamtdurchmessers eines Pads oder einer Durchkontaktierung in Abhängigkeit vom Bohrdurchmesser. Weiteres zum DRC-Dialogfenster im Kapitel *Design Rules*.

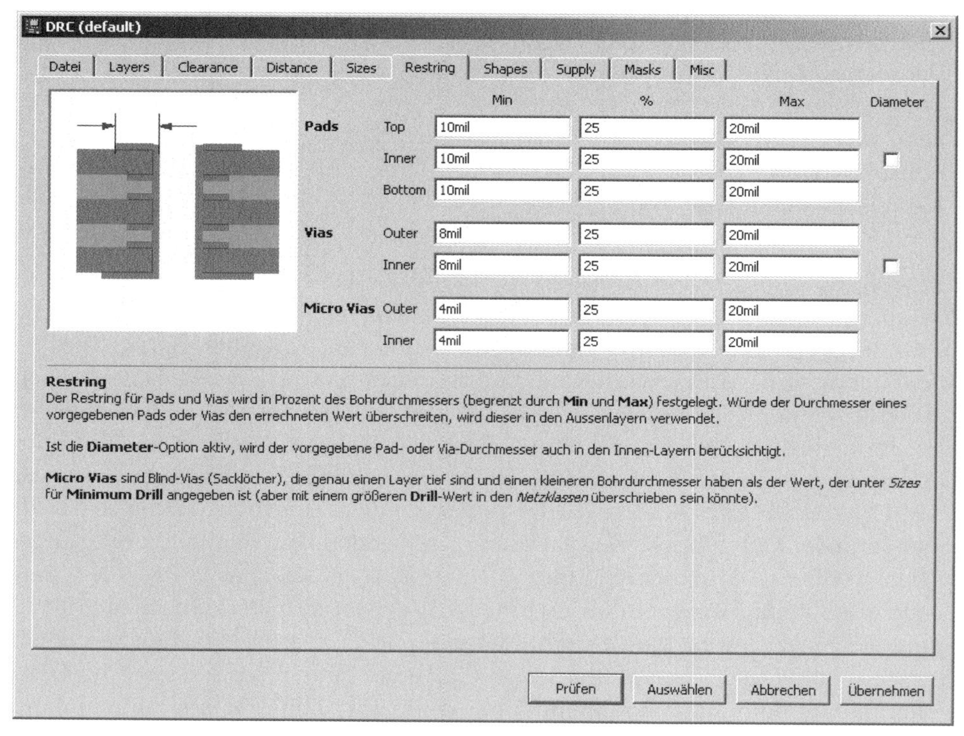

Abb. 4.17: Restring-Einstellungen für Durchkontaktierungen

Tipp

Die in der PARAMETER-Toolbar des ROUTE-Befehls mögliche Auswahl der Form des Pads einer Durchkontaktierung gilt nur für die Außenlagen. Die Form des Restrings in den Innenlagen einer Multilayer-Leiterplatte ist immer rund.

Das sind also zunächst die Möglichkeiten, die Parameter einer Leiterbahn einzustellen, bevor oder während man sie mit dem ROUTE-Befehl erstellt. Wenden wir uns nun noch einmal einem Thema zu, das mindestens ebenso wichtig für das Gelingen einer Leiterplatte ist wie die Platzierung der Bauteile.

Die Rastereinstellung im Layout-Editor

Ein zu feines Raster im Layout-Editor ergibt ebenfalls einen Haufen Probleme, die nicht nötig sind! Wie im Schaltplan-Editor machen auch sie sich zunächst nicht wirklich bemerkbar! Sie kommen nach und nach zutage, wenn man zum Beispiel ein bestehendes Layout ändern will. Schauen Sie sich dazu den Ausschnitt eines Layouts in Abbildung 4.18 an, der zunächst nicht besonders problematisch aussieht. Betrachten Sie aber die blaue Leiterbahn und das Via genauer, so erkennen Sie Andeutungen von Airwires darin.

Abb. 4.18: Zu feines Raster im Layout-Editor

Nun mag man sich fragen, worin das Problem besteht, da ja die Leiterbahnen offensichtlich vorhanden sind. Für die Leiterplatte selbst ist das natürlich völlig egal, jedoch was ist, wenn man den Verlauf der Leiterbahn ändern möchte?

Abb. 4.19: Versteckte Mängel!

Wenn Sie mit dem MOVE-Befehl die Leiterbahn und das Via bewegen, stellen Sie zunächst fest, dass, wie schon vorher zu erkennen war, noch Airwires vorhanden sind. Dann wundern Sie sich aber auch, dass die Leiterbahn noch einige Knicke mehr hat, als zunächst zu vermuten war. Wie ist das zu erklären? Hier gibt es wieder die zwei Gründe wie im Schaltplan-Editor. Zum einen ist natürlich das Raster zu fein und ebenso gibt es hier das Problem der außerhalb des Rasters liegenden Objekte.

Die Airwires sind entstanden, weil Eagle – hier die Version 4.09 – nicht in der Lage war, die zu verbindenden Leiterbahnen auch wirklich zu verbinden, da mindestens ein Objekt *außerhalb* des Rasters lag. Im vorliegenden Fall ist das Raster während der Erstellung der Leiterplatte mehrmals verändert worden und als Resultat hilft nicht einmal mehr die Einstellung FEINSTES im GRID-Dialogfenster, um die verschiedenen Positionen in ein *gemeinsames* Raster zu bekommen. Was das Problem dieser *Minimal-Airwires* bedeutet, stellen Sie fest, wenn Sie die Werkzeuge von Eagle verwenden wollen, um die fertige Leiterplatte auf Fehler zu untersuchen. Schon einmal vorweg – es wird graue Haare geben! Die vielen Knicke in der Leiterbahn sind zunächst nur lästig, weil man oft die gesamte Leiterbahn wieder auflösen muss, um vernünftige Resultate zu erhalten. Das wird insbesondere dann ärgerlich, wenn es sich um eine recht komplizierte Leiterbahnführung handelt, deren Verlauf das Ergebnis vieler Arbeit war.

Das erste Layout mit Eagle

Eagle hat die maximal mögliche Leiterplattengröße für die Light-Version vorgegeben. Diese kann nur dann verändert werden, wenn die gewünschten Dimensionen die maximalen für die Light-Version nicht überschreiten.

Tipp

Falls andere als die standardmäßig angelegten Platinenumrisse benötigt werden, brauchen Sie einfach nur die entsprechenden Linien zu löschen und die gewünschten Umrisse mit dem WIRE-Befehl in den Layer DIMENSION zu zeichnen. Wählen Sie dazu bitte eine Strichbreite von 0, da es sich hierbei nur um Hilfslinien handelt.

Da Sie in unserem Beispiel bedrahtete Bauteile verwendet haben, beginnen Sie mit dem Layout auf der Lötseite (BOTTOM), da die Bauteile ja in der Regel von unten verlötet werden und damit gleich die Leiterbahn angeschlossen ist. Die Anschlussbeine der Bauteile können aber auch einfach als Durchkontaktierungen verwendet werden. Sie müssen dann halt nur von beiden Seiten verlötet werden. Vorsicht ist hier bei IC-Sockeln angesagt. Die normalen Sockel lassen sich nicht von oben verlöten. Es muss dann schon die Version mit frei liegenden Anschlüssen sein. Selbst dann kann es immer noch passieren, dass ein anderes Bauteil im Weg ist und somit ein Verlöten des Sockels verhindert.

Verlegen der Leiterbahnen mit Route

Wir lassen beim Verlegen der Leiterbahnen zunächst das komplette Netz GND aus. GND wird später gesondert behandelt.

Tipp

Hat man sich beim Zeichnen vertan, so kann die aktuelle Aktion jederzeit mit der [Esc]-Taste beendet und die jetzt unerwünschten Teile der Leiterbahn mit der UNDO-Funktion wieder entfernt werden. Anschließend kann wie zuvor weitergearbeitet werden.

Zum Verlegen der Leiterbahnen mit dem ROUTE-Befehl ist es sinnvoll, die Darstellung der Leiterplatte ausreichend zu vergrößern, um genau arbeiten zu können. Was ist aber nun, wenn die Leiterbahn über die Grenzen des Ausschnittes hinweggeführt werden soll? Hier kommt die Maus ins Spiel!

Tipp

Ist im Editor nur ein Ausschnitt der Leiterplatte dargestellt, so kann zum Beispiel während des Verlegens einer Leiterbahn der Ausschnitt über die gesamte Leiterplatte bewegt werden. Wird die Maus bei Eagle 4.1 und neuer mit gedrückt gehaltener mittlerer Maustaste bewegt, so hängt die Darstellung am Mauscursor und man verschiebt den aktuellen Bildausschnitt mit der Mausbewegung. Bei Eagle 4.0 bis 4.09 wird für dieselbe Funktion die Maus bei gedrückt gehaltener `Strg`-Taste bewegt.

Seitenwechsel!

Findet sich keine Möglichkeit, alle Leiterbahnen auf einer Seite der Leiterplatte unterzubringen, muss der Layer gewechselt werden. Wie geht man da vor? Der Layerwechsel kann vorgenommen werden, während man eine Leiterbahn verlegt. Zunächst legen Sie mit einem Klick auf die linke Maustaste das bisher gezeichnete Leiterbahnsegment fest. Anschließend sollte die Form und die Größe der zu erstellenden Durchkontaktierung (Via) vorgewählt werden. Das kann einfach in der PARAMETER-Toolbar des ROUTE-Befehls vorgenommen werden. Dann wählen Sie mit der Maus den als Nächstes gewünschten Layer aus der SELECT LAYER-Scrollbox, ebenfalls in der PARAMETER-Toolbar, aus.

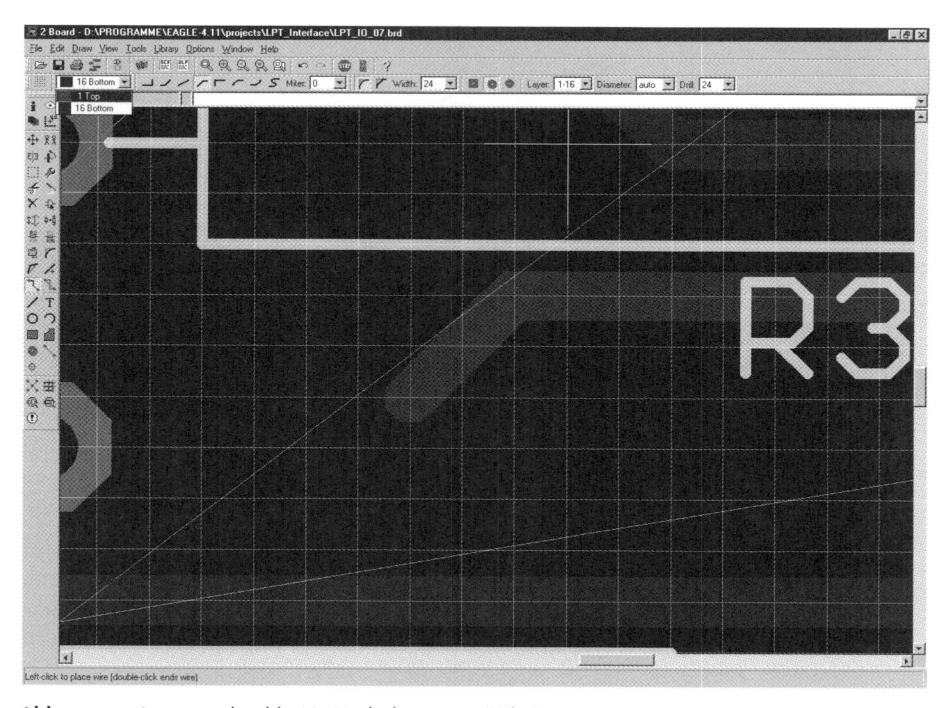

Abb. 4.20: Layerwechsel bei Leiterbahnen – 1. Schritt

Die Leiterbahn folgt dem Mauscursor wie in Abbildung 4.20 gezeigt, jedoch ist das ohne Belang, da das aktuell bearbeitete Segment ja weiterhin beweglich bleibt.

Tipp

Ein Layerwechsel beim Verlegen einer Leiterbahn kann auch durch den direkten Aufruf der *Layerliste* mit der mittleren Maustaste vorgenommen werden. Die Maus darf dabei nicht bewegt werden, da sich sonst ja der Bildschirmausschnitt bewegt! In der Light-Version wird ohne weiteren Kommentar auf den jeweils anderen Layer umgeschaltet, da ja nur zwei Layer zugelassen sind.

Ist der neue Layer ausgewählt – in diesem Fall die Bestückungsseite TOP –, sehen Sie, dass sich das letzte Segment der Leiterbahn jetzt wie in Abbildung 4.21 dargestellt rot umrandet zeigt statt wie zuvor blau umrandet.

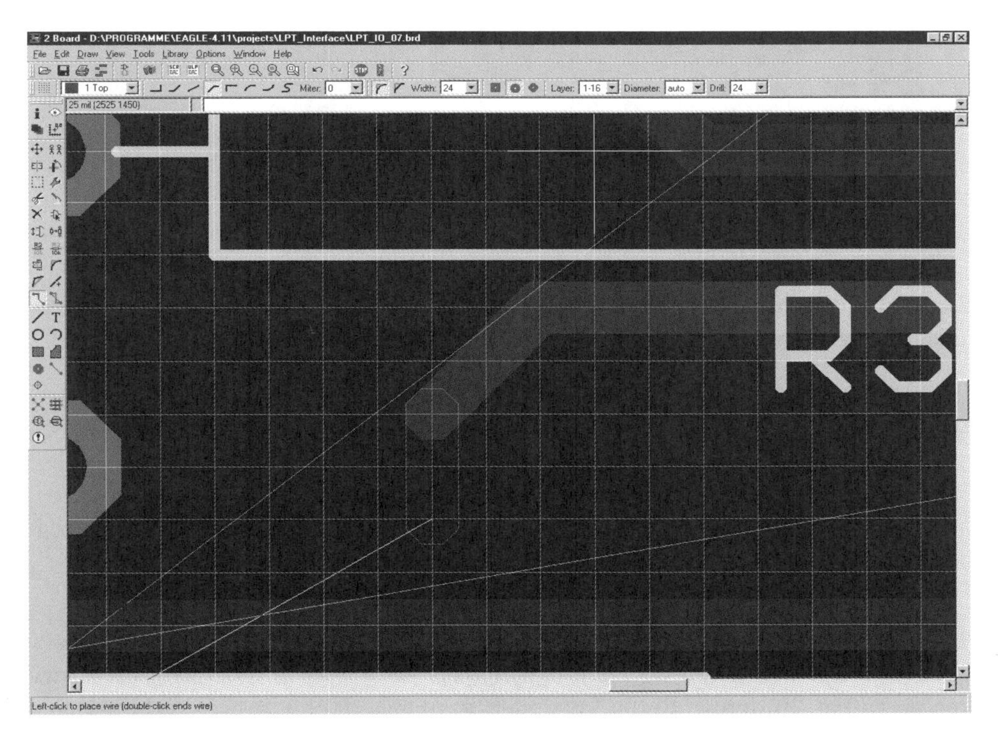

Abb. 4.21: Layerwechsel bei Leiterbahnen – 2. Schritt

Was wir zunächst vermissen, ist eine Durchkontaktierung zwischen den beiden Layern, um die beiden Leiterbahnsegmente zu verbinden. Dazu schauen Sie sich Abbildung 4.22 an.

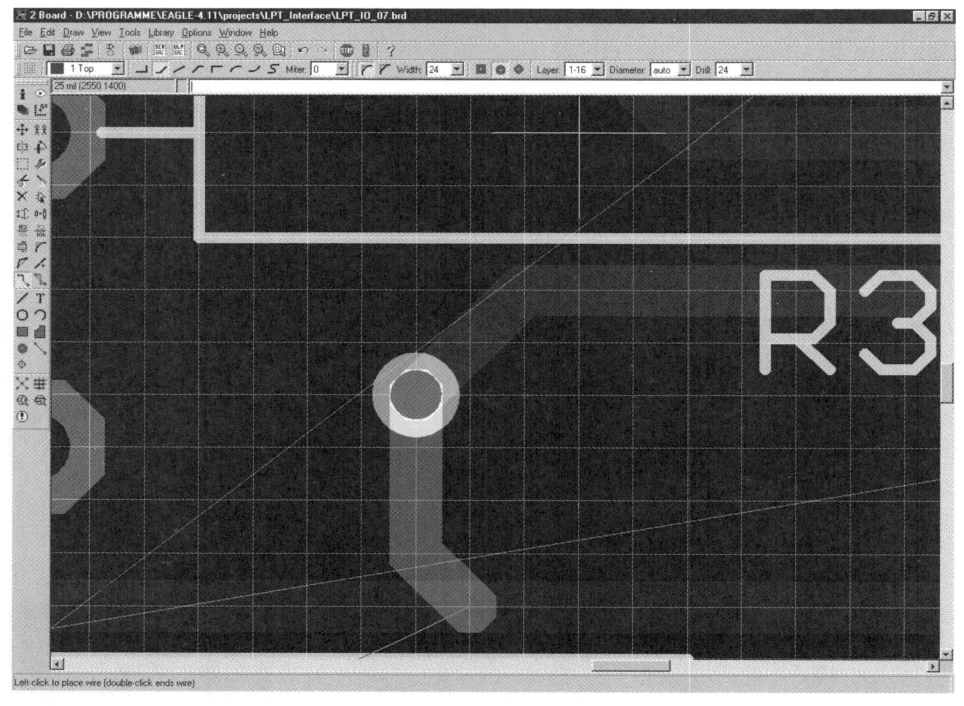

Abb. 4.22: Layerwechsel bei Leiterbahnen – 3. Schritt

Die Durchkontaktierung wird erst gesetzt, wenn das erste Leiterbahnsegment nach dem Layerwechsel ebenfalls festgesetzt ist.

Tipp

Will man den Leiterplattenausschnitt nicht nur verschieben, sondern auch den Zoomfaktor verändern, so haben Besitzer einer Maus mit Scrollrad jetzt leichtes Spiel. Durch Drehen des Scrollrades kann der Zoomfaktor der Darstellung jederzeit geändert werden.

Beim Verlegen der Leiterbahnen (*Routen*) werden Sie, sofern Sie frühere Versionen von Eagle kennen, festgestellt haben, dass sich etwas in Bezug auf die Airwires getan hat. In den früheren Versionen hat Eagle die kürzesten Verbindungen innerhalb eines Signals nur durch explizite Ausführung des LUFTLINIEN BERECHNEN Befehls neu berechnet. Das hatte mitunter den Nachteil, dass man viel Aufwand treiben musste, wenn man eine Leiterbahn nicht an der durch die Airwires vorgesehenen Stelle mit dem weiteren Verlauf des Signals verbinden wollte. So wurden die Airwires mit Vorliebe an Leiterbahnknicken direkt neben vorhandenen Durchkontaktierungen angesetzt. Okay, das geht ja noch, aber ärgerlich war es allemal. War man zudem durch wilde Manipulationen im Vorfeld irgendwie mit dem Raster in Konflikt geraten, so hatte man dadurch schnell mehrere Durchkontaktierungen übereinander im Layout. Aber jetzt ist alles anders! Während man die Leiterbahn mit dem ROUTE-Befehl verlegt, berechnet Eagle ständig die kürzeste Verbindung zum Rest des Signals neu. Das Schönste dabei ist, dass dies immer von der aktuellen Mauscursorposition aus geschieht. Es ist somit viel einfacher geworden, die Leiterbahnen so zu verlegen, wie man es für richtig hält, um zum Beispiel Bohrungen für Durchkontaktierungen zu sparen. Was ist sonst noch anders? Soeben erwähnt wurde das Problem von übereinander liegenden oder sich überlappenden Durchkontaktierungen innerhalb eines Signals. Dieses Problem wurde damit umgangen, dass Eagle nicht mehr automatisch eine Durchkontaktierung setzt, sobald man beim Routen eine Leiterbahn auf einer in einem anderen Layer befindlichen Leiterbahn des gleichen Signals absetzt.

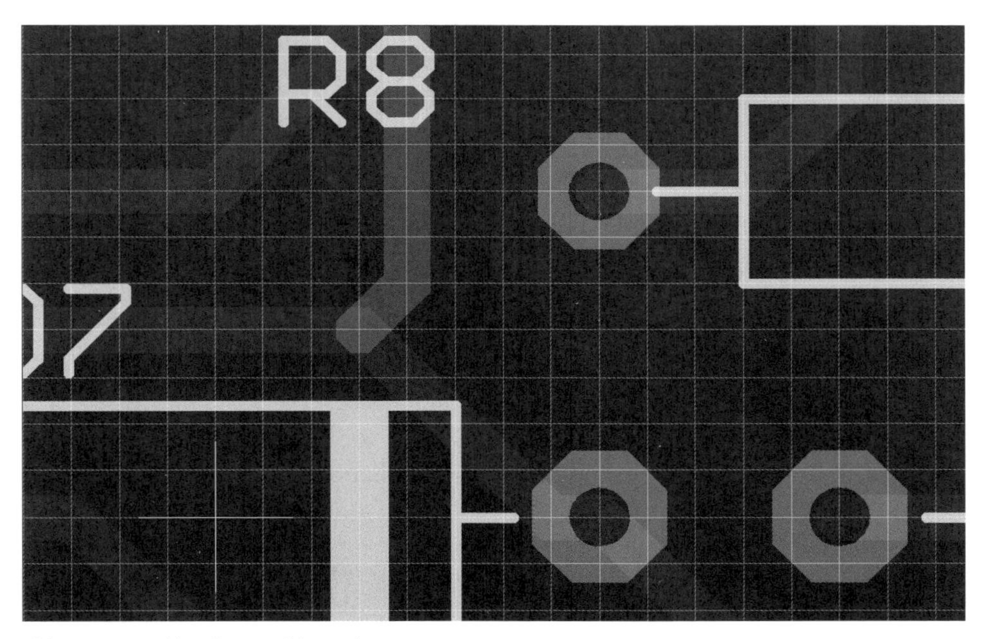

Abb. 4.23: Fehlende Durchkontaktierung

Selbst dann nicht, wenn der gerade zu einer Leiterbahn verlegte Airwire wie in Abbildung 4.23 gezeigt an dieser Stelle ansetzt. Wie aber verbindet man solche Leiterbahnen trotzdem? Man geht einfach den umgekehrten Weg! Man setzt zum Beispiel kurz vor dem Verbindungspunkt die gerade verlegte Leiterbahn im TOP-Layer ab und fängt jetzt im BOTTOM-Layer vom anderen Ende des verbliebenen Airwires an und wechselt sofort den Layer zu TOP, solange das erste gezeichnete Leiterbahnsegment noch beweglich ist.

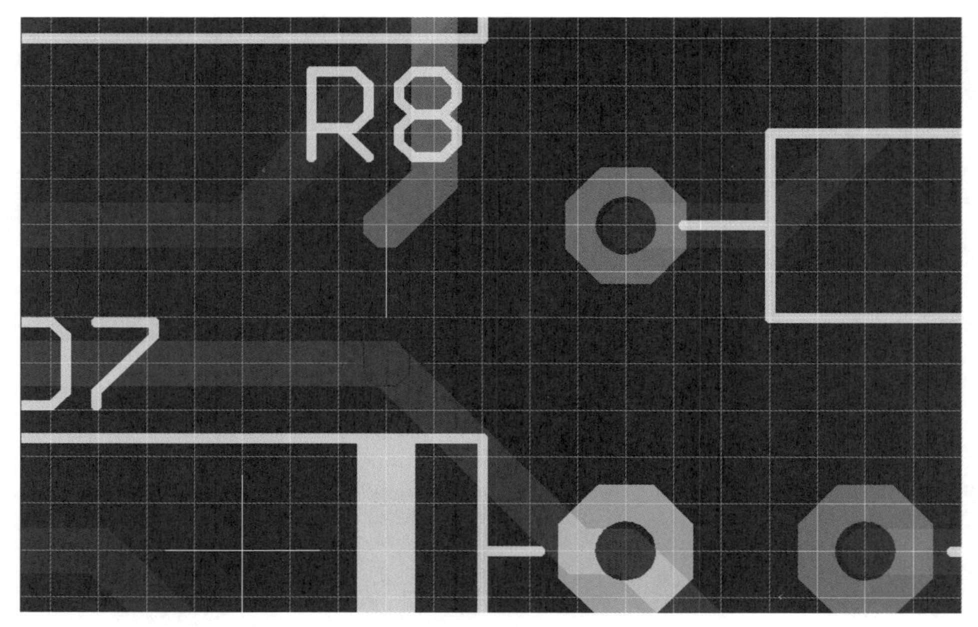

Abb. 4.24: Jetzt den Layer wechseln!

Jetzt können beide Teile der Leiterbahn einfach verbunden werden und – oh Wunder – Eagle hat am gewünschten Punkt eine Durchkontaktierung gesetzt! Allerdings ist es in dem gezeigten Beispiel aus Abbildung 4.24 eigentlich sinnvoller, die Leiterbahn bis zu einem Bauteilanschluss zu verlegen. Man spart dann wie schon beschrieben eine Bohrung. Im weiteren Verlauf der Leiterbahnverlegung wird man sicher auf schon verlegte Leiterbahnen stoßen, die einer neu zu verlegenden Verbindung im Wege sind. Wie kann man solche Leiterbahnen verlegen, ohne die entsprechenden Teile der Schaltung komplett neu zu routen? Dazu eignen sich die Befehle MOVE und SPLIT. Den MOVE-Befehl kennen Sie ja schon von der Platzierung der Bauteile. Er kann auf jedes im Schaltplan oder Layout befindliche Objekt angewendet werden. Was bewirkt der SPLIT-Befehl? Mit ihm kann ein Leiterbahnsegment in zwei oder mehrere Segmente aufgeteilt werden. Die Aufteilung geschieht direkt an der Position des Mauscursors. Die beiden neu entstandenen Segmente rechts und links vom Mauscursor sind nun nicht mehr festgelegt und man kann wie bei der normalen Anwendung des ROUTE-Befehls die Leiterbahn neu verlegen. Begrenzt wird dieser Bereich durch die vorigen Segmentgrenzen.

Der Schaltungsausschnitt in Abbildung 4.25 ist fast komplett geroutet. Einzig eine Leiterbahn von R6 ausgehend muss noch verlegt werden. Dies soll im BOTTOM-Layer geschehen. Leider ist der Weg nach unten versperrt. Mit SPLIT und MOVE verlegen Sie also die Leiterbahnen, die im Wege sind. Die Anwendung des SPLIT-Befehls und die Begrenzung des veränderbaren Bereichs der Leiterbahn ist in Abbildung 4.26 gezeigt.

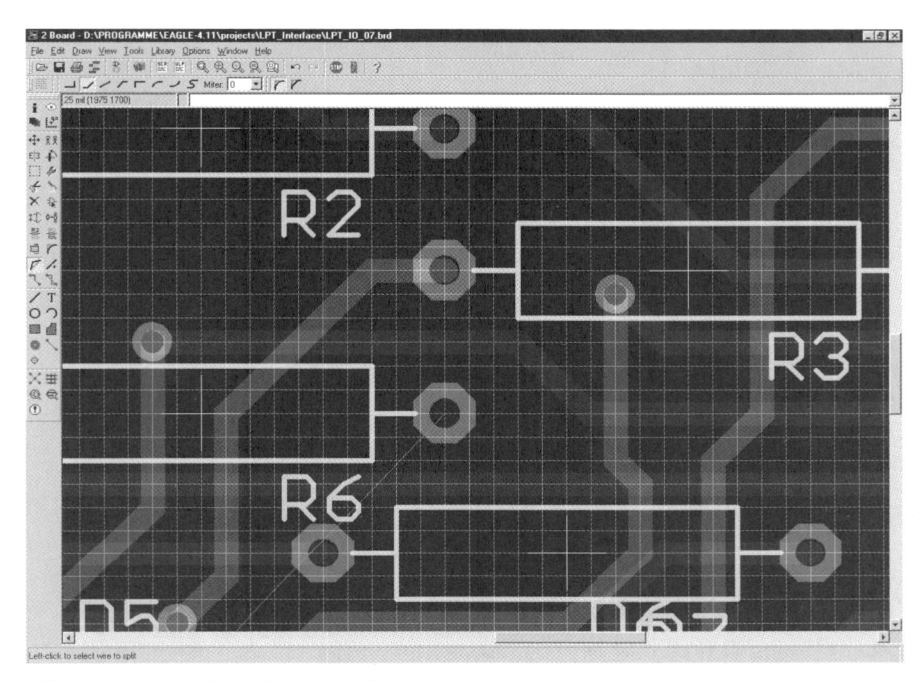

Abb. 4.25: Zu verlegende Leiterbahn von R6 im BOTTOM-Layer

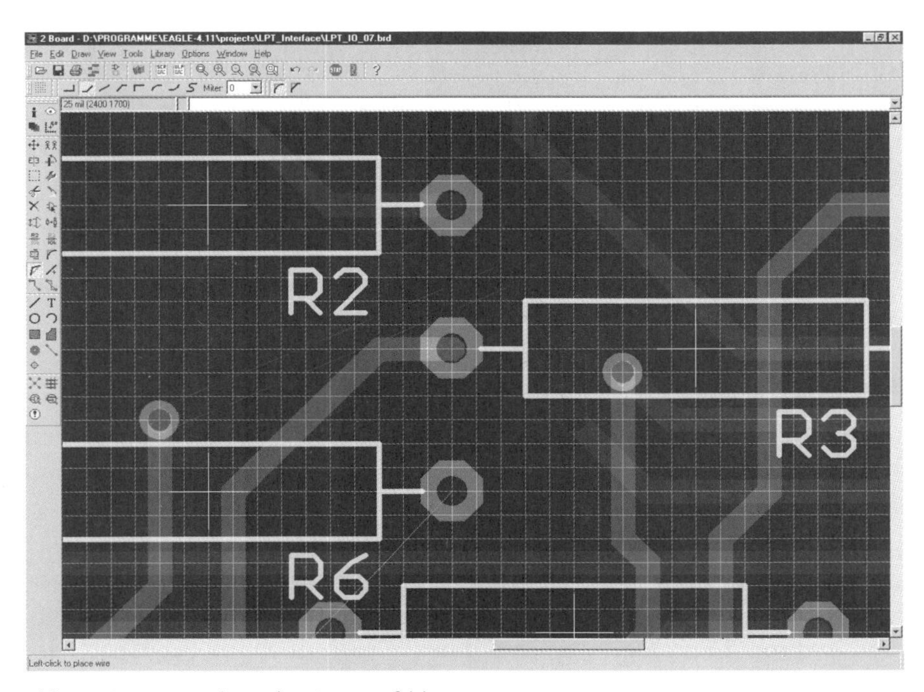

Abb. 4.26: Anwendung des SPLIT-Befehls

In Abbildung 4.27 ist das Ergebnis der Operation gezeigt. Der Weg für die neu zu verlegende Leiterbahn ist jetzt frei.

Wichtig

Noch einmal der Hinweis: Achten Sie auf ein ausreichend grobes Raster. Die Anwendung des MOVE-Befehls bei mit zu feinem Raster erstellten Leiterbahnen lässt, wie wunderschön in Abbildung 4.19 zu sehen, schnell graue Haare wachsen.

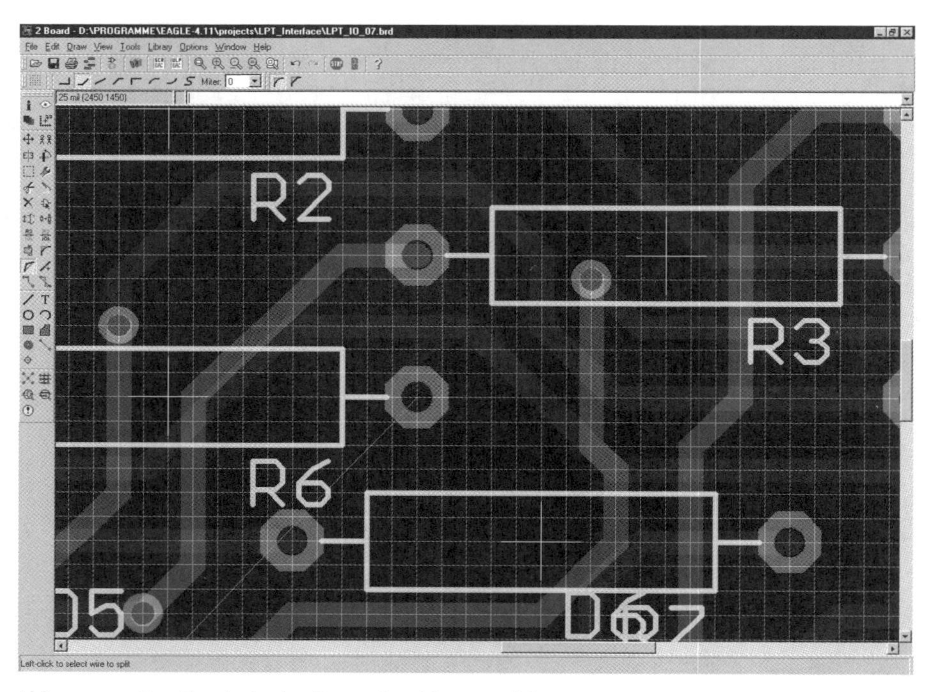

Abb. 4.27: Das Ergebnis der Operation MOVE und SPLIT

Verändern von Parametern mit Change

Sollen Parameter von Objekten im Layout verändert werden, so ist dies mit dem Befehl CHANGE möglich. Klickt man auf den zugehörigen Control-Button, so erscheint ein Untermenü, das alle veränderbaren Parameter auflistet.

In Abbildung 4.28 ist das Menü abgebildet, das sich für unsere kleine Leiterplatte bei Auswahl des Befehls CHANGE und dann CAP öffnet. Zunächst zu erkennen ist, dass in diesem Menü fast alle Parameter der einzelnen Befehle zusammen aufgelistet sind und somit verändert werden können. Geordnet wurde dabei nach der Befehlszugehörigkeit.

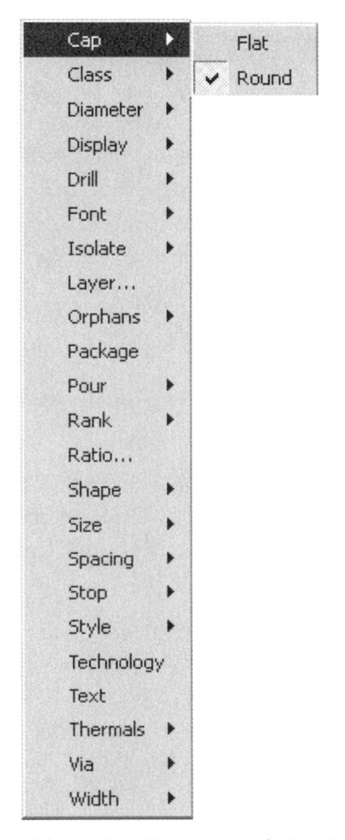

Abb. 4.28: Untermenü beim Aufruf des CHANGE-Befehls

Tipp

Hier gilt, wie überall bei Eagle, die folgende Vorgehensweise: den gewünschten Parameterwert bzw. die Parameterausführung im Menü auswählen und diesen dann auf die zu ändernden Objekte im Layout durch Klicken anwenden.

Layer spricht dabei für sich selbst. Möchte man zum Beispiel eine Leiterbahn oder einen Text in einen anderen Layer transferieren, so wählt man den gewünschten Layer im sich öffnenden Dialogfenster aus. Wird ein Leiterbahnstück in einen anderen Layer transferiert, so setzt Eagle an den Grenzen des betreffenden Leiterbahnsegments automatisch Durchkontaktierungen, falls dies zur Kontaktierung der restlichen Leiterbahn nötig ist.

WIDTH und STYLE gehören zu den Befehlen ROUTE und WIRE und betreffen die Ausführung von Leiterbahnen.

Tipp

Ist zum Beispiel unter den Einträgen des Untermenüs zu WIDTH nicht die gewünschte Leiterbahnbreite enthalten, so muss bis Eagle 4.09 in den Befehl WIRE oder ROUTE gewechselt werden und der gewünschte Wert im Eingabefeld zu WIDTH in der PARAMETER-Toolbar eingegeben und mit [Enter] bestätigt werden. Nach erneutem Aufruf von CHANGE|WIDTH ist der Wert nun enthalten und kann verwendet werden. Seit Eagle 4.1 ist im Menü ein weiterer Eintrag hinzugekommen: die drei Punkte am unteren Ende. Wählt man diesen Eintrag, so öffnet sich ein Dialogfenster zur Eingabe des gewünschten Werts.

Der Parameter CAP gehört zum Befehl ARC und betrifft die Ausführung der Enden des Kreissegments.

SIZE, FONT, RATIO und TEXT sind alles Parameter, die mit – ja, es ist so – TEXT zu tun haben. Die ersten drei betreffen das Erscheinungsbild und mit TEXT selbst kann ein schon im Layout befindlicher Text verändert werden (zum Beispiel für Versionskennzeichnungen).

DIAMETER, DRILL, SHAPE und VIA haben Einfluss auf Durchkontaktierungen (*Vias*) mit Bohrungen. DIAMETER ist der Außendurchmesser, DRILL der Bohrdurchmesser, SHAPE die Form des Kupferrings um die Bohrung. Der Punkt VIA ist neu seit Eagle 4.1 und gilt für Durchkontaktierungen, die nicht durch die gesamte Leiterplatte reichen. Hiermit können die Layer bestimmt werden, die durch eine solche Durchkontaktierung verbunden werden sollen.

STOP ist ein Flag für Bauteilpads und Durchkontaktierungen. Es bestimmt, ob ein solches Objekt von Lötstopplack freigestellt werden soll (ON) oder nicht (OFF). Bei Leiterplatten, die SMD-Bauteile enthalten, kommt in diesem Zusammenhang noch das Flag CREAM hinzu, das für die Lötpastenmaske gilt.

POUR, RANK, ISOLATE, SPACING, THERMALS und ORPHANS sind Parameter für Polygone und werden im nächsten Abschnitt behandelt.

Die Parameter CLASS, PACKAGE und TECHNOLOGY wollen wir im Kapitel über die Lösung besonderer Aufgabenstellungen behandeln.

So, langsam sind Sie mit unserer ersten Leiterplatte am Ende angekommen. Sie ist nun fast fertig.

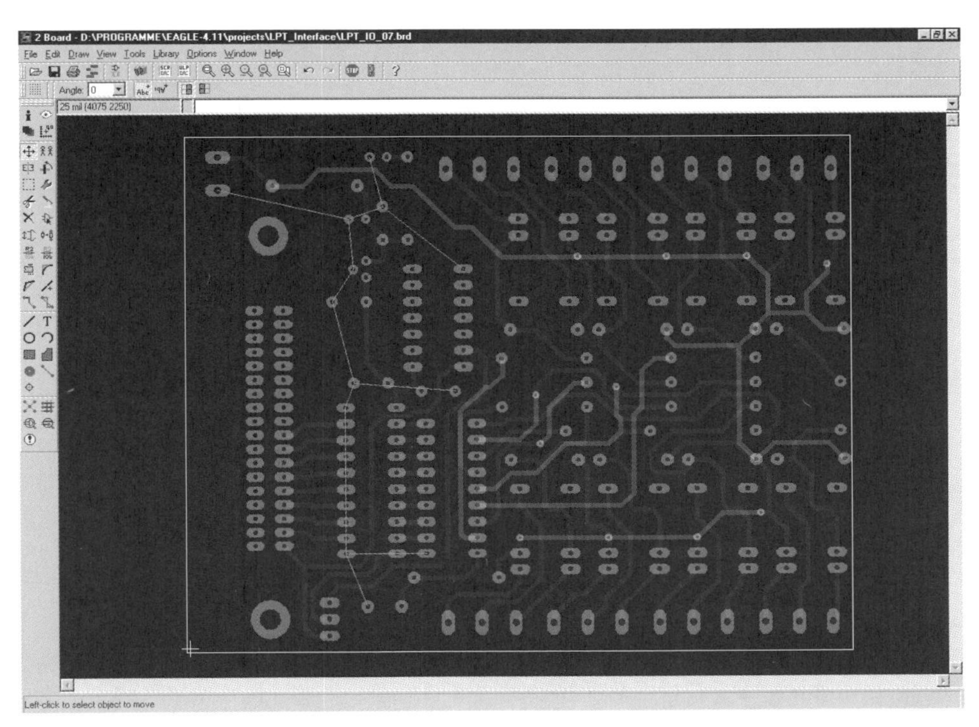

Abb. 4.29: Leiterplatte fast fertig

Gateswap und Pinswap

Beim Erstellen eines Layouts aus einem Schaltplan werden Sie sicherlich irgendwann feststellen, dass sich Leiterbahnen einfacher verlegen ließen, wenn Sie ein Bauteil auf andere Weise angeschlossen hätten. Gemeint sind damit Bauteile, in deren Gehäuse mehrere gleichartige, sagen wir mal Funktionsblöcke (*Gates*), enthalten sind. Das trifft hauptsächlich auf Logikgatter oder Operationsverstärker zu. Mit dem Befehl GATESWAP ist es nun möglich, die Anordnung der einzelnen Gatter in einer Schaltung zu verändern. Voraussetzung hierfür ist ein identischer *Swaplevel* (siehe Kapitel über Bibliotheken). Warum erscheint dieser Befehl erst in diesem Kapitel, obwohl er im Layout-Editor nicht vorhanden ist? Ganz einfach! Ein Problem mit der Leiterbahnführung taucht erst beim Arbeiten im Layout-Editor auf! Da Sie ja praktischerweise ein entsprechendes Bauteil in unserer Schaltung verbaut haben, können Sie gleich mal schauen, was bei Anwendung des GATESWAP-Befehls passiert. Sie tauschen innerhalb des 6-fach-Inverters IC1 vom Typ 74LS05N Gate IC1A mit Gate IC1D. Das Ganze wird im Schaltplan-Editor durchgeführt. Die Änderung ist im Layout-Editor dann sofort zu sehen.

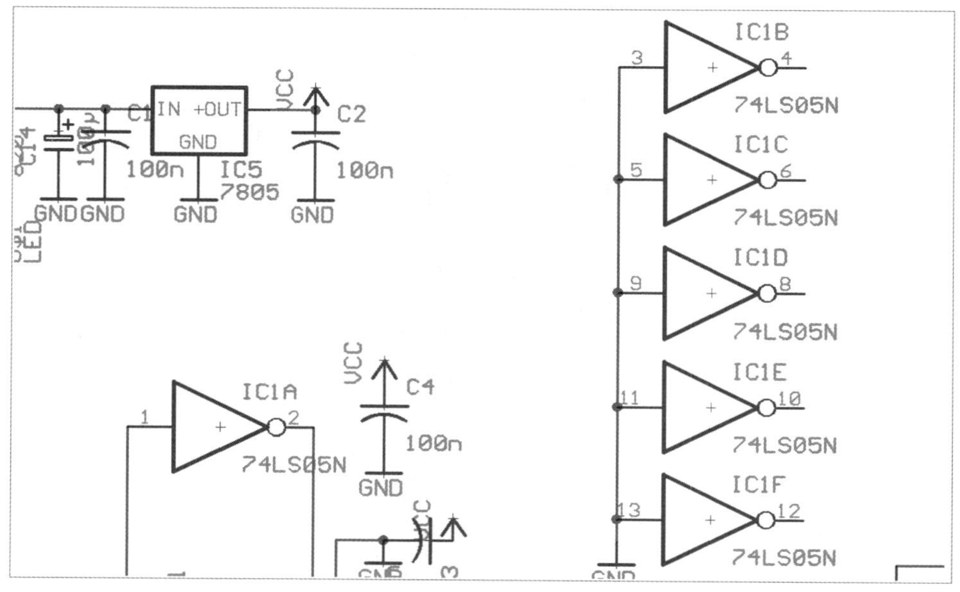

Abb. 4.30: Die sechs Inverter *vor* dem Gateswap

Die Anwendung des GATESWAP-Befehls ist denkbar einfach. Nach Anwahl des GATESWAP-Buttons werden einfach nacheinander die zu tauschenden Gates mit der Maus angeklickt und fertig!

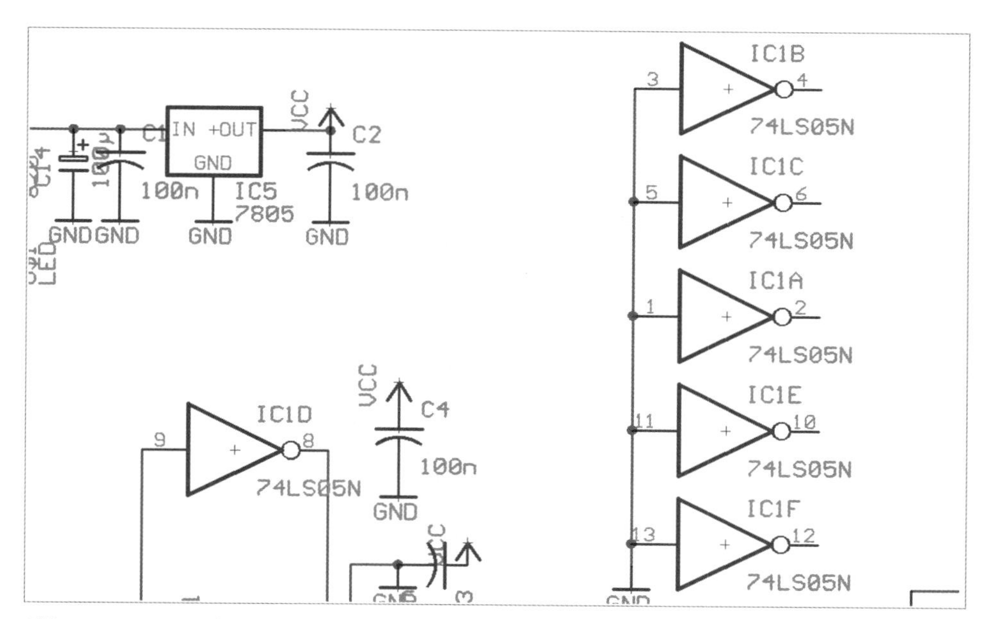

Abb. 4.31: Die sechs Inverter *nach* dem Gateswap

Wie in Abbildung 4.31 zu erkennen, haben Sie die Gates IC1A und IC1D miteinander vertauscht. Wie wirkt sich diese Änderung im Schaltplan auf das Layout aus? Betrachten Sie zunächst den Zustand vor dem Gateswap in Abbildung 4.32.

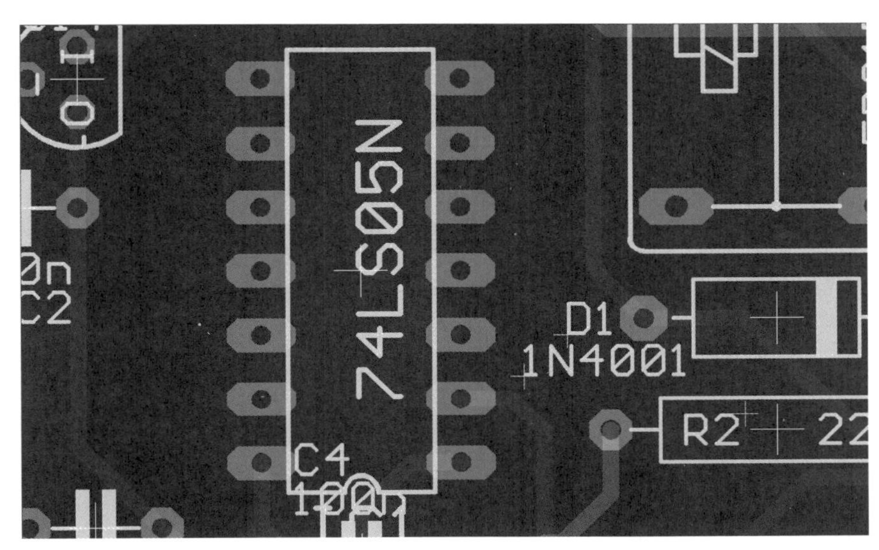

Abb. 4.32: Der 74LS05N *vor* dem Gateswap

Nachdem der Befehl im Schaltplan-Editor ausgeführt wurde, sieht das Ganze dann zunächst wie in Abbildung 4.33 gezeigt aus.

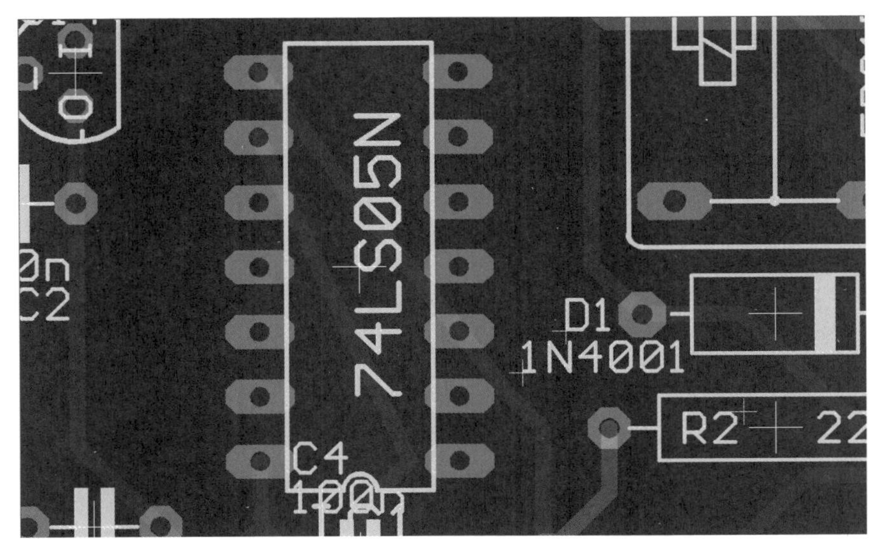

Abb. 4.33: Der 74LS05N *nach* dem Gateswap

Sehr gut zu erkennen ist, dass die Änderung aus dem Schaltplan direkt in das Layout übernommen wurde. Allerdings kann die Leiterbahnführung so noch nicht überzeugen. Da ist noch Nacharbeit nötig. Da das Layout in diesem Fall schon fertig war, wurden für den Gateswap keine Airwires verwendet. Die Leiterbahn zum Pin 8 des ICs hat übrigens keinen Kontakt zum Pin 3. Die Lage der Leiterbahn genau über dem Pin 3 ist nur zufällig so entstanden. Dieser Befehl ist im Grunde dazu da, die Arbeit ein wenig einfacher zu machen. Man könnte dasselbe Ergebnis durch manuelle Änderung der Vernetzung im Schaltplan-Editor erreichen, jedoch wäre dieser Weg mit einem erheblich größeren Aufwand verbunden. Mit dem GATESWAP-Befehl kann man hingegen wunderbar so lange herumprobieren, bis man die optimale Belegung der einzelnen Gates ermittelt hat. Ein weiterer Vorteil ist, dass durch die Schutzmechanismen, die in diesem Befehl enthalten sind, die korrekte Funktion der Schaltung immer gewährleistet ist. Erreicht wird dies unter anderem durch den Parameter SWAPLEVEL, der beim Anlegen des Bauteils in der Bibliothek festgelegt wird.

Wichtig

Es lassen sich nur Gates oder Pins mit demselben Swaplevel miteinander tauschen. Dadurch kann keine Fehlverschaltung vorkommen. Nähere Informationen dazu entnehmen Sie bitte dem Kapitel über Bibliotheken.

Es gibt aber ja nicht nur den Befehl GATESWAP, sondern auch noch PINSWAP. Was ist denn damit gemeint? Hier geht es um eine dem Gateswap sehr ähnliche Funktion, allerdings spielt sie sich innerhalb eines Gates ab. Es können damit zum Beispiel die Eingangsbelegungen von Logikgattern verändert werden. Stellt man bei einem *Nand*-Gatter in einem Layout fest, dass es günstiger wäre, die an die Eingänge angeschlossenen Signale zu vertauschen, so kann man das mit diesem Befehl tun.

Wichtig

Mit dem PINSWAP-Befehl lassen sich nur Anschlüsse gleicher Funktion innerhalb eines Gates tauschen. Als Beispiel seien Eingänge von Logik-Gattern wie AND, NAND, OR, NOR usw. genannt. Andersherum ist ein Pinswap bei den Eingängen eines Operationsverstärkers nicht möglich, da die Funktion nicht gleich ist!

Lassen Sie uns einfach mal einen Blick auf ein kleines Beispiel werfen. An einem Gatter eines 74LS00N sollen die Eingangsanschlüsse getauscht werden.

Wie in Abbildung 4.34 gezeigt ist es nur möglich, den PINSWAP-Befehl auszuführen, wenn der Swaplevel der entsprechenden Pins *gleich* ist. Die Anwendung des

PINSWAP-Befehls gleicht der des GATESWAP-Befehls. Die beiden zu tauschenden Signale werden nacheinander angeklickt, nachdem der PINSWAP-Befehl ausgewählt wurde. Danach sieht die Beschaltung des Gates so aus, wie in Abbildung 4.35 zu sehen ist.

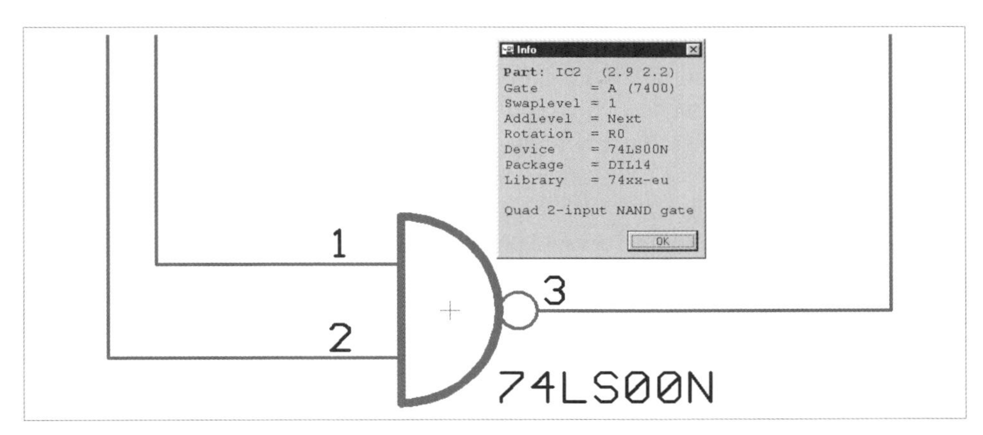

Abb. 4.34: Gate eines 74LSooN *vor* dem Pinswap

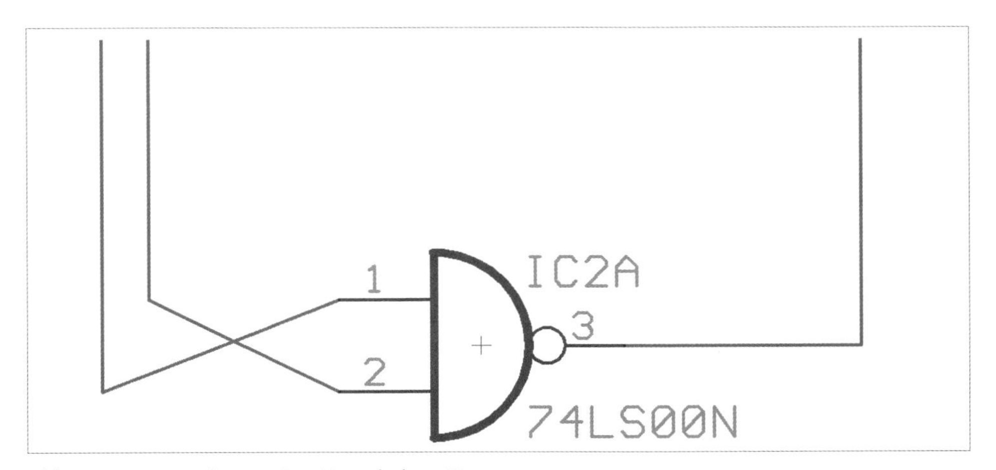

Abb. 4.35: Gate des 74LSooN *nach* dem Pinswap

Die Auswirkungen im Layout sind ähnlich wie beim GATESWAP-Befehl. Die entsprechenden Signale werden einfach auf die neuen Anschlüsse gelegt und das war's dann. Wann man diese beiden Befehle verwendet, ist dem Anwender überlassen. Es geht halt um die Optimierung des Layouts und da jeder Anwender, wie bereits erwähnt, ein Layout anders betrachtet, kann man hier auch keine Regeln anführen.

Masseverbindungen mit Hilfe von Polygon

In Abbildung 4.29 sind die beiden Kupferlagen TOP und BOTTOM dargestellt, aber, um die Übersichtlichkeit zu erhöhen, nicht die Bauteile. Jetzt fehlt eigentlich nur noch das Signal GND. Schon am Anfang der Verdrahtung wurde erwähnt, dass mit GND etwas Besonderes geschehen soll. An diesem Signal sollen Sie die Möglichkeit ausprobieren, Polygone zu zeichnen. Wenn Sie Glück haben, werden alle noch fehlenden Verbindungen durch das zu zeichnende Polygon erstellt. Was ist also zu tun? Mit dem Befehl POLYGON können die Umrisse von Polygonen gezeichnet werden. Die Vorgehensweise entspricht dabei dem Zeichnen von Leiterbahnen mit dem WIRE-Befehl. Also los! Umranden Sie die Leiterplatte mit jeweils einem Polygon im TOP-Layer und im BOTTOM-Layer. Wichtig ist, dass ein solcher Polygonumriss geschlossen ist. Das Ende muss dazu exakt auf dem Anfang des gezeichneten Umrisses abgesetzt werden. Hat alles geklappt, ist der Mauscursor nun frei und der komplette Umriss ist hervorgehoben. Sind die Polygonumrisse gezeichnet, müssen Sie Eagle jetzt noch mitteilen, dass die Polygone zum Signal GND gehören sollen. Dazu benutzen Sie den Befehl NAME. Angewendet auf den Polygonumriss, der von Eagle zunächst automatisch in der Form `N$x` benannt wurde, öffnet sich beim Umbenennen das in Abbildung 4.36 gezeigte Dialogfenster.

Abb. 4.36: Auswahldialogfenster zum Umbenennen von Signalen

Die Umbenennung des Polygons wird von Eagle als Zusammenschluss zweier Signale interpretiert. Eagle möchte nun wissen, ob die Umbenennung des Signals nur für das aktuelle Teilstück (in diesem Fall das neue Polygon) oder für alle Segmente des Signals mit diesem Namen gelten soll. Damit ist es zum Beispiel möglich, Teile eines Signals umzubenennen, um es dann elektrisch vom Rest trennen zu können.

Jetzt können Sie schon einmal ausprobieren, wie das Polygon auf der Leiterplatte aussieht. Dazu müssen Sie es *freirechnen* lassen. Eagle isoliert nun aus der Polygonfläche (die in unserem Beispiel der Leiterplattenfläche entspricht) alle Leiterbahnen, die nicht zum Signal GND gehören.

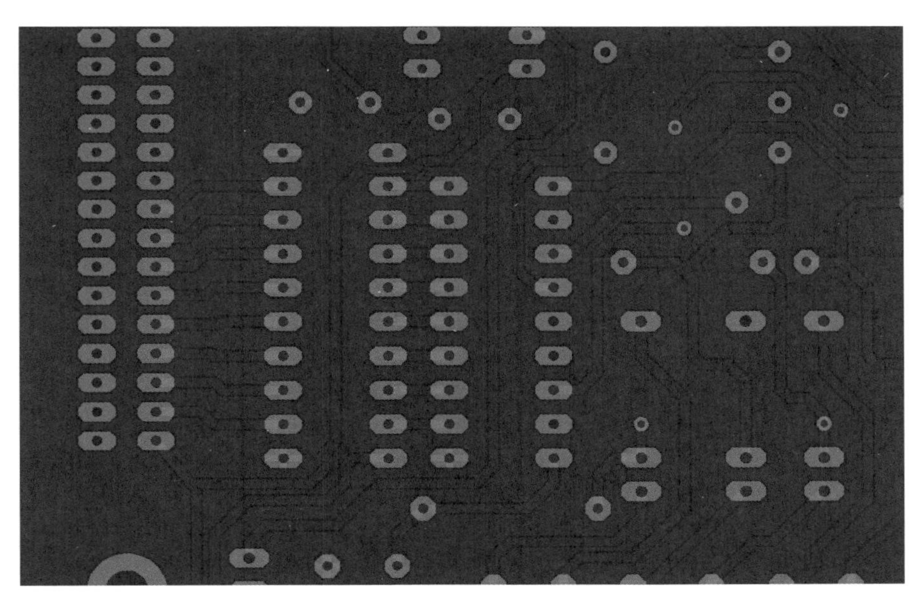

Abb. 4.37: Leiterplatte mit Polygon-GND (1. Versuch)

Die ganze Sache sieht schon nicht schlecht aus, jedoch sind die Isolationsabstände ja ziemlich klein. Sie haben einfach die Voreinstellungen verwendet. Was kann an einem Polygon denn alles eingestellt werden? Dazu schauen Sie sich die PARAMETER-Toolbar des Befehls POLYGON an. Die erste Hälfte entspricht dem des Befehls ROUTE. Das heißt, für das Zeichnen des Polygonumrisses gelten dieselben Regeln wie für das Verlegen von Leiterbahnen mit dem ROUTE-Befehl.

Tipp

Der Parameter WIDTH gilt beim Polygon sowohl für den Umriss als auch für alle Linien, mit denen die Fläche ausgefüllt wird. Dieser Wert sollte nicht zu klein gewählt werden. Es wird dann zwar die gesamte Fläche der Leiterplatte schön ausgefüllt, aber manche Polygonteile können mit sehr dünnen Strukturen (minimal die gewählte Strichstärke) an den Rest angebunden sein. Als Minimum sollten 10 mil (0,01 Inch) für die Strichstärke (*Width*) nicht unterschritten werden. Ausdrücklich zu warnen ist vor Strichstärke 0.

Wo beim ROUTE-Befehl die Einstellungen für Durchkontaktierungen beginnen, sind hier die speziellen Polygonparameter einstellbar.

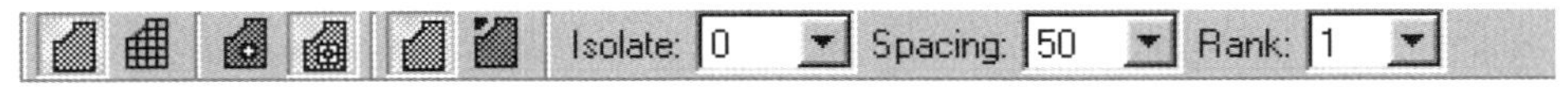

Abb. 4.38: Parameter für Polygone

Fangen wir links an. Hier sind sechs Buttons, jeweils zwei davon gruppiert angeordnet. Es können damit drei Eigenschaften eines Polygons eingestellt werden. Ganz links kann der Parameter POUR des Polygons gewählt werden. Gemeint ist damit die Art, wie die Polygonflächen ausgefüllt werden – entweder als massiv Kupfer (SOLID) oder aber schraffiert (HATCH). Daneben folgen die Buttons für den Parameter THERMALS. Dieser Parameter bestimmt, wie Pads und SMDs des gleichen Signals an das Polygon angeschlossen werden. Entweder wird die Verbindung über vier Stege hergestellt, um diese Stellen, wo gelötet wird, thermisch vom Rest des Polygons zu entkoppeln (THERMALS ON), oder es wird übergangslos massiv verbunden (THERMALS OFF). Die nächsten zwei Buttons gehören zum Parameter ORPHANS. Mit *Orphans* sind Polygonteile gemeint, die keine elektrische Verbindung zum Rest des Polygons haben, also *potenzialfrei* sind. Die Standardeinstellungen sind hier POUR: SOLID, THERMALS: OFF und ORPHANS: OFF.

Weiter geht's mit dem Parameter ISOLATE. ISOLATE ist der Abstand, den das Polygon zu den Elementen aller anderen Signale hält. In unserem Beispiel haben Sie das Polygon zum Signal GND hinzugefügt. ISOLATE bestimmt hier also zum Beispiel den Abstand zwischen dem Polygon GND und den Leiterbahnen, die andere Signale führen.

Wichtig

Der Parameter ISOLATE hat nur Einfluss auf den Abstand, wenn er größer ist als der Eintrag zu DISTANCE in den DESIGN RULES. Mehr dazu im nächsten Kapitel.

Der Parameter SPACING ist nur wirksam, wenn die Füllmethode HATCH gewählt wurde. In diesem Fall gibt SPACING den Abstand zweier Schraffurlinien an.

Den Parameter RANK gibt es erst seit Version 4. Mit ihm können verschiedenen Polygonen jeweils ein Rang (RANK) zugeordnet werden. Liegen die Polygone übereinander oder überlappen sich, so überschreibt jeweils das Polygon mit dem niedrigeren Rang solche mit höherem Rang. In unserem Beispiel könnten Sie noch ein weiteres Signal mit einem Polygon zeichnen lassen. Sie zeichnen zum Beispiel einen weiteren Umriss, der nicht die gesamte Leiterplattenfläche abdeckt, für das SIGNAL +12V in den TOP-Layer und geben diesem Polygon den Rang 1. Ändern Sie jetzt mit CHANGE RANK den Rang des schon vorhandenen Polygons des Signals GND im TOP-Layer in 2, so wird beim nächsten Aufruf des Befehls LUFTLINIEN BERECHNEN das +12V-Polygon vom GND-Polygon isoliert sein. Wären die Ränge andersherum verteilt, so würde das +12V-Polygon verschwinden.

Tipp

Werden Änderungen an den Polygon-Parametern über den CHANGE-Befehl durchgeführt, so muss nach Eingabe des zu ändernden Parameters der Umriss des Polygons angeklickt werden, für das die Änderung gelten soll.

Die Polygone auf unserer kleinen Leiterplatte werden Sie jetzt ein wenig ändern: ISOLATE setzen Sie auf 16 MIL und die Strichstärke (WIDTH) auf 10 MIL. Maßgeblich für den Parameter ISOLATE ist bei Leiterplatten, die industriell hergestellt werden sollen, zunächst die Lötstoppmaske. Eagle bezeichnet die Lötstoppmasken mit TSTOP für den TOP-Layer und BSTOP für den BOTTOM-Layer. Die Leiterplatte wird überall dort, wo nicht gelötet werden soll, mit so genanntem Lötstopplack beschichtet. Bauteilanschlüsse (Pads) bleiben zum Beispiel unbeschichtet, damit die Bauteile verlötet werden können. Um Komplikationen beim Löten auszuschließen, sollte die Lötstopplackfreistellung eines Pads nicht bis zu dem es umgebenden Polygon reichen. Beispielhaft ist in Abbildung 4.39 der Lötstopp-Layer BSTOP mit angezeigt.

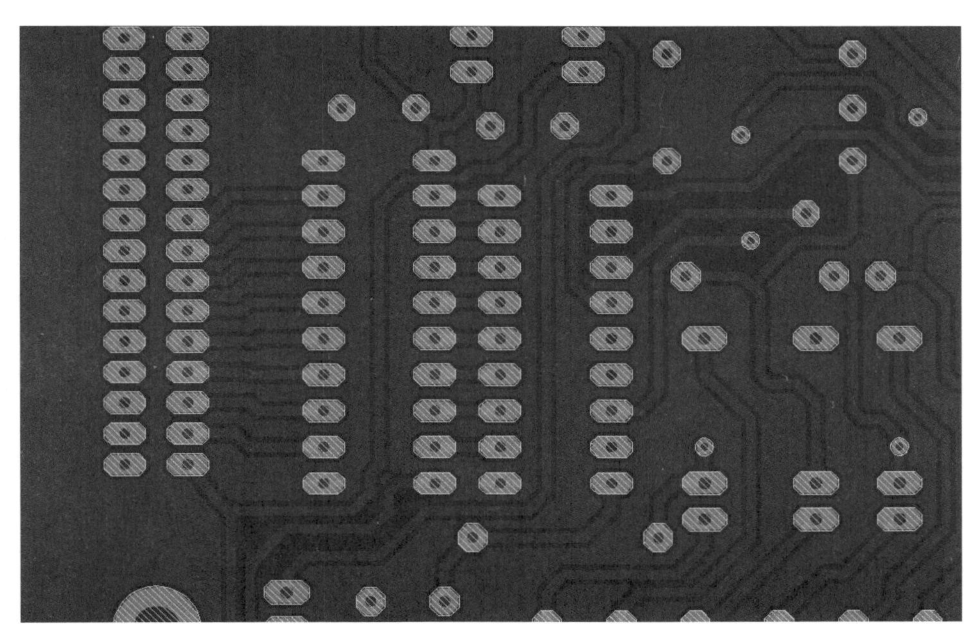

Abb. 4.39: Polygon mit neuen Parametern und Lötstoppmaske

Wie erkennt man nun, ob das Polygon alle noch verbliebenen Airwires durch leitende Verbindungen ersetzt hat? Ganz einfach: Es verbleiben nach einem LUFTLINIEN BERECHNEN-Durchlauf keine Airwires. Eagle zeigt dies durch die Meldung NICHTS ZU TUN links unten im Editor an. Ansonsten wären eben noch einzelne Airwires zu Bauteilanschlüssen vorhanden und man kann dann diese Bauteile durch manuelles Verlegen von Leiterbahnen mit dem ROUTE-Befehl anschließen.

So, die Leiterplatte ist nun im Prinzip fertig. Was noch getan werden könnte, ist, zum Beispiel die Leiterbahnen je nach erwarteter Strombelastung in ihrer Breite zu verändern. Dies kann auch jetzt noch mit dem Befehl CHANGE WIDTH vorgenommen werden. Insbesondere bei allen Parametern, die man mit dem Befehl

CHANGE beeinflussen kann, wird die Bedienungsmethodik von Eagle deutlich, da man hiermit schon bestehende Objekte verändern kann. Zunächst ist der zu verändernde Parameter auszuwählen, dann der gewünschte Wert für diesen Parameter zu selektieren und jetzt – ganz wichtig – muss das zu ändernde Objekt im Editorfenster angeklickt werden. Der CHANGE-Befehl mit den aktuell eingestellten Parametern ist so lange aktiv, bis ein anderer Befehl zum Beispiel über einen Command Button angewählt wurde. Das bedeutet, dass mit einer Einstellung beispielsweise beliebig viele Leiterbahnen auf das ausgewählte Maß gebracht werden können, indem man alle diese Leiterbahnen der Reihe nach anklickt. Leider kann immer nur ein Parameter gleichzeitig verändert werden. Wollen Sie bei einer Durchkontaktierung die Bohrung und auch die Form ändern, so müssen Sie den CHANGE-Befehl zweimal anwenden. Einmal, um den Bohrdurchmesser zu ändern, und dann, um die Form zu ändern. Ein Ausweg wäre hier ein *Script*. Scripte werden in einem gesonderten Kapitel behandelt, da die Anwendungsmöglichkeiten sehr vielfältig sind.

Beschriftungen mit Text

Was könnte noch getan werden? Irgendwann hat man mal gelernt, dass die Eingänge unbenutzter Gatter eines TTL-Bausteins auf Masse gelegt werden sollen, um Störungen zu vermeiden. Dazu müssen Sie wohl oder übel die überzähligen Inverter des 7405 wieder in den Schaltplan holen. Also los! Aus der entsprechenden Bibliothek wählen Sie wieder den 74LS05N aus und platzieren die Inverter auf dem Schaltplan. Sie sehen, dass Eagle immer noch weiß, dass fünf der sechs enthaltenen Inverter des schon verwendeten IC unbenutzt sind. Nach der Platzierung verbinden Sie mit dem NET-Befehl alle Eingänge miteinander und dann das neue Netz mit GND. Werfen Sie nun einen Blick auf die Leiterplatte. Da das IC schon platziert ist, brauchen die im Schaltplan neu eingefügten Inverter nicht neu platziert zu werden. Es sind also einfach nur Airwires zum Signal GND hinzugekommen. Alles, was jetzt noch getan werden muss, ist ein Durchlauf des LUFTLINIEN BERECHNEN-Befehls, um die Anzahl der verbleibenden Airwires auf null zu bringen. Eventuell wäre es auch nicht verkehrt, auf der Leiterplatte eine Beschriftung anzubringen. Man kann zum Beispiel eine Kennzeichnung der Leiterplattenversion und Revision vornehmen, was im Allgemeinen in einer Kupferlage vorgenommen würde. Es ist aber auch möglich, einen Bestückungsdruck oder Servicedruck auf die Leiterplatte aufzubringen. Der Unterschied liegt einfach im verwendeten Layer. Der Befehl ist in allen Fällen der TEXT-Befehl. Auch hier gilt: Befehl auswählen, Text eingeben, Parameter wählen und dann das Textobjekt auf der Leiterplatte platzieren.

Abb. 4.40: PARAMETER-Toolbar TEXT

In Abbildung 4.40 ist die PARAMETER-Toolbar des Befehls TEXT gezeigt. Alle im Folgenden erwähnten Einstellungen können zwischen Eingabe des Textes im Dialogfenster und der Platzierung im Layout vorgenommen werden. In der gezeigten PARAMETER-Toolbar ist zu erkennen, dass für einen einzugebenden Text doch so einige Parameter eingestellt werden können bzw. müssen. Da wäre zunächst der Layer, in dem der Text erscheinen soll. Für Leiterplattennamen oder Versionskennzeichnungen sind da eigentlich nur die beiden außen liegenden Kupferlagen TOP und BOTTOM sinnvoll. Für Bemerkungen und Erläuterungen zum Layout können alle anderen Layer benutzt werden, die in der Scrollbox angezeigt werden. Bestückungsdrucke werden sinnvollerweise in den Layern TNAME oder BNAME untergebracht.

Tipp

Je nach gewähltem Layer wird der Text entweder korrekt oder gespiegelt dargestellt. Eagle stellt alle Layer passend übereinander mit Ansicht von oben dar. Alles, was von der Unterseite der Leiterplatte gesehen korrekt dargestellt werden soll, muss also in der Bildschirmdarstellung gespiegelt werden.

Kommen wir nun zur Positionierung des Textes. In der Scrollbox WINKEL kann man entweder aus den vorgegebenen Standardwinkeln einen auswählen oder einen speziell gewünschten frei wählbaren Winkel direkt eingeben. Für die Standardwinkel braucht nichts eingegeben zu werden, da für die Platzierung des Textes dieselben Regeln gelten wie auch für die Bauteilplatzierung. Mit der rechten Maustaste kann der Text in 90°-Schritten gedreht werden. Mit den beiden Buttons rechts von der WINKEL-Scrollbox kann direkt eine 180°-Drehung angewählt werden. Die danach folgenden zwei Buttons wählen direkt die Layer TOP oder BOTTOM an. Kommen wir jetzt zu den eigentlichen Textparametern. Zunächst die Schriftgröße. Sie wird in der Scrollbox GRÖSSE in der im GRID-Dialogfenster gewählten Maßeinheit angezeigt und kann hier auch geändert werden. Wie auch beim WINKEL kann ein gewünschter Wert frei eingegeben werden oder Sie wählen aus den Vorgaben aus. Die maximal mögliche Schriftgröße ist 2 Inch bzw. 2000 mil. Der nächste wählbare Parameter heißt RATIO. Dieser Parameter beeinflusst die Strichstärke der Schrift und gilt nur für die Eagle-eigene *Vector-Schrift*. Die Strichstärke wird als Verhältnis zur Schriftgröße in Prozent angegeben. Ist in den Grundeinstellungen des User Interface die Option IMMER VEKTOR-SCHRIFT nicht aktiviert, so können in der Scrollbox SCHRIFTART drei Schrifttypen ausgewählt werden. Es stehen die Optionen PROPORTIONAL, VECTOR und FIXED zur Verfügung. Wie schon in Kapitel 3 beschrieben, empfehlen wir, die *Vektor-Schrift* immer zu benutzen, indem Sie die Option IMMER VEKTOR-SCHRIFT in den Grundeinstellungen aktivieren.

Übersichtlichkeit schaffen mit Smash!

Wenn Sie jetzt noch einmal einen Blick auf die Leiterplatte werfen, so stört noch etwas den Gesamteindruck. Die Namen und Werte der Bauteile sind in allen möglichen Richtungen angeordnet und überlappen sich teilweise derart, dass einzelne Bezeichnungen nicht mehr lesbar sind. Wie kann hier Abhilfe geschaffen werden? Eagle stellt für die Lösung dieses Problems den Befehl SMASH zur Verfügung. Normalerweise sind der Name und der Wert eines Bauteils fest mit dem Symbol im Schaltplan bzw. dem Gehäuse im Layout verbunden. Das ist in der Regel sinnvoll, da somit sichergestellt ist, dass diese Angaben beim Bewegen des Bauteils im Editor immer mitwandern. Jetzt aber sind der Schaltplan und auch das Layout fertig. Der Befehl SMASH hebt die Verbindung der Bauteile und deren Bezeichnungen auf.

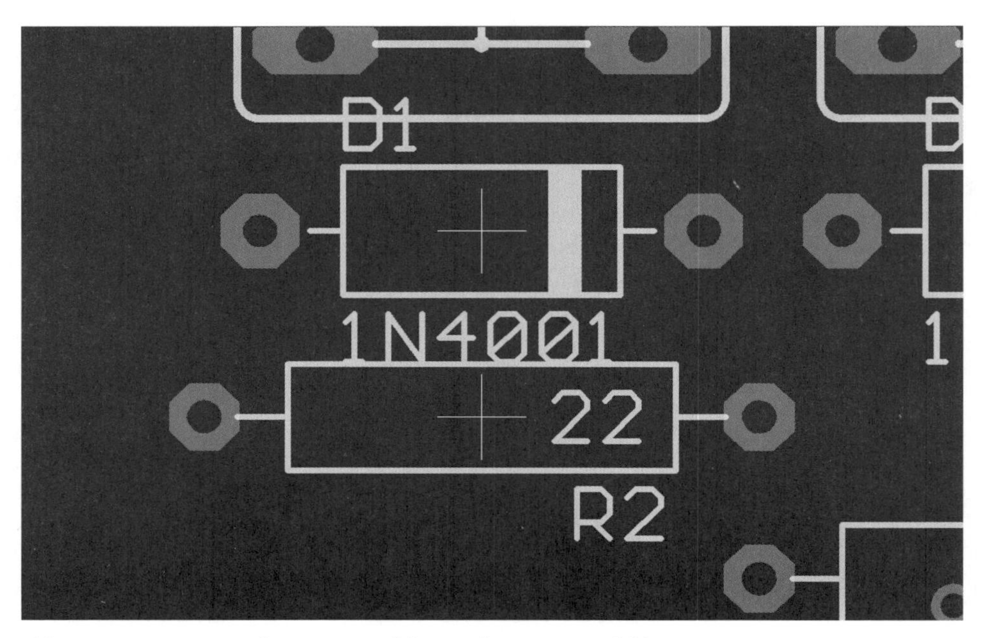

Abb. 4.41: Layoutausschnitt vor Ausführung des SMASH-Befehls

Wenden Sie auf die beiden gezeigten Bauteile D1 und R2 den SMASH-Befehl an, so stellen Sie folgende, in Abbildung 4.42 zu erkennende Unterschiede fest: Hatte vorher, wie in Abbildung 4.41 zu sehen, nur das Bauteil selbst ein *Origin*, also einen Angelpunkt, so ist jetzt auch jeder Schriftzug der beiden Bauteile mit einem solchen ausgestattet. Wie in der Abbildung schon durchgeführt, kann nun jeder Schriftzug als eigenständiges *Objekt* mit dem MOVE-Befehl im Editor bewegt werden. Sie können also mit dem SMASH-Befehl alle Bauteilbeschriftungen so verschieben, dass sie gut lesbar sind und auch dem zugehörigen Bauteil eindeutig zugeordnet werden können. Wie schon erwähnt, kann der SMASH-Befehl auch auf

Symbole im Schaltplan angewendet werden, um die Beschriftungen lesbarer zu machen und eindeutig den Symbolen zuordnen zu können. Die Vorgehensweise entspricht dabei der soeben beschriebenen.

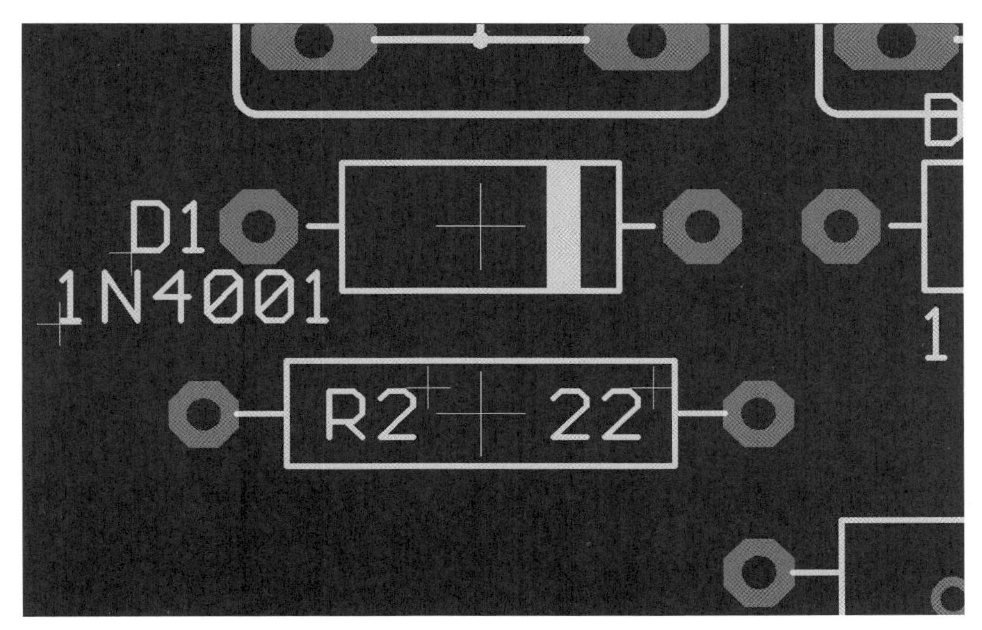

Abb. 4.42: Layoutausschnitt nach Ausführung des SMASH-Befehls

War das jetzt alles?

So, das soll es nun mit dem Layout der ersten Leiterplatte gewesen sein. Der aufmerksame Leser wird erkannt haben, dass bis hier noch nicht alle Befehle, die die Command Buttons zur Verfügung stellen, verwendet wurden. Dieses Kapitel sollte in einem einführenden Beispiel das Vorgehen bei der Arbeit mit Eagle beschreiben. Die bisher nicht verwendeten Befehle sind entweder zusätzliche Zeichenbefehle wie ARC und CIRCLE oder aber Befehle zur Nachbearbeitung wie CHANGE (von dem bisher nur wenige Teile behandelt wurden). Weitere noch nicht beschriebene Befehle sind zum Beispiel REPLACE und PINSWAP. Mit diesen Befehlen kann versucht werden, spezielle Layoutprobleme zu lösen oder die Bauteile anderen Bedingungen anzupassen. Um jetzt aber den Rahmen dieses einführenden Projekts nicht zu sprengen, gehen wir auf diese Befehle im Kapitel zur Lösung besonderer Problemstellungen ein.

Die fertiggestellte Leiterplatte sollte jetzt noch auf eventuelle Fehler überprüft werden. Dazu kann wunderbar der in Kapitel 7 beschriebene integrierte *Design Rule Check* verwendet werden.

## Kapitel 5

Layout ohne Schaltplan

5.1 Entscheidungshilfe?

In den beiden vorangegangenen Kapiteln haben wir des Öfteren darauf hingewiesen, dass es am sinnvollsten und auch am unproblematischsten ist, ein Leiterplattenprojekt stets mit einem Schaltplan zu beginnen. Gibt es eventuell auch Fälle, in denen es sinnvoller ist, direkt mit dem Layout zu beginnen, ohne vorher einen Schaltplan zu erstellen? Eigentlich sollte die Antwort darauf »Nein« sein, aber man sollte bei der Beantwortung dieser Frage auch die Vorlieben und Gewohnheiten der Anwender berücksichtigen. Wer schon immer seine Schaltpläne auf Papier gezeichnet und dann mit bewährter Vorgehensweise daraus ein Leiterplattenlayout erstellt hat, der sucht womöglich nur ein Werkzeug, mit dem der letzte Arbeitsschritt – eben das Zeichnen des Layouts – einfach und gut zu bewerkstelligen ist. Dazu gibt es von Eagle, wie in Kapitel 3 erwähnt, auch Lizenzen, die z.B. keinen Schaltplan-Editor beinhalten. In diesem kleinen Kapitel wollen wir nun auf die Vorgehensweise eingehen, die zum Erstellen einer Leiterplatte sozusagen zu Fuß notwendig ist.

In Kapitel 4 fingen Sie mit dem BOARD-Befehl an. Mit Anwendung dieses Befehls generierte Ihnen Eagle aus dem vorher erstellten Schaltplan die allererste Vorstufe zu Ihrer Leiterplatte. Was war enthalten?

1. Alle Bauteile sind vorhanden.
2. Die Verschaltung ist mit Airwires ebenfalls schon ausgeführt.
3. Schaltplan und Layout sind miteinander verknüpft.

Die ersten beiden Punkte müssen beim Erstellen eines Layouts ohne Schaltplan von Hand vorgenommen werden. Der dritte Punkt ist aufgrund des fehlenden Schaltplans nicht möglich. Da sich der gesamte Entwicklungsvorgang auf Layout-Ebene abspielt, kann auch nicht auf bestimmte Bauteile wie z.B. ein BC 548 oder Ähnliches zurückgegriffen werden. Es kann ja keine Verknüpfung zwischen Schaltsymbol und Gehäuse vorgenommen werden.

5.2 Rein ins Vergnügen!

Wie gehen Sie also vor? Der erste Schritt ist auch hier die Grundeinstellung des Editors. Alle in Kapitel 4 genannten Einstellungen gelten auch hier und sollten in derselben Art und Weise vorgenommen werden.

Bauteile hinzufügen einmal anders

Nun brauchen Sie Bauteile auf Ihrer Leiterplatte. Die nötigen Informationen sind bei ICs die Gehäuseform und die Anzahl der Anschlüsse. Gleiches gilt für Transistoren und die passiven Bauelemente. Beim Heraussuchen der Bauteile gelten nur die geometrischen Abmessungen der zum Einsatz kommenden Bauteile. In Abbildung 5.1 ist das ADD-Dialogfenster dargestellt, wie es sich aus dem Layout-Editor heraus aufgerufen darstellt.

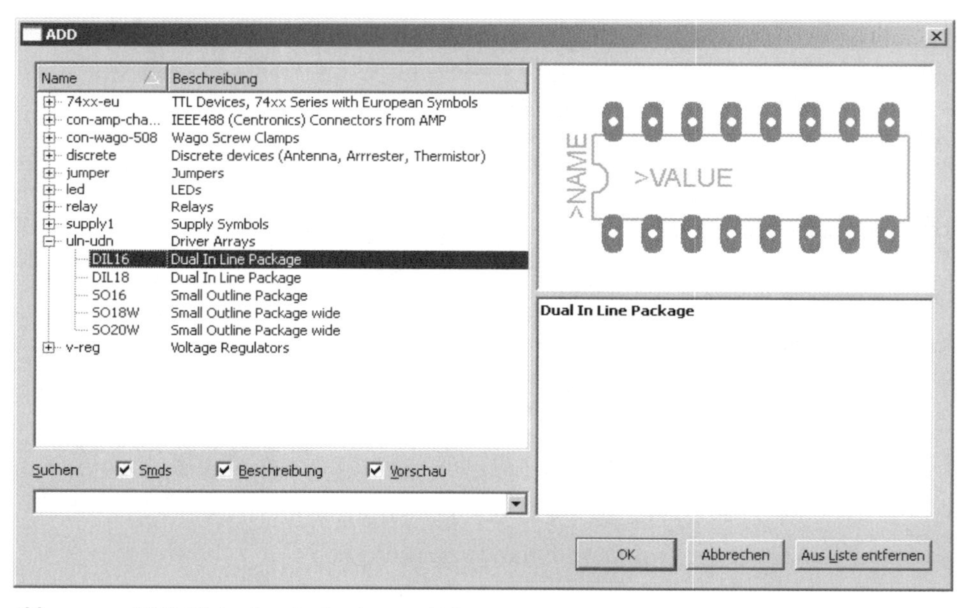

Abb. 5.1: ADD-Dialogfenster im Layout-Editor

Im Bild ist die jetzt zur Verfügung stehende Auswahl der Bibliothek ULN-UDN zu sehen. Die Auswahl begrenzt sich hier auf die Gehäuseform. Dasselbe Dialogfenster aufgerufen aus dem Schaltplan-Editor stellt sich, wie in Abbildung 5.2 zu erkennen, etwas umfangreicher dar.

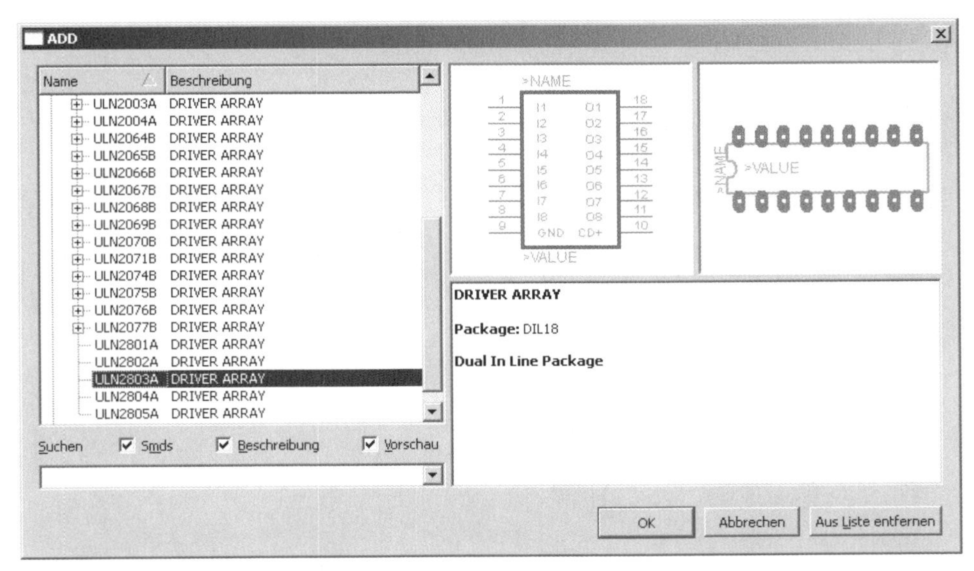

Abb. 5.2: ADD-Dialogfenster im Schaltplan-Editor

Die Zuordnung der einzelnen Anschlüsse und deren Funktion bei den verschiedenen Bauteilen muss von Hand vorgenommen werden, da Eagle durch den Verzicht auf den Schaltplan keine Verknüpfungen zwischen Schaltplansymbolen und den Gehäuseanschlüssen vornehmen kann. Die Vorgehensweise, um dieses Bauteil oder hier eigentlich dieses Gehäuse in das Layout zu holen, entspricht der beim Erstellen eines Schaltplans. Im ADD-Dialogfenster wird das gewünschte Teil ausgesucht, dann mit OK bestätigt und anschließend hängt jetzt das Gehäuse am Mauscursor. Alle Regeln zur Platzierung von Schaltplansymbolen gelten auch hier.

Tipp

Bei der hier beschriebenen Vorgehensweise sollten Sie die Gehäuse direkt nach dem Einfügen in das Layout benennen und den Typ ebenfalls sofort festlegen. Dazu verwenden Sie die Befehle NAME und VALUE, wobei der Typ, z.B. ULN2803 als VALUE einzutragen ist. Ein Name wäre z.B. IC1.

Nachdem alle Bauteilgehäuse aus den Bibliotheken extrahiert und auf der Leiterplatte platziert sind, könnte das Ergebnis in etwa so wie in Abbildung 5.3 aussehen.

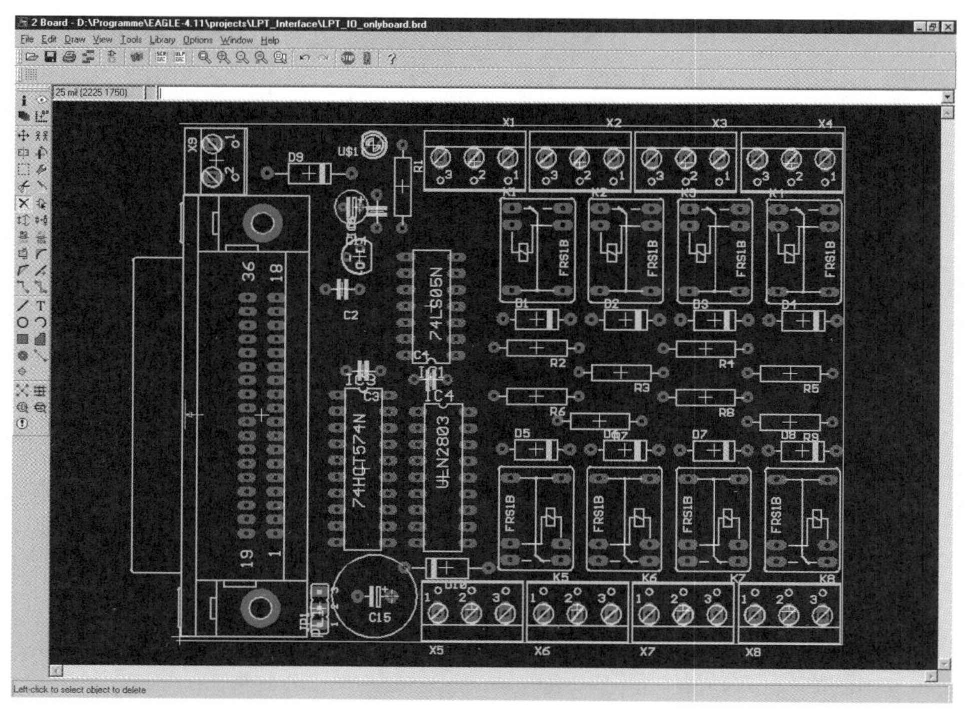

Abb. 5.3: Bauteile platziert, aber ohne Airwires

Bauteile platziert – wie geht's weiter?

Hier wurden einfach die schon über den Schaltplan erstellte Leiterplatte von allen Airwires befreit. Jetzt folgt die stückweise Verbindung der Bauteile miteinander. Wie gehen Sie dabei vor? Es bestehen zwei Möglichkeiten. Sie können die Verbindungen sofort mit dem WIRE-Befehl als Leiterbahnen zeichnen oder Sie können die Bauteile zunächst mit Airwires verschalten.

Risiko

Man kann direkt mit dem WIRE-Befehl Leiterbahnen zeichnen, jedoch ist es dann wirklich ein Glücksspiel, ob Eagle die Leiterbahnen mit den Bauteilanschlüssen korrekt verbindet oder nicht. Das mag zwar zunächst kein Problem darstellen, aber was dadurch später auf Sie zukommt, ist ziemlich heftig. Kurz gesagt, kann dann kein von Eagle zur Verfügung gestelltes Werkzeug zur Überprüfung der Schaltung angewendet werden.

An diesem Punkt sind Sie in etwa dem Stadium, als beim Erstellen der Leiterplatte in Kapitel 4 alle Bauteilsymbole im Schaltplan platziert waren und Sie begannen, die Vernetzung vorzunehmen. Wie wohl fast jeder zugeben wird, ist die Darstellung der Schaltung doch etwas übersichtlicher und damit leichter zu bearbeiten als diese Ansammlung von Bauteilen auf der späteren Leiterplatte. Erschwerend kommt hinzu, dass hier bei den ICs und der Centronics-Buchse alle Signale den einfach durchnummerierten Anschlüssen von Hand zugeordnet werden müssen. Die Übertragung der benötigten Bauteilanschlüsse aus z.B. einem Datenblatt auf das in das Layout platzierte Gehäuse ist eine ziemliche Fummelarbeit und sehr fehleranfällig!

Vorsicht

Achten Sie beim Suchen des richtigen Bauteilanschlusses darauf, ob Sie das Bauteil von oben oder von unten betrachten! Es kommt hier leicht zu Verwechslungen, die Ihnen später viele graue Haare bescheren werden.

Die Airwires werden mit dem Befehl SIGNAL gezeichnet. Ein Signal kann nur auf einem Pad, also einem Bauteilanschluss begonnen und abgeschlossen werden. Ein Airwire muss darüber hinaus mindestens mit zwei Pads verbunden sein. Damit ist sichergestellt, dass die Verbindung zwischen Airwires und Pad immer besteht und somit auch die angeschlossenen Bauteile korrekt miteinander verbunden sind. Ob die Verbindung am richtigen Anschluss ist, das ist allerdings manuell zu ermitteln. Was ist so wichtig daran, dass die Verbindungen korrekt vorgenommen werden?

Tipp

Es ist auch bei dieser Vorgehensweise sinnvoll, die einzelnen Signale oder Leiterbahnen zu benennen. Sind Verbindungen zu Bauteilen oder anderen Teilen dieses Signals nicht korrekt vorhanden, so kann der Verlauf des Signals auf der Leiterplatte nicht mehr verfolgt werden.

Die Benennung der Bauteile und Signale geschieht wie auch im Schaltplan-Editor mit dem NAME-Befehl. Falls Sie beim Zeichnen der Leiterbahnen mit dem WIRE-Befehl nicht aufgepasst haben, ändert sich irgendwo der Name und Sie haben es somit mit einem anderen Signal zu tun. Für die Leiterplatte selbst ist das natürlich unerheblich. Was man sich merken sollte, ist, dass die Zeitersparnis durch das direkte Zeichnen der Leiterbahnen, ohne vorher alle Signale als Airwires angelegt zu haben, in der Regel im späteren Stadium der Leiterplatte mehrfach wieder investiert werden muss, weil eben viele Funktionen, die die Arbeit erleichtern, nicht funktionieren!

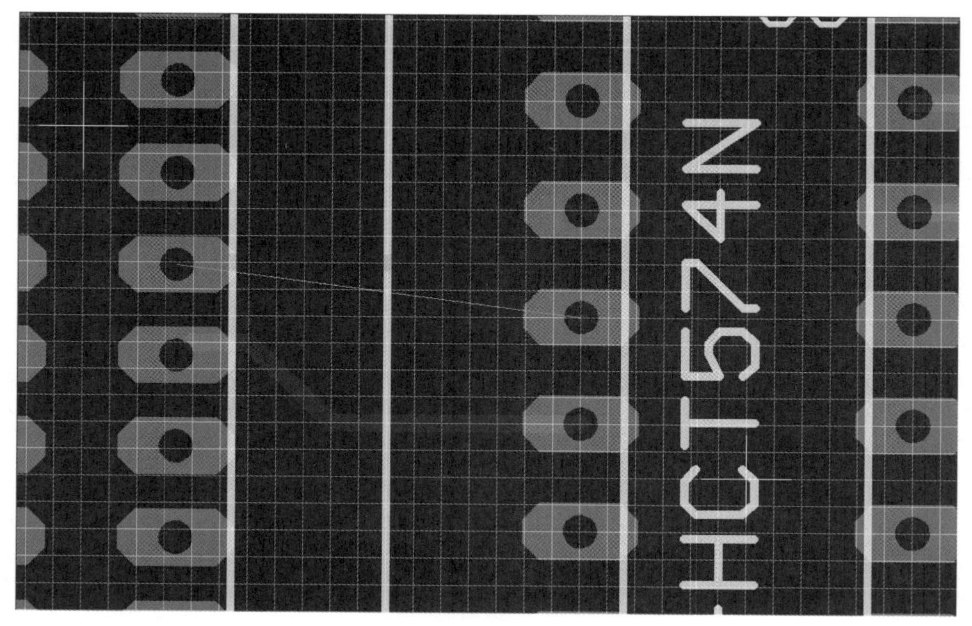

Abb. 5.4: Verbindungen mit Signal und Wire

Zeichnen mit Wire oder Signal?

Werfen Sie einen Blick auf Abbildung 5.4. Es handelt sich um einen Ausschnitt unserer Leiterplatte aus den Kapiteln 3 und 4. Links ist die Centronics-Buchse, rechts der 74HCT574N. Wie Sie zunächst erkennen können, sind die Anschlüsse der Centronics-Buchse nicht im gewählten Raster. Trotzdem kann mit dem Befehl SIGNAL ein Airwire zur elektrischen Verbindung der beiden Bauteile gezogen werden. Wie oben beschrieben, hat ein Airwire immer Kontakt zu einem Bauteilanschluss (Pad). Der Versuch, mit dem Befehl WIRE eine Verbindung herzustellen, scheitert, weil man mit dem eingestellten Raster von 25 mil nicht korrekt an ein Pad der Centronics-Buchse anschließen kann. Werden die Leiterbahnen direkt mit dem WIRE-Befehl gezeichnet, besteht eine solche Leiterbahn in der Regel aus vielen Segmenten mit unterschiedlichen Signalnamen. Jedes Mal, wenn man absetzt, um zu überlegen oder irgendwo andere Leiterbahnen aus dem Weg zu räumen, entsteht eine solche Unterbrechung. Dass eine solche Leiterbahn in der Regel auch keine korrekte Verbindung zu den angeschlossenen Bauteilen hat, wurde schon beschrieben. In Abbildung 5.5 ist eine solche Leiterbahn mit dem Befehl SHOW hervorgehoben dargestellt. Die gesamte Leiterplatte besteht aus Bauteilen, die mit gemalten Leiterbahnen »verbunden« wurden. Zu erkennen ist, dass die Leiterbahn im linken oberen Bildrand quasi unterbrochen ist. Da sie dort ihren Namen wechselt, kann Eagle mit dem SHOW-Befehl keine Verbindung mehr erkennen, obwohl durch die Überlappung eine elektrische Verbindung auf der endgültigen Leiterplatte vorhanden wäre. Welche Nachteile haben Sie dadurch? Zunächst ist ja zu erkennen, dass kein offensichtlich an die Leiterbahn angeschlossenes Bauteil hervorgehoben ist. Es ist also nicht möglich zu unterscheiden, ob die hier vorhandenen Verbindungen gewünscht sind oder ob sie durch Fehler beim Verlegen der Leiterbahn entstanden sind. Hätte man die Bauteile zunächst durch Airwires miteinander verbunden, so wären alle Bauteilpads, die an die Leiterbahn angeschlossen sind, durch den SHOW-Befehl zusammen mit der Leiterbahn hervorgehoben. Alle anderen jedoch nicht. Damit können einfache Fehler, die z.B. beim Verschieben eines Bauteils auftreten können, schnell erkannt und behoben werden.

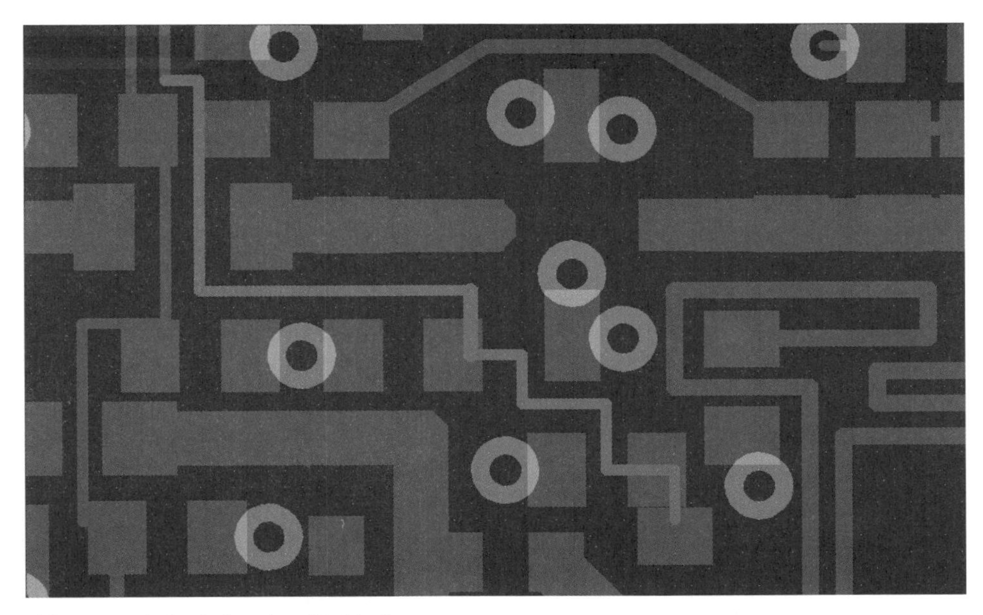

Abb. 5.5: Leiterbahn ohne Verbindungen

Wurde das Signal wie empfohlen als Airwire angelegt, so können Sie auch jederzeit beim Zeichnen absetzen und später wieder weitermachen, ohne eine Unterbrechung zu erzeugen. Kommen Sie nicht weiter, so können Sie die gesamte Leiterbahn mit dem RIPUP-Befehl auflösen und alle elektrischen Verbindungen bleiben als Airwire bestehen! Ein Riesen-Vorteil, denn wird eine mit dem WIRE-Befehl gezeichnete Leiterbahn mit dem RIPUP-Befehl wieder aufgelöst, so entstehen zwar zunächst auch Airwires, aber durch die oft nicht miteinander verbundenen Segmente haben viele dieser Airwires zu nichts und niemandem eine Verbindung – sind also nutzlos! Bleiben Sie also dabei, zunächst alle elektrischen Verbindungen als Airwire einzufügen. Es ist auch möglich, dies Stück für Stück zu tun und immer dann, wenn man meint, es wird unübersichtlich, die dann vorhandenen Airwires zu Leiterbahnen zu machen. Es ist bei dieser Methode allerdings schwierig, eine optimale Platzierung zu finden, weil man ja nicht immer alle Bauteile, die an ein Signal angeschlossen werden, schon angeschlossen hat.

Rettung von »verbastelten« Layouts

Was können Sie tun, wenn schon ein – vielleicht großer Teil – einer Leiterplatte unter Verwendung des WIRE-Befehls verdrahtet wurde und Sie gerade nach und nach all die versteckten Fehler entdecken? Natürlich haben Sie für das schon vorhandene Layout viel Zeit aufgewendet und die Leiterbahnführung ist so, dass Sie sie durchaus weiter verwenden möchten. Sinnvoll ist es hier, die gewünschten Verbindungen mit Airwires nachträglich zu erstellen. Dazu brauchen Sie ein gutes Auge, Geduld und den NAME-Befehl. Da ja die Leiterbahnen im Prinzip schon bestehen, brauchen Sie diese jetzt nur so umzubenennen, dass sich aus den einzelnen Segmenten eine einzelne Leiterbahn mit einem eindeutigen Namen ergibt. Genau das machen Sie nun mit allen Leiterbahnsegmenten, die zu einem einzigen Signal zusammengefasst werden sollen. Als Name kann der des zuerst ausgewählten Segments genommen werden, es kann aber auch gleich ein aussagekräftiger Name gewählt werden. Mit dem Aufruf des NAME-Befehls arbeiten Sie sich Stück für Stück durch ein späteres Signal. Ist eine Leiterbahn komplett zu einem Signal umbenannt, muss sie noch mit den richtigen Bauteilen korrekt verbunden werden. Dazu benutzen Sie gleich den SIGNAL-Befehl und verlegen Airwires zwischen den zu verbindenden Bauteilen wie in Abbildung 5.6.

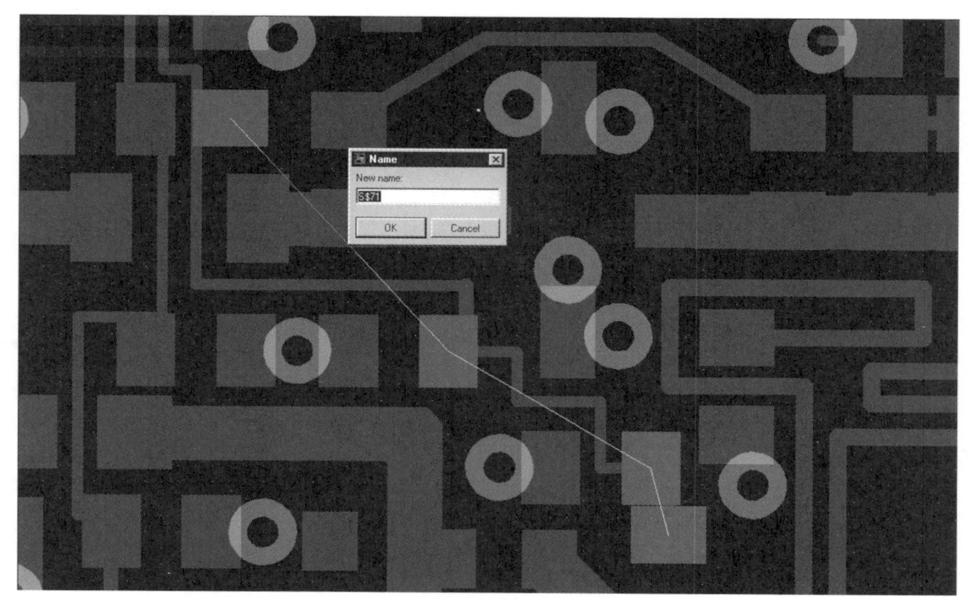

Abb. 5.6: Bauteile mit Airwires verbinden und Signal benennen

Da Airwires nur zwischen Bauteilpads gezogen werden können, vernetzen Sie auf diese Art alle Bauteile, die an das soeben zusammengeführte Signal angeschlossen werden sollen. Ist das geschehen, so ist das aus den Airwires bestehende Signal nun mit dem NAME-Befehl mit demselben Namen zu versehen wie das Signal, das aus der Leiterbahn besteht.

Abb. 5.7: Dialogfenster zur Namensauswahl

Es öffnet sich dann das in Abbildung 5.7 zu sehende Dialogfenster, in dem der Name des aus den zwei Signalen entstehenden Gesamtsignals gewählt werden kann. Welcher Name gewählt wird, ist bei den hier verwendeten automatisch generierten Signalnamen S$43 und S$71 unerheblich. Wenn Sie diese Überarbeitung der Leiterplatte aber auch dafür verwenden, den Leiterbahnen funktionsbezogene Namen zu geben, so werden diese Bezeichnungen sinnvollerweise den Airwires gegeben, die die Verbindungen zwischen den Bauteilen herstellen. Anschließend muss dann die bestehende Leiterbahn in den Namen des Airwires umbenannt werden. Haben Sie einen Namen ausgewählt, so ändert sich die Darstellung der Leiterbahn wie in Abbildung 5.8 dargestellt.

Sofort verbindet Eagle die Leiterbahn und die Bauteile mit Airwires so, dass die schon verlegten Leiterbahnen verwendet werden, um die Airwires zu verkürzen. Der letzte Schritt ist nun der, die verbliebenen Airwires mit dem ROUTE-Befehl ebenfalls zu Leiterbahnen zu machen. Wenn Sie davon ausgehen, dass alle elektrischen Verbindungen als Airwires eingefügt werden, bevor angefangen wird, die Leiterbahnen zu verlegen, so treffen wir bei Abbildung 4.13 aus Kapitel 4 wieder mit der dort beschriebenen Vorgehensweise zusammen. Der dann noch bestehende Unterschied ist die fehlende *Forward Back Annotation*, da ja kein Schaltplan angelegt wurde. Der weitere Verlauf der Leiterplattenerstellung ist also ab jetzt mit Kapitel 4 zu vergleichen.

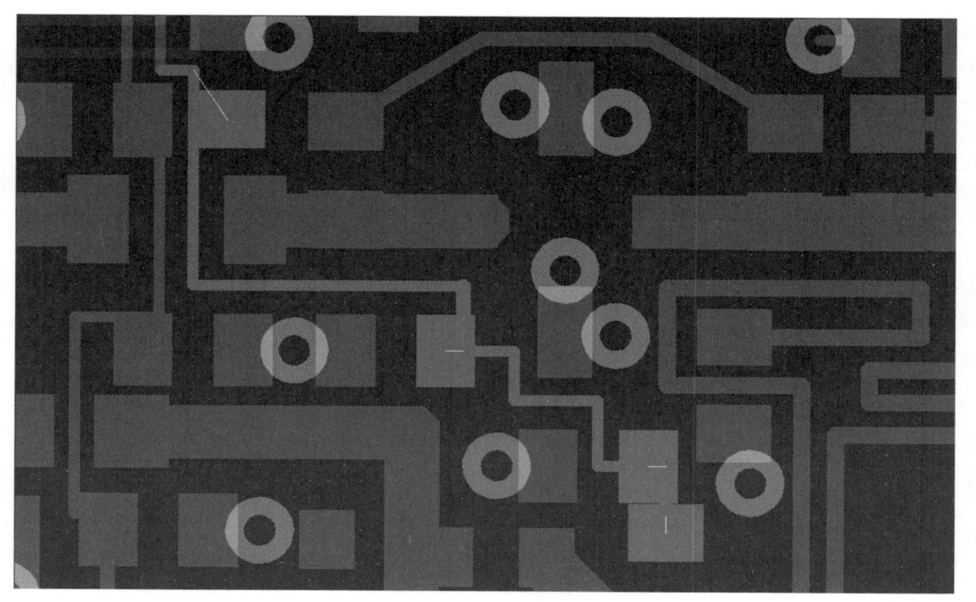

Abb. 5.8: Verbindung hergestellt!

## Kapitel 6

Bibliotheken

Den Bauteil-Bibliotheken, auch *Library* genannt, kommt bei der Arbeit mit Eagle eine ganz besondere Aufgabe zu. In diesen Bibliotheken sind alle für ein Projekt erforderlichen Bauteile (*Device*) mit ihren dazugehörigen Schaltplansymbolen (*Symbol*) und den verwendeten Bauteilformen (*Package*) verknüpft. Da bei der Installation der Software bereits eine recht große Anzahl von Bibliotheken mit installiert wurde, kann es durchaus möglich sein, alle benötigten Bauteile für ein Projekt bereits dort zu finden.

Eine wesentlich bessere und effektivere Methode stellt allerdings die Zusammenstellung einer persönlichen Bibliothek dar, in der man alle benötigten Bauteile verwaltet. Ob es sich lohnt, eine eigene Bibliothek zu erstellen oder aber mit den bereits vorhandenen Bibliotheken zu arbeiten, hängt auch davon ab, wie intensiv und wie aufwändig die entsprechenden Projekte sind.

Benutzt man Eagle nur für wenige kleine Projekte, bei denen es sich auch häufig um Standard-Bauteile handelt, so ist es wahrscheinlich effektiver, mit einer geeigneten Auswahl der bereits bestehenden Bibliotheken zu arbeiten. Wer allerdings häufig und darüber hinaus sehr große Projekte bearbeitet, sollte sich die Arbeit machen und eine eigene Bibliothek erstellen.

In diesem Kapitel sollen daher die Möglichkeiten der Erstellung einer eigenen neuen Bibliothek bzw. das Zusammentragen von mehreren Bauteilen aus bereits existierenden Bibliotheken zu einer neuen Bibliothek genauer beschrieben werden.

Tipp

Als sinnvolle Neuerung ab Version 5 kann man zusätzlich notwendige Bauteileigenschaften (zum Beispiel Spannungsfestigkeit, Art des Dielektrikums bei Kondensatoren) mit den Attributen festlegen beziehungsweise diese als entsprechende Platzhalter vorsehen. Besonders bei Kondensatoren können diese neuen Attribute hervorragend zur weiteren Definition eingesetzt werden, um die oftmals nicht ausreichenden Eigenschaften *Wert* (Value) und *Bauform* bei diesen Bauteilen näher und eindeutiger zu beschreiben. Dafür können nun zusätzliche ATTRIBUTE erstellt werden.

Benutzer der reinen Layout-Version brauchen sich dabei nur den vorderen Teil dieses Kapitels mit der Erstellung von Packages genauer anzusehen und können damit ihre eigenen Bibliotheken erstellen. Benutzer, die mit der Schaltplan-Version arbeiten, sollten sich in aller Ruhe dieses Kapitel erst einmal vollständig durchlesen, bevor sie mit der Erstellung eigener Bibliotheken beginnen, da bereits Einstellungen in den ersten Arbeitsschritten zu erheblichen Arbeitserleichterungen bei der späteren Bearbeitung führen.

6.1 Das Package

Da es sich bei Eagle in erster Linie um eine Software zum Erstellen von Leiterplatten handelt, benötigt man für jedes Bauteil, das in der Schaltung eingesetzt wird, ein entsprechendes Package.

In dem Package sind die entsprechenden Anschlüsse (*Pads*) und die mechanischen Abmessungen des Bauteils vorhanden. Bedingt durch eine sehr große Vielfalt an gleichartigen Bauteilen in den unterschiedlichsten Bauformen ist es notwendig, für jede Bauform ein entsprechendes Package zu erstellen. So gibt es einen Widerstand zum Beispiel als SMD-Bauteil in den verschiedensten Größen wie auch in bedrahteter Form in den verschiedensten Formen.

Es ist hinsichtlich des Packages auch wichtig, ein geeignetes Raster für die Anschlüsse zu finden. Aufgrund der Tatsache, dass sich viele Abstände und Abmessungen von Bauteilen nicht im metrischen System (mm, cm) bewegen, sondern häufig vom Inch (= 2,54 cm) abgeleitet sind, ergeben sich einige Besonderheiten bei der Umsetzung der Bauteile in Packages.

Wer nicht gerne mit krummen Werten bei der Umsetzung eines Projekts arbeitet, sollte sich daher mit dem englischen Längenmaß ein wenig anfreunden, da dieses die gesamte Arbeit erheblich erleichtert. Wer rechnet schon gerne ein Vielfaches von 2,54 mm aus, wenn er doch auf der anderen Seite nur ein Vielfaches von 100 mil berechnen könnte.

Tipp

Als kleine Erleichterung bei der täglichen Arbeit haben sich so genannte €-Währungsrechner erwiesen, die es zu Niedrigstpreisen bei entsprechenden Restpostenmärkten immer noch zu kaufen gibt. Wenn man den Umrechnungsfaktor entsprechend einstellt (mil zu mm oder Inch zu cm), kann man einfach und schnell von einer in die entsprechende andere Maßeinheit umrechnen.

Damit Sie einen ersten Einblick in die Erstellung eines Packages bekommen, beginnen wir mit der Definition eines einfachen Bauteils wie einer Diode.

6.1.1 Packagedefinition einer bedrahteten Diode

Bei der Definition eines Packages für eine Diode fangen Sie mit einer bedrahteten Diode wie zum Beispiel einer 1N4148 an. Der Abstand der beiden Pads soll 5,08 mm betragen. Außerdem soll ersichtlich sein, welches Pad an der Kathode bzw. Anode anliegt. Der Bohrdurchmesser beträgt 0,6 mm und die Bezeichnung sowie der Wert bzw. der Typ der Diode sollen ersichtlich sein.

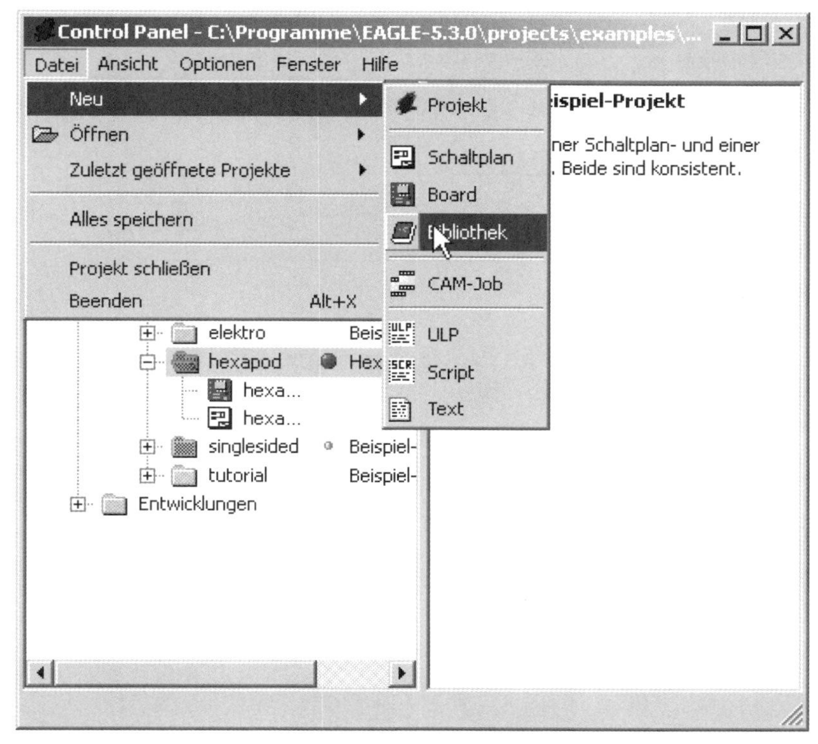

Abb. 6.1: Bibliothek neu erstellen

Als Erstes erstellen Sie dafür eine neue Bibliothek über DATEI|NEU|BIBLIOTHEK. Es öffnet sich ein Fenster. Danach sollten Sie der (noch) leeren Bibliothek einen Namen zuweisen. Dazu benutzen Sie entweder das Icon oder gehen über DATEI|SPEICHERN. Hier geben Sie einen beliebigen Namen für unsere Bibliothek (zum Beispiel `Eigene Bibliothek.lbr`) ein.

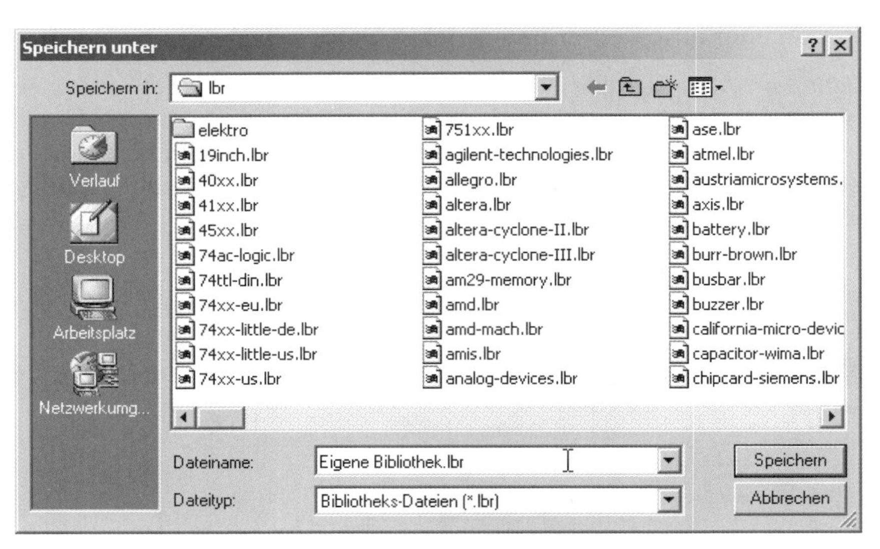

Abb. 6.2: Library speichern

Nun können wir mit der Definition des Packages anfangen. Mit LIBRARY|PACKAGE öffnet sich das Dialogfenster zur Auswahl des Packages. Da Sie noch kein Package definiert haben, geben Sie einen neuen Namen (`DIODE-200MIL`) ein und bestätigen mit PAC.

Abb. 6.3: Package neu anlegen

Es öffnet sich nun das leere Editorfenster für das Gehäuse. Zuallererst benötigen Sie nun die beiden Pads für die beiden Drahtanschlüsse der Diode. Mit PAD wählen Sie die Funktion zum Setzen der entsprechenden Anschlüsse der Diode. In der sich öffnenden PARAMETER-Toolbar können die Eigenschaften des zu setzenden Pads eingestellt werden.

Abb. 6.4: Parameterleiste PAD

Die fünf grünen Icons legen dabei die Form des Pads fest. In der Regel sollte dabei die runde Pad-Form als Standard genommen werden. Bei bestimmten maschinellen Produktionstechniken ist es allerdings erforderlich, insbesondere die längliche Form der Pads einzusetzen.

Vorsicht

Bei der achteckigen Form des Pads ist besonders bei der Erzeugung von Platinendaten für einen Hersteller im Gerber-Format mit Problemen zu rechnen. Aus diesem Grund sollte diese Pad-Form nur dann genommen werden, wenn es ausdrücklich erforderlich sein sollte.

Die quadratische Form kann zum Beispiel dazu benutzt werden, einen besonderen Pin (z.B. Pin 1 bei mehrbeinigen ICs) zu markieren und damit ein späteres Bestücken zu erleichtern. Der Wert DURCHMESSER gibt den Außendurchmesser des Pads an und sollte, wenn nicht unbedingt anders erforderlich, auf dem Wert AUTO belassen werden. Der tatsächliche Außendurchmesser wird dann durch die im DRC festgelegten Werte bestimmt.

Für unsere Diode benötigen Sie insgesamt zwei runde Pads, deren Lochdurchmesser rund 0,6 mm betragen sollte. Der Abstand der beiden Pads soll genau 200 mil betragen. Da der Ursprung des Zeichenblatts auch hinterher der Aufhängepunkt des Bauteils ist, sollten die entsprechenden Pads auch immer symmetrisch um diesen Punkt angeordnet werden.

Tipp

Für die maschinelle Bestückung (insbesondere SMD-Bauteile) ist es erforderlich, dass der Bauteilmittelpunkt gleichzeitig auch Ursprung des Zeichenblatts ist. Sollte davon abweichend der Bestücker einen anderen Ursprung (zum Beispiel Pin 1) benötigen, sollte dieses schon bei der Erstellung der Bibliothek beachtet werden. Insbesondere bei Benutzung alter Eagle-Bibliotheken sollten Sie auf den richtigen Ursprung achten.

Sie platzieren nun die beiden Pads auf Ihrem Zeichenblatt an den Koordinaten (-100/0) sowie (100/0). Da wir bei der Definition leider vergessen haben, den

Bohrdurchmesser richtig (0,6 mm / 24 mil) anzugeben, berichtigen Sie dieses nun nachträglich über CHANGE|DRILL|24 und klicken anschließend beide Pads an, deren Bohrdurchmesser sich dadurch auch sichtbar verändern sollte.

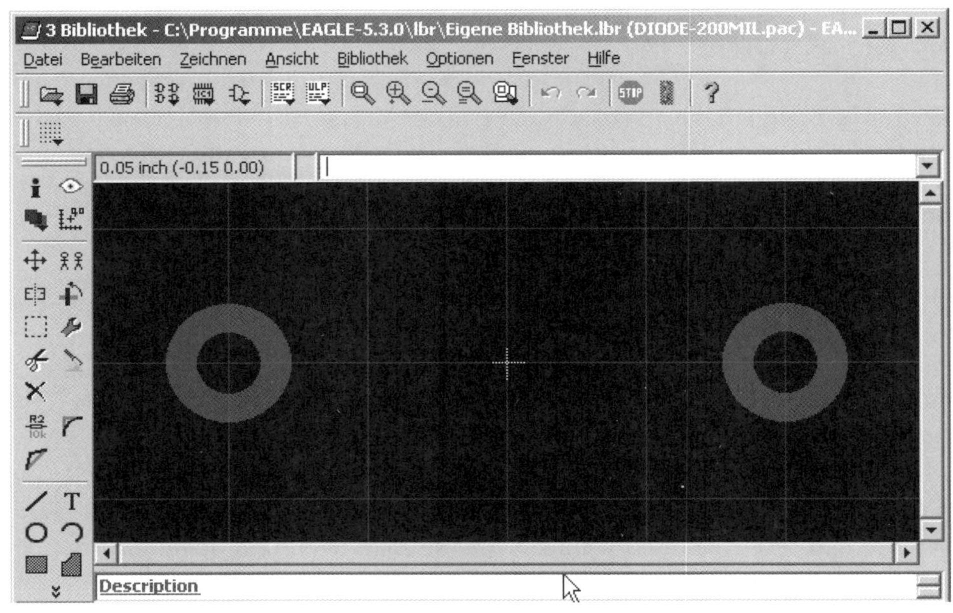

Abb. 6.5: Zwei Pads erzeugen

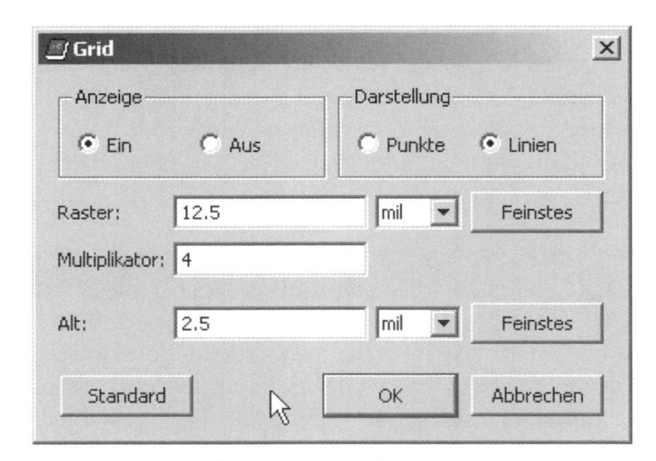

Abb. 6.6: Einstellungen des Zeichenrasters

Damit Sie nun später auf der Platine auch wissen, um welches bzw. welche Art von Bauteil es sich handelt und um die mechanischen Dimensionen zu verdeutlichen, fügen Sie in die Zeichnung die entsprechenden Gehäuseumrisse und

Anschlussbeinchen ein. Da Sie dazu nicht mit dem momentanen Zeichen-Grid zu einer vernünftigen Zeichnung gelangen, müssen Sie dieses über ANSICHT/RASTER auf ein für die Gehäusezeichnung vernünftiges Maß einstellen. Der MULTIPLIKATOR 4 sorgt dafür, dass sich die angezeigten Raster-Linien auch weiterhin in einem Abstand von 50 mil (4 mal 12.5 mil) befinden.

Wichtig

Für ein sinnvolles Raster empfiehlt es sich, dieses möglichst so zu wählen, dass sich durch Vervielfachung sowohl 100 mil als auch 50 mil ergeben. Für die beiden Autoren hat sich als kleinstes Grid bisher 2,5 mil als besonders tauglich erwiesen. Damit kann man hinreichend genau auch sehr feine Platinen und Bauteile definieren und platzieren. Sind allerdings noch feinere Strukturen notwendig, kann es sinnvoll sein, das Grid noch weiter zu verkleinern.

Nun zeichnen Sie im Layer 21 (TPLACE) das Gehäuse der Diode und fügen wie im Bild zu sehen an der linken Seite einen weiteren Strich ein. Dieser Strich soll die bei Dioden immer vorhandene Unterscheidung von Anode und Kathode anhand des Gehäuserings darstellen. Bei der späteren Bestückung dient diese gleichzeitig auch als Bestückungshilfe, um die Diode polungsrichtig zu bestücken. Die beiden Anschlussbeinchen werden im Layer 51 (TDOCU) eingezeichnet.

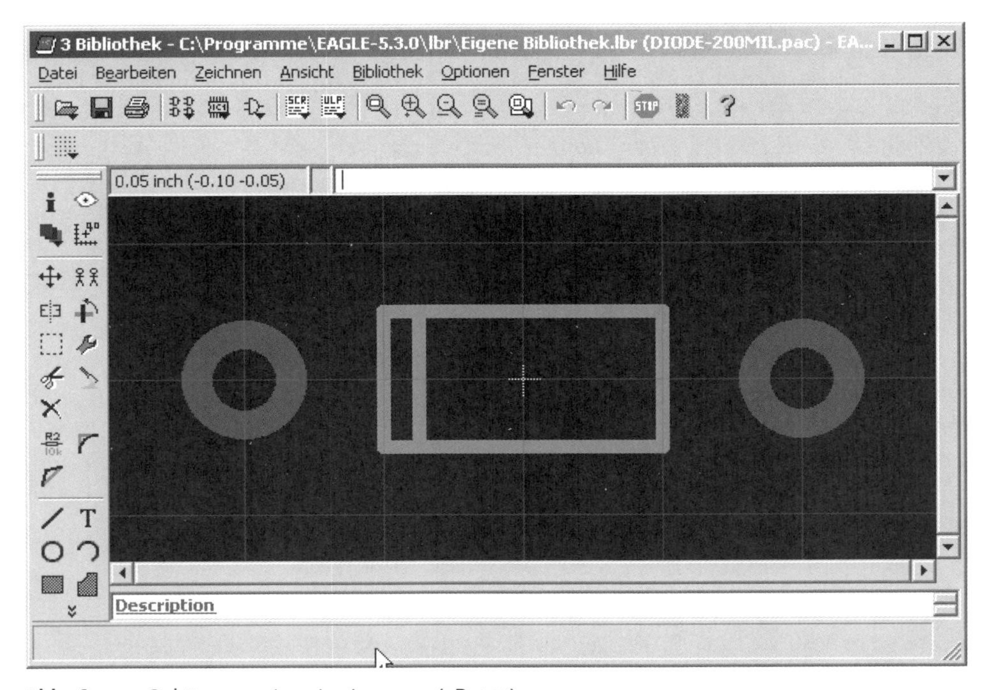

Abb. 6.7: Gehäuseumrisse im Layer 21 (TPLACE)

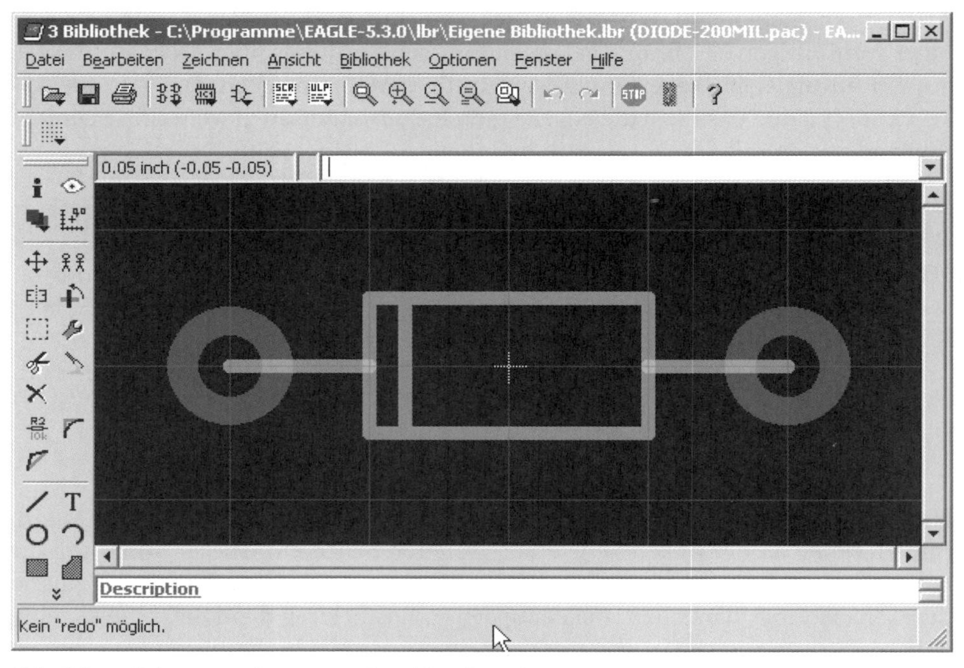

Abb. 6.8: Gehäusezeichnung mit Anschlussbeinchen im Layer 51 (TDOCU)

Wichtig

Bei der Auswahl der Layer für die Gehäuseumrisse/Anschlussbeinchen sollten Sie so vorgehen, dass alle Zeichnungsteile, die in einem Bestückungsaufdruck auf der Platine zu sehen sein sollen, im Layer 21 (TPLACE) gezeichnet werden. Dabei sollten mögliche Lötpads und Kupferflächen, die zum Anlöten der Bauteile dienen, möglichst *nicht* mit Zeichnungsteilen überdeckt sein. Für Zeichnungsteile mit solchen Lötflächen kann der Layer 51 (TDOCU) benutzt werden. Somit werden die Anschlussbeinchen zwar bei der Platinenbearbeitung im Layout-Editor angezeigt, sind aber im Bestückungsdruck nicht vorhanden.

Damit Sie bei der späteren Positionierung und Entflechtung der Platine auch genau wissen, um welches Bauteil mit welchem Wert es sich handelt, fügen Sie noch die Texte >NAME im Layer 25 (TNAMES) für die spätere Bezeichnung (zum Beispiel D10) und >VALUE im Layer 27 (TVALUE) für den späteren Bauteilewert oder -typ (zum Beispiel 1N4148) ein.

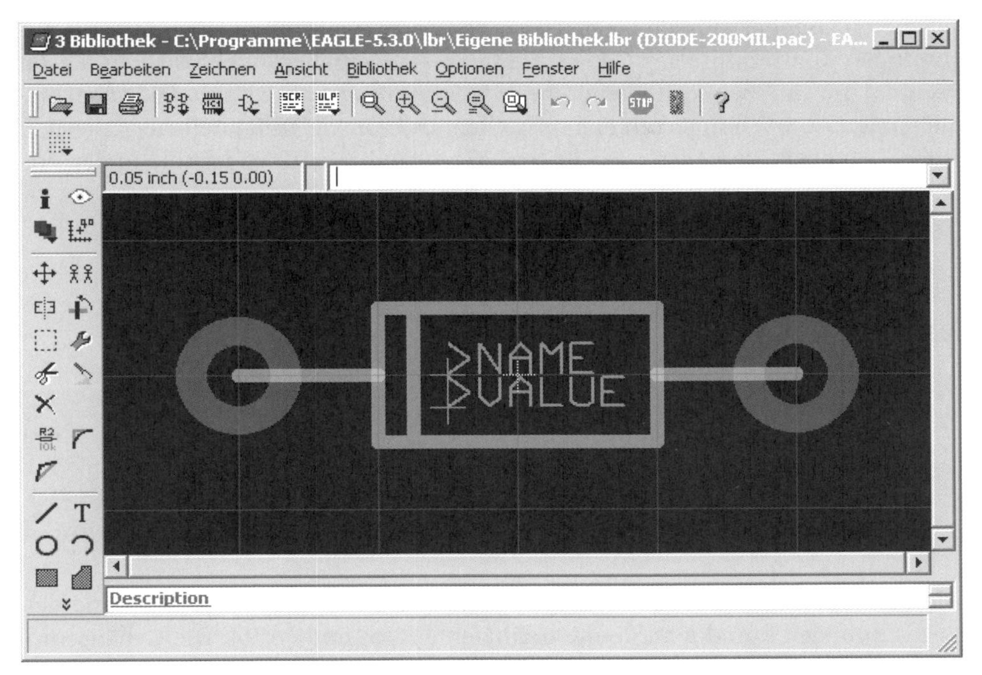

Abb. 6.9: Bauteil mit Textfeldern für >NAME und >VALUE

Tipp

Bei der Position und Größe der Texte sollte man so verfahren, dass die Texte innerhalb des Gehäuses liegen. Außerhalb der Gehäuse angelegte Texte für den Wert und die Bezeichnung sorgen besonders bei dicht aneinander gelegten Bauteilen für erhebliche Zuordnungsschwierigkeiten. Immerhin können Sie allerdings bei Bedarf die Texte auf der Platine nach einem SMASH beliebig auf der Platine verschieben.

Damit ist die Erstellung eines einfachen Bauteils erst einmal erledigt.

6.1.2 Erstellen einer Diode in SMD-Bauform

Wie im vorhergehenden Beispiel gezeigt, wollen wir nun das entsprechende Bauteil in der für SMD-Bestückung vorgesehenen Bauart als Package anlegen. In der SMD-Technik gibt es sehr viele fertig festgelegte Gehäusedefinitionen, die in den meisten Fällen von den Bauteilherstellern auch so übernommen sind. Für das vorher angelegte Beispiel einer 1N4148 gibt es das gleiche Bauteil zum Beispiel als LL4148 in SMD-Bauform mit der Gehäuse-Bezeichnung LL34. Mit PACKAGE|NEW legen Sie ein neues Package LL34 an. Da Sie bei SMD-Bauteilen nicht mehr mit dem 100-mil-Raster aus den bedrahteten Bauteilen ausreichend genau die Pads platzieren können, müssen Sie das Raster entsprechend kleiner einstellen. Als vernünftigen Kompromiss aus Genauigkeit und Auflösung empfiehlt sich ein Raster von 12,5 mil und bei noch kleineren SMD-Bauformen von 2,5 mil. Die dabei entstehenden Abweichungen zu den offiziellen und von vielen Bauteileherstellern in ihren Datenblättern genannten Abmessungen sind so gering, dass sie in der Praxis nicht zum Tragen kommen.

Abb. 6.10: Parameterzeile für SMD-Pads

> **Vorsicht**
>
> Bei den SMD-Pads können bereits in der Bibliothek die Ecken mit dem Wert im Feld ROUNDNESS verändert werden. Sinnvoller ist, dessen Einsatz allerdings erst im Design Roule Check (DRC) festzulegen.

Als Pads platzieren Sie nun zwei SMDs mit den Dimensionen 50 x 80 und den Bezeichnungen K und A an den Koordinaten (-75/0) und (75/0). Die Gehäuseumrisse und den Kathodenring zeichnen Sie mit WIRE im Layer TDOCU (51) und fügen die Texte >NAME und >VALUE in die dafür vorgesehenen Layer TNAME und TVALUE ein. Das entsprechende Ergebnis kann Abbildung 6.11 entnommen werden.

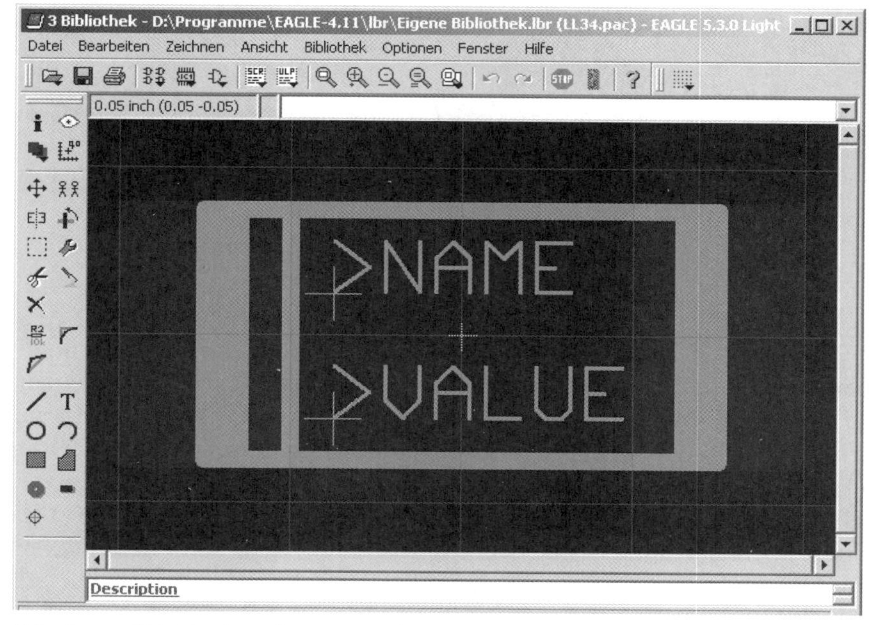

Abb. 6.11: SMD-Package für eine Diode

6.2 Die Schaltplansymbole

Für alle Benutzer der Version mit Schaltplan müssen zusätzlich zu den vorher beschriebenen Packages für jedes Bauteil noch das dazugehörige Schaltplansymbol und die notwendige Verknüpfung zwischen Symbol und Package im so genannten Device angelegt werden.

6.2.1 Schaltplansymbol Diode

Als erstes Symbol sollten Sie zu unserem bereits erstellten Dioden-Package das dazugehörige Schaltplansymbol erstellen. Dazu legen Sie mit SYMBOL|NEW als Erstes ein neues Symbol mit dem Namen `Diode` an. In dem sich nun öffnenden Symbol-Editorfenster benutzen Sie zuerst den Pin, um die beiden Diodenanschlüsse zu erstellen. In der sich öffnenden Parameterleiste können Sie die verschiedensten Optionen für die Anschlüsse hinsichtlich Aussehen und Funktion einstellen. Dabei sollten Sie mit sehr viel Ruhe und Voraussicht vorgehen. Abgesehen von den ersten zwölf Einstellungen, die nur die grafische Darstellung des Pins im Schaltplan bestimmen, kommt den letzten vier Symbolen und den Einstellungen DIRECTION und SWAPLVEL bei der späteren Benutzung im Schaltplan eine erhebliche Bedeutung zu.

Für unser Diodensymbol benutzen Sie erst einmal nur einen Pin mit der Länge SHORT, dem VISIBLE OFF, der DIRECTION PAS und dem SWAPLEVEL 0 und fügen die Pins mit der Bezeichnung `K` und `A` in das leere Zeichenblatt wie in Abbildung 6.12 zu sehen ein.

Im Layer SYMBOL zeichnen Sie mit dem Befehl WIRE und einem WIDTH von 6 das entsprechende Schaltplansymbol für eine Diode, nachdem Sie das Raster auf einen passenderen Wert von 50 mil eingestellt haben. Die Strichbreite WIDTH=6 entspricht genau der Strichbreite der Anschlusslinien der Pins. Um die entsprechenden Bezeichnungen und Werte im Schaltplan sehen zu können, fügen Sie den entsprechenden Text `>NAME` und `>VALUE` in den entsprechenden Layern 95 und 96 in die Zeichnung ein. Das so fertiggestellte Symbol können Sie in Abbildung 6.13 sehen.

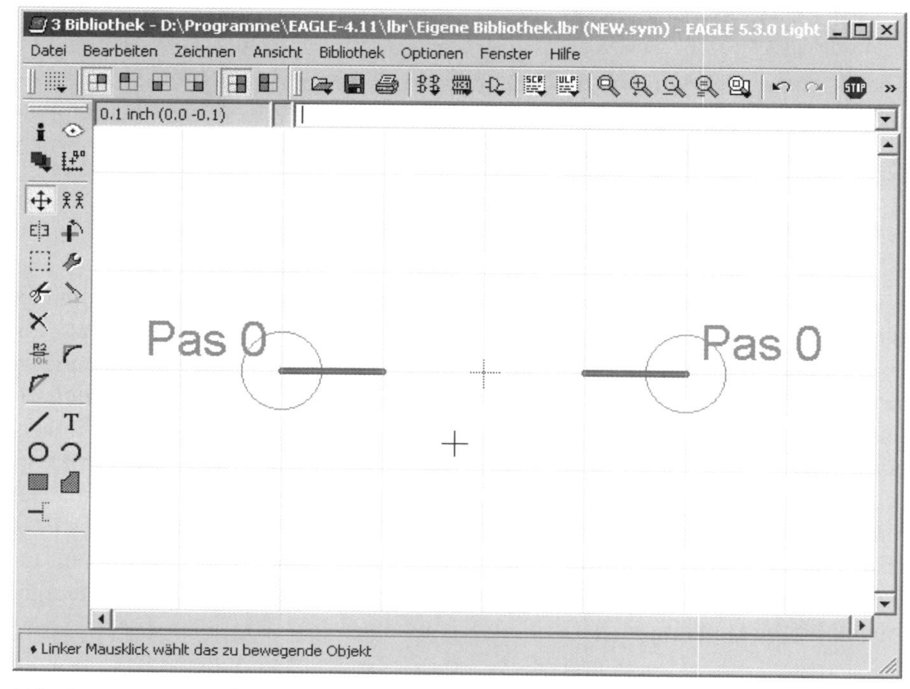

Abb. 6.12: Pins A und K im Symbol-Editor

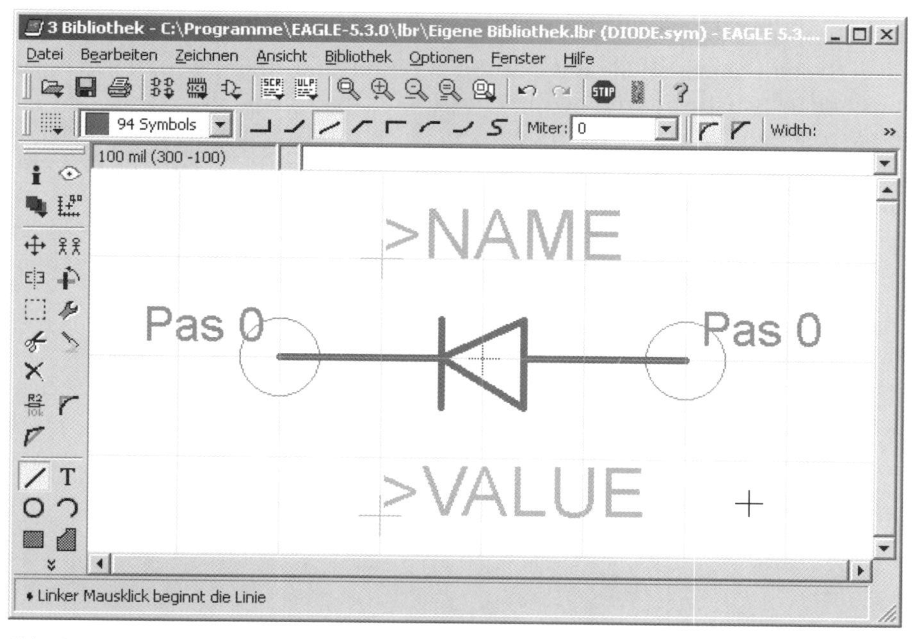

Abb. 6.13: Fertiges Schaltplansymbol einer Diode

6.3 Das Device

Nachdem Sie in den vorhergehenden Abschnitten die notwendigen Vorarbeiten zum Erstellen eines Bauteils durchgeführt haben, müssen Sie zum Benutzen dieses Bauteils im Schaltplanmodus dafür sorgen, dass das entsprechende Schaltplansymbol zu dem entsprechenden Gehäuse auf der Platine führt. Dazu muss das Schaltplansymbol in einem Bauteil mit dem entsprechenden Gehäuse zusammengeführt und verknüpft werden.

Über NEW|DEVICE erstellen Sie ein neues Bauteil mit dem Namen ?4148. Für unsere Zwecke sollten Sie die sehr gebräuchliche Kleinsignaldiode 1N4148 bzw. deren SMD-Variante LL4148 erzeugen. Aus diesem Grund ist es sehr wichtig, schon an dieser Stelle das »?« im Namen, wie in Abbildung 6.14 zu sehen, mit anzugeben.

Abb. 6.14: Erstellen eines neuen Device

Wichtig

Durch die Einführung der Varianten mit Version 4.0 ist es möglich geworden, verschiedene Gehäuse einem Symbol zuzuordnen. Benutzern älterer Versionen steht diese Möglichkeit noch nicht zur Verfügung. In diesen Versionen muss immer ein neues Bauteil erstellt werden. Der hier beschriebene Weg zum Erstellen eines Bauteils ist aber bei allen Versionen identisch, wenn man von der grafischen Darstellung einmal absieht. Statt des Fragezeichens für die Erstellung verschiedener Varianten müssen in den älteren Versionen immer die eigentlichen Bauteilnamen (»1N4148« bzw. »LL4148«) eingegeben werden.

Nach einem Klick auf OK und der Bestätigung, das Device neu anzulegen, öffnet sich ein dreigeteiltes Fenster, wie es Abbildung 6.15 zeigt.

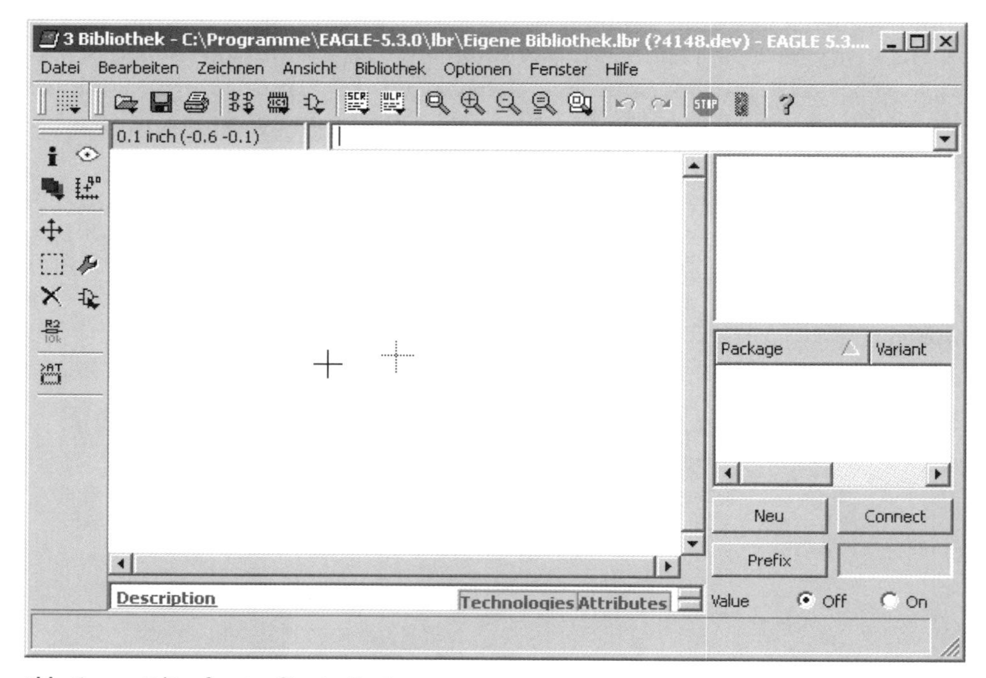

Abb. 6.15: Editorfenster für ein Device

In linken Bereich können Sie mit Hilfe von ADD ein oder aber falls nötig (und später ausführlich beschrieben) mehrere Schaltplansymbole einfügen. Im rechts daneben liegenden oberen Fensterabschnitt wird später das entsprechende Gehäuse zu sehen sein. Im darunter liegenden Abschnitt können Sie eine entsprechend neue Bauteilvariante erstellen (NEW), die entsprechenden Pins eines Symbols mit den Pads des Gehäuses verbinden (CONNECT), eine feste Namenszuordnung (zum Beispiel R für Widerstände, C für Kondensatoren usw.) vorgeben (PREFIX) und festlegen, ob der Wert des Bauteils fest oder frei bestimmt werden kann (VALUE).

Mit Hilfe von ADD wählen Sie aus dem sich nun öffnenden Dialogfenster (Abbildung 6.16) das Symbol DIODE aus.

Das Symbol legen Sie im linken Symbolbereich des Device-Editors möglichst am Ursprung (0/0) ab.

Durch die Anwahl von NEW öffnet sich das Dialogfenster zum Erstellen einer neuen Bauteilvariante, bei der Sie die Variante »DIODE-200MIL« auswählen und im Feld VARIANT NAME den Wert 1N eintragen.

Abb. 6.16: Auswahl des Dioden-Symbols

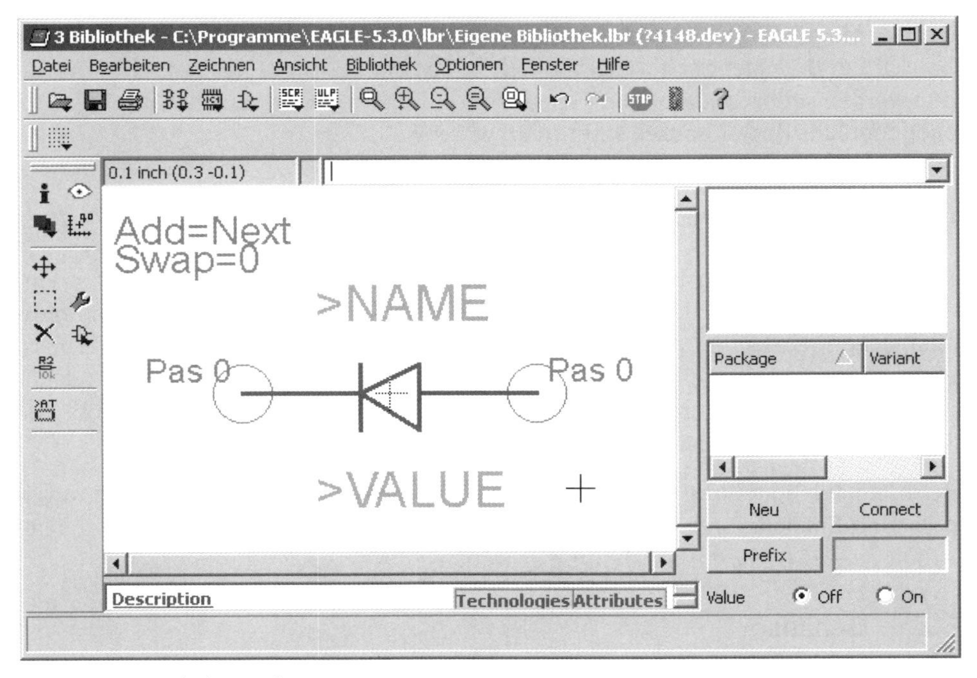

Abb. 6.17: Symbol eingefügt

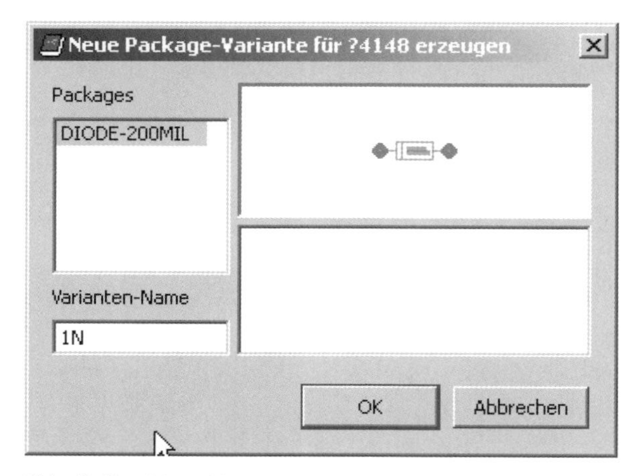

Abb. 6.18: Neue Variante 1N erzeugen

Damit haben Sie erst einmal die Variante »1N4148« des Bauteils bestehend aus dem Symbol »Diode« und dem Gehäuse »DIODE-200MIL« erstellt. Damit der Bauteil-Editor später auch weiß, wie welche Pads des Bauteils miteinander verbunden werden sollen, müssen die Pins noch mit Hilfe von CONNECT mit den entsprechenden Pads des Gehäuses verbunden werden.

6.4 Komplexere Bauteile

Bei der Erstellung von Bauteilen ist es leider nicht immer so einfach wie in dem oben beschriebenen Fall der Diode. Gerade bei ICs, die zum Teil einfache Funktionsblöcke mehrfach enthalten oder aber so viele Anschlüsse aufweisen, die man nicht alle auf einer Schaltplanseite darstellen kann und die man aufgrund der Komplexität in mehrere Funktionsblöcke aufteilt, ist es oftmals sinnvoll, die Schaltplansymbole entsprechend in verschiedene Blöcke aufzuteilen.

Auch bei der Erstellung der entsprechend großen Gehäuse kann man sich durch passende Einstellungen oder aber Tastatureingaben zur richtigen Zeit erhebliche Arbeit bei der Bibliothekserstellung sparen.

6.4.1 Gehäuse

Eine der mühevollsten Aufgaben ist das Erstellen von Gehäusen mit einer großen Anzahl von Anschlüssen, wie Sie es zum Beispiel in Abbildung 6.19 sehen können. Damit Sie sich nach der Platzierung der Anschlüsse nicht mehr die Arbeit der Benennung der einzelnen Pads machen müssen, können Sie dieses schon bei der Platzierung der einzelnen Pads automatisch durch Eagle vornehmen lassen. Dazu geben Sie in der Befehlszeile den Namen der zu erstellenden Pads in Hochkommata (zum Beispiel `'A01'`) ein und platzieren das Pad. Jedes nun weiter hinzugefügte Pad bekommt den fortlaufenden Namen 'A02', 'A03' und so weiter und so fort.

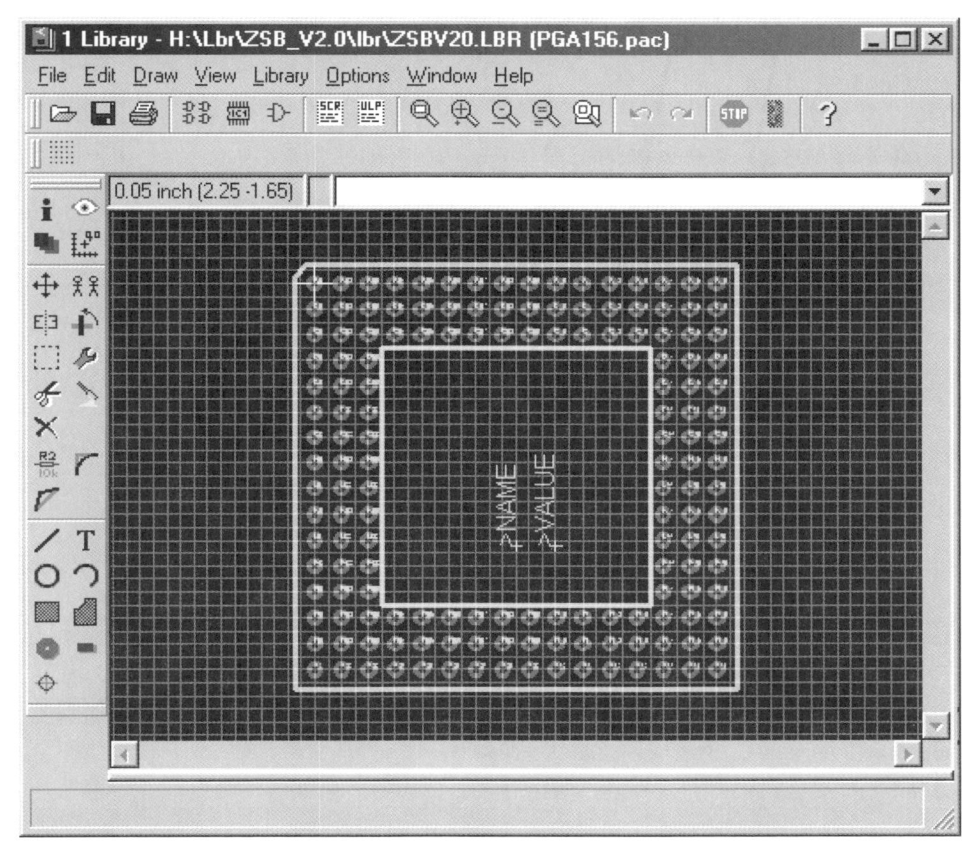

Abb. 6.19: PGA156-Gehäuse

Um die Namen im Editorfenster angezeigt zu bekommen, muss man dieses unter OPTIONS|EINSTELLUNGEN|VERSCHIEDENES wie in Abbildung 6.20 zu sehen einschalten.

Wollen Sie einige Nummern oder Buchstaben überspringen, so ist es erforderlich, den entsprechenden neuen Namen ebenfalls in Hochkommata neu einzugeben. Das Gleiche funktioniert ebenfalls mit Buchstaben (nach dem 'Z' wird allerdings mit 'P$1' fortgefahren).

Um nun also für ein vielbeiniges Gehäuse in kurzer Zeit die entsprechend benannten Pads zu zeichnen und um die spätere, sehr viel aufwändigere Umbenennung der einzelnen Pads zu umgehen, können Sie die automatische Benennung benutzen. Zur Vereinfachung der Platzierung der Pads sollten Sie das Grid möglichst auf den Pad-Abstand einstellen und sich eventuell ein oder mehrere »Hilfspads« oder Ähnliches einzeichnen. Ebenfalls können Sie den Ursprung erst einmal zur Platzierung des ersten Pads benutzen und erst das dann insgesamt vollständig gezeichnete Gehäuse am Ende mit Hilfe von GROUP und MOVE der gesamten Gruppe (rechte Maustaste) so platzieren, dass der Ursprung in der Mitte des Gehäuses liegt.

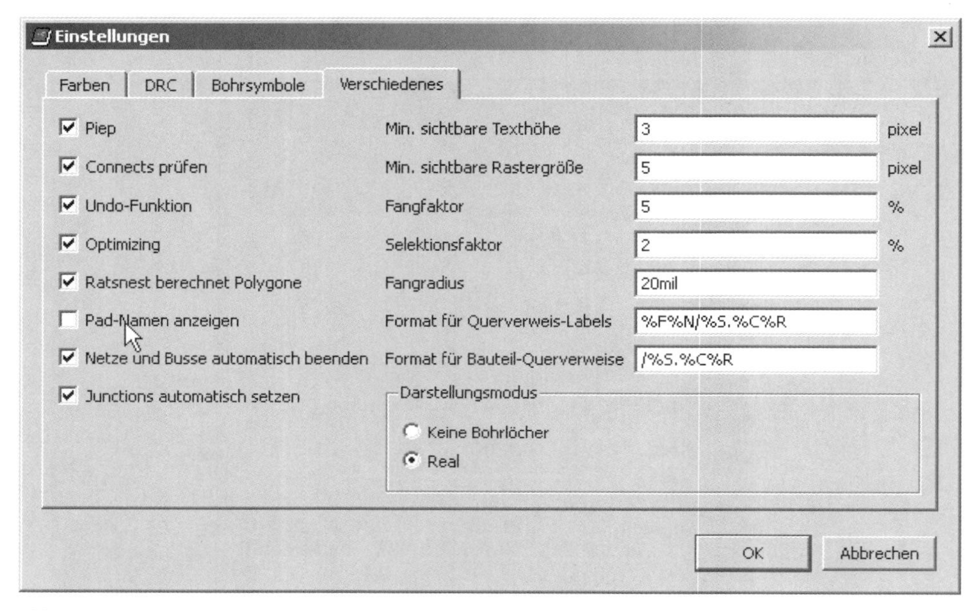

Abb. 6.20: Anzeige der Pad-Namen im Editorfenster

Tipp

Insgesamt können Sie sich bei der Erstellung von Gehäusen sehr viel Arbeit ersparen, wenn Sie sich vorher einige Gedanken darüber machen, ob und wie Sie die Pads benennen und ob Sie ein Gehäuse eventuell für verschiedene Bauteile weiterbenutzen können. Möchten Sie einen bestimmten Namensbereich überspringen oder aber mit einem komplett neuen Namensbereich beginnen, müssen Sie den folgenden Pad-Namen in Hochkommata eingeben.

Die Wiederverwendung einzelner Gehäuse ist besonders bei SMD-Bauteilen von besonderer Bedeutung, da viele verschiedene Bauteile (zum Beispiel Widerstände, Kondensatoren, Induktivitäten usw.) oftmals ein und dasselbe Gehäuse benutzen. Daher ist es sinnvoll, die Namen der Pads eher neutral zu halten (`'1'`, `'2'` statt `'A(node)'`, `'K(athode)'`).

Ein besonderes Augenmerk sollte auch immer darauf gelegt werden, die Pads auf einem vernünftigen Grid zu erstellen, um sich bei der späteren Platinenerstellung vor möglichen Problemen durch »Off-Grid«-Fehler zu schützen.

6.4.2 Symbole

Nicht immer ist es ratsam, für ein bestimmtes Bauteil ein einziges Symbol zu benutzen. Bei den bekannten Logikreihen 74xx bzw. 40xx ist in einem Bauteil teilweise die gleiche Funktion mehrmals vorhanden. Eine weitere sinnvolle Aufteilung in mehrere Symbole ergibt sich für die Versorgungssymbole. Aufgrund der Übersichtlichkeit des Schaltplans ist es vernünftiger, hierfür ein separates Symbol zu erstellen.

Die dritte Gruppe, für die es einer besonderen Beschreibung bedarf, sind die in einem Schaltplan notwendigen Spannungsversorgungssymbole wie GND, Vcc usw.

Spannungsversorgungssymbole

Eine besondere Bedeutung kommt bei der Erstellung einer Bibliothek den Spannungsversorgungssymbolen zu. Bei diesen Symbolen handelt es sich *ausschließlich* um reine Symbole, denen kein Gehäuse zugeordnet ist. Die Besonderheit dieser Symbole liegt darin, dass sie dazu führen, dass in einem Bauteilsymbol ein Anschlusspin mit der Funktion »Versorgungspin« und ein Versorgungssymbol mit dem gleichen Namen automatisch verbunden werden.

Vorsicht

Gerade aufgrund der automatischen Verbindung sollten *alle* Versorgungsspannungen kontrolliert werden, damit nicht aus Versehen die Versorgungspins aufgrund der Namensgleichheit mit völlig falschen Versorgungsspannungen verbunden werden.

Der Name, den Sie dem Symbol zuweisen, wird im späteren Schaltplan gleichzeitig dafür sorgen, dass die mit ihm verbundenen Leitungen automatisch den gleichen Namen bekommen.

Für ein Spannungsversorgungssymbol erstellen Sie also im Bibliothekseditor ein neues Symbol mit dem Namen GND als Masse- oder Ground-Symbol.

Für das Symbol fügen Sie nun einen Pin wie in Abbildung 6.21 zu sehen ein. Zu beachten ist hierbei die DIRECTION, die für ein Versorgungssymbol auf den Wert SUP eingestellt werden muss. Mit Hilfe von WIRE zeichnen Sie anschließend noch den Querstrich und fertig ist unser Symbol.

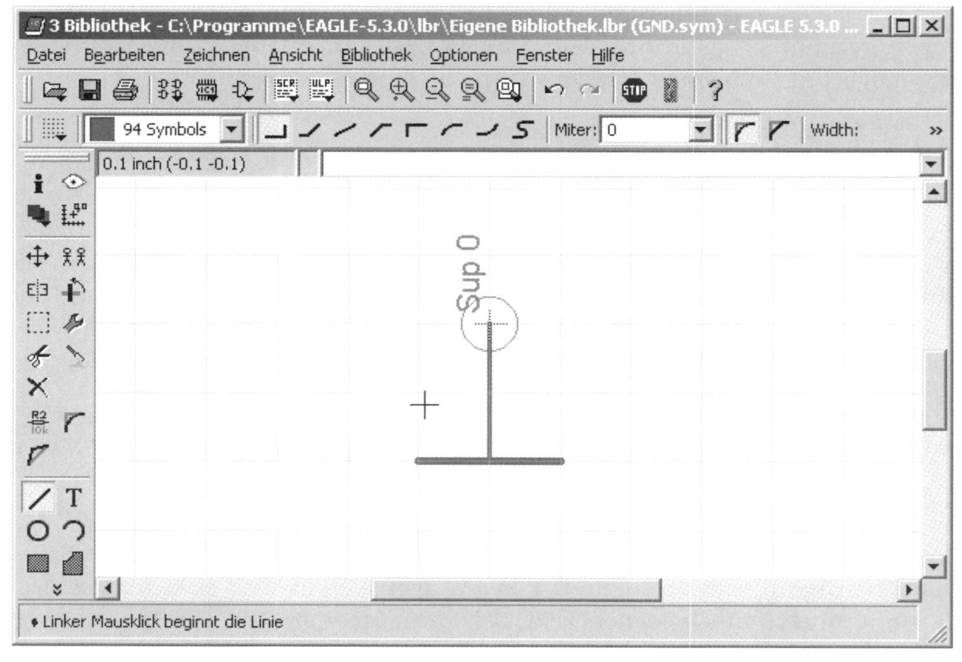

Abb. 6.21: Spannungsversorgungssymbol GND

Da man in einer elektrischen Schaltung immer mindestens noch eine weitere Spannung benötigt, legen Sie noch jeweils ein weiteres Symbol für positive und negative Spannungen an.

Bei diesen beiden Symbolen ist es ratsam, zusätzlich im Layer 95 (NAMES) den Text >NAME einzufügen, um später die entsprechenden unterschiedlichen Spannungen besser auseinanderhalten zu können. Wie diese Symbole zum Beispiel aussehen könnten, entnehmen Sie bitte Abbildung 6.22 und Abbildung 6.23.

Damit die Spannungsversorgungssymbole nun aber auch im Schaltplan-Editor benutzt werden können, müssen Sie noch ein entsprechendes »Bauteil« anlegen. Die Besonderheit in diesem Fall liegt darin, dass zu diesem Bauteil zwar ein Symbol, aber kein Gehäuse gehört.

Sie erstellen also ein neues Device mit dem gewünschten Namen (GND, +5V, -5V usw.) und fügen das jeweils entsprechende Symbol ein und haben damit alle erforderlichen Arbeitsschritte erledigt.

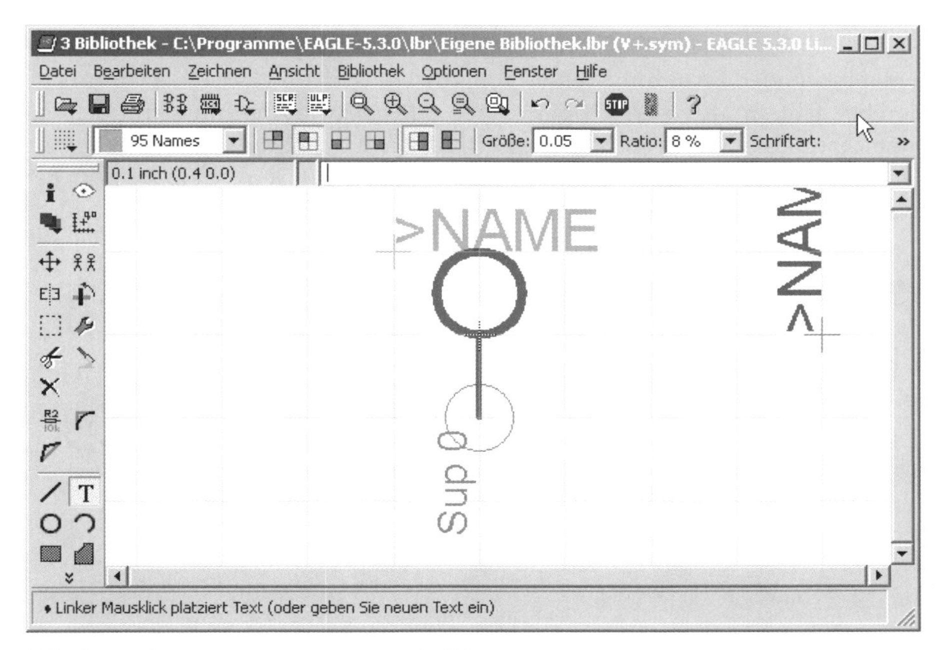

Abb. 6.22: Spannungsversorgungssymbol V+

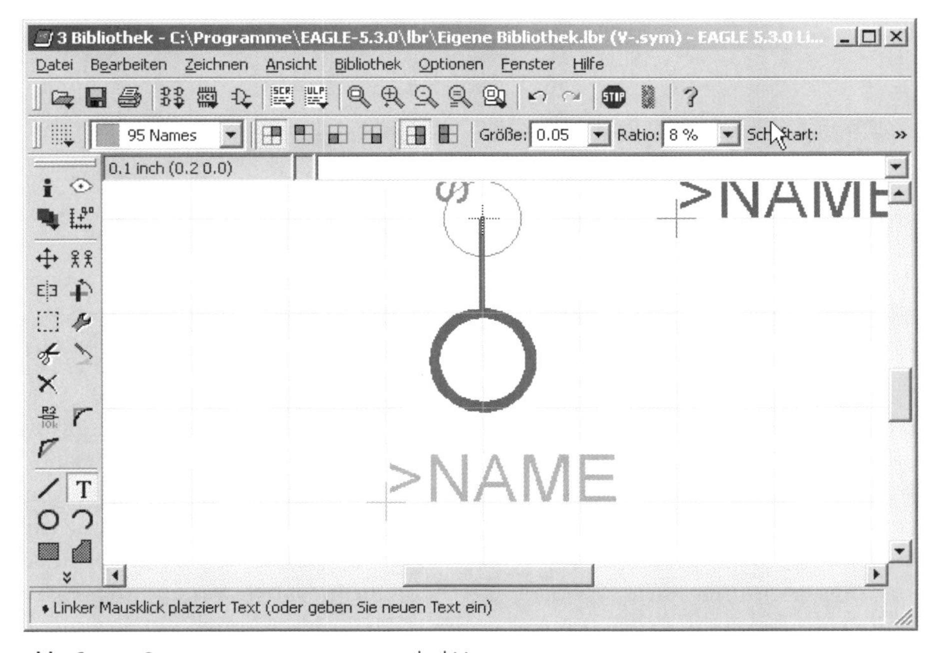

Abb. 6.23: Spannungsversorgungssymbol V-

Spannungsversorgungsanschlüsse

Die entsprechenden Spannungsversorgungsanschlüsse von ICs wollen wir im Folgenden betrachten. Bei vielen ICs gibt es in der Regel zwei Anschlüsse für die Versorgungsspannung. Da es nun einmal erforderlich ist, diese zur Sicherstellung der Funktion der ICs immer anzuschließen, findet mit dem Wert PWR in der Eigenschaft Direction diese Festlegung statt.

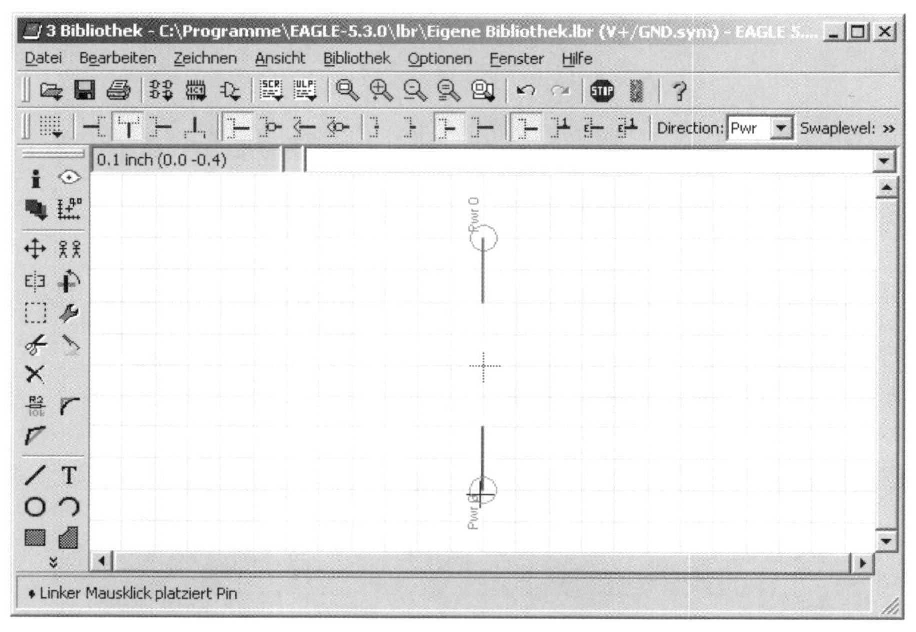

Abb. 6.24: Spannungsversorgungspins für ICs

Der Unterschied zwischen der Direction PWR und SUP besteht darin, dass an der entsprechenden späteren Verbindung im Schaltplan der SUP-Pin dem entsprechenden Netz seinen Namen vorgibt. Die PWR-Pins werden bei einem vorhandenen gleichnamigen Netz automatisch mit diesem verbunden.

Bei der Pin-Definition sollten Sie VISIBLE auf alle Fälle auf PAD einstellen, damit die spätere Nummer des Pads im Schaltplan sichtbar ist. Die Benennung der beiden Pins sollten Sie allerdings wieder sehr allgemein halten. In Datenblättern verschiedener Hersteller findet man oftmals für die entsprechenden Anschlüsse die verschiedensten Bezeichnungen wie etwa *Vdd* oder aber auch *Vcc* für die positive Versorgungsspannung sowie *Vss* oder *GND* für die negative Versorgungsspannung. Eine eindeutigere Bezeichnung wie *V+*, *GND* und eventuell ein *V-* sind in dieser Hinsicht eindeutiger und sorgen auf alle Fälle dafür, dass im Schaltplan die entsprechenden Symbole später eingefügt und auch an die entsprechenden Netze angeschlossen werden.

Aus eben diesem Grund macht es weniger Sinn, sich im Schaltplan den Namen des Pins anzeigen zu lassen.

Nachdem Sie den beiden Pins also die entsprechenden Namen gegeben haben, sollten Sie zur Vorsicht erst einmal speichern.

Gatter-Symbole

Um zwei weitere Directions und die Bedeutung des Swaplevels kennen zu lernen, sollten Sie ein einfaches Symbol für ein logisches Gatter erzeugen. Als Beispiel soll hier ein NAND-Gatter mit drei Eingängen dienen, wie es zum Beispiel in einem TTL-Baustein vom Typ 7410 vorhanden ist.

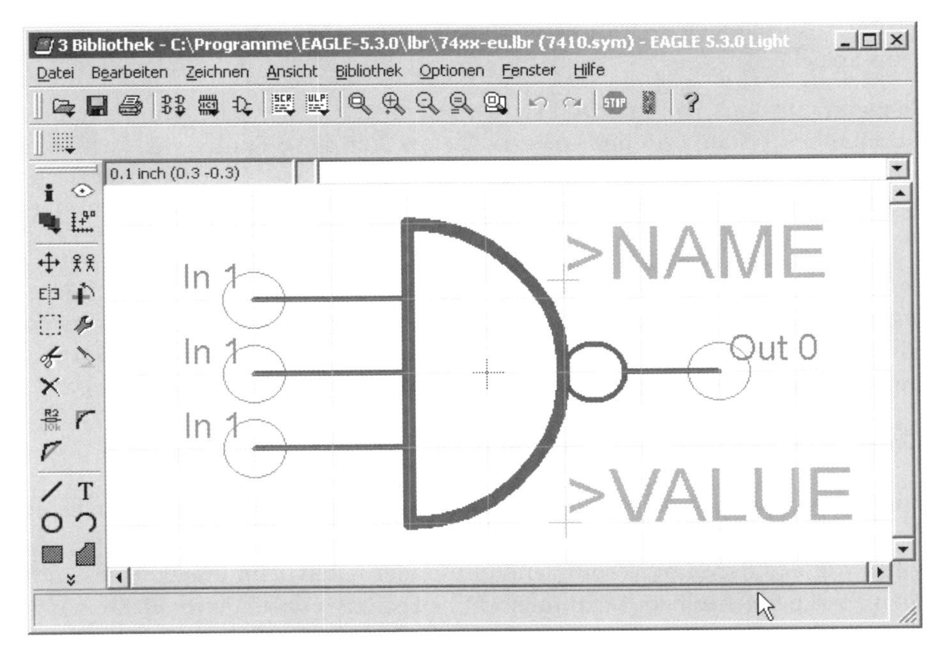

Abb. 6.25: Dreifach-NAND-Gatter

Wie in Abbildung 6.25 zu sehen ist, hat dieses Gatter insgesamt drei völlig gleichberechtigte Eingänge, die aus diesem Grund den entsprechenden SWAPLEVEL »1« und die DIRECTION »In« besitzen.

Die DIRECTION sorgt bei einem ERC (Electrical Rule Check) im späteren Schaltplan dafür, dass man nicht aus Versehen mehrere Ausgänge an dasselbe Netz anschließt und damit die entsprechenden Bauteile zerstört. Gleichzeitig wird eine Fehlermeldung ausgegeben, falls ein Eingangspin nicht angeschlossen wurde.

Mit dem Swaplevel »1« erreicht man die entsprechenden gleichberechtigten Pins im Schaltplan tauschen zu können, ohne die Verbindungen neu erstellen zu müssen. Oftmals ergibt sich erst beim späteren Layouten der Platine die Einsicht, die entsprechenden Verbindungen zu verändern, um unnötige Leiterbahnkreuzungen zu vermeiden oder dadurch bedingte Layerwechsel zu verringern.

Bei entsprechend komplexen und großen Bausteinen kann es durchaus Sinn machen, mehrere Swaplevel zu definieren. Der Swaplevel »0« bedeutet, dass der entsprechende Pin *nicht* mit einem anderen gleichwertigen Pin getauscht werden kann.

Neben diesen bisher beschriebenen Directions gibt es noch einige weitere. Die wichtigste ist dabei sicher noch »I/O«, die einen beliebigen Input/Output-Pin beschreibt, wie ihn zum Beispiel eine Vielzahl von Microcontrollern besitzen. Auch die Datenleitungen von Speicherbausteinen gehören dazu. Bei den reinen Adressleitungen handelt es sich dann aber um OUT-Pins am Controller und IN-Pins am Speicherbaustein.

Die beiden Directions HIZ und OC beschreiben die doch eher selten angewandten Funktionen des 3-State und des Open-Collector. Wer diese Funktionen in seiner Schaltung benutzt, sollte den entsprechenden Pins auch diese Direction zuweisen, da dadurch die angezeigten Fehler im ERC teilweise doch erheblich minimiert werden.

Die letzte noch ausstehende Direction NC beschreibt sich von alleine, ein »Not-Connected« oder *nicht angeschlossen*. Ob und wie man diese Pins im Schaltplan anschließt, ist in der Regel völlig egal, kann aber aufgrund der Eliminierung von möglichen Störquellen im Layout manchmal sinnvoll sein.

6.4.3 Devices

Nachdem Sie im vorherigen Abschnitt schon damit begonnen haben, Bauteile in mehrere Abschnitte wie Spannungsversorgung und einzelne Gatter aufzuteilen, so wollen wir jetzt die damit verbundenen Besonderheiten beim Erstellen des endgültigen Device beschreiben. Dazu müssen Sie als Erstes wieder einmal ein neues Device erstellen, das Sie in diesem Fall `74*10` für ein dreifaches NAND-Gatter nennen.

Dem »*« im Device-Namen kommt wie dem »?« eine besondere Bedeutung zu. Hiermit kann man einem Bauteil eine bestimmte Technologie zuordnen. Die 74xx-Logik-ICs gibt es in den verschiedensten Technologien, wie zum Beispiel als »LS« für »Low-Power-Schottky« oder aber »HC« für C-MOS. All diesen unterschiedlichen Technologien ist immer die gleiche Gatterfunktion und die gleiche Pin-Belegung gemeinsam. Bei vielen Schaltungen ist aber gerade die benutzte Version von erheblicher Bedeutung, sei es aus Geschwindigkeitsgründen oder aber auch aus Energiegründen.

Abb. 6.26: Neues Device 74*10 erstellen

Next-Gatter

Dass wir in diesem Fall keinen Gebrauch von dem »?« machen, hat damit zu tun, dass sich der endgültige Name aus dem Device-Namen und automatisch im Anhang mit dem Varianten-Namen für das Package zusammensetzt.

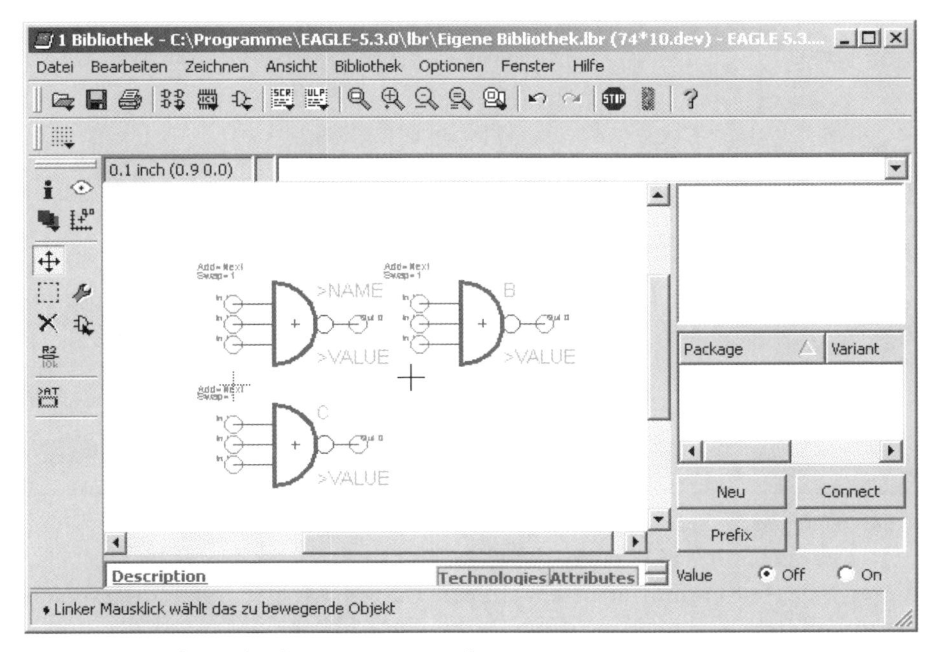

Abb. 6.27: Einfügen der drei Gatter A, B und C

Mit der Funktion ADD fügen Sie nacheinander die drei Gatter »A«, »B« und »C« ein, wobei Sie wieder einmal die automatische Namensvergabe nutzen können, indem Sie vor dem Platzieren des ersten Gatters den Buchstaben »A« in Hochkommata eingeschlossen eingeben.

Der Addlevel NEXT bewirkt im späteren Schaltplan, dass die einzelnen Gatter einzeln und der Reihe nach eingefügt werden. Der Swaplevel »1« ist prinzipiell genauso zu verstehen wie bei den Pins, nur dass in diesem Fall die Gatter, die den gleichen Swaplevel besitzen, untereinander getauscht werden können. Der Swaplevel »0« ist wieder gleichbedeutend damit, dass für eben dieses Gatter kein gleichwertiges zum Austausch in dem Baustein vorhanden ist.

Request-Gatter

Für die Spannungsversorgung fügen Sie nun noch das Spannungsversorgungssymbol »V+/GND« mit dem SWAPLEVEL »0« und dem ADDLEVEL »Request« ein. Als Namen für das Gatter bietet sich `'P'` für Power an.

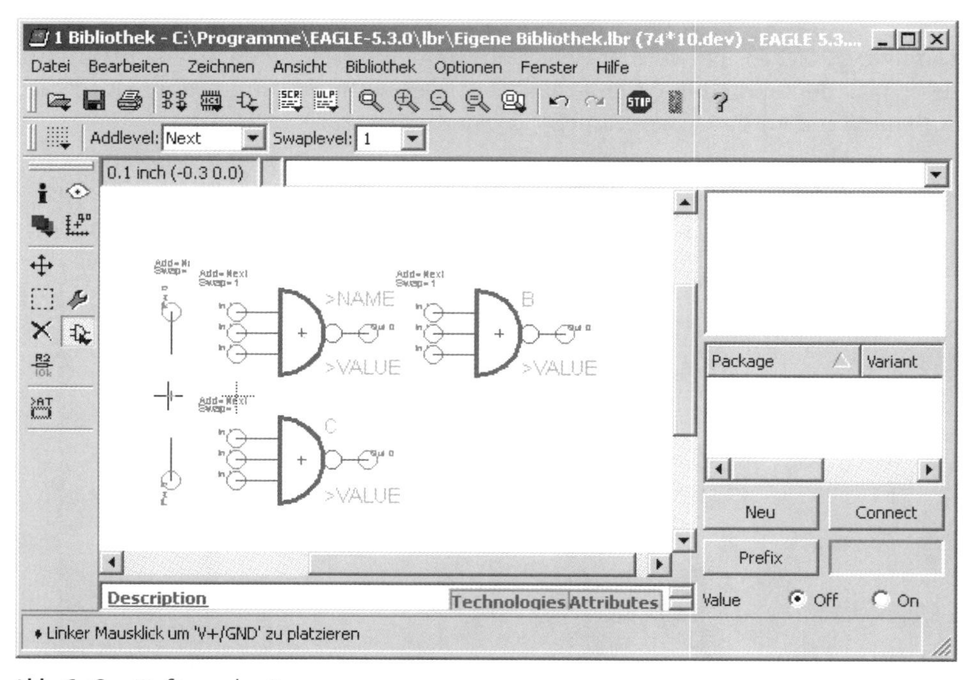

Abb. 6.28: Einfügen der Spannungsversorgung

An dieser Stelle ist es nun auch ersichtlich, warum wir das Spannungsversorgungssymbol eher allgemein »V+/GND« benannt haben. Aufgrund der unterschiedlichsten Spannungen und Spannungsbereiche, die in den verschiedenen

Technologien benutzt werden, hätten wir mit der Festlegung auf eine Spannung (zum Beispiel +5V für Standard-TTL) eine erhebliche Einschränkung hinnehmen müssen.

Der Addlevel REQUEST bedeutet für den späteren Schaltplan, dass das Symbol für die Spannungsversorgung erst nach Aufforderung (zum Beispiel INVOKE) in den Schaltplan eingefügt wird.

Always- und Must-Gatter

Bei einem mehrpoligen Relais ist es zum Beispiel immer notwendig, die entsprechende Relais-Spule in den Schaltplan mit einzufügen, was durch die Addlevel ALWAYS bzw. MUST sichergestellt wird. Dabei ist MUST die etwas stärkere Version von ALWAYS.

Ein Gatter mit dem Addlevel MUST kann *niemals* gelöscht werden, bevor nicht alle anderen Gatter des gleichen Bauteils gelöscht wurden, während ein ALWAYS-Gatter zwar gelöscht werden kann, dann aber erst wieder explizit neu in den Schaltplan (zum Beispiel per INVOKE) eingefügt werden muss.

Welche der beiden Varianten sinnvoller ist, muss jeder Anwender für sich selber entscheiden, entweder löschbar und eventuell vergessen oder aber nicht löschbar und damit immer vorhanden.

Can-Gatter

Bei dem Addlevel CAN handelt es sich um eine Variante des REQUEST-Levels. Im Gegensatz zum REQUEST-Level werden diese Gatter allerdings im Schaltplan mitgezählt. Hätte im 7410 zum Beispiel das Gatter B den Addlevel CAN, würden automatisch immer nur die Gatter A und C eingefügt.

Das bedeutet auch, dass dieses Gatter »mitgezählt« wird. Ein Baustein, der nur aus einem Gatter und dem Versorgungssymbol als »Request« besteht, wird als nur ein Gatter angesehen, da das Versorgungssymbol nicht mitgezählt wird.

Das Versorgungssymbol mit dem Addlevel CAN dagegen würde auch als eigenständiges Gatter betrachtet, mit der Konsequenz, dass auch der Gattername des anderen Symbols im Schaltplan um den Gatternamen im Device ergänzt wird.

6.5 Kopieren aus anderen Bibliotheken

Ab der Version 4.1 gibt es eine einfache Möglichkeit, sich eine eigene Bibliothek aus schon bestehenden Bibliotheken durch Drag&Drop zu erstellen. Bei den älteren Versionen ist diese Funktion leider noch nicht eingeflossen. Trotzdem ist es auch mit diesen Versionen möglich, schon bestehende Gehäuse und Symbole mit den Funktionen GROUP|CUT und PASTE in neue Bibliotheken zu übernehmen.

Vorsicht

Bei der Übernahme von Gehäusen/Symbolen oder aber auch ganzen Devices sollten Sie immer erst einmal überprüfen, ob die in den Ursprungsbibliotheken verwendeten Definitionen überhaupt in den eigenen Projekten verwendet werden können. Gerade bei Gehäusedefinitionen für bestimmte SMD-Varianten und in diesem Zusammenhang verwendete Lötverfahren sollte man *vorher* die vorhandenen Bibliotheken genauestens auf ihre Definitionen ansehen. Gerade bei der Wellenlöttechnik ergeben sich ganz besondere Vorschriften bei der Gehäuse- und Pad-Definition.

Wenn Sie sich also die Mühe des Erstellens von komplexen Symbolen oder Gehäusen ersparen wollen, so bietet sich das Kopieren aus schon bestehenden Bibliotheken geradezu an.

Um ein Symbol/Gehäuse aus einer Bibliothek zu kopieren, muss als Erstes diese Bibliothek geöffnet und das entsprechende Gehäuse oder Symbol im Editorfenster wie in Abbildung 6.29 dargestellt werden.

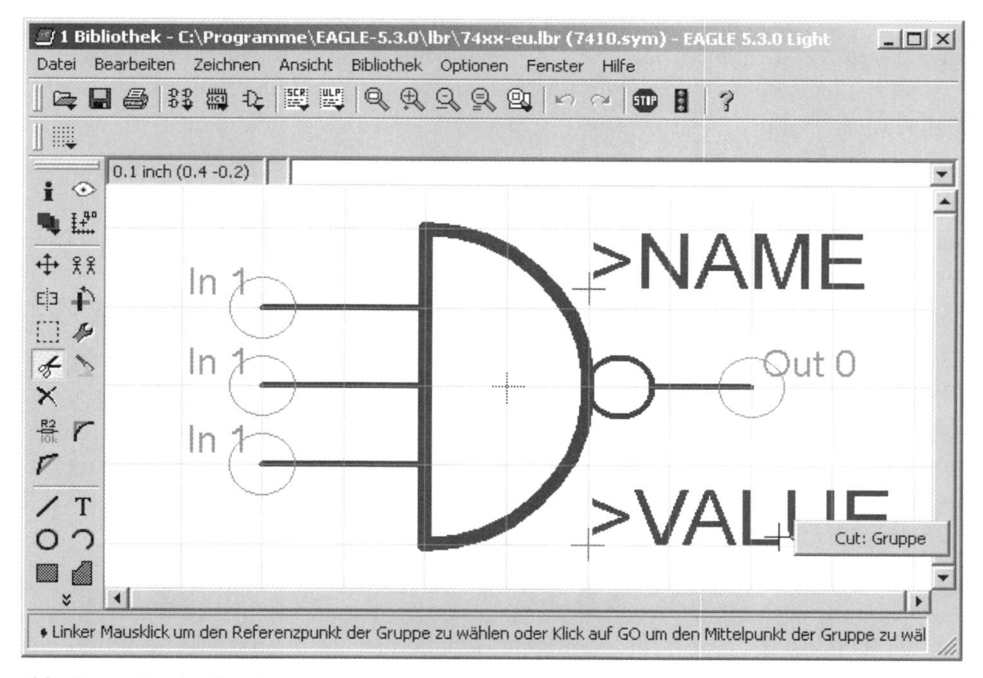

Abb. 6.29: Symbol kopieren

Mit Hilfe des GROUP-Befehls wird nun alles ausgewählt. Wichtig ist dabei, sowohl im Symbol-Editor als auch im Gehäuse-Editor *alle Layer* sichtbar zu markieren (siehe Abbildung 6.30 und Abbildung 6.31). Nur mit diesen Festlegungen werden alle Layer, Texte, Pins, Pads und so weiter tatsächlich mit übernommen. Eventuelle Änderungen sollten Sie erst nach dem Einfügen in die Ziel-Bibliothek vornehmen.

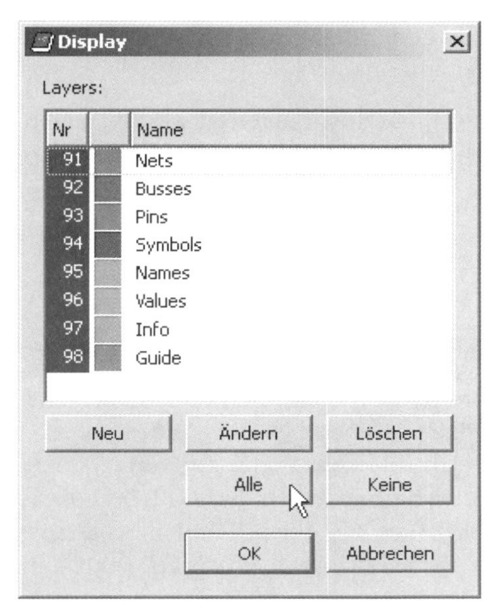

Abb. 6.30: Alle Layer im Symbol-Editor markiert

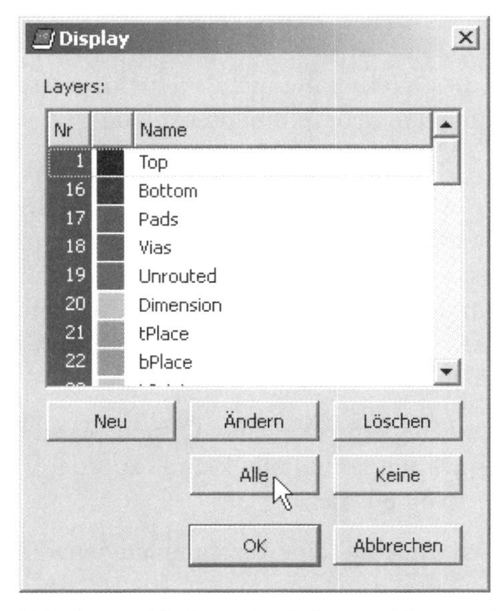

Abb. 6.31: Alle Layer im Gehäuse-Editor markiert

Nachdem Sie mit dem GROUP-Befehl und der Maus alles ausgewählt haben, übernehmen Sie dieses mit CUT und der *rechten Maustaste* in die Zwischenablage.

Nun öffnen Sie die Zielbibliothek und erstellen das neue Symbol oder Gehäuse in der schon bekannten Art und Weise. In dem sich nun öffnenden Editorfenster fügen Sie die in der Zwischenablage enthaltenen Inhalte mit dem PASTE-Befehl ein.

Falls mehrere Symbole/Gehäuse in die neue Bibliothek eingefügt werden sollen, so muss dieser Ablauf für jedes Symbol/Gehäuse wiederholt werden.

In allen Versionen ab 4.1 vereinfacht sich diese Prozedur erheblich. Mittels einfachem Drag&Drop mit der Maus können beliebige Gehäuse, Symbole und sogar ganze Bauteile und Bauteile-Sets in eine neue Bibliothek eingefügt werden.

Tipp

Mit den beschriebenen Kopiervarianten können Sie sich schnell und einfach aus schon bestehenden Bibliotheken eine eigene Bibliothek zusammenstellen. Diese eigene Bibliothek können Sie dann nach Ihren Vorstellungen mit eigenen Bauteilen oder aber für einzelne Projekte durch projektspezifische Bibliotheken ergänzen. Sie sparen sich erhebliche Sucharbeiten bei der Schaltplan- und Layouterstellung und können sich besonders Ihre Gehäuse in Absprache mit der Produktion optimieren.

6.6 Bibliotheken aus neueren Versionen benutzen

Da Cadsoft mit jeder neuen Eagle-Version die Dateiinhalte nicht mehr für ältere Versionen lesbar gehalten hat, ist es nicht möglich, neuere Bibliotheken oder aber deren Inhalt in einer älteren Version zu benutzen.

Nicht immer und auch nicht für alle macht der Einsatz der allerneuesten Eagle-Version Sinn. Wer mit den älteren Versionen all seine Aufgaben erledigen kann und vielleicht auch nicht bereit ist, den Preis eines Updates zu bezahlen, hat dann leider das Problem, dass er die Bibliothek, in der zum Beispiel genau das Bauteil, das er dringend benötigt, entweder langwierig neu erstellen muss oder aber mit einem Trick mit wenig Arbeitsaufwand einfach importiert.

Dazu benutzen Sie die umfangreiche Script-Fähigkeit von Eagle. Öffnen Sie mit der mindestens benötigten Version die entsprechende Bibliothek und exportieren Sie diese mittels DATEI|EXPORTIEREN|SCRIPT in eine Datei.

Das Besondere an dieser Datei ist, dass es sich um eine reine Textdatei handelt, die man mit jedem beliebigen Editor bearbeiten kann.

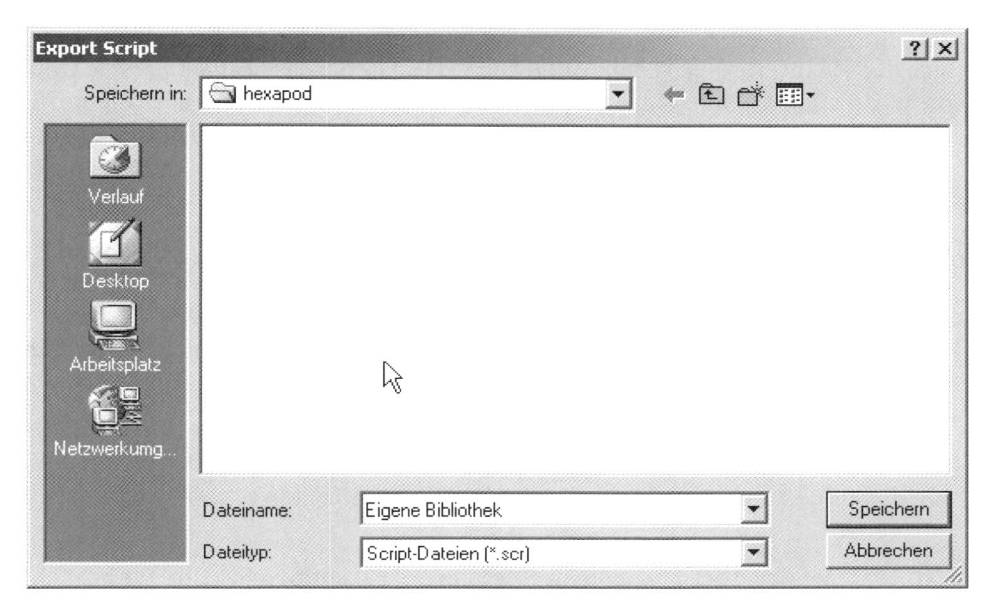

Abb. 6.32: Bibliothek exportieren

Wenn Sie sich diese Textdatei (mit der Endung `*.scr`) nun mit einem Editor ansehen, so werden Sie feststellen, dass diese in verschiedene Abschnitte unterteilt ist. Sehen Sie sich diesen Aufbau genauer an, so erkennen Sie in den Abschnitten die bekannten Befehle in Textform mit vielen Parametern dahinter.

Die Beschreibung eines neuen Symbols, Gehäuses oder aber auch Bauteils beginnt immer mit dem Befehl `Edit`.

```
Edit 7404.sym;
Pin 'I' In None Middle R0 Pad 0 (-10.16 0);
Pin 'O' Out Dot Middle R180 Pad 0 (10.16 0);
Layer 94;
Change Style Continuous;
Wire  0.4064 (-5.08 5.08) (5.08 0) (-5.08 -5.08) (-5.08 5.08);
Layer 95;
Change Size 1.778;
Change Ratio 8;
Change Font Proportional;
Text '>NAME' R0 (2.54 3.175);
Layer 96;
Change Size 1.778;
Change Ratio 8;
Text '>VALUE' R0 (2.54 -5.08);
```

Listing 6.1: Ausschnitt aus einer exportierten Bibliothek (`74xx-EU.lbr`)

In Listing 6.1 ist die vollständige Beschreibung eines Symbols von einem 7404 (sechsfacher Inverter) zu sehen. Aufgrund der Tatsache, dass Eagle in erster Linie ein kommandozeilengesteuerter Editor ist, der entsprechende Mausbefehle in eben solche Kommandozeilen-Befehle umsetzt und diese dann ausführt, könnte man, statt mit der Maus zu arbeiten, auch die obigen Zeilen der Reihe nach in der Kommandozeile eingeben.

Das entsprechende Grid und andere allgemeingültige Einstellungen werden in den ersten Zeilen voreingestellt und sind im gesamten Script gültig. Wenn Sie nun eine neue leere Bibliothek erstellen und im Anschluss das aus einer bestehenden Bibliothek erstellte Script ausführen, so erhalten Sie eine komplette Kopie dieser Bibliothek.

Genau diese Scriptfähigkeit machen Sie sich nun zunutze, um zum einen Bauteile aus bestehenden Bibliotheken in neue oder andere Bibliotheken einzufügen oder aber Bibliotheken neuerer Eagle-Versionen in älteren Eagle-Versionen zugänglich zu machen.

Bearbeiten Sie diese Scriptdateien in einem Editor, so können Sie zum einen nicht benötigte Abschnitte löschen, benötigte Abschnitte mittels Cut&Paste in eine neue Sriptdatei einfügen oder aber eben auch durch entsprechende Überarbeitung für ältere Eagle-Versionen zugänglich machen.

Bei der Bearbeitung für ältere Eagle-Versionen ist es unbedingt nötig, sich die tatsächlich benutzten Parameter ganz genau anzusehen. Viele der Parameter, insbesondere bei der Pin- und Pad-Definition und bei der Device-Definition sind in neueren Versionen erheblich erweitert worden. Die in neueren Versionen vorhandenen Parameter führen daher bei der Ausführung des Scripts entweder zu Fehlermeldungen oder aber im schlimmsten Fall zur vollständigen Zerstörung der vorhandenen Bibliothek. Trotzdem sollte man sich diese sehr elegante und einfache Möglichkeit zum Kopieren oder aber auch zur Weiterbenutzung in älteren Versionen einmal näher ansehen.

Mit den beiden folgenden Ausschnitten aus den Scripten für ein und dasselbe 7404-Gatter sollen einmal die kleinen, aber doch erheblichen Unterschiede bei den Scripten der einzelnen Versionen verdeutlicht werden.

```
Edit 74*04.dev;
Prefix 'IC';
Description 'Hex <b>INVERTER</b>';
Value Off;
Add 7404 'A' Next 1 (17.78 0);
Add 7404 'B' Next 1 (17.78 -12.7);
Add 7404 'C' Next 1 (17.78 -25.4);
Add 7404 'D' Next 1 (45.72 0);
Add 7404 'E' Next 1 (45.72 -12.7);
Add 7404 'F' Next 1 (45.72 -25.4);
```

```
Add PWRN 'P' Request 0 (-5.08 -10.16);
Package 'DIL14' 'N';
Technology '' 'AC' 'ACT' 'ALS' 'AS' 'HC' 'HCT' 'LS' 'S';
Connect 'A.I' '1' 'A.O' '2' 'P.GND' '7' 'D.O' '8' 'B.I' '3' \
        'B.O' '4' 'C.O' '6' 'C.I' '5' 'D.I' '9' 'E.O' '10' 'E.I' '11' \
        'F.O' '12' 'F.I' '13' 'P.VCC' '14';
Package 'SO14' 'D';
Technology '' 'AC' 'ACT' 'ALS' 'AS' 'HC' 'HCT' 'LS' 'S';
Connect 'A.I' '1' 'P.VCC' '14' 'A.O' '2' 'B.I' '3' 'F.I' '13' \
        'F.O' '12' 'B.O' '4' 'E.I' '11' 'C.I' '5' 'C.O' '6' 'E.O' '10' \
        'D.I' '9' 'P.GND' '7' 'D.O' '8';
Package 'LCC20' 'FK';
Technology '' 'AC' 'ACT' 'HC' 'HCT' 'LS' 'S';
Connect 'A.I' '2' 'A.O' '3' 'B.I' '4' 'B.O' '6' 'C.I' '8' \
        'C.O' '9' 'P.GND' '10' 'D.O' '12' 'D.I' '13' 'E.O' '14'
        'E.I' '16' \
        'F.O' '18' 'F.I' '19' 'P.VCC' '20';
```

Listing 6.2: Ausschnitt aus einem exportierten Bibliotheksscript Eagle 4.1

```
Edit 7404.dev;
Prefix 'IC';
Package 'DIL14';
Value On;
Add 7404 'A' Next 1 (0.7 0);
Add 7404 'B' Next 1 (0.7 -0.5);
Add 7404 'C' Next 1 (0.7 -1);
Add 7404 'D' Next 1 (1.8 0);
Add 7404 'E' Next 1 (1.8 -0.5);
Add 7404 'F' Next 1 (1.8 -1);
Add PWRN 'P' Request 0 (-0.2 -0.4);
Connect  'A.I' '1'  'A.O' '2';
Connect  'B.I' '3'  'B.O' '4';
Connect  'C.I' '5'  'C.O' '6';
Connect  'D.I' '9'  'D.O' '8';
Connect  'E.I' '11'  'E.O' '10';
Connect  'F.I' '13'  'F.O' '12';
Connect  'P.GND' '7'  'P.VCC' '14';
```

Listing 6.3: Ausschnitt aus einem exportierten Bibliotheksscript Eagle 3.55

Die erheblich unterschiedlichen numerischen Werte ergeben sich aus den unterschiedlichen Grids, die beim Export zugrunde gelegt wurden. Durch die Einstellung des entsprechend benutzten Export-Grids in der Import-Bibliothek werden diese numerischen Werte allerdings richtig gedeutet und führen somit auch zum richtigen Ergebnis.

Kapitel 7

Überprüfung des Layouts

Nachdem Sie mit Ihrer ersten kleinen Leiterplatte nun so weit fertig sind, sollten Sie Ihre Arbeit überprüfen. Die Übereinstimmung mit dem Schaltplan ist nur dann gegeben, wenn über die gesamte Entwicklungsphase peinlich genau darauf geachtet wird, dass

1. die Schaltplandatei stets neben der Board-Datei geöffnet ist.
2. durch Ausführung des *Electrical Rule Check* (ERC) z.B. nach jedem neuen Öffnen der Dateien die Konsistenz gewährleistet ist.

In diesem Kapitel wollen wir uns jedoch nicht mit Schaltungsfehlern an sich, sondern mit Fehlern im Layout befassen. Dazu zählen z.B. Kurzschlüsse durch falsch verlegte Leiterbahnen, Unterbrechungen durch vergessene Leiterbahnen, aber auch Konstruktionen, die kaum oder nicht zuverlässig als Leiterplatte hergestellt werden können.

Wie kann Eagle Ihnen bei dieser Aufgabe helfen?

7.1 Design Regeln

Die Antwort sind die schon in der Überschrift dieses Abschnitts genannten *Design Regeln*, also in unserer Sprache ausgedrückt *Entwurfsregeln*. Zu dem von Eagle angebotenen Paket gehört auch ein so genannter *Design Rule Check* (DRC), mit dem komfortabel das erstellte Layout auf Verstöße gegen die Entwurfsregeln untersucht werden kann. Werfen Sie einmal ein paar Blicke auf das DRC-Paket, das sich in WERKZEUGE verbirgt. Nach einem Klick auf den Command Button DRC öffnet sich ein Dialogfenster mit einer ganzen Anzahl Seiten, wie an den Reitern an der Oberkante zu erkennen ist.

In Abbildung 7.1 ist zunächst die Startseite dieses Dialogfensters abgebildet. Hier wird von Cadsoft darauf hingewiesen, dass die Standardwerte, die in den einzelnen Rubriken – wir werden sie hier gleich durchgehen – eingetragen sind, für die meisten Anwendungsfälle vernünftige Werte darstellen. Jedoch ist es jedem Anwender freigestellt, sich von den Standardwerten abweichende Entwurfsregeln zu erstellen. Solche Datensätze können z.B. passend für spezielle Projekte erstellt und unter entsprechendem Namen als Design-Rule-Datei (`*.Dru`) abgespeichert werden.

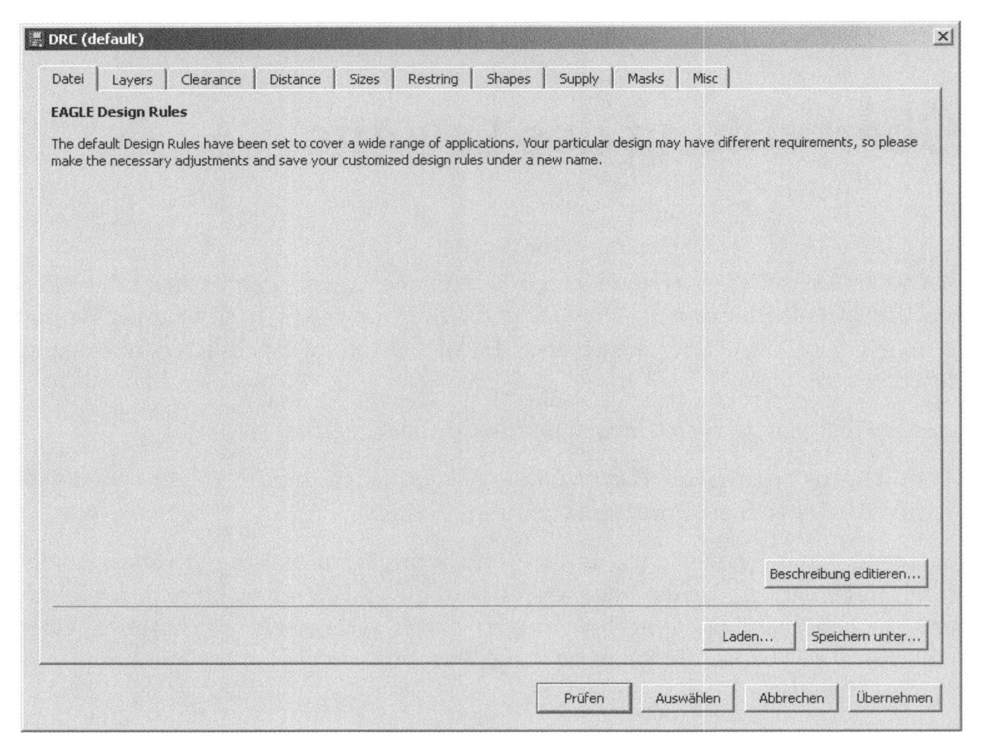

Abb. 7.1: Startseite des DRC-Dialogfensters

Wichtig

Bitte beachten Sie, dass die Design Regeln immer in der Board-Datei gespeichert werden, so dass diese Regeln auch für die Produktion der Leiterplatte bei Weitergabe der BRD-Datei an den Leiterplatten-Hersteller gelten. Die LADEN- und SPEICHERN UNTER-Buttons dienen lediglich dazu, die Design Regeln einer Leiterplatte in eine externe Datei (`*.Dru`) zu kopieren bzw. sie von dort zu laden.

So viel zur Einführung. Schauen Sie sich die Inhalte der verschiedenen Seiten des Dialogfensters einmal genauer an.

Tipp

Die Einstellungen der einzelnen Parameter für die Entwurfsregeln ist interaktiv gestaltet. Links oben ist auf jeder Seite des Dialogfensters eine Grafik angeordnet, deren Inhalt den jeweils einzustellenden Parameter erklärt. Die dargestellte Grafik ändert sich, je nachdem, in welchem Eingabefeld sich der Cursor befindet. Bei manchen Parametern ändert sich die Grafik auch während der Eingabe!

Wichtig

Die Einträge in den Design Regeln für Minimalwerte oder Maximalwerte aller hier genannten Parameter überschreiben während der Layouterstellung vorgenommene Einstellungen! Wird z.B. für ein Polygon im Layout der Parameter ISOLATE auf 0 gesetzt und die Einträge für CLEARANCE in den Design Rules betragen mindestens 5 mil, so stellt Eagle fest, dass dieser Wert die Design Rules verletzt, und es gilt stattdessen der in den Design Rules eingetragene Minimalwert für den Parameter CLEARANCE!

Vorgabe der Leiterplattendaten

Gleich zu Anfang steht mit LAYERS eine Seite, die neu ab Eagle 4.1 ist. Hier können die Eigenschaften der zur Verwendung kommenden Leiterplatte eingegeben werden. Bisher war es in Eagle nicht möglich, die Leiterplatte in der Datei zu beschreiben – es sei denn, man hat die wichtigsten Eigenschaften wie Anzahl der Kupferlagen und Isolationsabstände als Text in das Layout eingefügt. Hier ist das nun möglich. Anhand der eingegebenen Daten kann das erstellte Layout sogar auf Übereinstimmung mit den geforderten Eigenschaften untersucht werden. Die Standardeinstellungen sind in Abbildung 7.2 gezeigt.

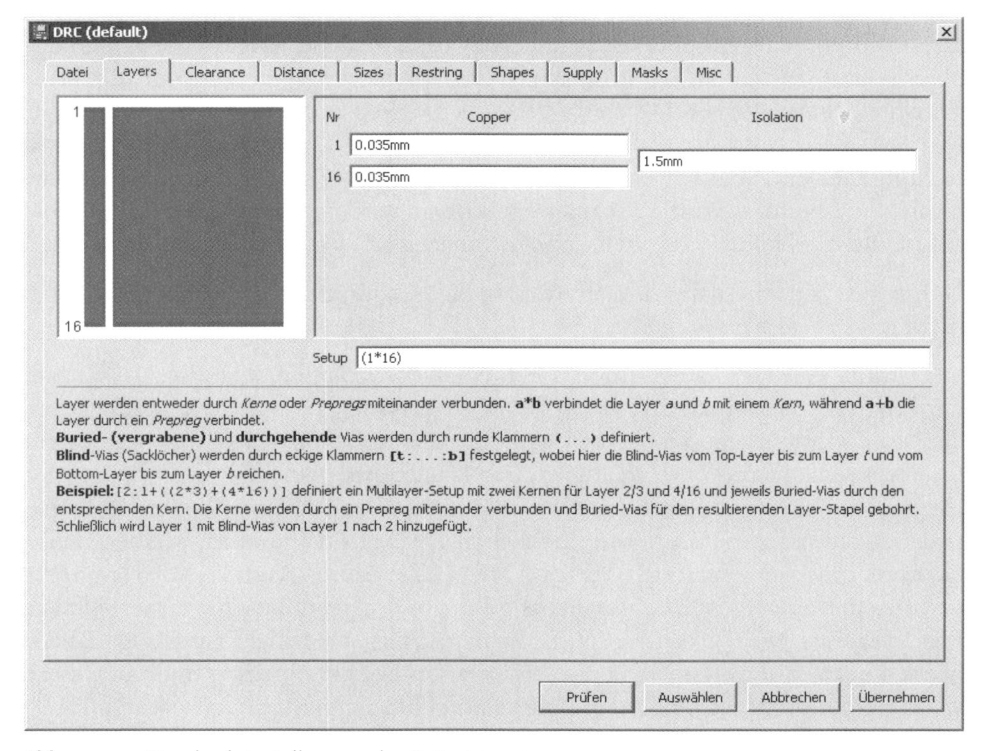

Abb. 7.2: Standardeinstellungen der Seite LAYERS

Woraus besteht eine Leiterplatte und wie kann das beschrieben werden? Cadsoft hat folgende Charakterisierungsmerkmale ausgewählt:

1. die Anzahl und Schichtdicke der Kupferlagen
2. die Dicke der dazwischen liegenden Isolationsschichten und deren Art
3. die Art von Durchkontaktierungen und die Layer, die sie durchdringen

Den Aufbau der Leiterplatte inklusive der erlaubten Durchkontaktierungen kann man mit Hilfe einer Formel angeben, die aus den folgenden Konstrukten bestehen kann:

1. A*B beschreibt zwei Kupferlagen mit einer Isolationsschicht aus Kernmaterial dazwischen.
2. A+B beschreibt zwei Kupferlagen mit einer Isolationsschicht aus Prepregmaterial dazwischen.
3. (...) beschreibt einen Teil der Leiterplatte, zwischen dessen Außenlagen Durchkontaktierungen eingefügt sein können.
4. [T: ... :B] beschreibt die Möglichkeit von Durchkontaktierungen von Layer T zur nächsten Innenlage und von Layer B zur nächsten Innenlage einer Leiterplatte

Die Standardleiterplatte besteht aus einem Kern (*Core*) aus dem gewünschten Leiterplattenmaterial (z.B. FR4, auch als *Epoxy* bekannt) und jeweils eine Kupferlage oben (1,TOP) und unten (16,BOTTOM). Durchkontaktierungen sind nur durch die gesamte Leiterplatte von LAYER1 zu LAYER16 möglich Die zugehörige ins Eingabefeld SETUP einzutragende Beschreibung wäre `(1*16)`. Eingaben werden direkt während der Eingabe ausgewertet und im Dialogfenster als Querschnitt einer Leiterplatte dargestellt. Wird ein Fehler erkannt, so wird der wahrscheinliche Grund sofort wie in Abbildung 7.3 zu erkennen angezeigt.

Gut, das ist ja noch relativ einfach. Wählen Sie nun einmal einen Lagenaufbau, der nicht ganz so konventionell ist.

Bei Multilayer-Leiterplatten unterscheidet man das Isolationsmaterial. Das hat mit der Produktionsmethode zu tun. In der Regel gibt man als Auftraggeber die Daten der gewünschten Leiterplatte vor, das heißt, die Isolationsdicken, die Anzahl der Kupferlagen und deren Schichtdicke. Der Leiterplattenhersteller bedient sich zur Herstellung einer solchen Leiterplatte quasi eines Baukastens. Dieser beinhaltet Isolationskernmaterial in unterschiedlichen Dicken, *Core*, und für kleinere Isolationsabstände so genannte *Prepregs*. Mit Hilfe dieser Bauteile wird nun die gewünschte Isolationsdicke möglichst genau und reproduzierbar dargestellt. Als Basis für eine Multilayer-Leiterplatte kann auch eine normale zweilagige Leiterplatte dienen, auf die dann die äußeren Isolationsschichten auflaminiert und dann weitere Kupferschichten oben und unten aufgebracht werden.

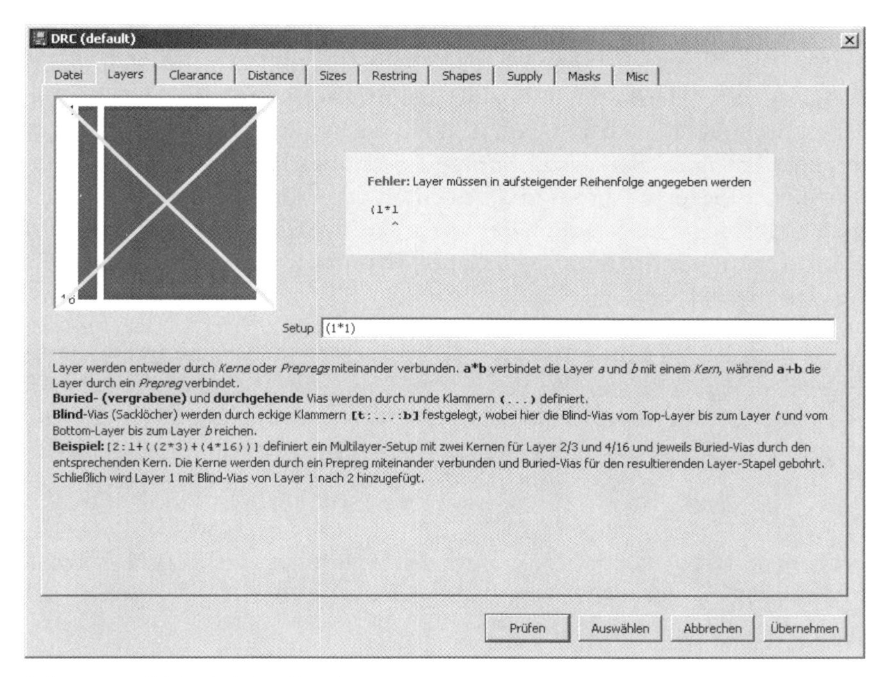

Abb. 7.3: Fehler bei der Eingabe

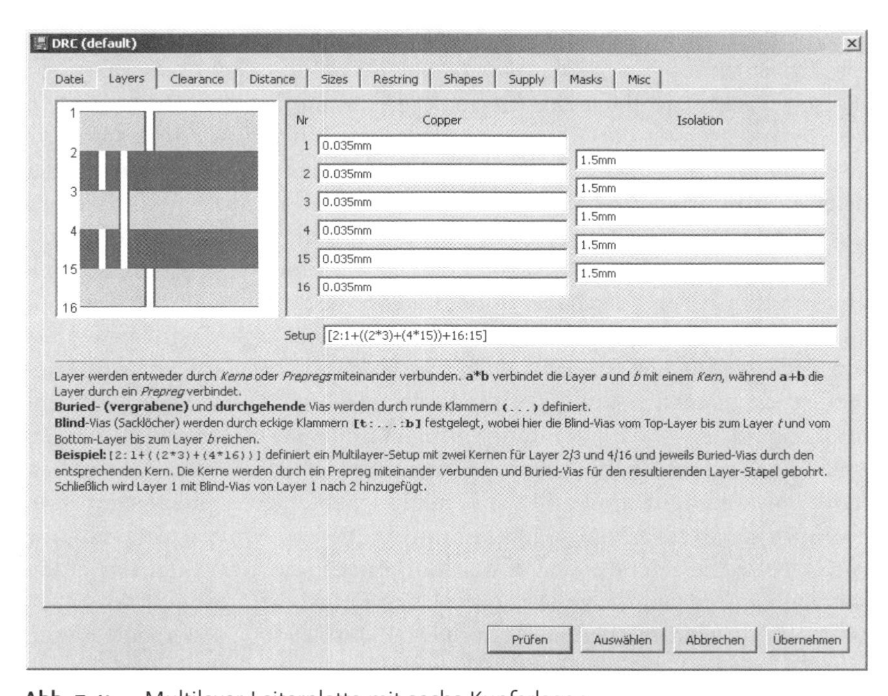

Abb. 7.4: Multilayer-Leiterplatte mit sechs Kupferlagen

Ein Isolationsabstand von immer 1,5 mm zwischen allen Kupferlagen wie in Abbildung 7.4 gezeigt ist natürlich ziemlich ungewöhnlich und es wird sich wahrscheinlich kaum ein Hersteller für eine derartige Leiterplatte finden. Die Gesamtdicke wäre z.B. schlanke 7,5 mm plus die sechs Kupferlagen! Eine Multilayer-Leiterplatte hat normalerweise dünnere Isolationsschichten. Ein PC-Mainboard z.B. ist kaum dicker als 2 mm und besteht in der Regel aus mindestens vier Kupferlagen. Eine mögliche Sequenz der Isolationsabstände wäre z.B. 0,8mm/ 0,2mm/0,8mm oder 0,2mm/0,8mm/0,2mm. Grundsätzlich gilt, je dicker die Leiterplatte, desto teurer.

Tipp

Genauere Angaben zum günstigsten Leiterplattenaufbau kann Ihnen Ihr Leiterplattenhersteller machen, da vieles von der jeweiligen Produktionsmethode abhängt.

Wir kommen nun zurück zur Beschreibung der Leiterplatte durch eine Formel. Zu der in Abbildung 7.4 gezeigten Leiterplatte gehört die Formel

[2:1+((2*3)+(14*15))+16:15].

Was können Sie daraus erkennen? Zunächst sind die Kupferlagen 2 und 3 bzw. 14 und 15 jeweils durch Standardkernmaterial (*Core*) verbunden. Verdeckte Durchkontaktierungen (*blind Vias*) sind sowohl von Lage 2 nach 3 als auch von Lage 14 nach 15 möglich. Zwischen Lage 3 und 14 liegt eine Isolationsschicht aus Prepregs. Durch diesen gesamten Aufbau, der bis jetzt vier Kupferlagen enthält, können Durchkontaktierungen verlaufen. Da noch weitere Lagen folgen, handelt es sich bei diesen Durchkontaktierungen um so genannte *Buried Vias*, da sie keinen Kontakt zu den späteren Außenlagen haben werden. Jetzt kommen noch zwei Kupferlagen hinzu. Lage 1 wird isoliert mit Prepregs an Lage 2 angefügt und Lage 16, ebenfalls isoliert mit Prepregs, an Lage 15. Zwischen den Lagen 1 und 2 bzw. 15 und 16 können Durchkontaktierungen (*blind Vias*) eingefügt werden. Durchkontaktierungen durch die gesamte Leiterplatte sind in diesem Aufbau nicht vorgesehen. Spielen Sie einfach mit den Werten herum. Da sofort eine Rückmeldung im Dialogfenster erfolgt, werden Sie schnell herausfinden, wie der Hase läuft. Die gesamte obere Hälfte des Dialogfensters ist von den Eintragungen unter SETUP abhängig. Vergleichen Sie Abbildung 7.2 und Abbildung 7.4 miteinander. Alle Unterschiede resultieren nur aus den Einträgen unter SETUP. Die Eingabefelder rechts neben dem Leiterplattenquerschnitt sind in zwei Spalten angeordnet. Die linke Spalte trägt die Überschrift COPPER, die rechte ISOLATION. Hier können die einzelnen Schichtdicken eingetragen werden. Je nachdem, in welches Eingabefeld Sie mit der Maus klicken, erscheint im Leiterplattenquerschnitt eine Markierung an der Lage, deren Schichtdicke Sie mit dem entsprechenden Eingabefeld bestimmen. Haben Sie die zu verwendende Leiterplatte hier festgelegt, so werden diese Vorgaben beim Erstellen eines Layouts berücksichtigt. So können dann z.B. keine Durchkontaktierungen gesetzt werden, die nicht auch in der Layers-Konfiguration des DRC-Dialogfensters vorgesehen sind. Beim Zeichnen der Leiterbahnen stehen für einen Layerwechsel auch nur die hier definierten Kupferlagen zur Verfügung.

Wichtig

Fragen Sie zu den einzutragenden Werten Ihren Leiterplattenhersteller. Dort weiß man genau, welche Mindestmaße für die jeweiligen Abstände gelten. In der Regel ist hier der Preis das große Argument, denn es ist nicht so, dass der Hersteller kleinere Maße nicht beherrscht, sondern es beginnt dann der so genannte Feinstleiterbereich. Der ist dann entsprechend teurer in der Herstellung.

Minimale Abstände definieren

Die nächste Seite ist mit CLEARANCE bezeichnet. Hier können Mindestabstände eingetragen werden, die zwischen Objekten auf der Leiterplatte gelten sollen.

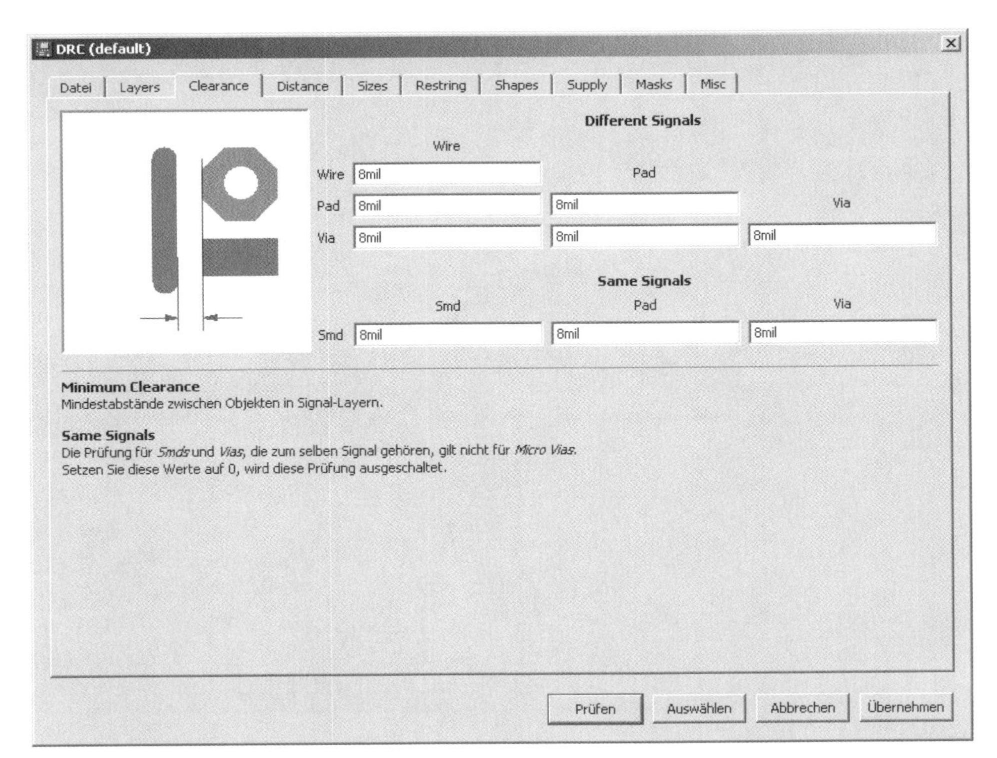

Abb. 7.5: Seite CLEARANCE für Abstände

In Abbildung 7.5 ist zu erkennen, dass diese Seite der LAYERS-Seite recht ähnlich ist. Links oben ist wieder eine Ansicht integriert. Darin erscheint der einzustellende Mindestabstand zu jedem angeklickten Eingabefeld grafisch dargestellt. Hier ist z.B. der Abstand zwischen Wires und Pads mit unterschiedlichen Signalen dargestellt. In der Regel gilt bei den meisten Leiterplattenherstellern ein Mindestabstand von 5 mil zwischen jedweden Objekten als Grenzwert.

Tipp

Werden die Eintragungen in den Eingabefeldern zu SAME SIGNALS auf 0 gesetzt, so findet an dieser Stelle keine Überprüfung statt.

Minimale Abstände vom Leiterplattenumriss angeben

Weiter geht's mit der Seite DISTANCE. Es geht auch hier um Abstände, jedoch ausschließlich um solche, die zwischen Objekten im Layout und dem Leiterplattenumriss gelten oder um den zwischen Bohrungen.

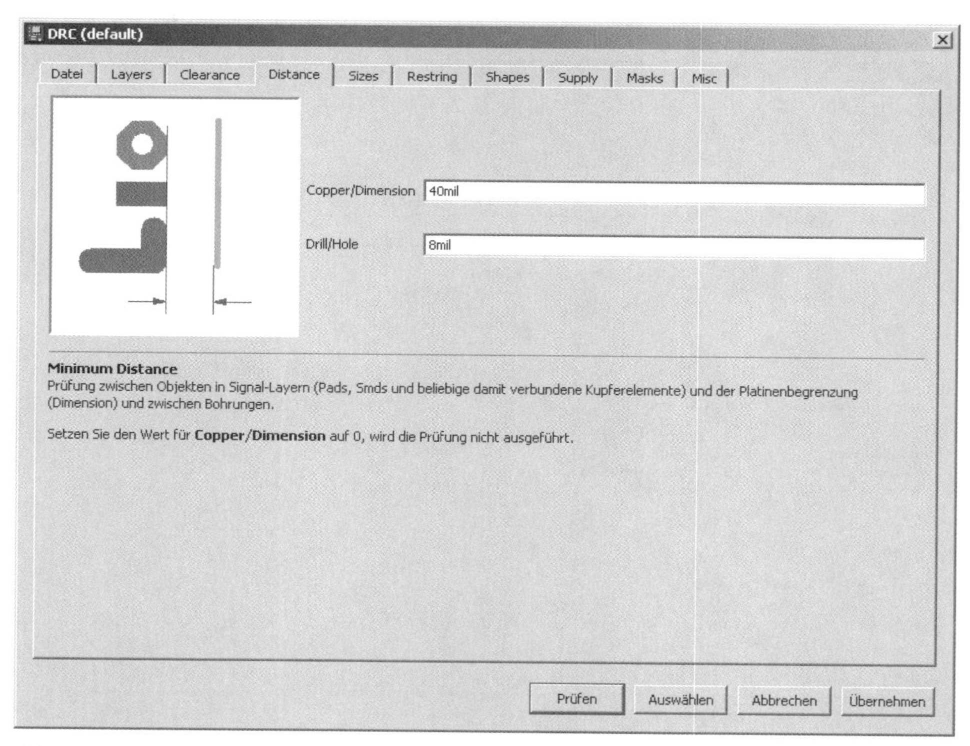

Abb. 7.6: Seite DISTANCE des DRC-Dialogfensters

Der Abstand von Objekten auf der Leiterplatte zum Umriss ist insofern nicht unwichtig, als die Form der Leiterplatte irgendwie ausgearbeitet werden muss. Je nachdem, ob die Leiterbahnen einzeln oder zu mehreren in einem Nutzen geliefert werden, kommen unterschiedliche Verfahren zum Einsatz. Allen gemeinsam ist, dass ungern durch Kupfer gefräst, gesägt oder gekerbt wird. Auch hier sollten Sie Ihren Leiterplattenhersteller befragen, welcher Abstand nötig ist.

Minimale Strukturgrößen definieren

Die nächste Seite beschäftigt sich mit SIZES. Damit sind Minimalabmessungen einiger Objekte im Layout gemeint.

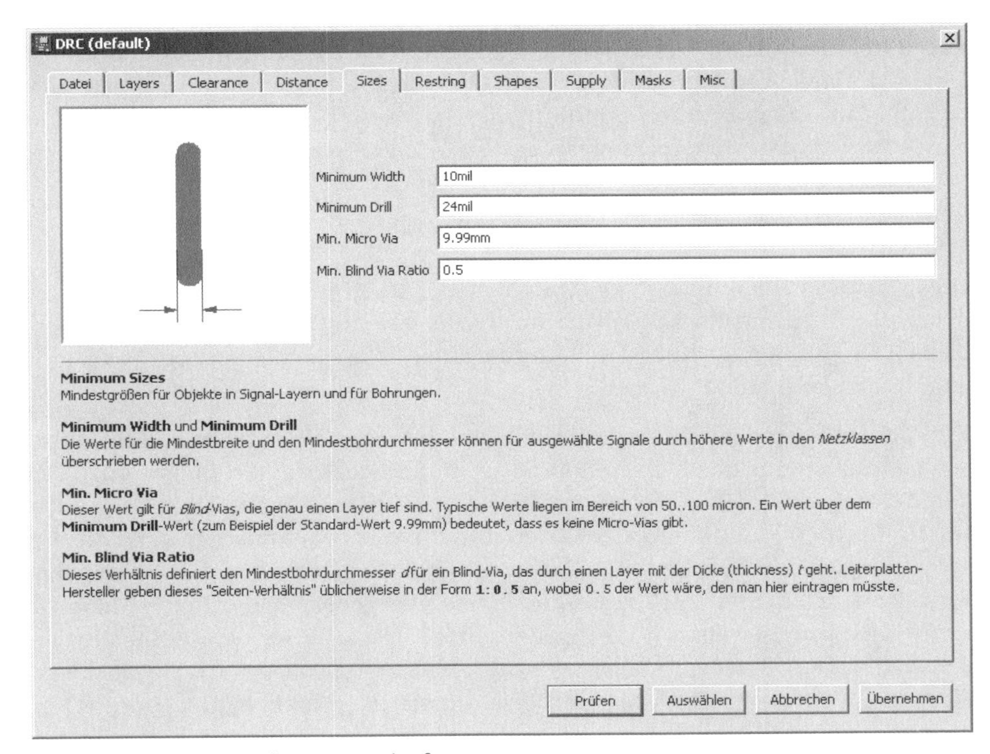

Abb. 7.7: Seite SIZES des DRC-Dialogfensters

Wie in Abbildung 7.7 zu erkennen, geht es in diesem Teil des DRC-Dialogfensters um vier Parameter. Da ist zunächst MINIMUM WIDTH, die minimale Leiterbahnbreite. Dann folgt MINIMUM DRILL, womit der minimale Bohrdurchmesser für die Leiterplatte bestimmt wird. Danach folgen zwei Parameter, die erst seit Eagle 4.1 neu enthalten sind. Sie betreffen Durchkontaktierungen, die nicht durch die gesamte Leiterplatte reichen. Mit MIN. MICRO VIA wird der minimale Durchmesser eines Micro Via vorgegeben. Ein *Micro Via* ist eine Durchkontaktierung, die nur zwei Kupferlagen miteinander verbindet. Normalerweise haben Micro Vias einen kleineren Bohrdurchmesser als normale Vias. Ist der hier eingetragene Wert größer als der Wert für MINIMUM DRILL (z.B. der hier eingetragene Default-Wert 9.99mm), so heißt das, dass es keine Micro Vias gibt. Der letzte Parameter ist in der Grafik von Abbildung 7.7 dargestellt (da sich der Cursor im zugehörigen Eingabefeld befindet). Einzustellen ist hier der MIN. BLIND VIA RATIO. Leiterplattenhersteller geben in der Regel für einen Blind Via, also eine Durchkontaktierung, die nicht durch die gesamte Leiterplatte reicht, jedoch durchaus mehrere Kupferlagen durchstoßen kann, einen minimalen Bohrdurchmesser bei gegebener Bohrtiefe an. Dieses Verhältnis wird normalerweise ASPECT RATIO genannt und ist z.B. in der Form 1 zu 0,5 angegeben. In das zugehörige Eingabefeld dieses Dialogfensters wäre dazu die `0,5` einzugeben. Als Anhaltspunkt kann für die minimale Leiterbahnbreite 5 mil angesetzt werden. Dies ist oft die Grenze zum Feinstleiterbereich. Für den minimalen Bohrdurchmesser würden Sie 16 mil ansetzen. Wie aber schon zu den vorigen Punkten erwähnt, sollten Sie für diese Einstellungen unbedingt Ihren Leiterplattenhersteller befragen.

Durchkontaktierte Bohrungen definieren

Die nächste Seite ist mit RESTRING bezeichnet. Diesen Begriff haben wir schon in den Kapiteln zur ersten Leiterplatte mit Eagle verwendet. Er bezeichnet den verbleibenden Kupferring um die Bohrung einer Durchkontaktierung (Via) oder eines Bauteilanschlusses (Pad).

Die hier versammelten Einstellmöglichkeiten befassen sich mit durchkontaktierten Bohrungen und allem Drumherum. Ist im Layout-Editor die Option AUTO für den Durchmesser einer Durchkontaktierung aktiviert, so wird der entstehende Kupfer-Restring (und damit der Gesamtdurchmesser) automatisch anhand der hier eingegebenen Daten erstellt. Das in der Grafik angezeigte Maß des Restrings wird dabei in Prozent des Bohrdurchmessers angegeben. Um extreme Maße zu vermeiden, kann jeweils ein minimaler und maximaler Restring absolut angegeben werden. Für Bauteilanschlüsse (PADS) können die Restrings für die Oberseite (TOP), die Unterseite (BOTTOM) und die Innenlagen (INNER) separat angegeben werden. Für Durchkontaktierungen (VIAS) ist die Auswahl schon beschränkter. Hier sind die Maße für die Oberseite und Unterseite immer gleich. Allein für die Innenlagen kann ein eigenes Maß gewählt werden. Für PADS und VIAS gibt es noch eine Checkbox DIAMETER. Ist diese Option gewählt und gleichzeitig im Layout-Editor ein fester Durchmesser für Pads und Vias angegeben, so wird dieses Maß dann auch für die Innenlagen verwendet.

Micro Vias sind im Durchmesser, wie schon erwähnt, kleiner als es der Wert von MINIMUM DRILL auf der SIZES-Seite vorgibt. Typische Bohrdurchmesser bewegen sich im Bereich von 2 bis 4 mil. Dass ein Restring von 25% bei einem solch kleinen Bohrdurchmesser eine ziemlich kleine Sache ist, kann wohl nicht bestritten werden. Hier kommt also dem Eintrag für den minimalen Restring eine größere Bedeutung zu als bei den Pads oder Vias.

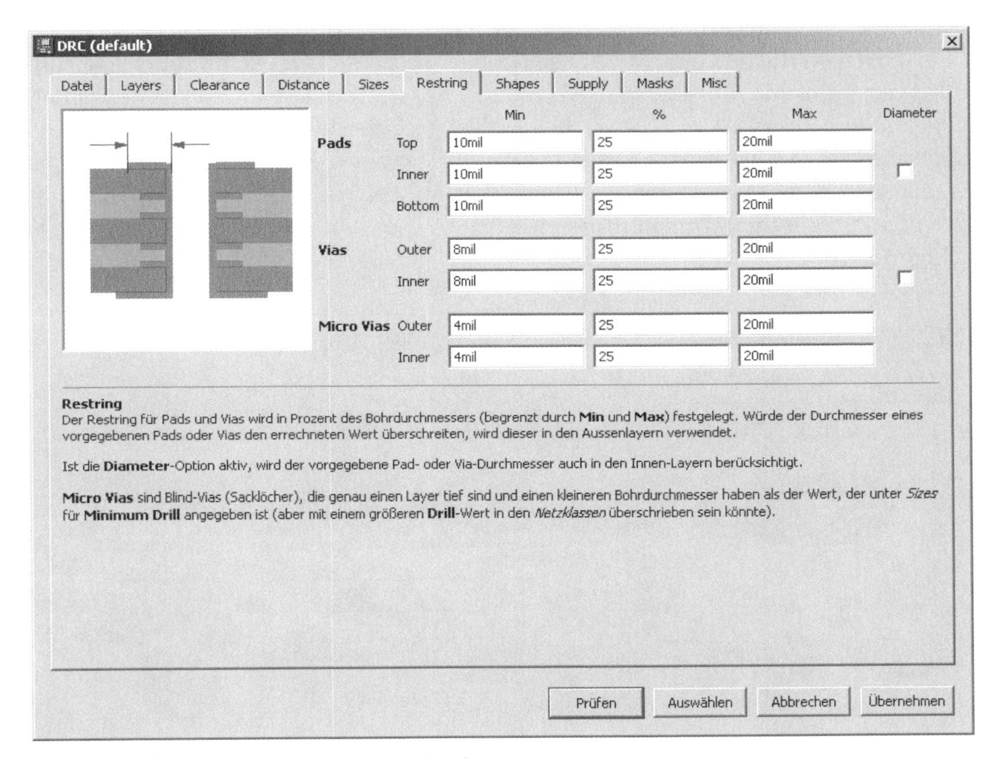

Abb. 7.8: Seite RESTRING des DRC-Dialogfensters

Konturen von Smds und Pads anpassen

Die Relevanz der einzelnen Parameter kann an der von Cadsoft vorgesehenen Reihenfolge der Seiten dieses Dialogfensters abgelesen werden. Sind minimale Größen und Abstände für die Qualität der zu erstellenden Leiterplatte enorm wichtig, so beginnt mit der folgenden Seite sozusagen der Komfortbereich. Beginnen Sie dazu mit der in Abbildung 7.9 gezeigten Seite SHAPES.

Was kann hier eingestellt werden? Die Eingabefelder stehen entweder unter der Überschrift SMDS oder PADS. Also – messerscharf kombiniert – kann hier die Form von SMD-Anschlüssen (Smds) oder normalen Bauteilanschlüssen mit Bohrung (Pads) nachträglich beeinflusst werden. Die Form aller Smds, die in einem Layout enthalten sind, kann über entsprechende Einträge in den Eingabefeldern hinter ROUNDNESS beeinflusst werden. Normalerweise sind Smds in den Bibliotheken eckig definiert. ROUNDNESS bezeichnet eine Abrundung der Ecken eines

Smds. Wie auch schon auf der RESTRING-Seite, so wird die Abrundung in Prozent angegeben. 0% heißt, dass die Ecken ausgeprägt bleiben, also keine Abrundung, und 100% eine komplette Abrundung des SMDS. War ein SMD z.B. vorher quadratisch, so ist es dann rund. Zusätzlich können Sie absolute Angaben über minimalen und maximalen Rundungsdurchmesser vornehmen. Diese Angaben überschreiben die gewünschte Abrundung in Prozent! Eine nachträgliche Abrundung der Smds hat normalerweise kosmetische Gründe. So werden solchermaßen abgerundete Ecken nicht so stark bei der Leiterplattenherstellung unterätzt. Sind abgerundete oder gar runde Smds notwendig, etwa zur Kontaktierung eines Bga-Gehäuses, so sollte dies nicht erst hier über die Design Rules, sondern schon in der Bauteilbibliothek vorgenommen werden. Ansonsten würden auf diesem Wege alle Smds rund!

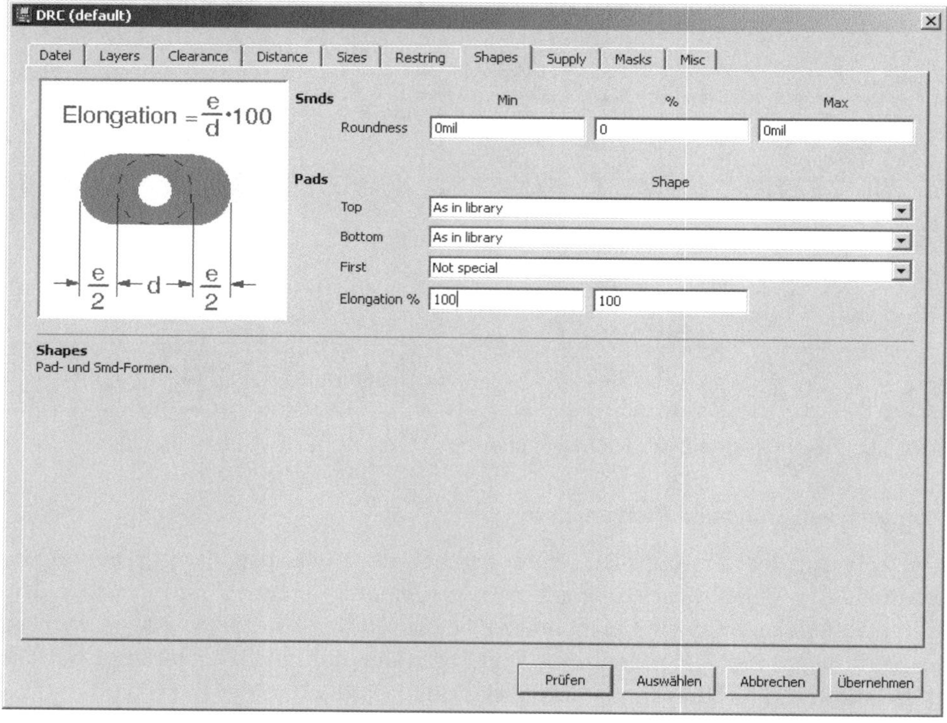

Abb. 7.9: Seite SHAPES des DRC-Dialogfensters

Was kann denn bei den Pads alles eingestellt werden? Die Einstellknöpfe stehen hier unter dem Oberbegriff SHAPE. Wie Sie sich erinnern, kann ein Pad grundsätzlich die Form SQUARE, ROUND, OCTAGON, LONG oder OFFSET annehmen. Bei Vias kann die Form jederzeit während der Layouterstellung geändert werden. Die Form der Bauteilanschlüsse (Pads) wird dagegen von der Bauteilbibliothek vorgegeben.

Die Form aller im Layout vorhandenen Pads kann nun über die Scrollboxes zu TOP und BOTTOM in eben diesen Layern geändert werden. Zur Auswahl stehen die Optionen AS IN LIBRARY, also keine Veränderung gegenüber der Definition in der Bauteilbibliothek, SQUARE, ROUND und OCTAGON. Die dritte Scrollbox ist mit FIRST bezeichnet. Hier kann, falls im Bauteil der Anschluss 1 schon als FIRST spezifiziert ist, dieser durch eine abweichende Form des Pads gekennzeichnet werden. Für Pads der Form LONG oder OFFSET können unter ELONGATION die entsprechenden Parameter angegeben werden. Die Verlängerung eines solchen Pads wird in Prozent des ursprünglichen Durchmessers angegeben. Zugelassen sind Werte von 0 bis 200%.

Einstellungen für Versorgungslagen

Kommen wir nun zur nächsten Seite. Diese ist mit SUPPLY bezeichnet und in Abbildung 7.10 zu sehen.

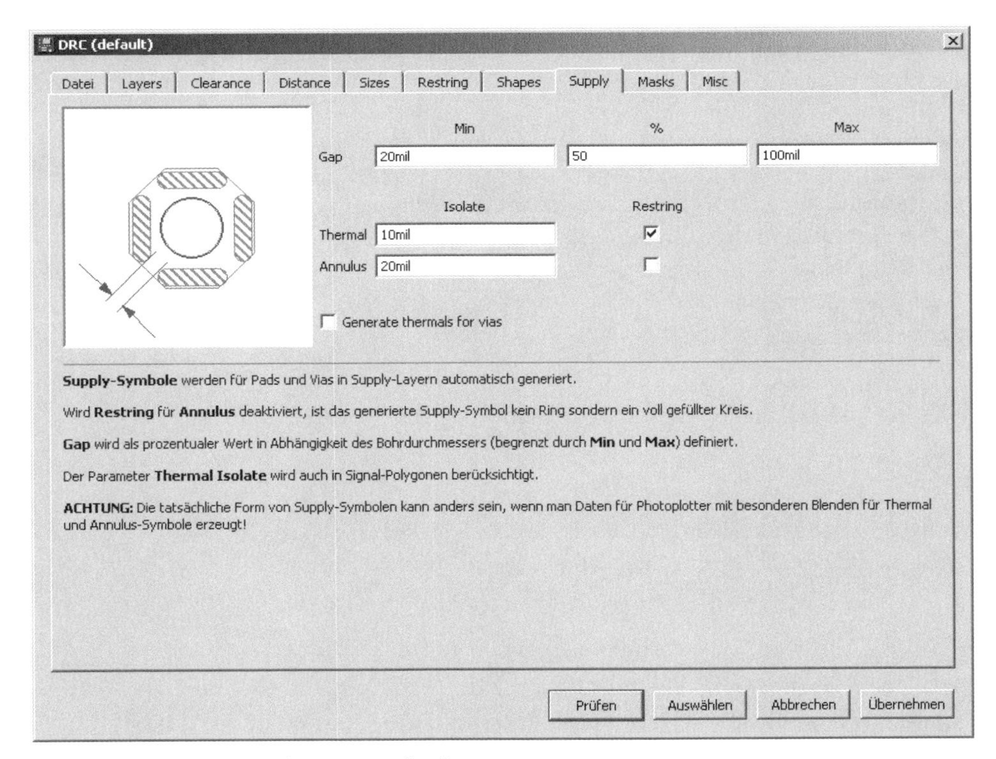

Abb. 7.10: Seite SUPPLY des DRC-Dialogfensters

In dieser Dialogfensterseite kann die Form der Pads und Vias festgelegt werden, die an solche Versorgungslagen angeschlossen sind, und auch für solche, die nicht angeschlossen sind. Mit den Eingabefeldern zu GAP wird der Spalt zwischen zwei

Isolationsstegen eines THERMAL-Symbols definiert. Die Angabe erfolgt in Prozent vom Bohrdurchmesser und wird auch hier von einem Minimal- bzw. Maximalwert begrenzt. An eine Versorgungslage angeschlossene Pads oder Vias werden mit einem THERMAL-Symbol dargestellt, nicht angeschlossene mit einem ANNULUS-Symbol. Für beide kann in den nun folgenden Eingabefelder der Parameter ISOLATE festgelegt werden. Es handelt sich hierbei jeweils um die Breite des Isolationssteges eines Thermals bzw. die des Isolationsrings eines Annulus. Mit der Option RESTRING, die für THERMALS- als auch für ANNULUS-Symbole angewählt werden kann, wird bestimmt, ob bei der Generierung eines solchen der um eine durchkontaktierte Bohrung liegende Restring mit einbezogen werden soll oder nicht. Maßgeblich ist dabei der Eintrag auf der Seite RESTRING unter INNER. Der ISOLATE-Wert zu THERMAL gilt auch für Polygone. Er bestimmt den Abstand zwischen Polygon und Restring des Pads bzw. Vias, das über ein THERMAL-Symbol mit dem Polygon verbunden ist. Wird bei ANNULUS-Symbolen die Option RESTRING deaktiviert, so verwandelt sich der Isolationsring in einen komplett ausgefüllten Kreis. Wird das Flag GENERATE THERMALS FOR VIAS aktiviert, so erlaubt Eagle den Anschluss von Vias mit THERMAL-Symbolen. Ansonsten werden Vias voll an die Kupferfläche angeschlossen.

Tipp

In Multilayer-Leiterplatten können Innenlagen als Versorgungslagen, *Supply Layer*, definiert werden. Diese führen nur ein ihnen zugewiesenes Signal, das in der Regel eine Versorgungsspannung ist. Diese Versorgungslagen werden invertiert dargestellt. Daher sind alle zu erkennenden Objekte in diesen Lagen kupferfreie Bereiche.

Hier ein paar kleine Formeln zur Berechnung der Symbole:

ANNULUS:

```
Innendurchmesser = Pad-Bohrdurchmesser + 2*Restring
Außendurchmesser = max(Pad-Bohrdurchm., Innendurchm.)
                 + 2*Isolate
```

THERMAL:

```
Innendurchmesser = Pad-Bohrdurchmesser + 2*Restring
Außendurchmesser = Innendurchmesser + 2*Isolate
```

Eigenschaften der Lötstopp- und Pastenmaske

Die jetzt folgende Seite trägt die Überschrift MASKS.

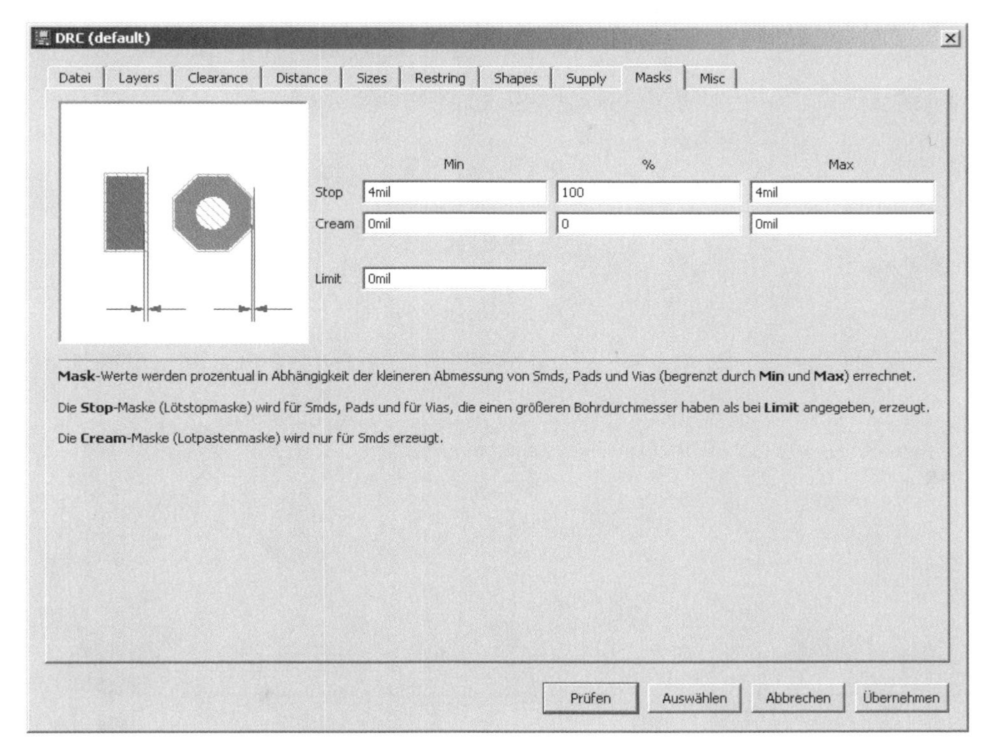

Abb. 7.11: Seite MASKS des DRC-Dialogfensters

In Abbildung 7.11 ist diese Seite direkt nach dem Aufruf abgebildet. Hier wird das Übermaß von Lötstoppmaske STOP und das Untermaß der Lötpastenmaske CREAM eingestellt. Die Werte werden in Prozent des Pad- bzw. Via-Durchmessers angegeben. Bei Pads, die nicht rund oder quadratisch sind, ist die jeweils kleinere Abmessung maßgeblich. Wie schon bei vielen vorangegangenen Einstellungen kann ein Minimal- und Maximalwert absolut angegeben werden. Die Einträge für die Lötpastenmaske werden ebenfalls positiv vorgenommen, obwohl die Wirkung entgegengesetzt der zu den Einträgen für die Lötstoppmaske ist. Jeder Eintrag größer null bewirkt eine Verkleinerung des Pastenrahmens gegenüber dem Kupferpad. Eine Lötpastenmaske wird nur für Smd-Pads generiert. Der Parameter LIMIT gibt den maximalen Bohrdurchmesser an, bis zu dem eine Durchkontaktierung von Lötstopplack bedeckt werden soll. Wird hier z.B. `16mil` eingetragen, so werden alle Durchkontaktierungen mit einem Bohrdurchmesser bis zu 16 mil mit Lötstopplack abgedeckt, alle Durchkontaktierungen mit größerem Bohrdurchmesser werden vom Lötstopplack freigestellt.

Einstellungen zum Design Rule Check

Die letzte Seite ist mit MISC bezeichnet. Hier können Vorgaben zum *Design Rule Check* gemacht werden. Wie man in Abbildung 7.12 erkennen kann, ist da nicht viel einzustellen.

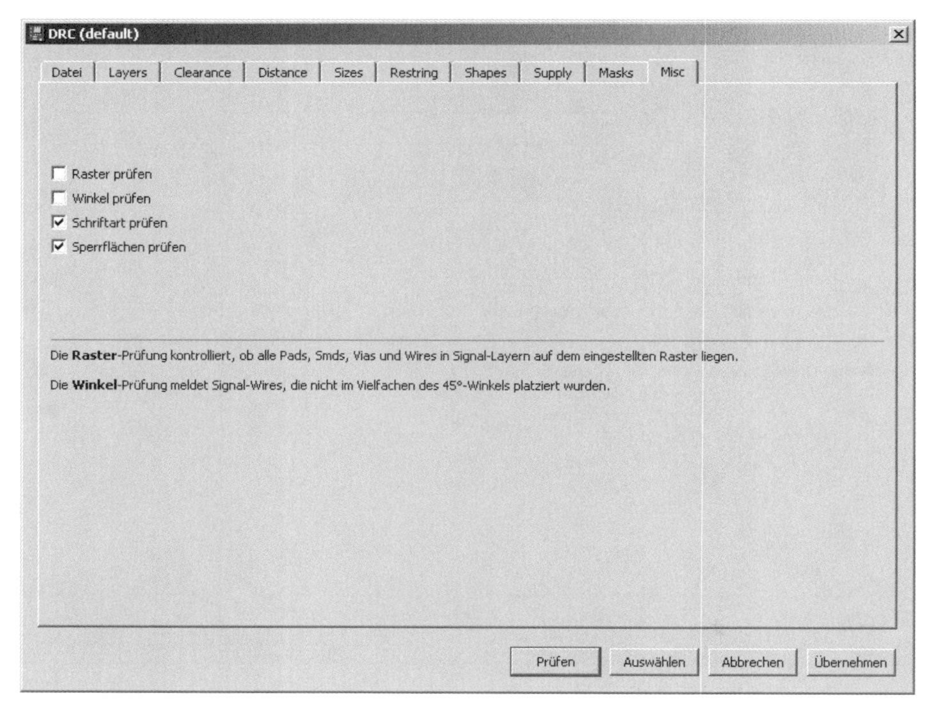

Abb. 7.12: Seite MISC des DRC-Dialogfensters

Ist die Option RASTER PRÜFEN aktiviert, so werden alle Objekte im Layout auf richtige Lage im aktuell eingestellten Raster überprüft. Diese Prüfung ist nicht immer sinnvoll, insbesondere dann nicht, wenn sowohl Bauteile mit metrischem Raster als auch solche mit Inch-Raster verwendet wurden. WINKEL PRÜFEN überprüft, ob bei der Verlegung der Leiterbahnen und Platzierung der Bauteile alles in Vielfachen des 45°-Winkels angelegt wurde.

7.2 Überprüfung des Layouts und Korrektur von Fehlern

Wichtig

Alle Layer, die zu überprüfende Objekte enthalten, sollten zur Überprüfung des Layouts durch einen Design Rule Check angezeigt werden.

Wie wenden Sie die eingegebenen Werte jetzt auf das Layout an? Dazu wenden wir uns nun endlich den vier Buttons am unteren Rand des Dialogfensters zu, die ja schon immer zu sehen waren. Mit einem Klick auf den Button APPLY speichern Sie die geänderten Design Rules in der Board-Datei und wenden sie auf das Layout an. Die sofortige Anwendung betreffen z.B. die Design Rules über die Form von Smds und Pads. Sie können damit ermessen, ob die neuen Werte in Ordnung sind oder nicht. Eine absolute Sicherheit ergibt sich aber nicht. Mit einem Klick auf OK werden die aktuellen Design Rules in das Layout übernommen und sofort über die gesamte Leiterplatte ein Design Rule Check gestartet, der jede Abweichung feststellt, grafisch im Layout markiert und in einem kleinen Dialogfenster der Reihe nach auflistet.

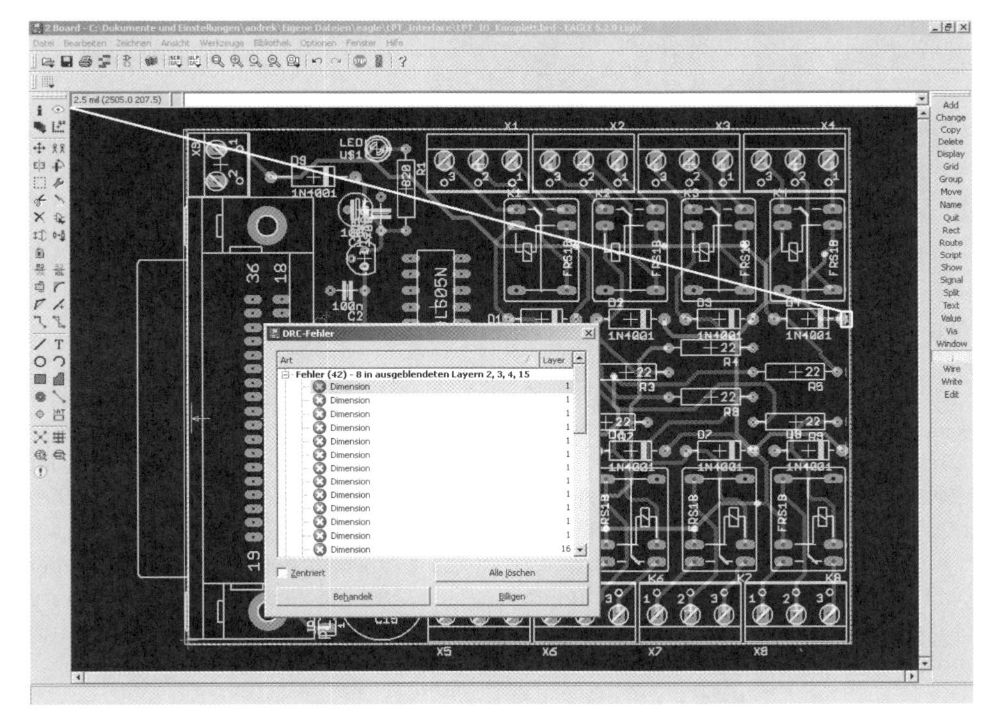

Abb. 7.13: Design Rule Check durchgeführt

Der SELECT-Button erlaubt es, einen mit der Maus auszuwählenden Teil des Layouts durch einen Design Rule Check auf Missachtung der Design Rules zu testen.

Der Design Rule Check (DRC) durchläuft alle Layer der Reihe nach und markiert die erkannten Fehler. In unserem Beispiel hat der DRC 27 Fehler erkannt, wobei die meisten Fehler Bauteile betreffen, die zu dicht an der Leiterplattenkontur liegen. Die Fehler können jetzt der Reihe nach behoben werden. Dazu zoomen Sie die Ansicht so, dass der erste Fehler gut zu erkennen ist.

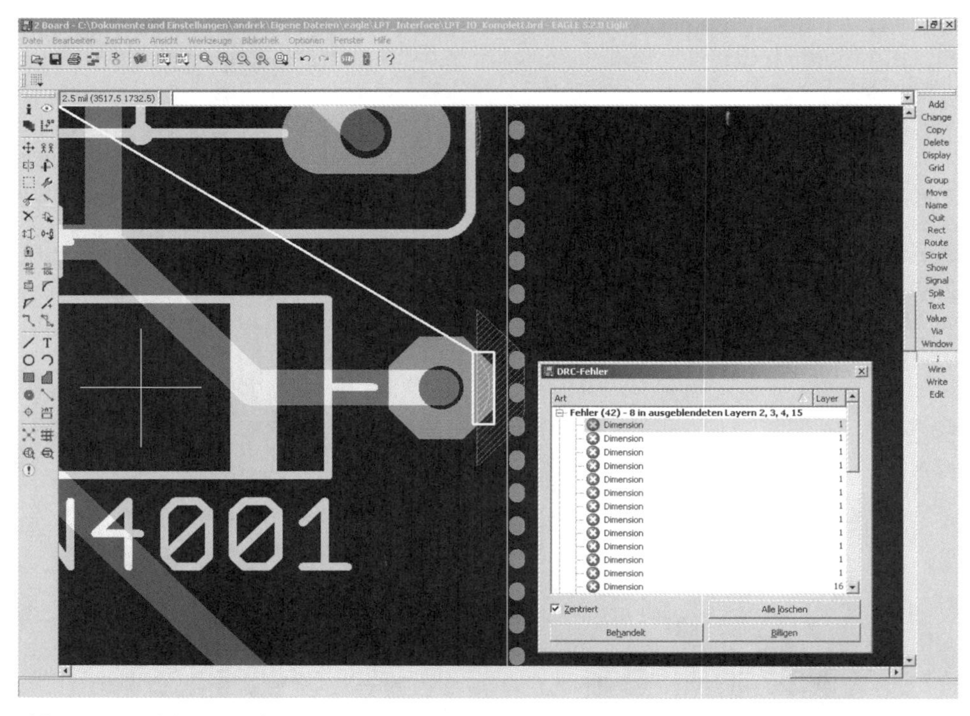

Abb. 7.14: Fehler im Fokus zur Behebung herangezoomt

Die Bedienung von Eagle erfolgt hierbei genau so wie auch schon während der Layouterstellung. Ist ein Fehler behoben, so wird mit einem Klick auf den DEL-Button des kleinen DRC ERRORS-Dialogfensters der aktuell angezeigte Fehler gelöscht und automatisch der nächste Fehler in den Fokus gesetzt. Die Fehler können auch zur ersten Begutachtung durch Anklicken im DRC ERRORS-Dialogfenster direkt angewählt und damit in den Fokus gesetzt werden. Eagle verändert dabei den Zoomfaktor der Ansicht nicht automatisch. Ist eine Ausschnittvergrößerung wie in Abbildung 7.14 gewählt, so verschiebt Eagle den Ausschnitt bei Wahl eines anderen Fehlers, bis der angewählte Fehler erscheint.

7.2.1 Überprüfung von gemalten Layouts

Was passiert denn, wenn, wie im vorherigen Kapitel beschrieben, die Leiterplatte nur gemalt wurde? Der DRC greift hier ziemlich ins Leere. Da Eagle ja nicht weiß, dass eine bestimmte Leiterbahn mit einem bestimmten Pad eines Bauteils verbunden sein soll, obwohl sie nicht demselben Signal angehören, wird in dem Fall wie in Abbildung 7.15 ein Fehler erkannt. Diese Fehler werden bei allen Überlappungen – gewollte oder ungewollte – angezeigt und somit ist die Aussagekraft eines Design Rule Check bei einem solchen Layout sehr gering.

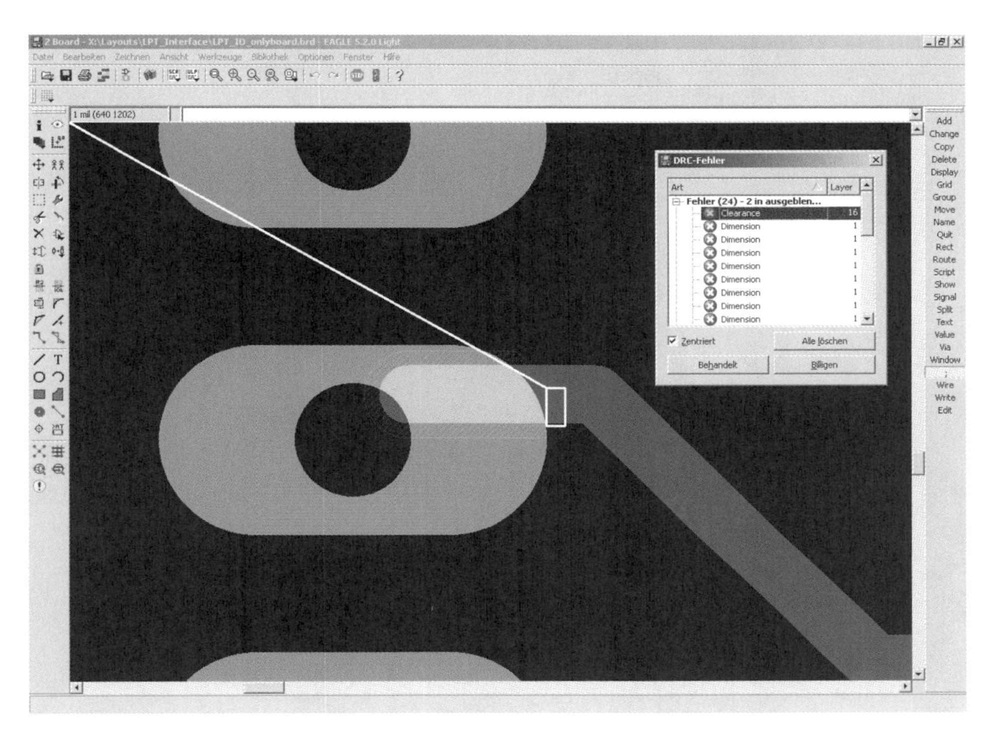

Abb. 7.15: Fehler bei nicht erkannter Kontaktierung

Anwendbar ist der DRC jedoch, wenn alle notwendigen Verdrahtungen durch Airwires vorgenommen wurden. Die zusammengehörenden Elemente gehören dann zu demselben Signal und eine Fehlerüberprüfung mit dem DRC ist möglich.

Bei sehr komplexen Leiterplatten ist es mitunter sehr schwierig zu erkennen, ob schon alle Leiterbahnen erstellt wurden oder ob noch diverse Verbindungen nur als Airwire vorhanden sind. In den Kapiteln über die erste Leiterplatte haben wir schon öfter darauf hingewiesen, dass man z.B. mit der Wahl eines zu feinen Rasters in Teufels Küche kommen kann. Hier ist ein wesentlicher Grund beschrieben. Denn ist das Raster zu fein gewählt, kann es vorkommen, dass Objekte OFF GRID platziert sind. Das können Bauteile, aber auch Leiterbahnen sein. Eagle-Versionen vor 4.1 bieten noch nicht die Möglichkeit, solche Objekte mit einer SNAP TO GRID-Funktion wieder in das aktuell eingestellte Raster zu transferieren. Notgedrungen ist es Eagle dann nicht möglich, alle Leiterbahnverbindungen mit dem ROUTE-Befehl korrekt an z.B. ein Bauteil, das OFF GRID platziert ist, anzuschließen. Da nur Airwires rasterunabhängig sind, bleiben mitunter kleinste Airwires zurück, obwohl zunächst alles korrekt verbunden scheint. Versucht man nun mit Hilfe des RATSNEST-Befehls zu überprüfen, ob alle Airwires in Leiterbahnen transferiert wurden, so erlebt man mitunter, dass noch vielleicht 124 Airwires vorhanden sind. Damit hat sich diese Methode zur Überprüfung des Layouts als zunächst wirkungslos herausgestellt.

## Kapitel 8

Spezialfälle

In den Kapiteln über das erste Leiterplattenprojekt haben wir bewusst keine größeren Problemfälle behandelt. Leider kann man sich das Leben nicht immer so einfach machen. Irgendwann kommt ein größeres Projekt und dann ist man froh, wenn man einen netten kleinen Workaround kennt, mit dem man sich die Arbeit vereinfachen kann. Ein klassischer Fall ist z.B. der Wunsch nach dem *Klonen* von bereits erstellten Layoutteilen. Es gibt viele Projekte, in denen bestimmte Schaltungsteile immer wieder identisch vorkommen. Das können z.B. Mischpulte mit vielen Kanälen sein oder sonstige Geräte mit vielen identischen Ausgangsschaltungen oder Filterstrukturen. Gerade Filterstrukturen in Microstrip-Technik haben uns dazu gebracht, einmal ein wenig zu experimentieren. Was dabei herauskam, funktioniert eigentlich ganz gut, man muss sich jedoch sehr konzentrieren und – ganz wichtig – die verschiedenen Zwischenstadien immer unter anderen Namen abspeichern!

8.1 Klonen

Den Vorgang des *Klonens* von Schaltungsteilen aus *konsistenten* Projekten inklusive bestehendem Layout mit einem weiterhin *konsistenten* Projekt als Ergebnis ist nun das Thema. Einfaches Kopieren der entsprechenden Layoutteile in der Board-Datei ist ja zu einfach und führt nicht wirklich weiter. Das so produzierte Board kann zur Weiterbearbeitung oder Modellpflege kaum mehr verwendet werden.

Was ist zu tun, damit die Operation gelingt? Anhand einer einfachen Transistorstufe soll hier die Vorgehensweise beschrieben werden.

Der Schritt, der die größte Überwindung kostet, ist dabei, auf die Konsistenz von Schaltplan und Board für gewisse Operationen bewusst zu verzichten. Allgemein teilt sich das Klonen in folgende Schritte: Zunächst wird die Board-Datei geschlossen, um dann die Schaltung im Schaltplan zu vervielfältigen. Anschließend folgt dann dasselbe in der Board-Datei bei geschlossener Schaltplandatei. Danach folgt der interessanteste Teil: der ERC, um die Konsistenz zu prüfen und gegebenenfalls wieder herzustellen.

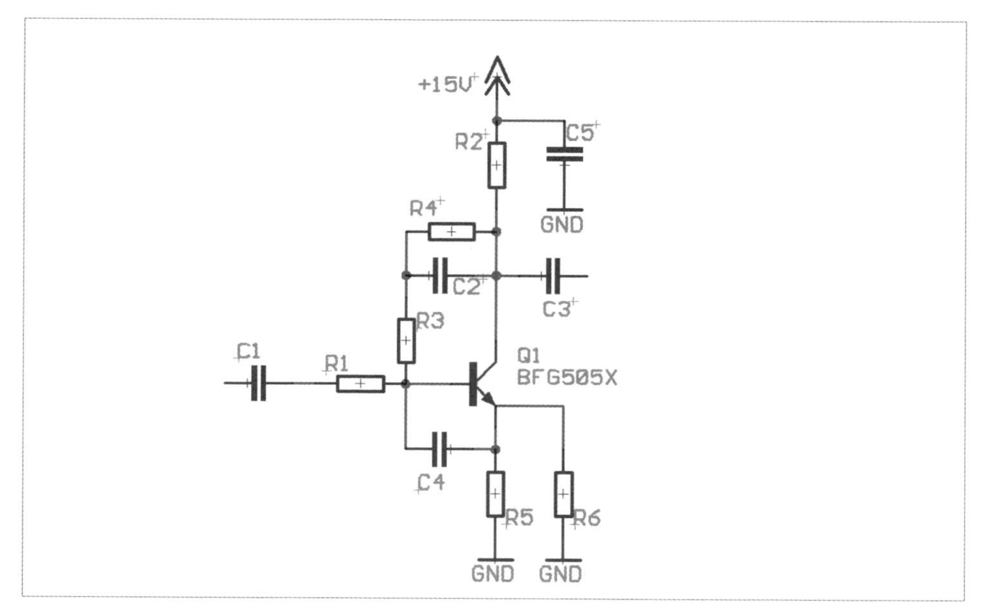

Abb. 8.1: Ausgangsschaltung

Wichtig

Bei den hier gezeigten Operationen zur Vervielfältigung von Schaltungsteilen muss die *Forward Back Annotation* ausgeschaltet sein! Am einfachsten erreicht man das durch Schließen des gerade nicht benötigten Editors.

Wenn Sie drauflos arbeiten und einfach anfangen, den Schaltplan zu kopieren, bekommen Sie jedoch ein Problem. Da Eagle die Bauteile weiter durchnummeriert, ist anschließend kaum noch nachvollziehbar, welches Teil zu welcher Transistorstufe gehört.

Bei der in Abbildung 8.2 gezeigten Vervielfältigung muss man schon wie ein Luchs aufpassen, wenn man die Bauteile anhand ihrer Nummerierung richtig den einzelnen Stufen zuordnen möchte. Ebenso verhält es sich mit den Netzen. Würden Sie jetzt speichern und das Layout ebenfalls kopieren, so hätten Sie anschließend große Probleme, das Ganze wieder konsistent zu bekommen. Vielleicht schaffen Sie es noch einmal, aber spätestens die nächste Stufe wird Nerven kosten. Fangen Sie einfach einmal an und schauen Sie, was passiert.

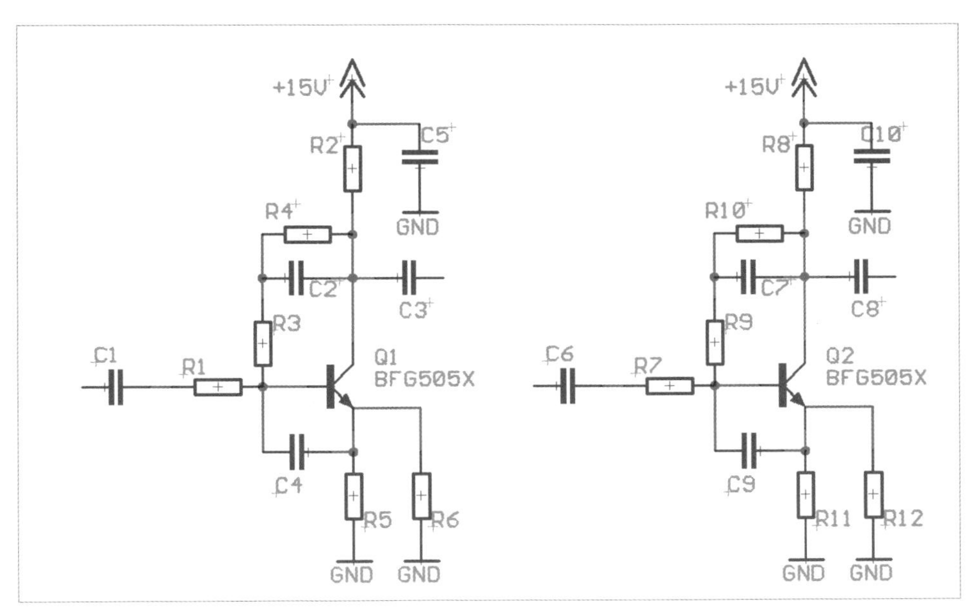

Abb. 8.2: Erster Klonversuch im Schaltplan

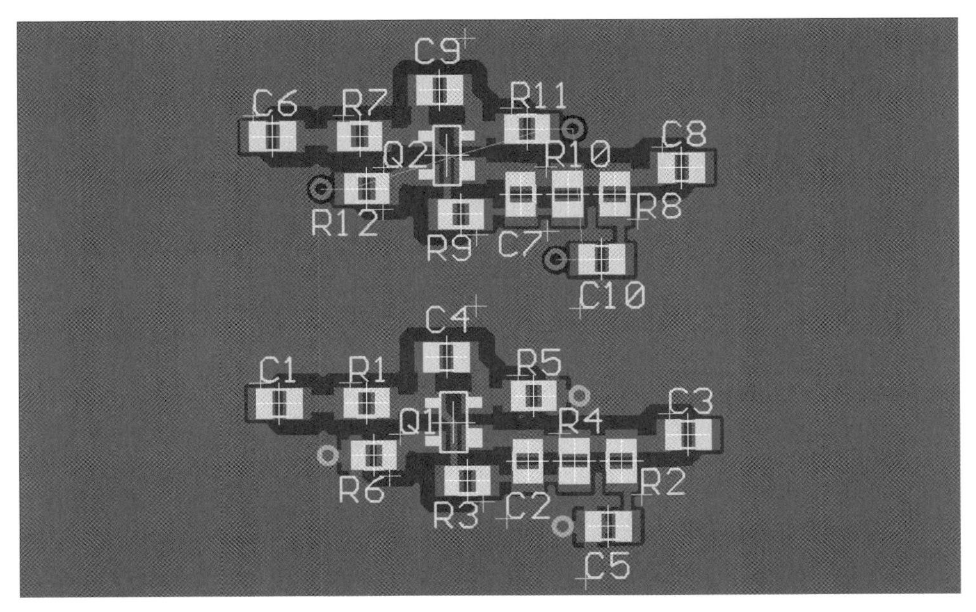

Abb. 8.3: Geklonte Layoutteile nach erstem Versuch

Hat es eventuell schon geklappt, oder wenn nicht, was ist schief gegangen? Auf den ersten Blick fällt auf, dass die drei Durchkontaktierungen im geklonten Schaltungsteil nicht mehr mit dem Massepolygon verbunden sind. Führen Sie jetzt einen ERC durch, bekommen Sie folgendes Ergebnis:

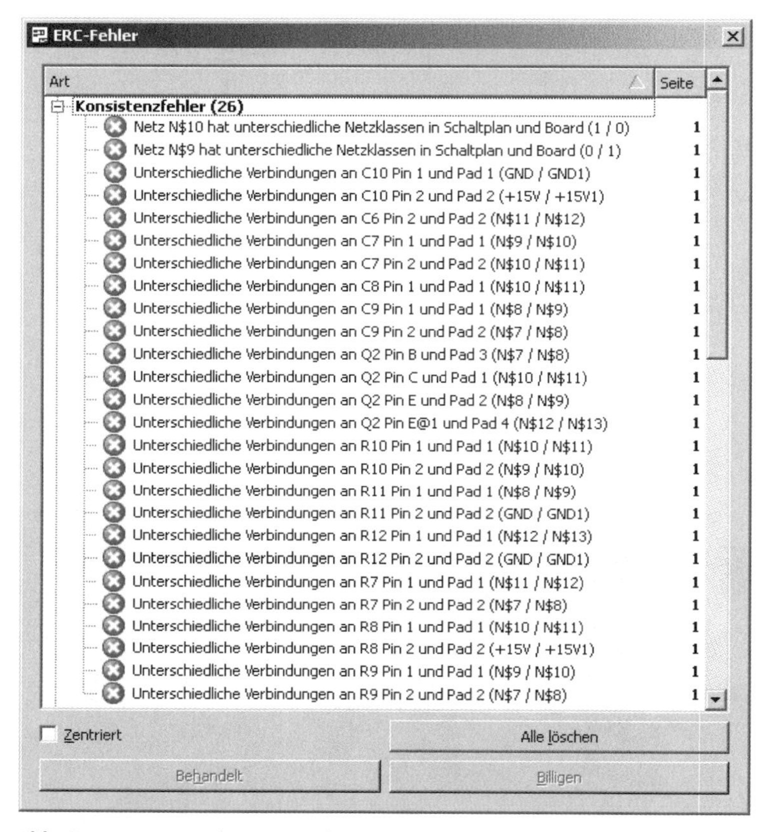

Abb. 8.4: ERC nach erstem Klonversuch

Wie schon vermutet, ist das Signal GND umbenannt worden in GND1, daher wurden die Durchkontaktierungen nicht angeschlossen. Viel gravierender aber ist, dass die Namen der Netze im Schaltplan und Signale im Board völlig durcheinander gewürfelt worden sind. Was kann man also tun?

Wichtig

Die Benennung der Bauteile und auch der Netze muss so erfolgen, dass die Zuordnung auf den ersten Blick deutlich ist. Nur auf diesem Wege kann Eagle auch dazu gezwungen werden, die Bauteile und Verbindungen im Schaltplan und Board gleichartig durchzunummerieren.

Wie ja schon im ERC-Ausdruck zu erkennen ist, zählt Eagle jedes Netz oder Signal automatisch hoch. Dies geschieht aber nur hinter einem aus Buchstaben bestehenden Namen, wie am Signal GND zu erkennen. Sie müssen es also schaffen, für jedes Schaltungsteil, das zu klonen ist, eindeutige Namen für Bauteile, Netze und Signale zu finden, an deren Ende keine Zahl steht. Nach diversen Versuchen hat sich für uns folgende Lösung als gut praktikabel erwiesen:

Tipp

Die Bauteilnamen werden um ein Trennzeichen und eine dann folgende Durchnummerierung erweitert. Aus R1 wird dann z.B. R1/1. Die Benennung der Netze und Signale kann ebenso erweitert werden. Wichtig ist, dass der eigentliche Name (hier: R1/) als letztes Zeichen keine Zahl enthält. Die dann angehängte neue Durchnummerierung ist für alle Bauteile und Netze im zu klonenden Schaltungsteil dieselbe!

Wenden Sie den Tipp auf die Schaltung an, so könnte das Ergebnis wie in Abbildung 8.5 gezeigt aussehen.

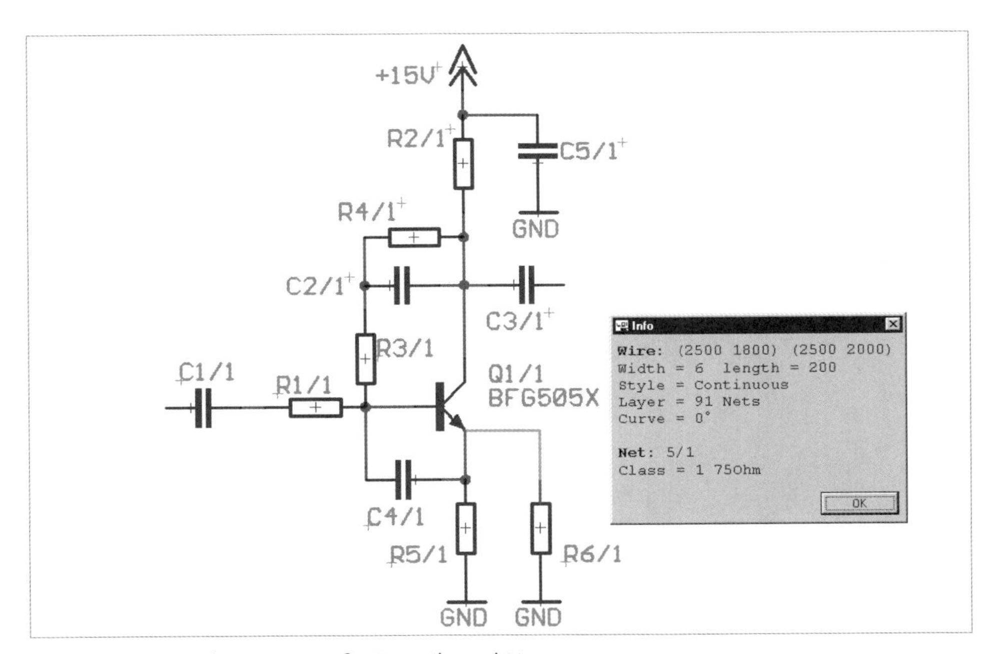

Abb. 8.5: Geänderte Namen für Bauteile und Netze

Mit der geöffneten Info-Box soll hier nur gezeigt werden, dass die Namen der Netze gleichartig aufgebaut sind wie die Namen der Bauteile. So, nachdem Sie die Namen geändert haben, sollten Sie einen nächsten Versuch wagen! Der Slash als

Trennzeichen ist übrigens nur ein Vorschlag. Wie im Tipp erwähnt, ist es nur wichtig, dass das letzte Zeichen des Namens keine Zahl ist.

Wir gehen wie beim ersten Versuch vor. Zuerst die Schaltung im Schaltplan vervielfältigen, dann das Layout in der Board-Datei.

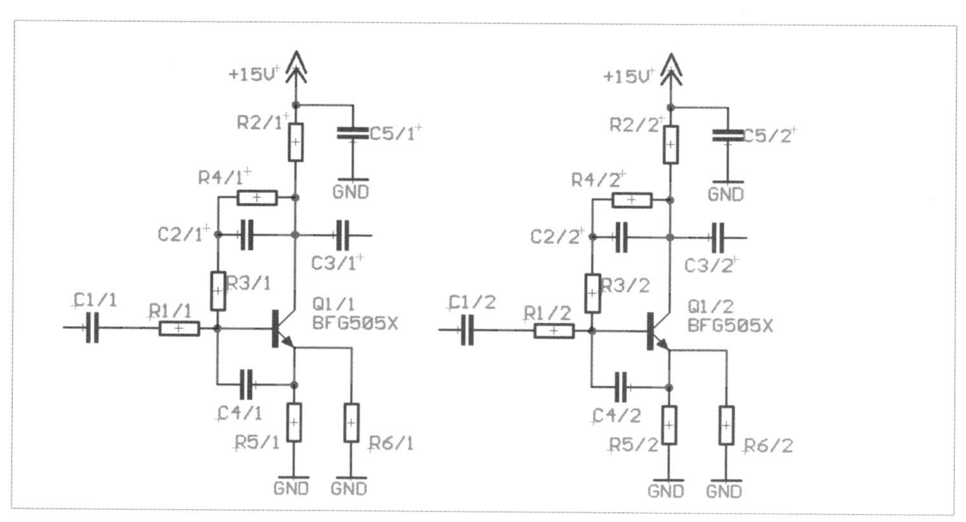

Abb. 8.6: Schaltung geklont – zweiter Versuch

Schon hier können Sie erkennen, dass sich die eigentlichen Bauteilnamen nicht geändert haben, nur die Zahl hinter dem Trennzeichen wurde erhöht. Ebenso hat Eagle die Netznamen behandelt.

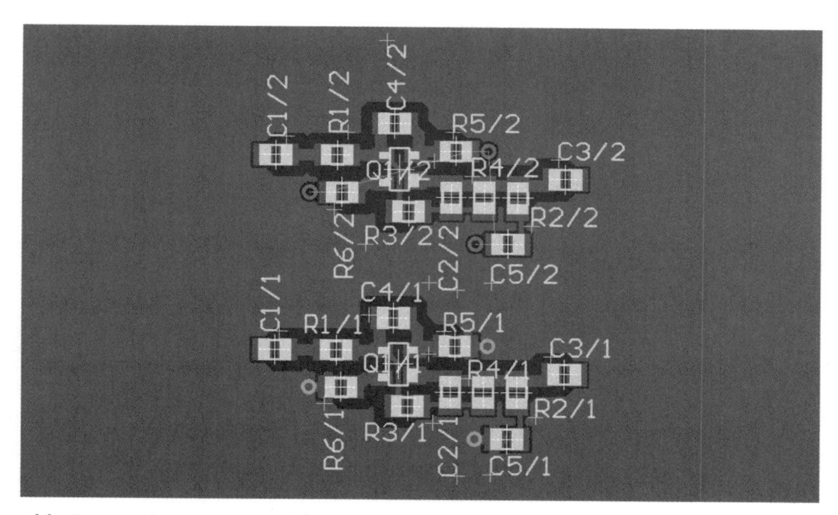

Abb. 8.7: Zweiter Versuch beim Layout

Beim Layout fällt wieder auf, dass die Durchkontaktierungen nicht an das Massepolygon angeschlossen sind. Führen Sie also mit einem flauen Gefühl im Magen einen ERC durch und werfen Sie einen Blick auf die Ausgabe.

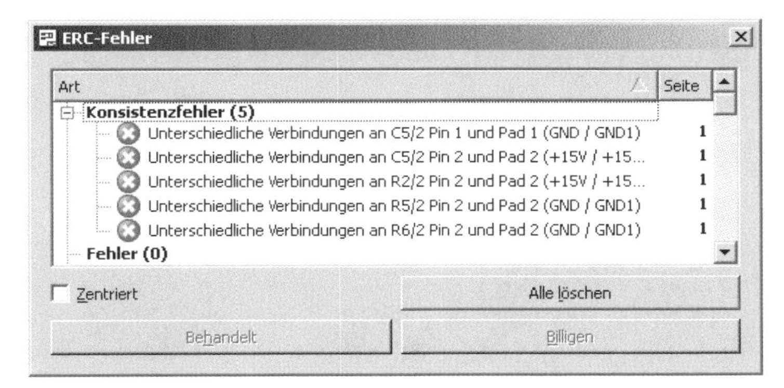

Abb. 8.8: Fehler nach dem zweiten Klonversuch

Aha! Der Schaltplan und das Layout sind immer noch nicht konsistent! Die Liste der Fehler ist aber weitaus kürzer und wenn Sie genau hinschauen, betreffen die Fehler nur die Signale +15V und GND. Da es sich hier um Signale handelt, die für die gesamte entstandene Schaltung gelten, haben wir sie bei der Namensänderung nicht berücksichtigt. Nun muss also im Layout jeweils eine Rückbenennung zum ursprünglichen Namen erfolgen, dann sollte es klappen! Ein weiterer ERC ergibt dann auch:

```
Board und Schaltplan sind konsistent!
```

Nun schnell speichern und das Projekt ist für weitere Schandtaten bereit. Sie können diese Methode so oft anwenden, wie Sie wollen. Es ist dabei unerheblich, welches der beiden Schaltungsteile als Klonobjekt weiterverwendet wird, da sich bei der Benennung der enthaltenen Bauteile und Netze immer nur die letzte Ziffer ändert. Das Ergebnis ist immer dasselbe und hängt nur von der Anzahl der schon vorhandenen Teile ab. Sehr angenehm ist auch die Tatsache, dass die Größe oder Komplexität des zu klonenden Schaltungsteils bei entsprechender Vorbereitung keinen allzu großen Einfluss auf die Vorgehensweise hat. Einzig die Zeit, die Eagle braucht, um die Versorgungsnetze wieder miteinander zu verbinden, kann etwas lang werden. Führen wir die zu tätigenden Aktionen noch einmal auf:

1. Layout-Editor schließen
2. Zu kopierendes Schaltungsteil gruppieren und den CUT-Befehl auf die Gruppe anwenden
3. Mit dem PASTE-Befehl die Gruppe in den Schaltplan einfügen, Datei unter neuem Namen speichern

4. Schaltplan-Editor schließen, Layout-Editor öffnen
5. Zu kopierendes Schaltungsteil gruppieren und den CUT-Befehl auf die Gruppe anwenden
6. Mit dem PASTE-Befehl die Gruppe in das Layout einfügen, Datei unter demselben neuen Namen wie die Schaltplandatei speichern
7. Schaltplandatei öffnen, ERC durchführen und Fehler korrigieren, bis Konsistenz hergestellt ist
8. Projekt speichern

Vorsicht

Beim Platzieren des kopierten Schaltungsteils mit dem PASTE-Befehl achten Sie bitte auf korrekte Lage innerhalb des Rasters! Die Zoom-Funktion für die Ansicht ist auch während des PASTE-Vorgangs möglich. Der Schaltungsausschnitt kann mit dem Scrollrad an der Maus bequem während des Platzierens gewählt werden.

Für das kleine Beispiel erscheint der Aufwand vielleicht etwas übertrieben, aber wenn das zu klonende Schaltungsteil genügend Bauteile und Vernetzungen enthält, macht sich dieses Verfahren schnell bezahlt. Wir sind auf dieses Verfahren gekommen, als das Problem anstand, eine Schaltung mit ca. 180 Bauteilen acht Mal in ein Projekt einzusetzen. Also, es funktioniert auch mit größeren Brocken.

Tipp

Sind die zu klonenden Schaltungsteile groß genug, so lohnt es sich, für jedes Teil ein eigenes Schaltplanblatt anzulegen. Das könnte sich als nützlich erweisen, wenn man ein Schaltungsteil z.B. wieder entfernen möchte.

8.2 Projekt aus dem Baukasten

Führen wir den im letzten Abschnitt begonnenen Gedanken doch einmal weiter. Bestimmt haben Sie schon einmal an einem Projekt gearbeitet, in dem Teile oder vielleicht sogar ein komplettes früheres Projekt benutzt werden kann. Anstatt die Schaltung neu aufzubauen, könnte man ja versuchen, sie mit der beschriebenem Methode in das neue Projekt zu kopieren. Kann das funktionieren? Ja! Voraussetzung ist allerdings, dass die im zu kopierenden Schaltungsteil enthaltenen Bauteile und Netze mit den für das Verfahren notwendigen Namen versehen werden.

Das beschriebene Prinzip bleibt erhalten und es kommt nicht zu unterschiedlichen Endnummern, falls in den schon bestehenden Schaltungsteilen beispielsweise je 25 Widerstände vorhanden sind. Fügt man nun ein Schaltungsteil hinzu, das mehr Widerstände enthält, so würde sich ab R26 die Nummerierung ändern. Angenommen, es sind fünf gleichartige Schaltungen im Projekt enthalten, dann würde bei Nichtbeachtung des Tipps nach R25/6 der Name R26/1 folgen. Da aber beide Widerstände zum gleichen Schaltungsteil gehören sollen, wäre das ein wenig unübersichtlich. Gleiches gilt im Prinzip auch für die Netze, jedoch fällt das nicht so stark auf. Einfluss auf den Ablauf der Operation hat keines der beschriebenen Phänomene. Es ist für Eagle nur wichtig, dass die Durchnummerierung im Schaltplan und im Board gleichartig vorgenommen wird.

Tipp

Wählen Sie für die Bauteile und Netze im zu kopierenden Schaltungsteil Namen aus, die sich von den im zu erweiternden Projekt schon vorhandenen Namen unterscheiden! Dies erleichtert später die Zuordnung. Statt R1/1 könnte z.B. R1/A1 gewählt werden.

Vorsicht

Die Rastereinstellungen der zusammenzufügenden Schaltungsteile sollten zumindest grob zusammenpassen. Mit grob ist gemeint, dass entweder beide im Inch-Raster oder beide im metrischen Raster angelegt sind. Ein Layout im metrischen Raster lässt sich nur mit Nacharbeit in ein Inch-Raster einfügen. Alle Objekte sollten dann z.B. mit der SNAP TO GRID-Funktion ins rechte Raster gerückt werden.

Das Verfahren selbst unterscheidet sich vom beschriebenen Klonen dadurch, dass die einzufügenden Schaltungsteile aus anderen Dateien entnommen werden. Das bedeutet für den Ablauf:

1. Spenderprojekt öffnen, im Schaltplan-Editor Schaltungsteil gruppieren, CUT-Befehl auf die Gruppe anwenden
2. Empfängerprojekt öffnen, Layout-Editor schließen, gegebenenfalls neues Schaltplanblatt erstellen, Schaltungsteil mit PASTE-Befehl einfügen, unter neuem Namen speichern
3. Spenderprojekt wieder öffnen, im Layout-Editor Schaltungsteil gruppieren, CUT-Befehl auf die Gruppe anwenden
4. Empfängerprojekt wieder öffnen, Schaltplan-Editor schließen, Schaltungsteil in das Layout mit dem PASTE-Befehl einfügen, unter dem neuen Namen der Schaltplandatei speichern (natürlich als BRD-Datei).
5. Schaltplandatei des Empfängerprojekts öffnen, ERC durchführen, Fehler beheben, bis Konsistenz hergestellt ist, speichern

8.3 Netzklassen

Die Netzklassen sind eine Neuerung, die zuerst in Eagle 4.0 eingeführt wurde. Es ist damit möglich, Netzen innerhalb einer Schaltung besondere, von anderen Netzen abweichende Eigenschaften zuzuweisen. Vorgegeben werden können Minimalwerte für die Parameter WIDTH, CLEARANCE und DRILL. Es können, wie in Abbildung 8.9 zu erkennen, bis zu acht verschiedene Netzklassen definiert werden.

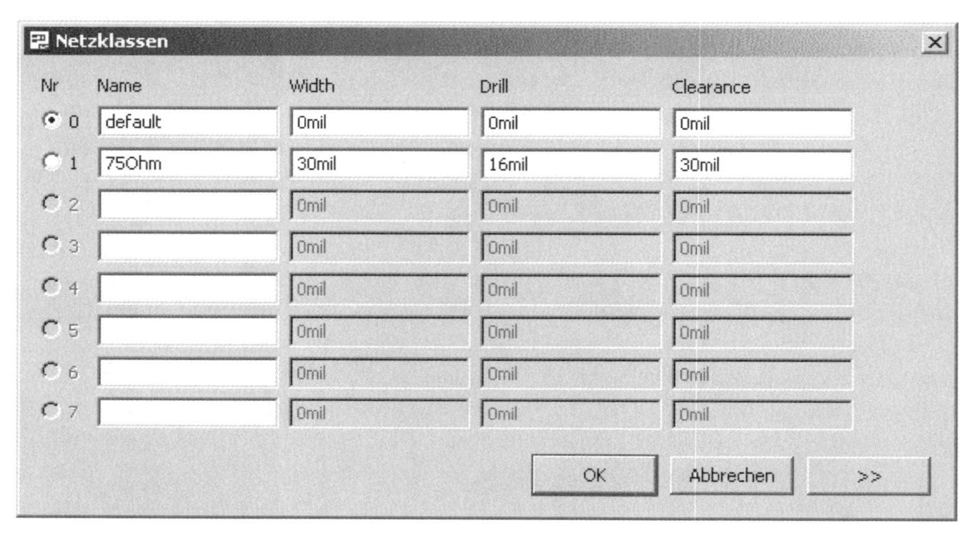

Abb. 8.9: Dialogfenster NETZKLASSEN

In Abbildung 8.9 sind die zwei Netzklassen aus dem Klonprojekt in das Dialogfenster eingetragen. Diese Einträge verhindern nicht, dass z.B. eine Leiterbahn schmaler gezeichnet wird, als es für die Netzklasse vorgesehen ist, jedoch wird dies als Fehler bei einem Design Rule Check erkannt. In dem kleinen Klonprojekt wurde die Netzklasse 1 mit dem Namen 75OHM dazu verwendet, den Isolationsabstand zum Massepolygon auf 30 mil zu vergrößern. Da es sich um einen Breitbandverstärker handelt, würde eine zu dicht angeordnete Masse stören. Andererseits ist es für NF-Leitungen oder Betriebsspannungen nicht nötig, dass der Isolationsabstand zum Massepolygon so groß ist. Die Anwendungsmöglichkeiten für Netzklassen sind vielfältig. So kann die Strombelastung einer Leiterbahn und die daraus resultierende Mindestbreite berücksichtigt werden, bestehende Vorschriften bezüglich Isolationsabständen können überprüft und eingehalten werden und vieles mehr.

Wichtig

Die im Netzklassen-Dialogfenster eingetragenen Werte werden nur angewendet, wenn sie den Vorgaben in den Design Rules nicht widersprechen! Die in der Default-Netzklasse (standardmäßig) eingetragenen 0 mil für alle Parameter kommen also niemals zur Anwendung, solange in den Design Rules größere Werte vorgeschrieben sind.

8.4 Das Projekt wird größer ...

Bei Anwendungen, die sich in einem schönen überschaubaren Rahmen wie z.B. einer Europlatine bewegen, hat man bei der Arbeit mit Eagle keine Probleme. Es gibt aber auch Projekte, die sich aus vielen Schaltplanseiten zusammensetzen und dann vielleicht 1.200 und mehr Bauteile beinhalten. In diesem Moment werden die einzelnen Netze – insbesondere die Versorgungsnetze – ziemlich umfangreich. Als Beispiel für solch ein ausuferndes Netz in analogen Schaltungen, die bis in den Mikrowellenbereich hinein funktionieren sollen, wird hier das GND-Netz verwendet. Da in solchen Schaltungen viele Entstörbauteile gesetzt werden und auch die Leiterplatte mit einer Unzahl von Durchkontaktierungen für gute Masse durchlöchert ist, haben wir es dann mit dem größten Netz des Projekts zu tun.

Versuchen Sie bei einem solchen Projekt einmal, ein Bauteil an das GND-Netz anzuschließen. Wir haben das gerade mal versucht und die Zeit gestoppt. Bei einem Projekt mit ca. 1.500 Bauteilen auf der Leiterplatte mit vier Kupferlagen, die mit ca. 1.000 GND-Durchkontaktierungen durchlöchert ist, hat das Anschließen eines Widerstandes an das GND-Netz mit einer alten 1,2-GHz-Gurke ca. acht Minuten gedauert. Diese Zeit vergeht natürlich auch, wenn man einer Durchkontaktierung den Namen GND gibt. Man stelle sich vor, man möchte zur Entkopplung von Schaltungsteilen eine Reihe GND-Durchkontaktierungen setzen! Jede braucht zum Anschließen an das GND-Netz acht Minuten – Sie wären wahrscheinlich den ganzen Tag mit Warten beschäftigt!

Tipp

Wollen Sie neue Durchkontaktierungen oder Leiterbahnen bei sehr großen Projekten an sehr umfangreiche Netze wie z.B. GND anschließen, so sollte der *Name* schon *vor* dem Platzieren oder Zeichnen gewählt werden.

Das Vorwählen von Namen geschieht über das Eingabefeld des jeweiligen Editors. Für Durchkontaktierungen ist nun der VIA-Befehl zuständig. Wenn Sie ein GND VIA setzen wollen, so wählen Sie jetzt nicht nur Form und Bohrdurchmesser vor, sondern geben in das Eingabefeld noch den *in Hochkommata eingeschlossenen*

Namen des gewünschten Netzes GND ein. Ein abschließendes [Enter] und die Durchkontaktierungen können jetzt der Reihe nach gesetzt werden. Die abschließende Kontaktierung der neu gesetzten Durchkontaktierungen wird erst beim nächsten Aufruf des RATSNEST-Befehls vorgenommen. Die langen Pausen, die sonst bei jeder Benennung einer Durchkontaktierung entstehen, entfallen damit! Ebenso kann mit Leiterbahnen verfahren werden. Möchten Sie eine Masseverbindung herstellen, die mit den augenblicklichen Polygoneinstellungen nicht möglich ist, kann der Name für den WIRE-Befehl wie beim VIA-Befehl vorgewählt werden. Anschließend kann der WIRE wie gewohnt gezeichnet werden. Auch hier gilt: Die abschließende Kontaktierung findet später statt.

Vorsicht

Haben Sie den Namen vorgewählt, darf die Ausführung des jeweiligen Befehls nicht unterbrochen werden! Sie können eine Durchkontaktierung nach der anderen setzen, dürfen aber nichts anderes zwischendurch machen! Beim WIRE-Befehl reicht schon der Abbruch des Zeichnens einer Leiterbahn mit [Esc] und der vorgegebene Name wird bei der nächsten Leiterbahn nicht mehr verwendet!

Das Vorwählen von Parametern eines Befehls bietet sich auch für den Befehl VALUE an. Bei kleinen Bauteilen wie Widerständen, Kondensatoren, Dioden oder Transistoren ist es praktisch, nicht direkt den Typ oder Bauteilwert mit anzugeben, sondern zunächst nur die Bauform des Gehäuses, wie es auch im Kapitel über Bibliotheken beschrieben ist. Bei der Vergabe der Bauteilwerte (*Values*) kann man dann rational vorgehen, indem man oft verwendete Werte vorgibt. Bei jedem Klick auf ein Bauteil wird dieser Wert automatisch eingetragen. Sie sparen den sich immer wiederholenden Vorgang des Eintragens des Bauteilwerts in den sich öffnenden Dialogfenstern.

8.5 Rückbau

Wurde das Projekt, wie in diesem Kapitel beschrieben, *modular* aufgebaut, ist es natürlich nicht nur möglich, Schaltungsteile hinzuzufügen, sondern auch, sie wieder zu entfernen. Ist das Projekt eines der im vorigen Abschnitt beschriebenen größeren Exemplare, so ist es vorteilhaft, wenn das zu entfernende Schaltungsteil ein eigenes Schaltplanblatt sein Eigen nennt. Um das Herauslösen aus dem Projekt zu beschleunigen, hat es sich als vorteilhaft erwiesen, zunächst alle Masseverbindungen durch Umbenennung des GND-Netzes auf dem betreffenden Schaltplanblatt vorzunehmen. Gibt man für ein GND-Netz einen anderen Namen ein, so erscheint das in Abbildung 8.10 zu sehende Fenster:

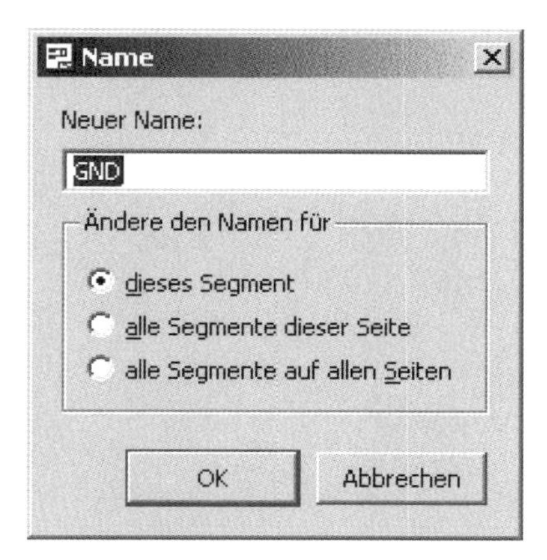

Abb. 8.10: Umbenennung von Netzen, die sich über mehrere Schaltplanblätter erstrecken

Da sich das GND-Netz durch alle Schaltplanblätter hindurchzieht, möchte Eagle nun wissen, ob nur dieses bearbeitete Segment (DIESES SEGMENT), eventuell das GND-Netz auf diesem Schaltplanblatt (ALLE SEGEMENTE DIESER SEITE) oder gar das gesamte GND-Netz im Projekt umbenannt werden soll (ALLE SEGMENTE AUF ALLEN SEITEN). Nachdem Sie die Zeit gewartet haben, die Eagle für die Auflösung der Vernetzungen gebraucht hat, kann dann der Inhalt des Schaltplanblatts gelöscht werden. Würden Sie die Option LÖSCHEN in der SEITENVORSCHAU verwenden, geht für das Auflösen der Vernetzungen mehr Zeit drauf (die Aktion läuft in dem Projekt aus Abschnitt 8.3 jetzt schon über 20 Minuten und Eagle steht immer noch still). Sie sparen sich allerdings die einzelnen Schritte, die bei der zuerst beschriebenen Methode nötig sind.

## Kapitel 9

Datenausgabe

Nachdem die Leiterplatte fertig ist, müssen die Daten in einem für einen Leiterplattenhersteller lesbaren Format ausgegeben werden. Viele Hersteller akzeptieren heute bereits einfach die Eagle-Board-Datei für die Herstellung einer Leiterplatte. Jedoch ist es eigentlich allen lieber, die Daten im Gerber-RS274X-Format zu bekommen. Dazu gehören dann auch noch die Bohrdaten im Excellon-Format. Das hört sich jetzt alles sehr kompliziert an, ist es aber eigentlich nicht. Die Zeiten des normalen Gerber-Formats, bei dem man sich zur Datenherstellung noch Blendentabellen des Leiterplattenherstellers besorgen musste, sind (so gut wie) vorbei. Wie erstellt man nun einen Datensatz für eine Leiterplatte?

9.1 Eagle-Board-Datei weitergeben

Gibt man die Eagle-Board-Datei als Arbeitsgrundlage für den Leiterplattenhersteller weiter, so sollte man zusätzliche Informationen beifügen. Da bei der Erstellung der Leiterplatte wahrscheinlich einige Layer verwendet wurden, die zur späteren Fertigung der Leiterplatte keine Rolle spielen, sollte genau beschrieben werden, welche Layer verwendet werden sollen. Es sind zum Beispiel immer die Layer für die Bauteilbenennung (TNAME, BNAME) und Bauteilwerte (TVALUE, BVALUE) enthalten, aber es ist ja nicht immer erwünscht, dass ein Bestückungsdruck auf die Leiterplatte kommt. Bis Eagle 4.1 war es auch notwendig, den gewünschten Aufbau der Leiterplatte zusätzlich zur Board-Datei mitzuteilen. In der aktuellen Version kann dies im DRC-Dialogfenster eingetragen werden. Es ist allerdings niemals falsch, lieber eine Information zu viel als eine zu wenig anzugeben!

Hier eine kurze Auflistung der Daten, die zusätzlich zur Board-Datei nötig sind:

1. Leiterplattenmaterial
2. Lagenaufbau der Leiterplatte: Anzahl der Kupferlagen, Isolationsabstände
3. Oberflächenausführung der lötbaren Teile der Leiterplatte
4. Auflistung und Beschreibung der aus der Board-Datei zu verwendenden Layer

9.2 CAM-Prozessor

Will man auf Nummer sicher gehen, dann übergibt man dem Leiterplattenhersteller seine Leiterplattendaten im Gerber-RS274X-Format und die Bohrdaten im Excellon-Format. Warum gerade diese Kombination? Zunächst unterstützen alle uns bekannten Leiterplattenhersteller dieses Format. Dann – und das ist für den Eagle-Anwender wichtig – ist die Erzeugung dieser Daten viel unkomplizierter als für andere Gerber-Formate. Für die Erzeugung von Gerber-Daten wird beispielsweise der Eagle-CAM-Prozessor verwendet. Dieser öffnet sich nach einem Klick auf den CAM-Button direkt neben dem DRUCKEN-Button in der ACTION-Toolbar der Editoren.

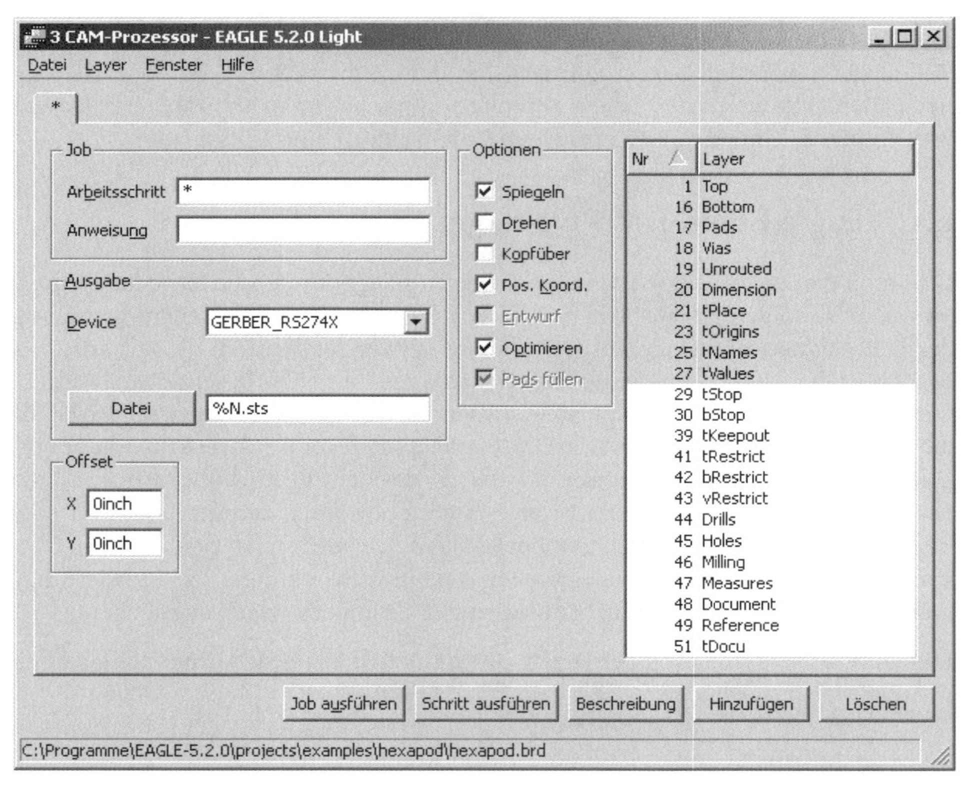

Abb. 9.1: Erster Aufruf des CAM-Prozessors

In Abbildung 9.1 ist der CAM-Prozessor nach dem ersten Aufruf aus dem Layout-Editor, der mit dem Projekt HEXAPOD geladen ist, gezeigt. Zunächst sieht das Ganze ziemlich leer aus. Einzig die im Layout verwendeten Layer sind in der Scrollbox auf der rechten Seite grau hinterlegt.

Wichtig

Der CAM-Prozessor zeigt die im Layout verwendeten Layer nur richtig an, wenn das Projekt bzw. das Board vorher mit den durch den DISPLAY-Befehl entsprechend angewählten (selektierten) Layern abgespeichert wurde.

Der CAM-Prozessor ist Job-gesteuert. Das bedeutet, Sie müssen zunächst entweder einen Job erstellen oder einen vorgefertigten Job öffnen, bevor Sie Ausgabedaten erzeugen können.

Die Menüleiste

Werfen Sie dazu einen Blick auf die Menüleiste des CAM-Prozessors. Sie finden dort vier Menüpunkte DATEI, LAYER, FENSTER und HILFE. Für die Arbeit mit dem CAM-Prozessor sind nur die beiden ersten Menüpunkte wichtig. Die restlichen beiden Punkte sind auch in den Editoren zu finden und bewirken dasselbe. Der erste Punkt ist das in Abbildung 9.2 gezeigte DATEI-Menü.

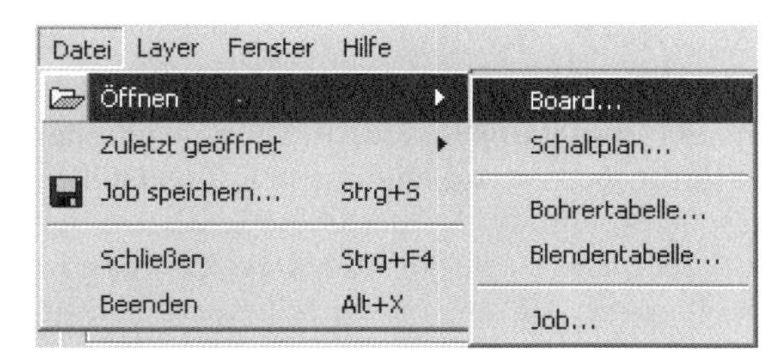

Abb. 9.2: DATEI-Menü des CAM-Prozessors

Der interessanteste Punkt ist ÖFFNEN, deshalb ist er auch schön ausgeklappt abgebildet. Die drei übrigen Punkte erklären sich, denken wir, von selbst. Also nun zu den Einzelheiten des ÖFFNEN-Befehls. In dem sich öffnenden Untermenü sind zunächst die Einträge BOARD und SCHALTPLAN vorhanden. Der CAM-Prozessor ist, wie es die Editoren auch sind, ein eigenständiges Programm. Starten Sie ihn, ohne dass in einem Editor ein Projekt geöffnet ist, können Sie ihm auf diesem Wege mitteilen, für welches Layout oder für welchen Schaltplan Ausgabedaten erzeugt werden sollen. Die folgenden beiden Punkte beschreiben Daten, die zur Erzeugung von Ausgabedaten für einige Formate notwendig sind und als externe Datei vorliegen müssen. Bei BOHRERTABELLE geht es um eine Datei, die dem CAM-Prozessor anzeigt, welche Bohrdurchmesser in einem Layout verwendet wurden. Diese Angabe wird für die Erzeugung von Bohrdaten benötigt. Da es sich dabei um layoutspezifische Angaben handelt, wird eine solche BOHRERTABELLE im Layout-Editor erstellt. Die BLENDENTABELLE wird zum Beispiel für ältere Gerber-

Formate benötigt. Der Punkt JOB ist eigentlich klar – hier kann ein vorgefertigter Job geöffnet werden.

Der Menüpunkt LAYER hat Einfluss auf die Darstellung der Scrollbox, in der die einzelnen Layer der zu bearbeitenden Leiterplatte angezeigt sind. Es stehen im LAYER-Menü drei verschiedene Optionen zur Auswahl. Die im Layout angezeigten Layer werden im CAM-Prozessor als AUSGEWÄHLT gekennzeichnet. Mit ALLE ABWÄHLEN können Sie nun zunächst alle Layer als Quelle für Ausgabedaten ausschalten. Dies ist zum Beispiel sehr sinnvoll, wenn Sie sichergehen wollen, dass wirklich nur die Layer selektiert sind, die Sie selbst angewählt haben. Da die Liste der Layer doch einige Einträge enthält, ist es schnell passiert, dass ein Layer am Ende der Liste selektiert ist, den man ja erst durch Scrollen zum Deselektieren erreichen kann. Diese Kontrolle kann auch mit dem Punkt AUSGEWÄHLTE ZEIGEN vorgenommen werden. Damit werden alle nicht selektierten Layer ausgeblendet und die Liste ist dann ziemlich übersichtlich. Sie erkennen damit in der Regel sofort, ob alle benötigten Layer enthalten sind oder ob zu viele Layer selektiert sind. ALLE ZEIGEN ist der Standardfall für die Layer-Ansicht. Alle verfügbaren Layer sind angezeigt und die selektierten Layer sind grau hinterlegt.

Einstellungen im Dialogfenster

Die im CAM-Prozessor vorgenommenen Einstellungen können als so genannter *Job* gespeichert werden. Um aber nicht für jede Aktion einen neuen Job erstellen zu müssen, kann ein Job aus mehreren Arbeits*schritten* bestehen. Jeder Arbeitsschritt ist durch einen eigenen Reiter im Dialogfenster des CAM-Prozessors dargestellt. In Abbildung 9.1 zum Beispiel besteht der Job erst aus nur einem Schritt. Doch schauen Sie zunächst durch die verschiedenen Abteilungen dieses Dialogfensters. Die Abteilung JOB beinhaltet zwei Eingabefelder mit den Bezeichnungen ARBEITSSCHRITT und ANWEISUNG.

In Abbildung 9.3 sind die Auswirkungen der Eingabe in dieser Abteilung des Dialogfensters gezeigt. Ein Eintrag in das Eingabefeld zu ARBEITSSCHRITT überträgt sich als Bezeichnung auf den Reiter des entsprechenden Dialogfensters. Mit einem Eintrag unter ANWEISUNG öffnet sich vor der Abarbeitung des entsprechenden SCHRITTES das gezeigte INFO-Fenster, das den Eintrag als Hinweis enthält und die Option bereitstellt, mit einem Klick auf ABBRECHEN die Abarbeitung des Jobs an diesem Punkt abzubrechen. In der Abteilung AUSGABE wird zunächst das Ausgabeformat gewählt. Dazu wählen Sie aus der Scrollbox zu DEVICE das entsprechende Format aus. Je nachdem, welches Ausgabeformat gewählt wurde, müssen Sie noch eine BOHRERTABELLE oder BLENDENTABELLE angeben. Dazu klicken Sie auf den Button links neben dem Eingabefeld und suchen sich in diesem Windows-Standard-File-Dialogfenster die benötigte Datei aus. Als Nächstes folgt dann die Eingabe des zu erzeugenden Ausgabedateinamens und Speicherpfads. Sind Sie mit der Erzeugung der Ausgabedaten im Projektordner einverstanden, so tragen Sie hier nur die gewünschte Dateiendung inklusive Trennpunkt ein und alles

Nötige ist eingegeben. Die Dateiendungen sind hierbei nicht festgelegt, sollten aber eindeutig sein und die Zuordnungen zu den einzelnen Layern sollten dem Leiterplattenhersteller mitgeteilt werden.

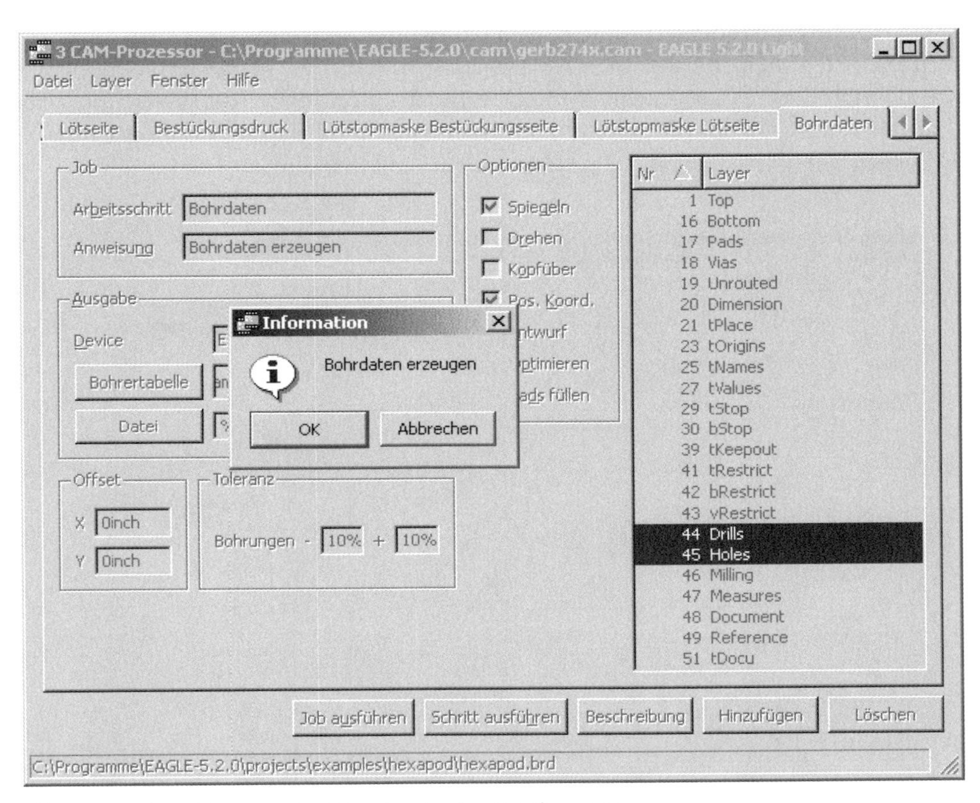

Abb. 9.3: Auswirkungen der Eingaben in der Abteilung JOB

In Abbildung 9.4 ist gezeigt, welche Einträge für die Ausgabe der BESTÜCKUNGSSEITE im Gerber-RS274X-Format nötig sind. Hier wurde vom Standard-CAM-JOB die Dateiendung `.cmp` vorgegeben, wobei die Ausgabe im Projektordner erfolgt. Änderungen in der Abteilung OFFSET sind im Allgemeinen nicht nötig. In der Abteilung OPTIONEN können für die Ausgabe einige FLAGS gesetzt werden. Mit SPIEGELN kann die Ausgabe gespiegelt erfolgen. DREHEN dreht das Layout bei der Ausgabe um 90 Grad und KOPFÜBER dreht das Layout um 180 Grad. Sind DREHEN und KOPFÜBER aktiviert, so wird das Layout um 270 Grad gedreht. Das Flag POS. KOORD. legt fest, dass bei der Ausgabe der Daten keine Koordinatenangaben mit negativem Vorzeichen entstehen. Dieses Flag ist standardmäßig aktiviert, da negative Koordinaten bei vielen Ausgabegeräten zu Fehlern führen! Das Flag ENTWURF kann bei der Ausgabe von Gerber-Daten nicht angewählt werden. Es ist nur bei einer Auswahl der Ausgangstreiber, zum Beispiel HPGL, möglich. Ist dieses Flag aktiviert, werden nur die Umrisse von Objekten des Layouts ausgegeben. Mit OPTIMIEREN kann die Wegoptimierung für die Plotterausgabe aktiviert werden. PADS FÜLLEN ist für die Gerber-Ausgabe standardmäßig aktiviert und kann auch nicht deaktiviert werden. Ist dieses Flag einstellbar, so kann man damit durch Deaktivierung das Bohrloch in der Ausgabe sichtbar machen. Stellt man eine Leiterplatte selbst her und will man die Bohrungen mit einer kleinen Handbohrmaschine erstellen, so ist es von Vorteil, wenn die Bohrlöcher der Pads und Vias angeätzt sind. Der Bohrer rutscht dann nicht so schnell weg. Für die maschinelle Leiterplattenherstellung ist PADS FÜLLEN stets zu aktivieren.

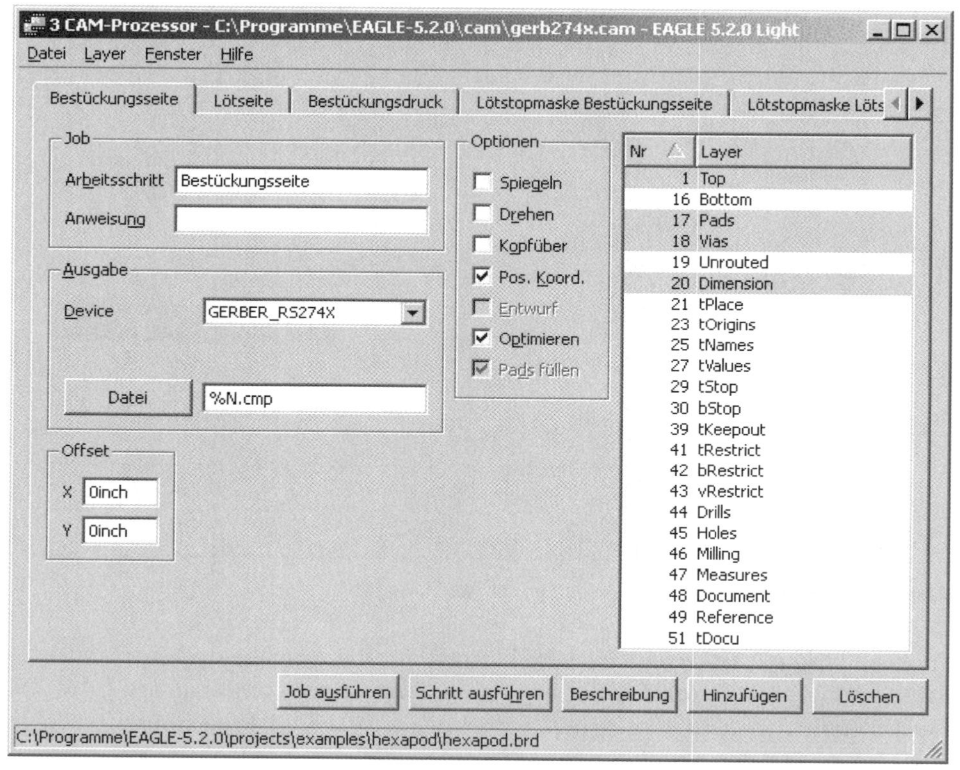

Abb. 9.4: Dialogfenstereinträge für Ausgabe der Bestückungsseite im Gerber-RS274X-Format

Job für Gerber-RS274X-Datenausgabe erstellen

Was brauchen Sie für die Erstellung eines kompletten Datensatzes im Gerber-RS274X-Format?

1. Alle Layer, die für die Leiterplatte nötig sind
2. Bohrdaten zum Beispiel im Excellon-Format

Die benötigten Layer sind von der Art der verwendeten Komponenten auf der Leiterplatte abhängig. Wurden nur bedrahtete Bauteile verwendet, so sind die Layer TOP, BOTTOM, TSTOP und BSTOP für eine zweiseitig kupferkaschierte Leiterplatte notwendig. Es handelt sich dabei um die zwei Kupferlagen und die zugehörigen Lötstoppmasken, die die lötbaren Flächen der Leiterplatte bestimmen. Soll für verwendete SMD-Bauteile auch eine Lötpastenmaske für Reflow-Lötung erstellt werden, so sind außerdem noch die Layer TCREAM und BCREAM notwendig, je nachdem, auf welcher Seite der Leiterplatte SMD-Bauteile verwendet wurden. Gleiches gilt für die Klebemasken TGLUE, BGLUE, die bei Wellenlötung für SMD-Bauteile zum Einsatz kommen.

In unserem kleinen Projekt brauchen Sie nur die Layer TOP, BOTTOM, TSTOP und BSTOP für die Leiterplattenoberfläche. Für die Bohrdaten sind die Layer HOLES und DRILLS notwendig.

Wichtig

Achten Sie bei der Auswahl der in einem ARBEITSSCHRITT eines Jobs zu verwendenden Layer darauf, dass es zu keinen Überschneidungen kommt! Gleichzeitiges Selektieren mehrerer Kupferlayer erzeugt unbrauchbare Ausgabedaten. Der CAM-Prozessor erkennt das und gibt eine Warnung aus.

Die Einstellungen für die BESTÜCKUNGSSEITE sind schon in Abbildung 9.4 zu sehen. Die selektierten Layer sind TOP, PADS, VIAS und DIMENSION. Cadsoft warnt zwar vor geschlossenen Umrissen in den Ausgabedaten, aber wir haben damit bisher keine Probleme gehabt. Für komplizierte Leiterplattenformen ist ein kompletter Umriss ohnehin notwendig. Für die LÖTSEITE gelten zunächst einmal dieselben Einstellungen für die Ausgaben, nur sind hier die Layer BOTTOM, PADS, VIAS und DIMENSION zu selektieren.

Vorsicht

Cadsoft lässt in den vorgefertigten Jobs für die Gerber-RS274X-Ausgabe die Layer BOTTOM und alle anderen von der Unterseite der Leiterplatte sichtbaren Layer mit aktiviertem Flag SPIEGELN, also gespiegelt ausgeben. Die Leiterplattenhersteller, mit denen wir zusammenarbeiten, sind darüber nicht erfreut gewesen! Fragen Sie daher vorher nach, ob bestimmte Layer gespiegelt ausgegeben werden sollen oder lieber nicht.

Damit eine Leiterplatte maschinell gelötet werden kann, ist eine so genannte *Lötstoppmaske* auf jeder zu lötenden Seite notwendig. Damit wird festgelegt, welche Stellen der Leiterplattenoberfläche mit Lötstopplack abgedeckt werden und welche zum Löten vom Lack freigestellt bleiben.

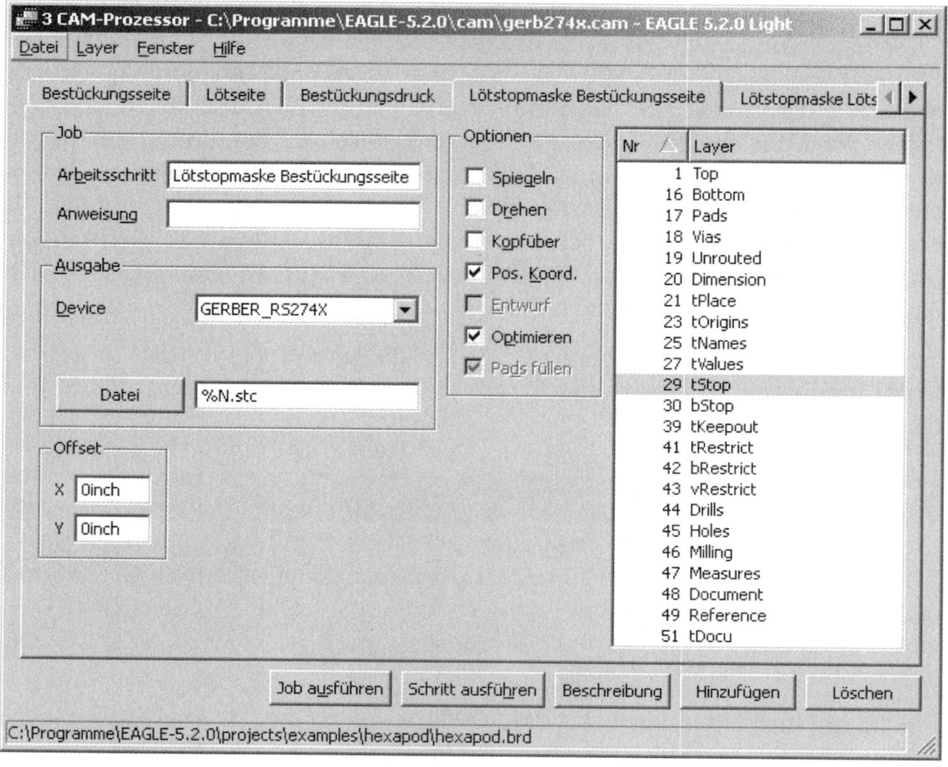

Abb. 9.5: ARBEITSSCHRITT für Lötstoppmaske der Bestückungsseite

Um einen neuen ARBEITSSCHRITT innerhalb des Jobs zu erstellen, klicken Sie auf den HINZUFÜGEN-Button. Sofort erscheint ein neuer Reiter und Sie können alle notwendigen Eingaben vornehmen. Für die Lötstoppmaske der BESTÜCKUNGSSEITE ist nur der Layer TSTOP auszuwählen und eine Dateiendung für die Ausgabe zu wählen. Als Ausgabe-Device wird weiterhin Gerber RS274X verwendet. Der ARBEITSSCHRITT für die Lötstoppmaske der LÖTSEITE unterscheidet sich von Abbildung 9.5 nur durch die Selektion des Layers BSTOP und eine andere Dateiendung für die Ausgabedatei.

Wichtig

Speichern Sie den Job über DATEI|JOB SPEICHERN nach jeder Änderung in einem ARBEITSSCHRITT ab! Es gehen sonst unter Umständen Einstellungen für selektierte Layer in zuvor nicht gespeicherten Schritten verloren. Kontrollieren Sie daher auch den fertigen Job auf korrekte Eintragungen.

Bohrdaten erzeugen

Zur Erstellung der Bohrdaten im Excellon-Format ist es zunächst nötig, eine so genannte *Bohrertabelle* anzulegen. Darin sind alle im Layout verwendeten Bohrdurchmesser enthalten. Um eine solche Bohrertabelle zu erzeugen, müssen Sie zurück in den Layout-Editor. Dort stellt Cadsoft ein ULP zur Verfügung, das diese Tabelle erstellt. Im Menü DATEI|ULP AUSFÜHREN findet sich eine Datei `drillcfg.ulp`. Diese wird auf das Layout angewendet und es öffnet sich zunächst das in Abbildung 9.6 gezeigte Dialogfenster.

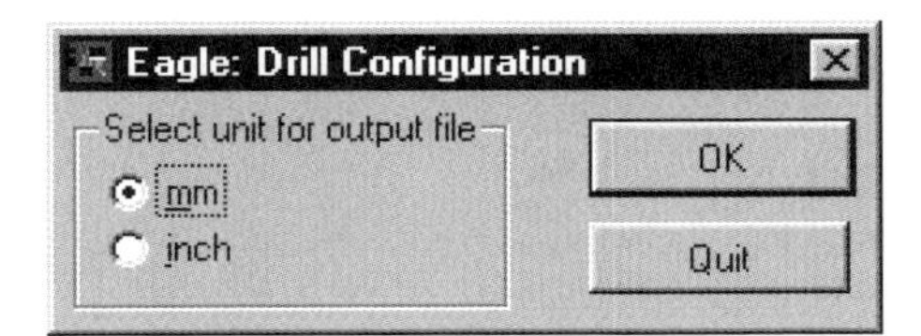

Abb. 9.6: Auswahldialogfenster für Einheit der Bohrdurchmesser

Als Standard ist MM gewählt, da in Europa die Bohrer meistens im metrischen Maß angefertigt werden. Wir lassen es dabei, obwohl die Leiterplatte im INCH-Raster erstellt wurde, und klicken auf OK. Es erscheint dann die Liste der verwendeten Bohrdurchmesser.

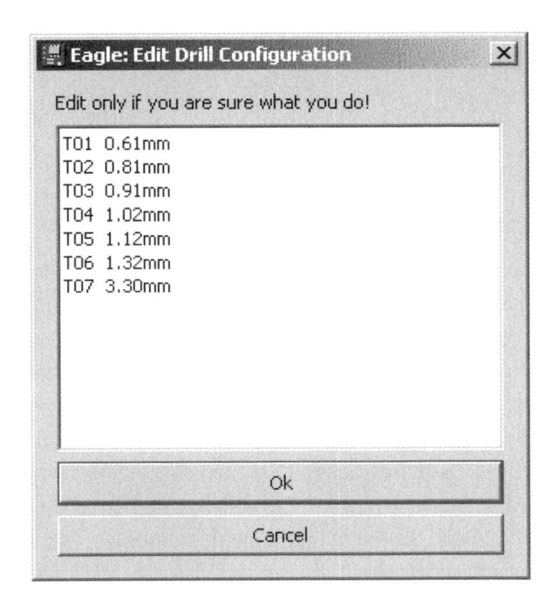

Abb. 9.7: Liste der verwendeten Bohrdurchmesser

Diese Liste ist in Abbildung 9.7 so dargestellt, wie sie nach Ausführung des ULP erscheint. Es wird dann nach Bestätigung durch Klicken auf OK eine Textdatei mit genau dem gezeigten Inhalt erstellt, die in unserem Beispiel den Namen DRL erhält und im Projektverzeichnis gespeichert wird. Jetzt können Sie wieder zum CAM-Prozessor wechseln und die Bohrertabelle in den ARBEITSSCHRITT für die Bohrdaten eintragen.

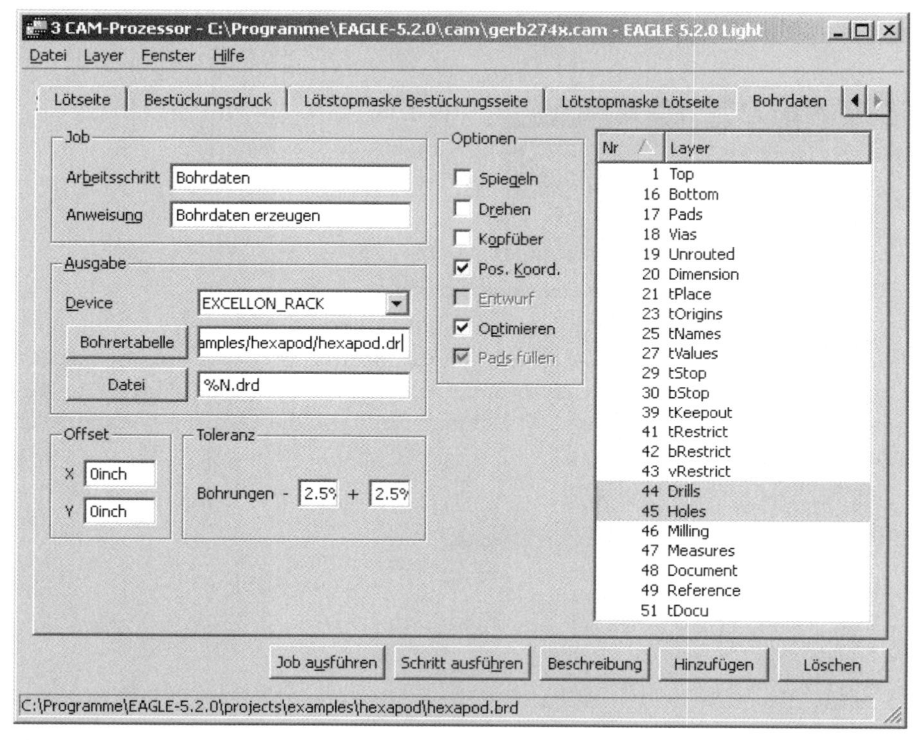

Abb. 9.8: JOB ARBEITSSCHRITT für die Bohrdaten

In Abbildung 9.8 sind die Einstellungen dargestellt, die im ARBEITSSCHRITT zur Erstellung der Bohrdaten außer der Auswahl der Bohrertabelle noch durchgeführt werden müssen. Wie in jedem ARBEITSSCHRITT muss auch hier für die Ausgabedatei eine geeignete Dateiendung angegeben werden. Für Excellon-Daten hat sich dabei die Bezeichnung `.drd` eingebürgert und bewährt. Die zur Erstellung der Bohrdaten zu selektierenden Layer sind DRILLS und HOLES und sonst keine! Da wir bei der Erstellung der BOHRERTABELLE die Einheit MM gewählt haben, ist es sinnvoll, in der Abteilung TOLERANZ eine gewisse Abweichung der Bohrdurchmesser vom eigentlich im Layout spezifizierten Durchmesser zuzulassen. Auch wenn in diesem Fall die Bohrertabelle im Inch-Raster erstellt worden wäre, empfiehlt Cadsoft, hier eine Toleranz von 2,5 Prozent in beide Richtungen zuzulassen.

So, nachdem alle Einstellungen vorgenommen sind, kann der Job nun gestartet werden. Am unteren Rand des CAM-Prozessor-Fensters ist die Datei eingetragen, von der Ausgabedaten erzeugt werden. Sind im Layout Polygone enthalten, so werden sie vor der Erstellung freigerechnet. Während der Erstellung der Ausgabedaten zeigt der CAM-Prozessor den Fortschritt in einem kleinen Fenster an.

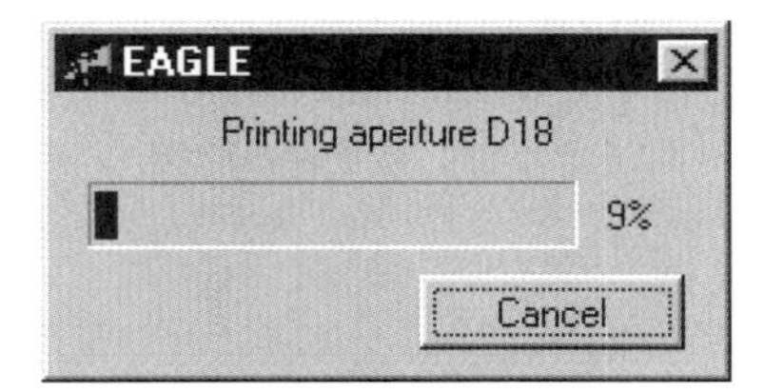

Abb. 9.9: Fortschritt der Ausgabedatenerstellung

Wurde der Job ohne Fehlermeldung abgeschlossen, so deutet das schon auf Erfolg hin. Schauen Sie nach, ob alle notwendigen Dateien erzeugt wurden:

1. `Hexapod.cmp`: Kupferlage BESTÜCKUNGSSEITE
2. `Hexapod.sol`: Kupferlage LÖTSEITE
3. `Hexapod.stc`: Lötstoppmaske BESTÜCKUNGSSEITE
4. `Hexapod.sts`: Lötstoppmaske LÖTSEITE
5. `Hexapod.drl`: Bohrertabelle
6. `Hexapod.drd`: Bohrdaten

Die Kontrolle ergibt, dass alle sechs Dateien vorhanden sind. Zusätzlich wurden noch die Dateien `Hexapod.gpi` und `Hexapod.dri` angelegt. Es handelt sich dabei um Textdateien, die als Informationsdateien für den Leiterplattenhersteller gedacht sind. Sie sind nicht unbedingt nötig, können bei Unstimmigkeiten aber zur Klärung beitragen, ohne dass der Leiterplattenhersteller bei Ihnen nachfragen muss.

Octagons

Eben noch haben wir erwähnt, dass das Gerber-RS274X-Format die wenigsten Probleme macht und schon beschreiben wir eins! Zur Kontrolle der Ausgabedaten kann man einen Gerber-Viewer verwenden. Solche Programme sind im Internet als Freeware erhältlich. Nun gibt es ein kleines Problem in der Spezifikation des Formats: Es sind eigentlich keine Octagons vorgesehen. Eagle behilft sich damit, anstelle eines Octagons ein Polygon mit acht Scheitelpunkten auszugeben, wie es auch die Spezifikation des Gerber-Formats vorschlägt. Manche Gerber-Viewer und somit auch Verarbeitungssoftware bei den Leiterplattenherstellern haben Probleme damit. Falls es Probleme gibt, werden Octagon-Pads nicht dargestellt. Man bekommt dann erst einmal einen Schreck und weiß nicht, was los ist. Wir haben diese Erfahrung im Zusammenhang mit einem Datenaufbereitungstool für einen Fräsbohrplotter gemacht. Der Fehler ist natürlich erst aufgefallen, als die Leiterplatte fertig war! Wie kann man sich behelfen? In der Datei `Eagle.def` im Eagle-Programmverzeichnis sind Definitionen der einzelnen Ausgabe-Devices enthalten. Ab Zeile 968 ist das Problem im Abschnitt zum Gerber-RS274X-Format beschrieben. Nach der vorhandenen Beschreibung muss, wenn das Problem auftritt, die Zeile 975 auskommentiert werden und dafür die Zeile 974 aktiviert werden. Dann werden anstelle eines Octagons runde Pads generiert. Mit denen sollte es keine Probleme geben.

Gerber-Daten weitergeben

Auch wenn Sie die Leiterplattendaten im Gerber- und Excellon-Format weitergeben, ist es sinnvoll und notwendig, weitere Informationen zur Leiterplatte zum Beispiel in einer beigefügten Textdatei mitzuliefern. Ebenso sehen es einige Leiterplattenhersteller gern, wenn zu Kontrollzwecken bei eventuellen Problemfällen die Eagle-Board-Datei ebenfalls im Datensatz enthalten ist. Zusammenfassend sollte also ein solcher Gerber-Datensatz aus folgenden Dateien bestehen:

Informationstextdatei mit

1. Leiterplattenmaterial
2. Lagenaufbau der Leiterplatte: Anzahl der Kupferlagen, Isolationsabstände
3. Oberflächenausführung der lötbaren Teile der Leiterplatte
4. Beschreibung der Dateiendungen der einzelnen enthaltenen Dateien und deren Lage in der Leiterplatte

Eine solche Informationsdatei könnte zum Beispiel so aussehen:

```
Die .BRD-Datei wurde mit Eagle 5.20 erstellt.
Leiterplatte:
FR4, Multilayer 4 Lagen, Cu: 35 µ   H= 2,0 mm
(Lagenaufbau 0.8mm/0.2mm/0.8mm)
Wichtig beim Lagenaufbau sind die 0,8 mm Abstand zwischen Kupferaußenlage
und der entsprechend nächsten Kupferinnenlage.
Die 0,2 mm in der Mitte sind hier als Vorschlag unsererseits anzusehen und
sind unkritisch.
Anzahl Cu-Layer: 4 (Top, Route2, Route3, Bottom)
Überhang der Lötstoppmaske möglichst gering.
Kein Bestückungsaufdruck!
Gerber- und Excellon-Daten:
Zusätzlich zur Eagle-Datei sind für alle benötigten Layer Gerber-RS274X-
Daten erzeugt worden.
```

```
Bohrdaten liegen im Excellon-Format vor.
*.cmp : Bestückungsseite   top
*.sol : Rückseite   bot
*.l2  : Innenlayer L2
*.l3  : Innenlayer L3
*.stc : Lötstopp Bestückungsseite lstop
*.sts : Lötstopp Rückseite  lsbot
*.drl : Bohrerkonfigurationsdatei
*.drd : Bohrplan
*.brd : Eagle 5.20 Datei
```

Weiterhin sollten die folgenden Dateien zu einem Gerber-Datensatz gehören:

1. Gerber-Daten für jede Kupferlage
2. Gerber-Daten für die Lötstoppmasken und eventuell Pastenmasken
3. Optional kann die bei der Erstellung der Gerber-Daten generierte Informationsdatei `*.gpi` beigefügt werden.
4. Bohrdaten, zum Beispiel im Excellon-Format. Die Bohrdaten enthalten das Drill Rack und die eigentlichen Bohrdaten.
5. Optional kann die beim Erstellen der Daten generierte Informationsdatei `*.dri` beigefügt werden.
6. Eagle-Board-Datei

Tipp

Durch die Verwendung von Komprimierungssoftware kann die zu übertragende Datenmenge bei allen Dateiformaten deutlich reduziert werden.

9.3 Export aus den Editoren

Im Kapitel über die Programmoberfläche wurde schon erwähnt, dass über das Menü DATEI der Befehl EXPORTIEREN aufgerufen werden kann. Es öffnet sich, wie schon beschrieben, ein kleines in Abbildung 9.10 abgebildetes Untermenü, in dem man verschiedene zu exportierende Dateien auswählen kann.

Das EXPORTIEREN-Menü ist eigentlich immer dasselbe, egal, aus welchem Editor es aufgerufen wird. Unterschiedlich sind nur die gesperrten Einträge. Aus dem Bibliothekseditor können SCRIPT, DIRECTORY und IMAGE ausgewählt werden, aus dem Schaltplan-Editor alle Punkte ab NETLIST und aus dem Layout-Editor die Punkte NETLIST, PARTLIST, PINLIST und IMAGE. Außer beim Punkt IMAGE handelt es sich bei den exportierbaren Dateien um Textdateien. Was können Sie mit diesen

Dateien anfangen? Fangen wir mit den aus dem Bibliothekseditor exportierbaren Dateien an:

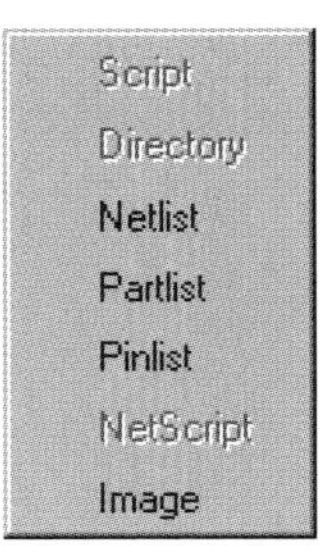

Abb. 9.10: EXPORTIEREN-Menü aus dem Layout-Editor aufgerufen

Über den Punkt SCRIPT kann eine mit ÖFFNEN geöffnete Bibliothek als Scriptdatei ausgegeben werden. Sie bekommen damit die Möglichkeit, Bibliotheken in einem Texteditor zu bearbeiten und anschließend wieder einzulesen.

Wichtig

Um Probleme zu vermeiden, sollte das Einlesen einer als Scriptdatei vorliegenden Bibliothek in eine vorher neu erstellte *leere* Bibliothek erfolgen!

Tipp

Der Vorgang des Einlesens kann unter Umständen erheblich beschleunigt werden, wenn vorher die UNDO-Funktion durch Eingabe des Befehls SET UNDO_LOG OFF deaktiviert wird. Bitte nicht vergessen, die UNDO-Funktion danach wieder einzuschalten!

Mit DIRECTORY kann das Inhaltsverzeichnis einer Bibliothek als Textdatei ausgegeben werden. Ein solches Inhaltsverzeichnis für die sehr übersichtliche Bibliothek `Telefunken.lbr` sieht zum Beispiel folgendermaßen aus:

```
Directory
Exported from telefunken.lbr at 05.04.2004 10:27:58 EAGLE Version 4.11 C
opyright (c) 1988-2003 CadSoft
Device          Prefix    Value     Package     Contents
BYS10           D         On        SOD106A     1*D
U217B           IC        On        DIL8        1*U217B
Packages:
DIL8
SOD106A
```

```
Symbols:
D
U217B
```

NETLIST gibt eine Netzliste des geladenen Schaltplans oder der geladenen Leiterplatte aus. Eine aus dem Schaltplan-Editor exportierte Netzliste sieht am Beispiel unserer Transistorstufe aus Kapitel 10 so aus:

```
Netlist
Exported from Klone_It_2.sch at 05.04.2004 11:20:47
EAGLE Version 4.11 Copyright (c) 1988-2003 CadSoft
Net          Part         Pad          Pin          Sheet
Change Class 0;
+15V          C5/1         2            2            1
              R2/1         2            2            1
Change Class 1;
1/1           C1/1         2            2            1
              R1/1         1            1            1
Change Class 1;
2/1           C4/1         2            2            1
              Q1/1         3            B            1
              R1/1         2            2            1
              R3/1         2            2            1
Change Class 0;
3/1           C2/1         1            1            1
              R3/1         1            1            1
              R4/1         2            2            1
Change Class 1;
4/1           C2/1         2            2            1
              C3/1         1            1            1
              Q1/1         1            C            1
              R2/1         1            1            1
              R4/1         1            1            1
Change Class 1;
5/1           Q1/1         4            E            1
              R6/1         1            1            1
Change Class 1;
6/1           C4/1         1            1            1
              Q1/1         2            E            1
              R5/1         1            1            1
Change Class 0;
GND           C5/1         1            1            1
              R5/1         2            2            1
              R6/1         2            2            1
```

Wird für dieselbe Schaltung eine Netzliste aus dem Layout-Editor exportiert, dann kommt die folgende Liste heraus:

```
Netlist
Exported from Klone_It_2.brd at 05.04.2004 11:21:00
EAGLE Version 4.11 Copyright (c) 1988-2003 CadSoft
Net      Part     Pad
+15V     C5/1     2
         R2/1     2
1/1      C1/1     2
         R1/1     1
2/1      C4/1     2
         Q1/1     3
         R1/1     2
         R3/1     2
3/1      C2/1     1
         R3/1     1
         R4/1     2
4/1      C2/1     2
         C3/1     1
         Q1/1     1
         R2/1     1
         R4/1     1
5/1      Q1/1     4
         R6/1     1
6/1      C4/1     1
         Q1/1     2
         R5/1     1
GND      C5/1     1
         R5/1     2
         R6/1     2
```

Es werden nur Netze berücksichtigt, die mit Elementen verbunden sind.

PARTLIST gibt eine Bauteilliste der Schaltung aus. Wieder ist es möglich, eine Bauteilliste aus dem Schaltplan-Editor und auch aus dem Layout-Editor zu exportieren. Die Ergebnisse sind auch hier unterschiedlich.

```
Partlist
Exported from Klone_It_2.sch at 05.04.2004 11:29:23
EAGLE Version 4.11 Copyright (c) 1988-2003 CadSoft
Part     Value    Device     Package  Library  Sheet
C1/1              C-EUC0805  C0805    rcl      1
C2/1              C-EUC0805  C0805    rcl      1
C3/1              C-EUC0805  C0805    rcl      1
```

```
C4/1                C-EUC0805  C0805    rcl     1
C5/1                C-EUC0805  C0805    rcl     1
T1/1     BFG505X    BFG505X    SOT143B  trans   1
R1/1                R-EU_R0805 R0805    rcl     1
R2/1                R-EU_R0805 R0805    rcl     1
R3/1                R-EU_R0805 R0805    rcl     1
R4/1                R-EU_R0805 R0805    rcl     1
R5/1                R-EU_R0805 R0805    rcl     1
R6/1                R-EU_R0805 R0805    rcl     1
```

Dieser Liste können hauptsächlich die Herkunft der Bauteile, die Schaltplanseite, auf der ein Bauteil zu finden ist, Informationen über die Bauform und natürlich deren Name und Wert entnommen werden. Die Bauteilliste, aus dem Layout-Editor exportiert, kann noch mit anderen Informationen dienen:

```
Partlist
Exported from Klone_It_2.brd at 05.04.2004 11:29:10
EAGLE Version 4.11 Copyright (c) 1988-2003 CadSoft
Part Value   Package  Library Position(mil) Orientation
C1/1         C0805    rcl     (270 585)       R0
C2/1         C0805    rcl     (820 472.5)     R90
C3/1         C0805    rcl     (1032.5 522.5)  R0
C4/1         C0805    rcl     (582.5 672.5)   R180
C5/1         C0805    rcl     (882.5 347.5)   R0
Q1/1 BFG505X SOT143B  trans   (595 547.5)     R90
R1/1         R0805    rcl     (432.5 585)     R0
R2/1         R0805    rcl     (907.5 472.5)   R270
R3/1         R0805    rcl     (620 435)       R180
R4/1         R0805    rcl     (732.5 472.5)   R270
R5/1         R0805    rcl     (745 597.5)     R0
R6/1         R0805    rcl     (445 485)       R180
```

Es werden nur Bauteile mit Pins bzw. Pads berücksichtigt.

PINLIST gibt eine Liste mit den Pad- und Pin-Namen aller Bauteile aus, die zu jedem Pin oder Pad noch den Namen des angeschlossenen Netzes enthält. Zunächst wieder die aus dem Schaltplan-Editor exportierte PINLIST:

```
Pinlist
Exported from Klone_It_2.sch at 05.04.2004 12:27:01
EAGLE Version 4.11 Copyright (c) 1988-2003 CadSoft
Part     Pad      Pin        Dir      Net
C1/1     1        1          Pas               *** unconnected ***
         2        2          Pas      1/1
```

```
C2/1     1       1       Pas     3/1
         2       2       Pas     4/1
C3/1     1       1       Pas     4/1
         2       2       Pas              *** unconnected ***
C4/1     1       1       Pas     6/1
         2       2       Pas     2/1
C5/1     1       1       Pas     GND
         2       2       Pas     +15V
Q1/1     1       C       Pas     4/1
         2       E       Pas     6/1
         3       B       Pas     2/1
         4       E       Pas     5/1
R1/1     1       1       Pas     1/1
         2       2       Pas     2/1
R2/1     1       1       Pas     4/1
         2       2       Pas     +15V
R3/1     1       1       Pas     3/1
         2       2       Pas     2/1
R4/1     1       1       Pas     4/1
         2       2       Pas     3/1
R5/1     1       1       Pas     6/1
         2       2       Pas     GND
R6/1     1       1       Pas     5/1
         2       2       Pas     GND
```

Nun noch kurz die Ausgabe aus dem Layout-Editor:

```
Pinlist
Exported from Klone_It_2.brd at 05.04.2004 12:27:12
EAGLE Version 4.11 Copyright (c) 1988-2003 CadSoft
Part     Pad     Net
C1/1     1               *** unconnected ***
         2       1/1
C2/1     1       3/1
         2       4/1
C3/1     1       4/1
         2               *** unconnected ***
C4/1     1       6/1
         2       2/1
C5/1     1       GND
         2       +15V
Q1/1     1       4/1
         2       6/1
         3       2/1
         4       5/1
```

```
R1/1     1       1/1
         2       2/1
R2/1     1       4/1
         2       +15V
R3/1     1       3/1
         2       2/1
R4/1     1       4/1
         2       3/1
R5/1     1       6/1
         2       GND
R6/1     1       5/1
         2       GND
```

Hier ist die Ausgabe aus dem Schaltplan-Editor ausführlicher, da noch die Pinfunktion DIRECTION mit angegeben ist. NETSCRIPT gibt die Netzliste des geladenen Schaltplans in Form einer Scriptdatei aus, die in eine Platine mit bereits platzierten Elementen eingelesen werden kann.

```
# NetScript
# Exported from Klone_It_2.sch at 05.04.2004 13:01:15
# EAGLE Version 4.11 Copyright (c) 1988-2003 CadSoft
Change Class 0;
Signal '+15V'     'C5/1'     '2' \
                  'R2/1'     '2' \
                  ;
Change Class 1;
Signal '1/1'      'C1/1'     '2' \
                  'R1/1'     '1' \
                  ;
Change Class 1;
Signal '2/1'      'C4/1'     '2' \
                  'Q1/1'     '3' \
                  'R1/1'     '2' \
                  'R3/1'     '2' \
                  ;
Change Class 0;
Signal '3/1'      'C2/1'     '1' \
                  'R3/1'     '1' \
                  'R4/1'     '2' \
                  ;
Change Class 1;
Signal '4/1'      'C2/1'     '2' \
                  'C3/1'     '1' \
                  'Q1/1'     '1' \
                  'R2/1'     '1' \
```

```
                          'R4/1'      '1' \
                          ;
Change Class 1;
Signal '5/1'              'Q1/1'      '4' \
                          'R6/1'      '1' \
                          ;
Change Class 1;
Signal '6/1'              'C4/1'      '1' \
                          'Q1/1'      '2' \
                          'R5/1'      '1' \
                          ;
Change Class 0;
Signal 'GND'              'C5/1'      '1' \
                          'R5/1'      '2' \
                          'R6/1'      '2' \
                          ;
```

IMAGE gibt den Schaltplan als Grafikdatei aus. Es sind die Formate aus Abbildung 9.11 möglich.

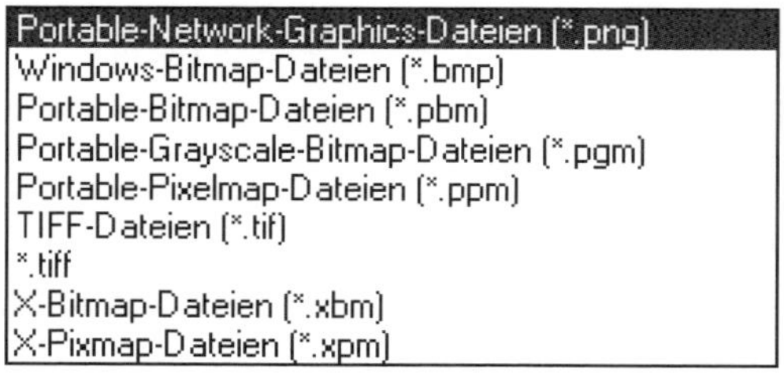

Portable-Network-Graphics-Dateien (*.png)
Windows-Bitmap-Dateien (*.bmp)
Portable-Bitmap-Dateien (*.pbm)
Portable-Grayscale-Bitmap-Dateien (*.pgm)
Portable-Pixelmap-Dateien (*.ppm)
TIFF-Dateien (*.tif)
*.tiff
X-Bitmap-Dateien (*.xbm)
X-Pixmap-Dateien (*.xpm)

Abb. 9.11: Auflistung der möglichen Grafikformate

9.4 Drucken direkt aus den Editoren

Seit Eagle 4.0 kann direkt aus den Editoren eine Ausgabe des gerade geöffneten Schaltplans oder Layouts auf angeschlossenen Druckern erzeugt werden. Im Gegensatz zum bis dahin zu verwendenden CAM-Prozessor brauchen die darzustellenden Objekte nicht noch einmal angegeben zu werden. Es werden automatisch die im Editor getroffenen Einstellungen übernommen. Gleiches gilt für Farben und Füllmuster, falls nicht die Optionen GEFÜLLT oder SCHWARZ angegeben werden. Als Farbpalette wird beim Ausdruck immer diejenige für weißen Hintergrund verwendet. Es wird somit auch ein Layout im Ausdruck *positiv*, also dunklere Objekte auf weißem Hintergrund dargestellt. Werfen Sie einen Blick auf das sich nach Betätigung des Druck-Buttons öffnende Dialogfenster. Je nachdem, ob man aus dem Schaltplan-Editor oder aus dem Layout-Editor drucken will, erscheint das Dialogfenster etwas anders. In Abbildung 9.12 zunächst die Ansicht aus dem Schaltplan-Editor.

Drucken eines Schaltplans

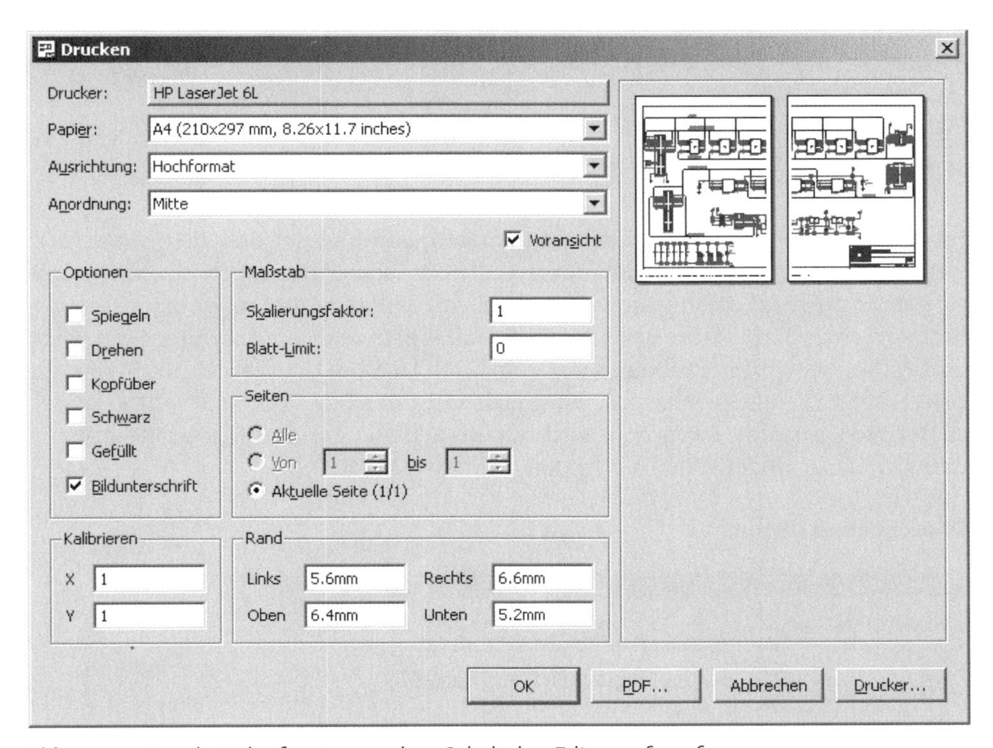

Abb. 9.12: Druck-Dialogfenster aus dem Schaltplan-Editor aufgerufen

Wie gut zu sehen ist, kann da immer noch einiges eingestellt werden, obwohl sich dieses Dialogfenster gegenüber dem des CAM-Prozessors doch einfacher gestaltet. Was verbirgt sich hinter den einzelnen Einstellungen? Fangen wir mit der Abteilung OPTIONEN an. Diese Punkte finden sich auch im CAM-Prozessor-Dialogfenster und beinhalten auch dieselben Funktionen. Mit SPIEGELN kann die Ausgabe gespiegelt erfolgen und DREHEN lässt die Ausgabe um 90 Grad gedreht erscheinen. KOPFÜBER dreht die Ausgabe um 180 Grad und in Verbindung mit DREHEN kann um 270 Grad gedreht werden. SCHWARZ ignoriert die Farbeinstellungen der Layer und druckt alles in Schwarz und GEFÜLLT ignoriert die Füllmuster der Layer, wodurch alles voll ausgefüllt gedruckt wird, und mit BILDUNTERSCHRIFT kann man auswählen, ob auf jeder Seite der Dateiname und -pfad erscheinen soll. In der Abteilung SEITEN kann ausgewählt werden, welche Schaltplanseiten gedruckt werden sollen. Die Auswahlprozedur gleicht hier den bekannten Druck-Dialogfenstern vieler Windows-Programme. Etwas interessanter sind die Eingabefelder zu SKALIE-

RUNGSFAKTOR und BLATT-LIMIT. Wie der Name schon sagt, kann mit SKALIERUNGSFAKTOR die Skalierung der Ausgabe geändert werden. Einzutragen ist der Faktor, um den die Darstellung vergrößert oder verkleinert werden soll. Noch interessanter wird das Ganze, wenn man bemerkt, dass der Eintrag zu BLATT-LIMIT auch in die Skalierung eingeht!

Vorsicht

Wollen Sie sichergehen, dass die Ausgabe in genau der gewählten Skalierung vorgenommen wird, so muss als BLATT-LIMIT 0 angegeben werden.

Ist als BLATT-LIMIT etwas anderes als 0 eingetragen und der SKALIERUNGSFAKTOR gleichzeitig hoch angesetzt, so ändert Eagle die Skalierung der Ausgabe so, dass sie gerade noch auf die angegebene Anzahl von Seiten passt. Das ist insofern praktisch, als man damit zum Beispiel einen Schaltplan oder ein Layout immer ohne großes Rechnen oder Probieren auf eine DIN-A4-Seite drucken kann, indem als BLATT-LIMIT 1 angegeben wird. Ist gleichzeitig der SKALIERUNGSFAKTOR ausreichend groß gewählt, kann man auch kleine Schaltungen auf Blattgröße bringen und sich dann an den Details erfreuen.

Drucken eines Layouts

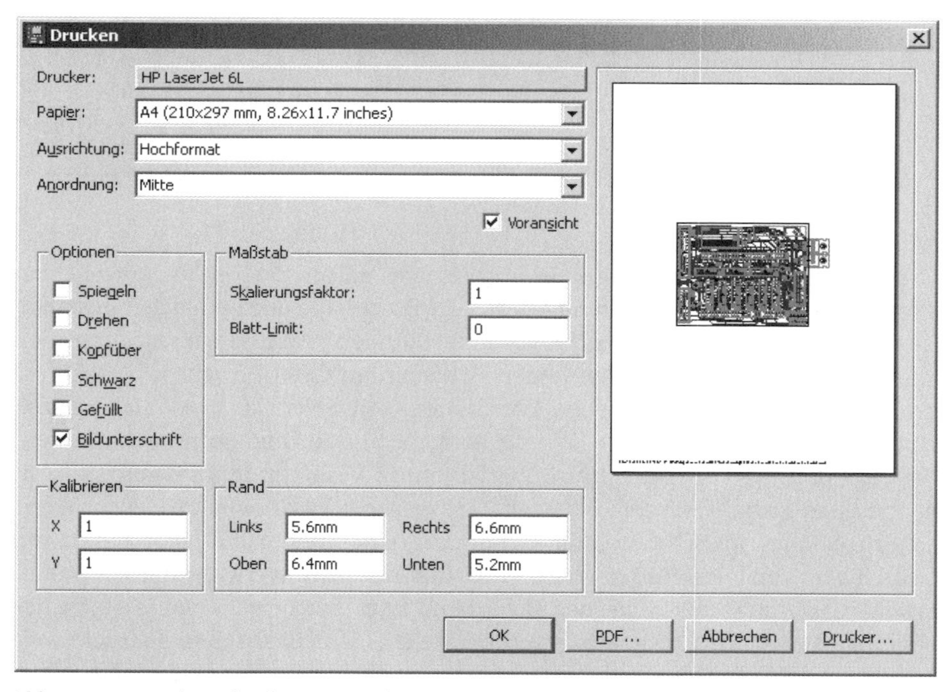

Abb. 9.13: Druck-Dialogfenster aus dem Layout-Editor aufgerufen

Das Druck-Dialogfenster ist beim Aufruf aus dem Layout-Editor noch ein wenig einfacher gestaltet. Es fehlen hier die Auswahlmöglichkeiten, die in der Abteilung SEITEN zu finden waren. Das ist ja auch ganz klar, denn es handelt sich beim zu druckenden Objekt um eine Leiterplatte, die allerdings aus mehreren Schaltplanseiten entstanden sein kann.

Die verbliebenen Einstellmöglichkeiten stimmen komplett mit denen aus dem Dialogfenster zum Drucken eines Schaltplans überein. Was gibt's denn noch so an Einstellelementen in diesen Dialogfenstern? Über den Button DRUCKER kann bei mehreren installierten Druckern der gewünschte ausgewählt werden und seit Eagle 5 erlaubt eine Vorschau in der rechten oberen Ecke des Dialogfensters, die Auswirkungen der vorgenommenen Einstellungen sofort zu erkennen. Auch kann die Ausgabe jetzt direkt als PDF erfolgen.

Seiteneinrichtung für den Ausdruck

In den Eagle-4-Versionen wurde die Seiteneinrichtung in einem separaten Dialogfenster vorgenommen. Nach einem Klick auf den SEITE-Button öffnete sich das Seiteneinrichtungsdialogfenster. Seit Eagle 5 sind diese Einstellungen, bis auf die Punkte VERTICAL und HORIZONTAL schon im Druck-Dialogfenster enthalten.

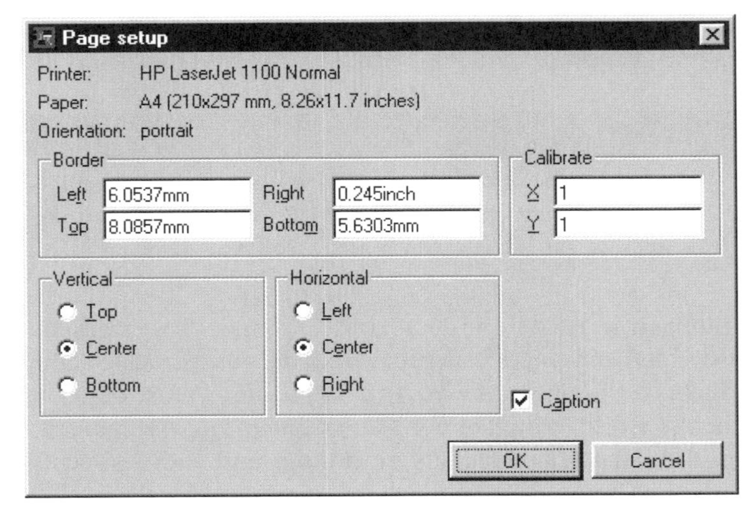

Abb. 9.14: Seiteneinrichtungsdialogfenster Eagle 4.x

Dieses Dialogfenster ist, egal aus welchem Druck-Dialogfenster aufgerufen, immer gleich. Gehen wir wieder einmal durch die einzelnen Abteilungen des Dialogfensters:

BORDER (Eagle 5: RAND) definiert den linken, oberen, rechten und unteren Rand. Die Werte werden entweder in Millimeter oder Inch angegeben, je nachdem, welche Einheit weniger Dezimalstellen ergibt. Die Default-Werte für die Ränder werden vom Druckertreiber übernommen und definieren die maximal bedruckbare Fläche. Sie können hier auch kleinere Werte angeben, wobei es von Ihrem Drucker abhängt, ob die angegebenen Ränder dann eingehalten werden können oder nicht. Nach der Auswahl eines anderen Druckers kann es sein, dass neue gerätespezifische Grenzen wirksam werden.

Wichtig

Die vorgegebenen Ränder werden automatisch vergrößert, falls ein neuer Drucker dies erfordert. Beachten Sie bitte, dass die Werte nicht automatisch verkleinert werden, auch wenn ein anderer Drucker kleinere Werte zulassen würde. Um die kleinstmöglichen Werte für die Ränder zu ermitteln, geben Sie in jedes Feld 0 ein. Dieser Wert wird dann durch das gerätespezifische Minimum ersetzt.

Falls Sie mit Ihrem Drucker Produktionsvorlagen erstellen wollen, kann es nötig sein, den Drucker zu kalibrieren, um exakte 1:1-Ausdrucke eines Layouts zu erhalten. Hierzu sind die Eingabefelder in der Abteilung CALIBRATE (Eagle 5: KALIBRIEREN) gedacht. Der Wert zu X gibt den Kalibrierungsfaktor in der Richtung an, in der sich der Druckkopf bewegt. Der Wert zu Y kalibriert die Koordinaten in Papiervorschubrichtung. Die vorgegebenen Werte (1) gehen davon aus, dass der Drucker in beiden Richtungen exakt druckt.

Vorsicht

Wenn Sie mit Ihrem Drucker Vorlagen zur Herstellung einer Leiterplatte erstellen wollen, kommen Sie nicht darum herum, anhand von *Probeausdrucken* die *Maßhaltigkeit* der Druckausgabe Ihres Druckers zu überprüfen!

Mit den beiden Abteilungen VERTICAL und HORIZONTAL können Sie jeweils aus drei Optionen *eine* auswählen und damit festlegen, wo auf der ausgedruckten Seite der Schaltplan oder das Layout positioniert wird. In der Abteilung VERTICAL stehen die Optionen TOP (Oben), CENTER (Mittig) und BOTTOM (Unten) zur Verfügung. In horizontaler Richtung kann LEFT (Links), CENTER (Mittig) und RIGHT (Rechts) gewählt werden. Mit diesen Optionen in Kombination kann die Ausgabe in allen Ecken der Seite oder genau in der Mitte positioniert werden. Diese Möglichkeit besteht natürlich nur bei Zeichnungen, die nicht die gesamte Seite ausfüllen, und es gibt sie bei Eagle 5 nicht mehr.

CAPTION (Eagle 5: BILDUNTERSCHRIFT) aktiviert die Ausgabe einer Bildunterschrift mit Datum und Zeit des Ausdrucks sowie dem Dateinamen. Bei gespiegelter Ausgabe enthält die Bildunterschrift das Wort MIRRORED und falls der Vergrößerungsfaktor nicht 1.0 ist, wird er mit angegeben.

Vorsicht

Der Vergrößerungsfaktor wird mit vier Nachkommastellen ausgegeben, so dass auch eine Angabe von `f=1.0000` nicht unbedingt bedeutet, dass der Faktor exakt 1.0 ist.

So, damit haben wir einige Möglichkeiten der Datenausgabe beschrieben und hoffentlich einige Unklarheiten beseitigt.

## Kapitel 10

Der Autorouter

10.1 Grundsätzliches

Mit dem Autorouter-Modul stellt Cadsoft ein Werkzeug zur Verfügung, das dem Anwender viel Routinearbeit abnehmen kann. Allerdings sollte man auch nicht zu viel von ihm erwarten. Cadsoft bezeichnet den Autorouter als so genannten *100%-Router*. Gemeint ist damit, dass der Autorouter alle Leiterplatten, die theoretisch zu 100% entflochten werden können, auch zu 100% entflechten kann. Allerdings ist, wie Cadsoft einschränkt, die Voraussetzung dafür, dem Autorouter hierfür unendlich viel Zeit zu geben. Das ist dann ja schon eine entscheidende Einschränkung, die aber so auch für alle anderen 100%-Router im Markt gilt. Da man ja doch selten unendlich viel Zeit hat, um eine Leiterplatte zu erstellen, kann es also vorkommen, dass der Autorouter eben nicht die gesamte Leiterplatte komplett fertig bekommt. Also sollte man nicht zu große Erwartungen in Bezug auf den Autorouter haben.

Wichtig

Der Autorouter kann dem Anwender nicht die gesamte Arbeit abnehmen. Die Platzierung der Bauteile auf der Leiterplatte muss man noch selbst vornehmen und sich damit auch notgedrungen Gedanken über die *Entflechtbarkeit* der Leiterplatte machen. Eine missglückte Platzierung kann der Autorouter nicht ausgleichen!

Ein weiterer Grund, den Autorouter als Hilfsmittel oder Werkzeug, aber nicht als Allheilmittel anzusehen, ist, dass nicht alle Regeln, die für die Erzeugung einer funktionierenden Leiterplatte beachtet werden müssen, eingegeben werden können. Insbesondere bei sehr komplexen, fein strukturierten Leiterplatten muss oft auch auf die Entkopplung bestimmter Signale untereinander geachtet werden. Für solche und ähnliche Fälle bietet der Autorouter nicht genügend Einstellmöglichkeiten und man fährt auf jeden Fall mit der manuellen Arbeit besser. Als weiteres Beispiel hierfür können auch Hochfrequenzanwendungen genannt werden, wenn unterschiedliche Signale in der Schaltung vorkommen und geschaltet werden sollen.

Wer also von diesem oder anderen Autoroutern eine perfekte Leiterplatte ohne eigenes Zutun erwartet, wird enttäuscht werden. Bringt man aber als Anwender seine Vorstellungen von der Leiterplatte ein und investiert einiges Gehirnschmalz in Vorüberlegungen, so kann der Autorouter eine wertvolle Hilfe sein.

10.2 Wie funktioniert's?

Der Eagle-Autorouter arbeitet nach dem *Ripup/Retry*-Verfahren. Einfach beschrieben funktioniert das in etwa so: Sobald der Autorouter eine Leitung nicht mehr verlegen kann, nimmt er bereits verlegte Leitungen wieder weg und versucht es erneut. Dieser Vorgang wird so oft wiederholt, bis im besten Falle die Leiterplatte komplett fertig geroutet ist. Gesteuert wird der Autorouter durch Parameter, die zuvor vom Anwender einzugeben sind. Ein Routingvorgang des Eagle-Autorouters besteht dann aus mehreren Phasen. Zuerst lässt man im Allgemeinen den so genannten *Bus Router* laufen, dessen Parameter so eingestellt werden, dass er Busse optimal verdrahtet. Sind keine Busse im Sinne des Autorouters vorhanden, so kann diese Phase entfallen. Für den Autorouter sind Busse Verbindungen, die mit einer geringen Abweichung in x- oder y-Richtung geradlinig verlegt werden können. Danach erfolgt der eigentliche Routing-Lauf. Dazu sollten vom Anwender Parameter eingegeben worden sein, die eine möglichst komplette Entflechtung der Schaltung erlauben. Wurde die Leiterplatte dann hoffentlich komplett entflochten, so können beliebig viele Optimierungsläufe folgen, in denen die Leiterplatte nach vorher angegebenen so genannten Kostenparametern optimiert wird.

Steuerung des Autorouters

Wie schon vorher kurz angedeutet, wird der Autorouter durch eine Reihe von Parametern gesteuert, die vom Anwender einzugeben sind. Der Autorouter richtet sich nach den für die Leiterplatte geltenden Design Rules, den verwendeten Netzklassen und den speziellen Autorouter-Steuerparametern. Über die Funktion und Bedeutung von Netzklassen und Design Rules haben wir uns schon ausgelassen, bleiben also die Steuerparameter für den Autorouter. Bei diesen handelt es sich in der Regel um eine Reihe spezieller Kostenfaktoren und Steuerparametern, die über das Autorouter-Dialogfenster verändert werden können. Die hier eingetragenen Werte beeinflussen den Leiterbahnverlauf beim automatischen Entflechten der Leiterplatte. Eagle gibt für alle Steuerparameter Standardwerte vor, die laut Cadsoft für viele Leiterplatten gute Ergebnisse liefern sollen. Die Steuerparameter werden beim Abspeichern des Layouts in der Layoutdatei gespeichert. Sie können diese Werte auch in einer Autorouter-Steuerdatei `*.ctl` speichern. Dadurch wird es möglich, Parametersätze für verschiedene Leiterplatten zu verwenden.

Wichtig

Design Rules und Netzklassen werden nicht mit in die Autorouter-Steuerdatei übernommen!

10.3 Welche Daten braucht der Router?

Design Rules

In den Design Rules zur Leiterplatte sollten an die Komplexität der Schaltung angepasste Werte für die einzelnen Parameter festgelegt worden sein. Nur so weiß der Autorouter, welche Abstände er beim Verlegen der Leiterbahnen einzuhalten hat und welche Mindestabmessungen für einzelne Objekte gelten. Wie die Design Rules geändert werden und welche Bedeutung die einzelnen Parameter haben, wurde schon im Kapitel über die Überprüfung des Layouts behandelt.

Netzklassen

Sofern Sie nicht schon im Schaltplan verschiedene Netzklassen definiert haben, können Sie jetzt vor dem Autorouten festlegen, ob bestimmte Signale mit besonderen Leiterbahnbreiten verlegt, besondere Mindestabstände eingehalten oder bestimmte Bohrdurchmesser für Durchkontaktierungen unterschiedlicher Signale verwendet werden sollen. Wie Netzklassen definiert werden, ist im Kapitel über Spezialfälle beschrieben.

10.3.1 Raster und Speicherbedarf

Der Autorouter verwendet zwei verschiedene Raster. Zu dem schon beschriebenen Platzierungsraster, das im GRID-Dialogfenster eingestellt wird, kommt jetzt noch das so genannte Routingraster hinzu.

Platzierungsraster, Routingraster und Speicherbedarf

Schon als wir die Rastereinstellung mit dem GRID-Dialogfenster beschrieben haben, haben wir darauf hingewiesen, dass man das Platzierungsraster nicht zu fein wählen sollte. Jetzt kommt noch ein weiterer Grund dazu! Bei der Wahl des Platzierungsrasters ist zu beachten, dass möglichst keine Pads für den Router *unsichtbar* werden. Das heißt, jedes Pad soll mindestens *einen* Rasterpunkt des Routingrasters belegen, sonst kann es passieren, dass der Autorouter eine Verbindung nicht legen kann, die ansonsten ohne Probleme zu verlegen wäre, einfach weil er das entsprechende Pad nicht auf seinem Routingraster darstellen kann. Aus diesem Zusammenhang ergeben sich zunächst zwei Regeln für das Platzierungsraster:

1. Das Platzierungsraster sollte nicht feiner als das Routingraster sein.
2. Falls das Platzierungsraster größer als das Routingraster ist, sollte es ein ganzzahliges Vielfaches davon sein.

Was ist sonst noch für die Wahl des Routingrasters wichtig? Grundsätzlich gilt: Der Zeitbedarf steigt exponentiell mit der Auflösung. Deshalb sollte man das Routingraster so groß wie möglich wählen. Die Hauptüberlegung für die meisten Leiterplatten richtet sich darauf, wie viele Leitungen maximal zwischen den Anschlüssen eines IC verlegt werden sollen. Natürlich müssen in diese Überlegungen die gewählten Design Rules mit einbezogen werden.

Wichtig

Die beiden Raster sind so zu wählen, dass die Pads der Bauelemente möglichst auf dem Routingraster liegen!

Zum Arbeiten braucht der Autorouter Speicher. Um zu vermeiden, dass Daten auf die Festplatte ausgelagert werden müssen, was den Routingvorgang extrem verlangsamen würde, sollte genügend Arbeitsspeicher vorhanden sein. Im Allgemeinen ist bei neueren Rechnern da nicht mit Problemen zu rechnen, aber trotzdem kann es bei sehr komplexen Leiterplatten doch mal eng werden. Der benötigte Routingspeicher hängt maßgeblich vom gewählten Routingraster, der Fläche der Leiterplatte und der Anzahl der Signal-Layer ab, in denen geroutet werden soll. Dieser statische Speicherbedarf kann einfach berechnet werden:

```
Zahl d. Rasterpkte. x Zahl d. Signallayer x 2 (in Byte)
```

Im Gegensatz zu normalen Layern belegt ein Versorgungslayer, der durch die Namensgebung $NAME generiert wurde, keinen Routingspeicher. Wird ein Versorgungslayer durch Polygone generiert, belegt er ebenso viel Routingspeicher wie jeder andere Signal-Layer. Zusätzlich zum statischen Speicherbedarf wird auch Platz für dynamische Daten benötigt. Dieser liegt sehr grob geschätzt in einer Größenordnung von ca. 10% des Werts für den statischen Speicherbedarf. Also errechnet sich der Gesamtspeicherbedarf in grober Näherung mit

```
Statischer Speicher x 1,1 (in Byte).
```

Es sollte vor dem Einsatz des Autorouters entsprechend viel Arbeitsspeicher frei sein.

10.3.2 Sonstige Grundlagen

Wollen Sie eine zweiseitige Leiterplatte erstellen, dann wählen Sie sinnvollerweise TOP und BOTTOM als ROUTE-Layer. Für einseitige Leiterplatten kommt es auf die Art der Bauteile an. Verwenden Sie normale bedrahtete Bauteile, so sollte BOTTOM verwendet werden, kommen allerdings nur SMD-Bauteile zum Einsatz, dann kann auch TOP der ROUTE-Layer sein. Bei Einsatz des Autorouters ist es sinnvoll, Innenlagen von außen nach innen zu verwenden. Demnach sind die nächsten Innenlagen dann 2 von der Oberseite gesehen und 15 von der Unterseite gesehen.

Aus Innenlagen können auch Versorgungslayer gemacht werden, indem man dem Namen wie schon beschrieben ein $-Zeichen voranstellt. Diese Layer werden vom Autorouter nicht geroutet. Für jeden Layer, der geroutet werden soll, kann eine Vorzugsrichtung eingegeben werden. Leiterbahnen werden dann in dem entsprechenden Layer so weit möglich in der angegebenen Vorzugsrichtung verlegt. Die Vorzugsrichtungen stellt man im Allgemeinen so ein, dass sie auf den beiden Außenseiten der Leiterplatte um 90° versetzt sind. In Innenlagen können dann vorteilhaft 45° und 135° gewählt werden, um Diagonalverbindungen abzudecken. Auf Vorzugsrichtungen kann auch verzichtet werden. Das ist insbesondere bei kleineren Leiterplatten sinnvoll, die größtenteils mit SMD-Bauteilen bestückt sind, oder bei einseitigen Leiterplatten. Dem Autorouter können weiterhin bestimmte Leiterplattenabschnitte verboten werden. Sollen in diesen Gebieten keine Leitungen oder Durchkontaktierungen verlegt werden, können Sperrflächen mit den Befehlen RECT, CIRCLE und POLYGON in die Layer TRESTRICT (TOP), BRESTRICT (BOTTOM) und VRESTRICT (VIAS) eingezeichnet werden. Solche Sperrflächen können auch schon in Bauteilen vorhanden sein. *Wires* im Layer DIMENSION wirken als Grenzlinien für den Autorouter. Über solche Linien können keine Leiterbahnen hinweggelegt werden. Da dieser Layer im Allgemeinen nur für die Leiterplattenumrandung verwendet wird, ist das auch sinnvoll.

Damit haben wir die grundsätzlichen Dinge erwähnt. Weitere Steuerparameter sind die so genannten *Kostenfaktoren*. Mit deren Hilfe ist es möglich, das Layout aus Kostensicht zu optimieren. All diese Eingaben werden im Autorouter-Dialogfenster vorgenommen.

10.3.3 Das Autorouter-Dialogfenster

Richten wir unser Augenmerk jetzt also auf die Seiten des Autorouter-Dialogfensters. Cadsoft liefert mit Eagle einige Beispieldateien. Im Projektverzeichnis unter EXAMPLES|TUTORIAL findet sich zum Üben mit dem Autorouter die in Abbildung 10.1 gezeigte Datei `hexapodu.brd`.

Es handelt sich dabei um die Board-Datei des Projekts **hexapod**. Die Bauteile sind bereits platziert und einige wenige Leiterbahnen bereits verlegt. Die restlichen Leiterbahnen können Sie ja nun einmal vom Autorouter verlegen lassen. Dazu rufen Sie den Autorouter über den AUTO-Button auf. Auf den verschiedenen Seiten des sich öffnenden Dialogfensters können die Steuerparameter für den Routingvorgang eingegeben bzw. verändert werden. An den Bezeichnungen der einzelnen Seiten des Dialogfensters kann der Ablauf eines Routingvorgangs schon ein wenig abgelesen werden. Wie schon beschrieben, wird zuerst der Bus Router gestartet und danach der eigentliche Router. Ist die Schaltung entflochten, können beliebig viele Optimierungsläufe folgen. Auf der ersten Seite sind grundlegende Einstellungen vorzunehmen.

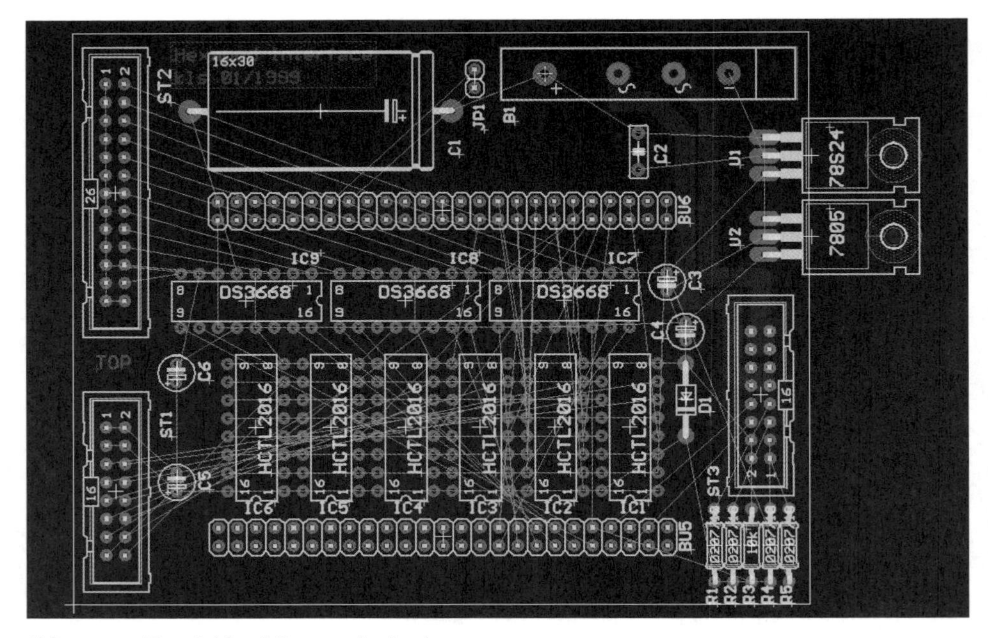

Abb. 10.1: Tutorialdatei Hexapodu.brd

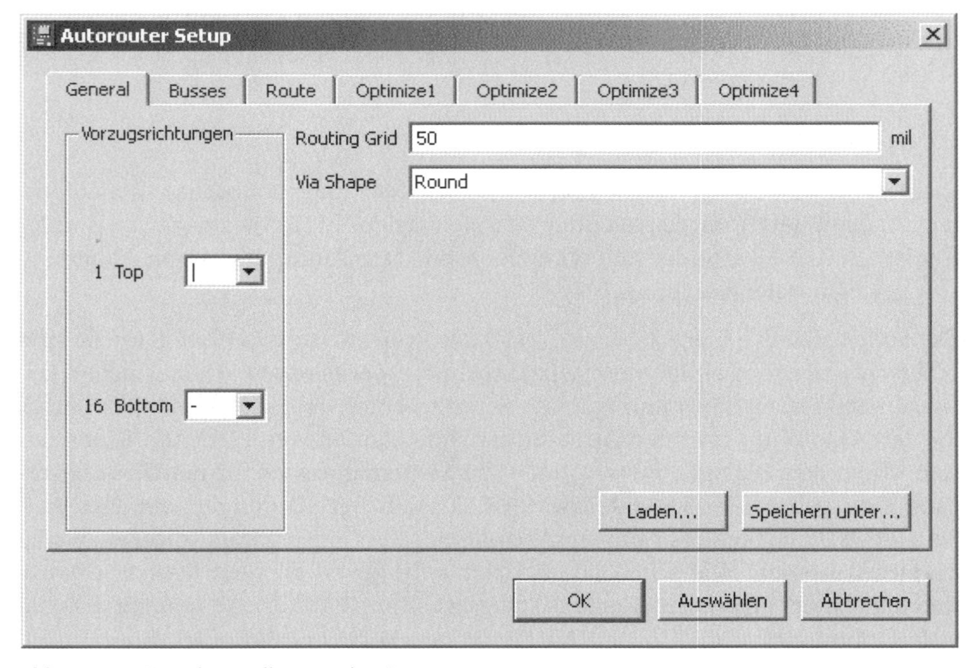

Abb. 10.2: Grundeinstellungen des Autorouters

Wie in Abbildung 10.2 zu erkennen, herrscht hier noch Übersichtlichkeit. Da es sich bei dem zu routenden Objekt um eine zweiseitige Leiterplatte handelt, sind in der Abteilung zur Einstellung der VORZUGSRICHTUNGEN auch nur die beiden Layer TOP und BOTTOM enthalten. Als Standard ist für die Oberseite (TOP) die Vorzugsrichtung VERTIKAL (eine senkrechte Leiterbahn) und für die Unterseite (BOTTOM) die Vorzugsrichtung HORIZONTAL (eine waagerechte Leiterbahn) eingetragen. Möchte man keine Vorzugsrichtung angeben, so ist aus der entsprechenden Scrollbox * (das Sternchen) auszuwählen. Sollen keine Signale in einem Layer geroutet werden, so ist in der zugehörigen Scrollbox die Option N/A zu wählen.

Tipp

Sind Sie sich nicht sicher, ob eine Schaltung mit nur zwei Kupferlagen entflochten werden kann, so können in der Board-Datei neue Kupferlagen angelegt werden. Anschließend werden diese zusätzlichen Lagen auch in der Abteilung für die Vorzugsrichtungen des Dialogfensters angezeigt.

Da wir hier den Autorouter der Light-Version von Eagle benutzen, ist eine Verwendung von mehr als zwei Kupferlagen nicht möglich. Das ROUTING GRID, also das Routingraster, ist standardmäßig auf 50 mil eingestellt. Damit können einfache Leiterplatten geroutet werden, jedoch erlaubt ein solch grobes Routingraster z.B. keine Leiterbahn zwischen zwei IC-Anschlüssen. Die letzte Wahlmöglichkeit besteht in der Form der Durchkontaktierungen (VIA SHAPE), die beim Routen gesetzt werden. In der zugehörigen Scrollbox kann zwischen den Formen Rund (ROUND) und Achteckig (OCTAGON) gewählt werden. Die beiden Buttons LADEN und SPEICHERN UNTER zeigen an, dass man an diesem Punkt auch schon vorhandene Autorouter-Steuerdateien laden oder einen neu angelegten Steuerparametersatz als Steuerdatei speichern kann. So, gleich weiter zur nächsten Seite des Dialogfensters.

10.3.4 Kostenfaktoren und Steuerparameter

Hier können Sie, wie in Abbildung 10.3 schon zu erkennen, Werte für eine Reihe *Kostenfaktoren* und *Steuerparameter* eingeben. In der Abbildung werden die von Cadsoft voreingestellten Werte angezeigt. Die Standardwerte für die Kostenfaktoren und Steuerparameter sind so gewählt, dass sie laut Cadsoft die besten Ergebnisse liefern. Es wird empfohlen, sie nicht zu ändern. Falls Sie jedoch experimentieren wollen, beschreiben wir die verschiedenen Kostenfaktoren und auch die Steuerparameter hier einmal kurz.

Vorsicht

Bei vielen Parametern können schon kleine Änderungen große Auswirkungen haben!

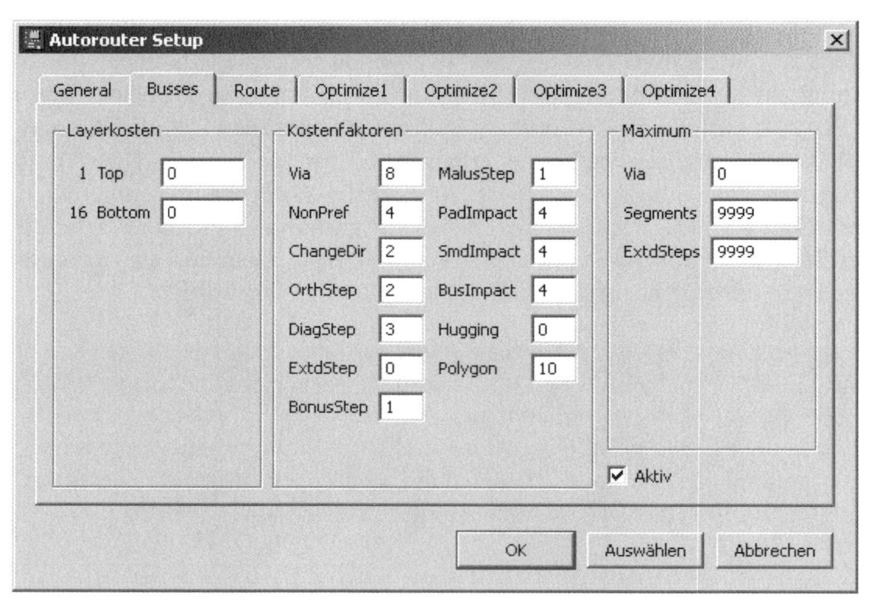

Abb. 10.3: Seite BUSSES des Autorouter-Dialogfensters

Da für den Bus Router nicht alle Kostenfaktoren gelten, schauen wir uns für die Beschreibung der einzelnen Faktoren die ROUTE-Seite des Dialogfensters in Abbildung 10.4 an.

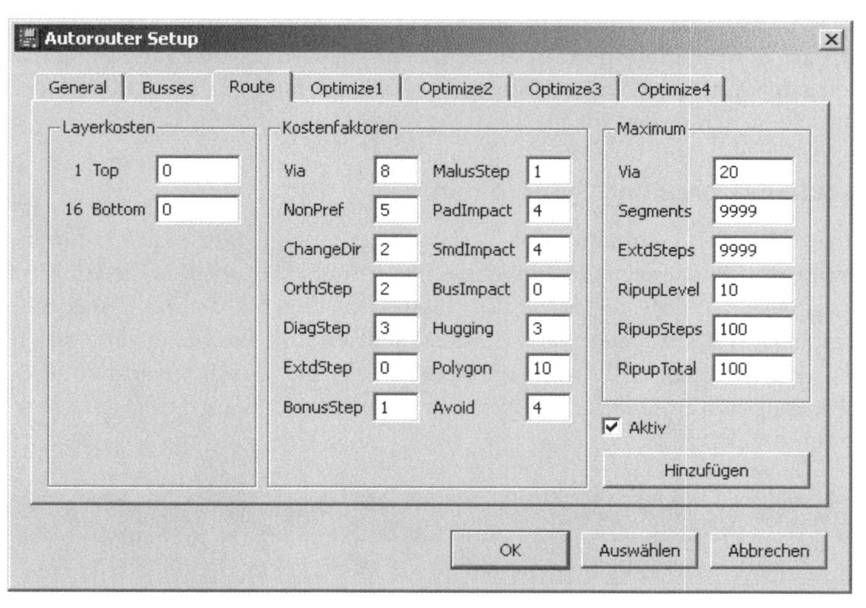

Abb. 10.4: Seite ROUTE des Autorouter-Dialogfensters

Grundsätzlich sind bei allen Kostenfaktoren Werte von 0 bis 99 möglich, aber nicht bei jedem ist der ganze Bereich sinnvoll. Deshalb ist zu jedem Kostenfaktor der sinnvolle Einstellbereich angegeben.

Die Kostenfaktoren

BASE	0 bis 20	Die in der Abteilung LAYERKOSTENEN enhaltenen Einträge gehören beide zum Kostenfaktor BASE, der für jeden Layer angegeben werden kann. Es handelt sich dabei um die Basiskosten für einen Schritt im jeweiligen Layer. Als Empfehlung nennt Cadsoft hier für die Außenlagen immer 0, für Innenlagen größer als 0. Sie haben es hier nur mit Außenlagen zu tun und finden für beide eingetragenen Layer daher eine 0.
VIA	0 bis 99	Steuert die Verwendung von Durchkontaktierungen. Ein kleiner Wert führt zu vielen Durchkontaktierungen, erlaubt aber andererseits die weitestgehende Einhaltung der Vorzugsrichtungen. Ein großer Wert bewirkt größtenteils eine Vermeidung von Durchkontaktierungen, was allerdings zwangsläufig zu einer vermehrten Verletzung der Vorzugsrichtungen führt. Cadsoft empfiehlt einen niedrigen Wert beim Routingdurchgang und einen hohen Wert beim Optimieren.
NONPREF	0 bis 10	Steuert die Einhaltung der Vorzugsrichtungen. Ein kleiner Wert erlaubt das Routen gegen die Vorzugsrichtung, während ein großer Wert die Leiterbahnen in Vorzugsrichtung zwingt. Wird der Faktor auf 99 gesetzt, wird quasi ein Schalter umgelegt und es dürfen dann Leitungsstücke nur in Vorzugsrichtung verlegt werden.
CHANGEDIR	0 bis 25	Steuert die Häufigkeit von Richtungsänderungen. Ein kleiner Wert bedeutet, dass eine Leiterbahn viele Knicke haben darf. Ein großer Wert führt zu weitestgehend geraden Leiterbahnen.
ORTHSTEP, DIAGSTEP		Bewirken die Einhaltung der Regel, dass der Weg über die Hypotenuse eines rechtwinkligen Dreiecks kürzer ist als der Weg über die beiden Katheten. Die Standardwerte sind 2 und 3. Daraus ergibt sich, dass der Weg über die Katheten Kosten von 2+2=4 verursacht, während der Weg über die Hypotenuse nur Kosten von 3 verursacht.
EXTDSTEP	0 bis 30	Steuert die Vermeidung von Leiterbahnstücken, die 45° gegen die Vorzugsrichtung verlaufen und dadurch die Leiterplatte in zwei Hälften teilen würden. Ein niedriger Wert bedeutet, dass solche Leiterbahnstücke erlaubt sind, während ein hoher Wert sie möglichst vermeidet. Dieser Faktor ist nur relevant in Layern mit Vorzugsrichtung. Cadsoft empfiehlt einen niedrigen Wert beim Routingdurchgang und einen hohen Wert beim Optimieren.

BONUSSTEP, MALUSSTEP	1 bis 3	Wirkt als Verstärkungsfaktor bei der Unterscheidung von bevorzugten (BONUS) bzw. schlechten (MALUS) Gebieten auf der Leiterplatte. Hohe Werte führen zu einer starken Unterscheidung zwischen guten und schlechten Gebieten, niedrige Werte vermindern diesen Einfluss. Siehe auch *PadImpact*, *SmdImpact*
PADIMPACT, SMDIMPACT	0 bis 10	Pads und SMDs erzeugen um sich herum gute bzw. schlechte Gebiete, also Zonen, die der Autorouter beim Verlegen der Leiterbahnen bevorzugt, oder solche, die er eher meidet. Die *guten* Gebiete verlaufen in Vorzugsrichtung (falls definiert), die *schlechten* verlaufen senkrecht dazu. Das führt dazu, dass Leitungen, die von einem Pad/SMD weg verlegt werden, in Vorzugsrichtung verlaufen. Hohe Werte sorgen dafür, dass die Leitung relativ weit in Vorzugsrichtung verläuft. Bei niedrigen Werten kann schon nach kurzer Distanz die Vorzugsrichtung verlassen werden. Bei dichten SMD-Leiterplatten kann es von Vorteil sein, SMDIMPACT etwas höher zu wählen.
BUSIMPACT	0 bis 10	Steuert die Einhaltung der idealen Linie bei Busverdrahtungen (siehe auch *PadImpact*). Ein hoher Wert sorgt dafür, dass die direkte Linie zwischen Startpunkt und Zielpunkt möglichst eingehalten wird. Dieser Faktor ist nur beim Bus Router relevant.
HUGGING	0 bis 5	Steuert die Bündelung parallel verlaufender Leiterbahnen. Ein hoher Wert führt zu einer starken Bündelung, ein niedriger Wert erlaubt eine großzügigere Verteilung. Cadsoft empfiehlt hier einen höheren Wert beim Routen und einen niedrigeren Wert beim Optimieren.
AVOID	0 bis 10	Steuert beim Ripup die Vermeidung der Gebiete, in denen herausgenommene Leiterbahnen lagen. Ein hoher Wert führt zu einer starken Vermeidung. Dieser Faktor ist nicht relevant beim Optimieren.
POLYGON	0 bis 30	Jeder Schritt in einem Polygon wird mit diesem Wert beaufschlagt. Ein niedriger Wert erlaubt das Routen innerhalb eines Polygons. Die Wahrscheinlichkeit, dass dadurch ein Polygon in mehrere Teile zerfällt, ist höher. Ein hoher Wert veranlasst den Autorouter, möglichst wenige Verbindungen innerhalb eines Polygons zu verlegen.

Die Steuerparameter

VIA	0 bis 30	Steuert die maximale Anzahl von Vias, die beim Verlegen eines Leiterbahnzuges verwendet werden dürfen.
SEGMENTS	0 bis 9999	Bestimmt die maximale Anzahl von Leiterbahnsegmenten pro Leiterbahnzug. Mit einem Segment ist in der Regel ein Leiterbahnstück zwischen zwei Knicken gemeint.

EXTDSTEPS	0 bis 9999	Bestimmt die Anzahl der Schritte, die ohne Aufschlag des Werts des Kostenfaktors EXTDSTEP in einem 45°-Winkel gegen die Vorzugsrichtung erlaubt sind. Setzt man den Steuerparameter EXTDSTEPS auf 0, wird jeder Rasterschritt eines solchen 45°-Stücks mit dem Wert des Kostenfaktors EXTDSTEP beaufschlagt. Gibt man beispielsweise für EXTDSTEPS einen Wert von 5 vor, sind die ersten fünf Schritte des 45°-Stücks erlaubt, jeder weitere Schritt wird mit dem Wert von EXTDSTEP beaufschlagt. Auf diese Weise kann man erreichen, dass 90°-Leiterbahnknicke durch ein kurzes 45°-Stück abgeschrägt werden. Die Einstellung EXTDSTEP = 99 und EXTDSTEPS = 0 sollte keine Leiterbahnen mit 45°-Winkeln erlauben.
RIPUPLEVEL, RIPUPSTEPS, RIPUPTOTAL	0 bis 9999	Steuern den Ripup/Retry-Mechanismus. Durch die Struktur des Autorouters werden hierfür drei Parameter benötigt, die sich natürlich gegenseitig beeinflussen. Sie sind von Cadsoft so eingestellt, dass ein möglichst guter Kompromiss aus Zeitbedarf und Routingergebnis erreicht wird.

Schauen Sie sich nach diesen Informationen die Werte der Kostenfaktoren und Steuerparameter auf der ROUTE-Seite des Autorouter-Dialogfensters an und merken Sie sich, in welchem Teil des empfohlenen Wertebereichs sich der Wert befindet. Jetzt vergleichen wir diese Werte mit denen des ersten Optimierungslaufs in Abbildung 10.5. Die Optimierung erfolgt nach dem Routen und kann aus beliebig vielen Durchläufen mit jeweils anders eingestellten Kostenfaktoren und Steuerparametern bestehen. Möchten Sie einen weiteren Optimierungslauf hinzufügen, so klicken Sie einfach auf den Button ADD und schon erscheint eine weitere Seite im Dialogfenster, hier mit der Bezeichnung OPTIMIZE5.

In Abbildung 10.5 fällt sofort der drastisch erhöhte Wert für den Kostenfaktor VIA ins Auge. Offensichtlich soll die Anzahl der Durchkontaktierungen mit diesem Durchlauf verringert werden. Ebenso wurde der Wert für EXTDSTEP erhöht, um die Anzahl längerer Leiterbahnen im 45°-Winkel gegen die Vorzugsrichtung des jeweiligen Layers zu verringern, und gleichzeitig der Wert des Steuerparameters EXTDSTEPS stark verkleinert, um diesen Vorgang zu unterstützen. Als letzter Kostenfaktor wurde der Wert für HUGGING verringert. Damit soll die Bündelung von parallel verlaufenden Leiterbahnen forciert werden. Wenn Sie die restlichen drei Optimierungsläufe durchsehen, werden Sie feststellen, dass immer etwas andere Konstellationen der Werte der Kostenfaktoren eingesetzt sind. Somit hat jeder Optimierungslauf seine spezielle Aufgabe. Allen gemeinsam ist, dass die Zahl der Durchkontaktierungen weiter verringert werden sollen.

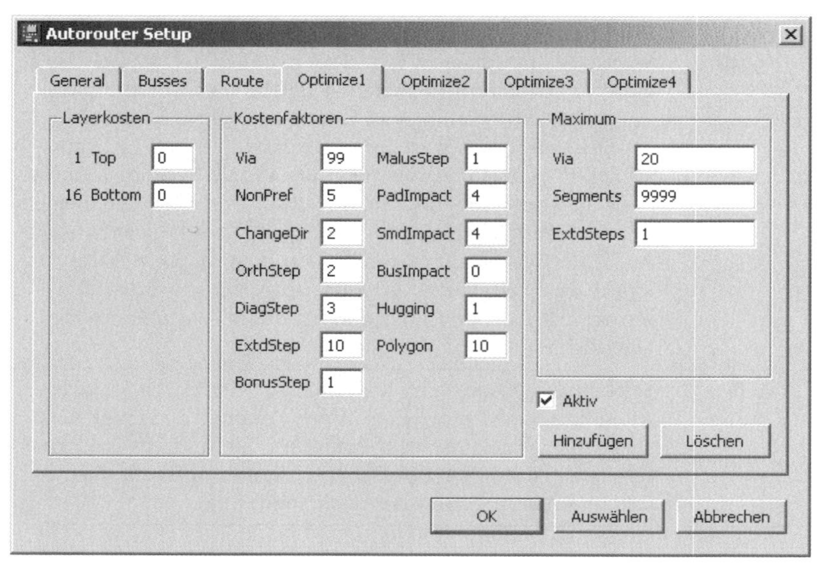

Abb. 10.5: Seite OPTIMIZE1 des Autorouter-Dialogfensters

10.4 Ein Anwendungsbeispiel

Wenden wir die von Cadsoft vorgegebenen Werte doch einfach mal auf die Leiterplatte HEXAPODU an. In Abbildung 10.6 ist das Ergebnis dargestellt.

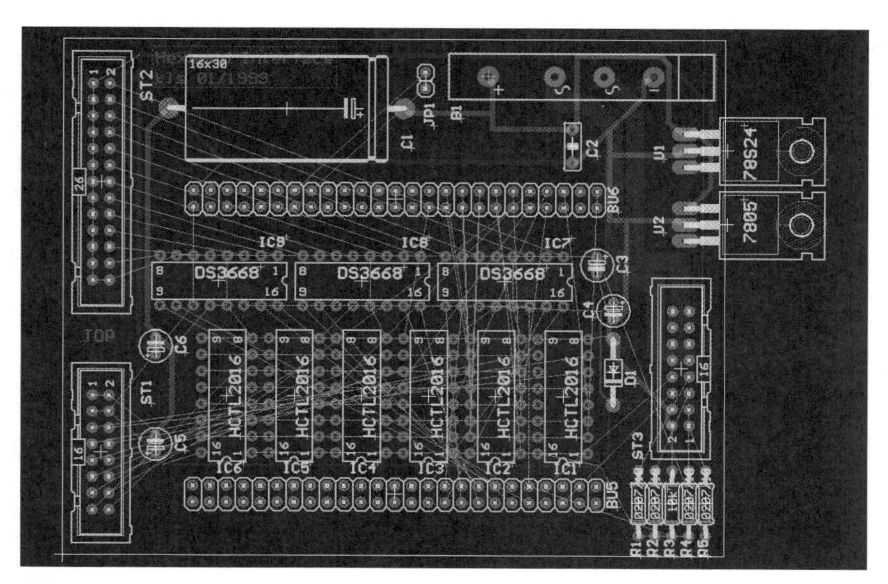

Abb. 10.6: Routingergebnis mit Standardeinstellungen

Nanu! Das war ja wohl noch nicht der Weisheit letzter Schluss. Fast die gesamte Leiterplatte wurde *nicht* entflochten. Was ist passiert? Eine Kontrolle der eingetragenen Werte lässt uns über den Wert 50 mil für das Routingraster stolpern. Stellen Sie doch einmal 50 mil für das Platzierungsraster ein und schauen Sie sich die Leiterplatte aus der Nähe an:

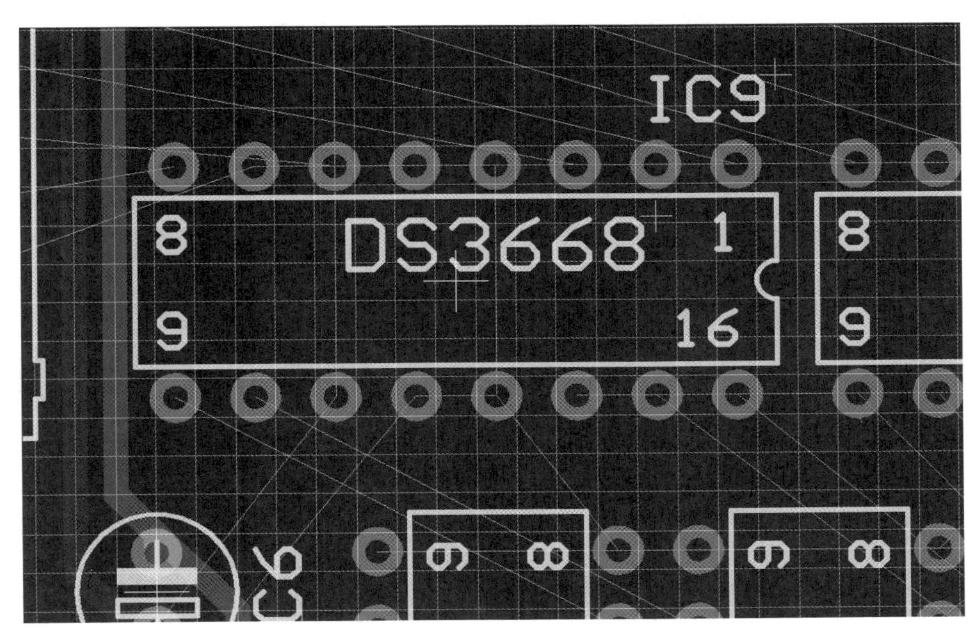

Abb. 10.7: Platzierungsraster 50 mil

Sie können sofort erkennen, dass mit dieser Einstellung für das Routingraster keine Leiterbahn zwischen den IC-Anschlüssen hindurchgeführt werden kann. Damit wurde dem Autorouter quasi der Boden unter den Füßen weggezogen. Es gibt hier zunächst zwei Möglichkeiten, dieses Problem zu lösen. In Abbildung 10.7 ist zu erkennen, dass alle Bauteilanschlüsse nicht im 50-mil-Raster liegen. Wenn die gesamte Platzierung jeweils um 25 mil vertikal und horizontal verschoben würde, so wäre es, wie in Abbildung 10.8 zu erkennen, wieder möglich, Leiterbahnen zwischen den IC-Anschlüssen hindurch zu verlegen.

Starten Sie den Autorouter dann, so wird auch sofort ordentlich losgelegt, jedoch kommt der Autorouter nicht zum Ende. Bei etwa 89% kommt der Routingdurchlauf nicht weiter. Setzen Sie die Leiterplatte wieder an ihren alten Platz und wählen Sie für das Routingraster jetzt 25 mil, so sieht das Ganze schon anders aus. Diese Einstellung erlaubt ebenfalls nur die Verlegung von einer Leiterbahn zwischen zwei IC-Anschlüssen, aber wenn Sie den Autorouter starten, läuft er komplett durch.

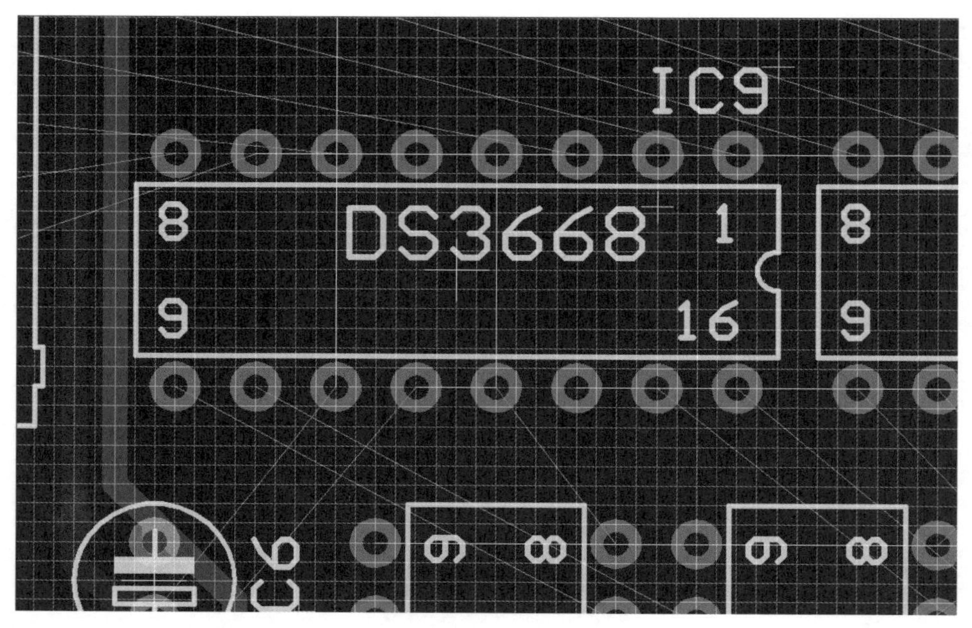

Abb. 10.8: Leiterplatte im Raster verschoben

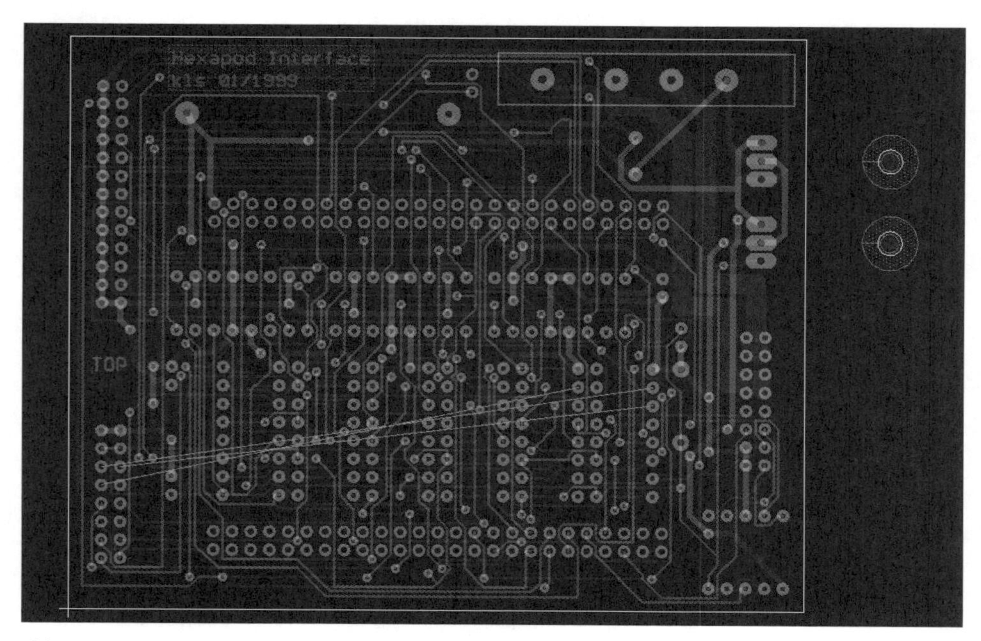

Abb. 10.9: Ergebnis mit 25-mil-Routingraster

In Abbildung 10.9 ist zu erkennen, dass der Autorouter zwar durchgelaufen ist, aber noch einige Airwires verblieben sind. Der Routingdurchlauf wurde bei ca. 98 % der verlegten Leiterbahnen beendet und mit der Optimierung begonnen. Anscheinend ist das Routingraster noch zu grob. Auch ein Verschieben der Leiterplatte im Raster bringt keinen Erfolg. Wieder bricht der Routingdurchlauf bei ca. 98 % ab. Also runter mit dem Raster. Wählen Sie jetzt 12,5 mil für das Routingraster.

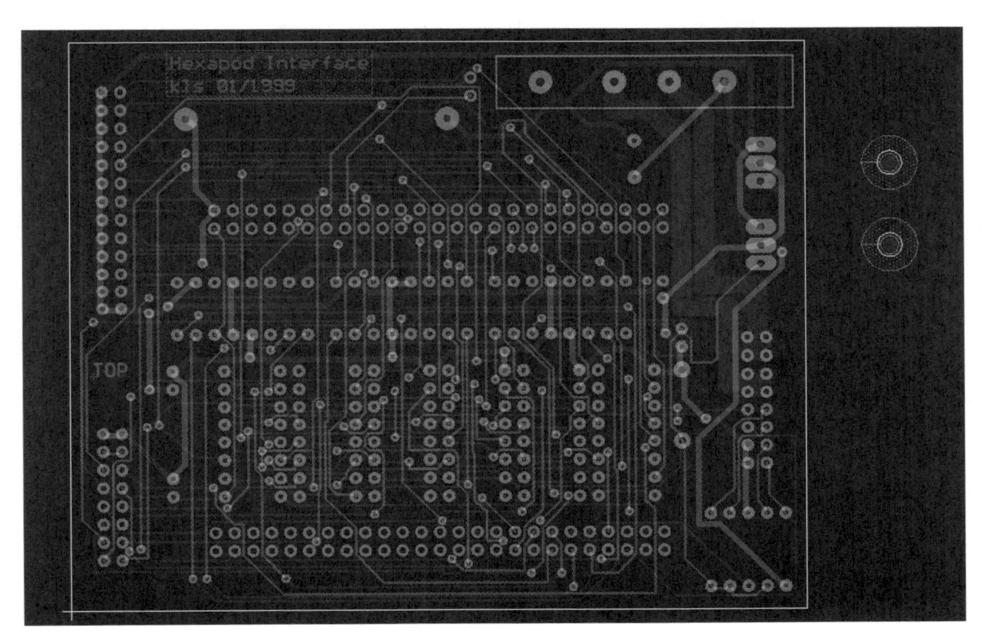

Abb. 10.10: Ergebnis bei 12,5-mil-Routingraster

Endlich! Mit dem Raster von 12,5 mil in Abbildung 10.10 ist es gelungen. Der Routingdurchlauf hat alle Leiterbahnen verlegen können und auch die Optimierdurchläufe zeigen Wirkung. Während der Autorouter aktiv ist, können Sie beobachten, wie sich die Anzahl von z.B. Durchkontaktierungen verändert. Nach der Optimierung finden sich noch 118 Durchkontaktierungen in der Leiterplatte. Vor der Optimierung waren es noch, wie in Abbildung 10.11 zu sehen, 306 Durchkontaktierungen!

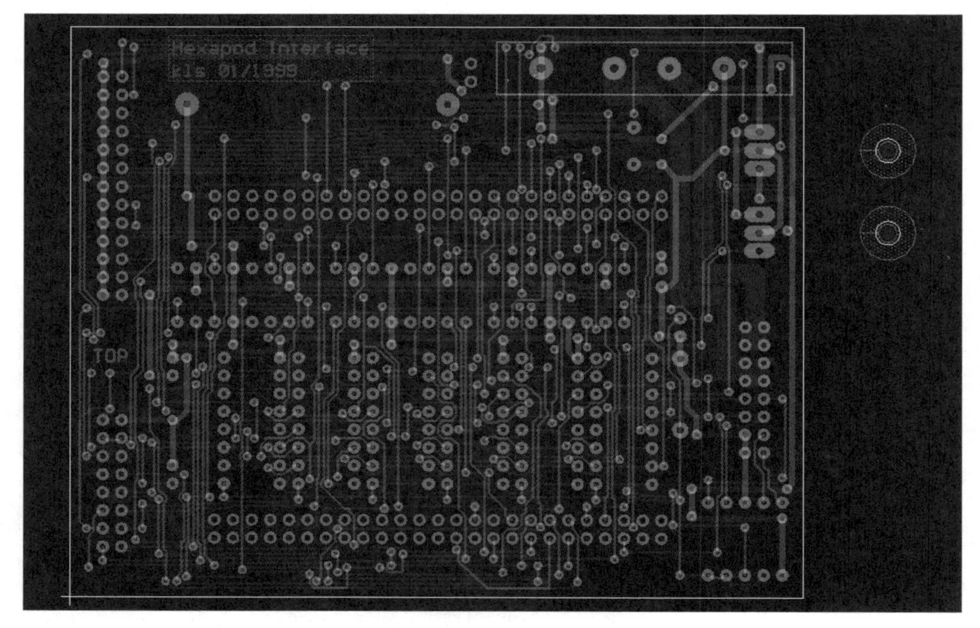

Abb. 10.11: Ergebnis ohne Optimierung

10.5 Selektieren

Elektrisch

Es muss nicht immer die gesamte Schaltung auf den Autorouter losgelassen werden. Im Autorouter-Dialogfenster fällt auf, dass zwischen den Buttons OK und CANCEL noch ein dritter Button SELECT angeordnet ist. Wird nach den vorgenommenen Einstellungen in den verschiedenen Dialogfensterseiten nicht der OK-Button, sondern der SELECT-Button betätigt, so legt der Autorouter nicht sofort los. Das Dialogfenster ist zwar verschwunden, aber es tut sich noch nix auf der Leiterplatte. Es ist jetzt möglich, mit der Maus die zu routenden Signale in der Schaltung zu selektieren. Klicken Sie auf ein Signal, so wird es hervorgehoben. Das bedeutet, es wurde vom Autorouter als zu routendes Signal registriert, sofern die Koordinaten des Mausklicks eine eindeutige Zuordnung zu einem Signal erlauben. Ansonsten fragt Eagle nach, welches Signal gemeint ist, und Sie können in der bekannten Art über die rechte Maustaste das gewünschte Signal auswählen. Haben Sie nun alle gewünschten Signale selektiert, so folgen Sie der Aufforderung von Eagle, den GO-Button in der ACTION-Toolbar zu betätigen. Der Autorouter verlegt jetzt die Leiterbahnen der selektierten Signale unter Anwendung der eingegebenen Kostenfaktoren und Steuerparameter.

Räumlich

Es ist auch möglich, dem Autorouter nur Teile der Leiterplatte zum Verlegen der Leiterbahnen freizugeben. Zur Ausklammerung bestimmter Gebiete auf der Oberseite oder Unterseite können hier sehr gut Polygone, Rechtecke oder Kreise in die Layer TRESTRICT, BRESTRICT und VRESTRICT gezeichnet werden. TRESTRICT zum Verhindern von Leiterbahnen auf der Oberseite, BRESTRICT zum Verhindern von Leiterbahnen auf der Unterseite und VRESTRICT für das Verhindern von Durchkontaktierungen jeweils innerhalb der durch die RESTRICT-Fläche begrenzten Gebiete. In den einführenden Teilen dieses Kapitels wurde schon erwähnt, dass der Autorouter Wires im DIMENSION-Layer als Grenzlinie ansieht, über die keine Leiterbahn hinwegverlegt werden kann. Zeichnet man zwischen eigenständige Schaltungsteile auf der Leiterplatte z.B. solche Dimension Wires, so kann man damit die Leiterplatte in quasi einzelne Teile aufteilen. Dort wo die Dimension Wires verlaufen, wird keine Leiterbahn verlegt.

10.6 Abbruch und Fortsetzung

Bei größeren Projekten, die doch öfter mal in ziemlich komplexen Leiterplatten enden, kann ein Routingvorgang schon einmal einige Stunden oder länger dauern. Man kann sich vorstellen, dass es nicht immer möglich ist, den Autorouter ununterbrochen über eine solch lange Zeit laufen zu lassen. Sei es, dass der Rechner zum Wochenende abgeschaltet werden muss oder einfach nur ein Stromausfall den Autorouter abschießt. Um es möglich zu machen, einen Routingvorgang zwischendurch abzubrechen und später wieder an der entsprechenden Stelle anzuknüpfen, legt der Autorouter während des Routingvorgangs in regelmäßigen Abständen (ca. alle zehn Minuten) eine so genannte Backupdatei des Routingvorgangs an. Diese Datei trägt den Namen der bearbeiteten Leiterplatte mit der Dateiendung `.job` und enthält immer den letzten Stand des Routingvorgangs. Wird nun ein Routingvorgang wissentlich über den STOP-Button unterbrochen, so wird eine Backupdatei mit dem letzten Stand der Ermittlungen angelegt. Ist die Unterbrechung unfreiwillig geschehen, so ist maximal der Fortschritt der letzten zehn Minuten verloren, während alle übrigen schon gemachten Fortschritte in der Backupdatei gespeichert sind. Wurde ein Routingvorgang unterbrochen, so merkt man dies daran, dass beim Aufruf des Autorouters zunächst dieses in Abbildung 10.12 zu sehende leicht veränderte Dialogfenster erscheint.

Die Checkbox mit der Bezeichnung EXISTIERENDEN JOB WEITERFÜHREN fällt sofort ins Auge. Weiterhin können in diesem Stadium keine Parameter verändert werden und der ehemalige SELECT-Button heißt jetzt JOB BEENDEN. Man hat als Anwender jetzt zwei Möglichkeiten:

1. Den abgebrochenen Routingvorgang durch einen Klick auf OK weiterführen.
2. Den abgebrochenen Routingvorgang durch einen Klick auf JOB BEENDEN beenden.

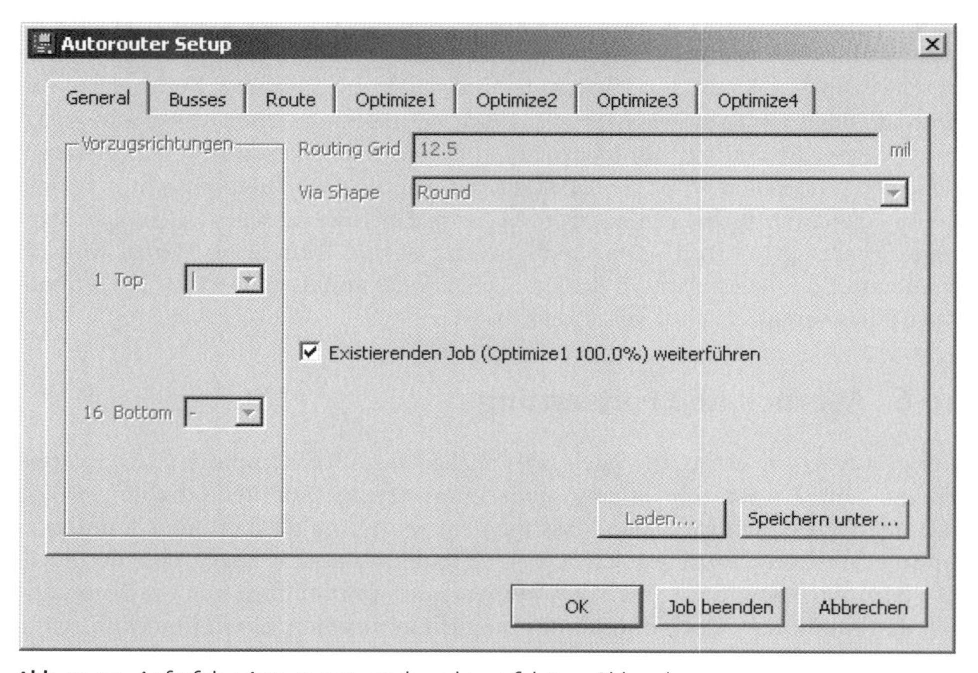

Abb. 10.12: Aufruf des Autorouters nach vorher erfolgtem Abbruch

Im ersten Fall macht der Autorouter an der in der Backupdatei gespeicherten Stelle weiter, im zweiten Fall wird der Autorouter zurückgesetzt, die Backupdatei gelöscht und das Dialogfenster lässt die Eingabe von Parameterwerten wieder zu.

10.7 Abschließendes

Der Autorouter ist sicherlich *kein* Allheilmittel, den der Anwender einfach auf die zu entflechtende Leiterplatte anwendet und der ihm alle Arbeit abnimmt. Vielmehr muss man sich auch vor der Anwendung des Autorouters entsprechende Gedanken über die Leiterplatte, die Platzierung der Bauteile und vor allem die Verlegung der Leiterbahnen machen. Der Autorouter braucht Steuerparameter, die sich aus den gewünschten Eigenschaften und Vorgaben der jeweils zu bearbeiteten Leiterplatte ergeben. Nach einer gewissen Einarbeitungszeit ist der Autorouter dann ein wertvolles Werkzeug, mit dem der Anwender viel Zeit sparen kann. Wichtig ist, festzustellen, welche Leiterbahnen wo verlegt werden dürfen und wo nicht. Es gibt viele Anwendungsfälle und zugehörige Regeln, die man nicht oder nur unvollständig dem Autorouter als Steuerparameter mitteilen kann. Dann muss man entscheiden, ob die Anwendung des Autorouters überhaupt lohnt oder ob man vielleicht die entsprechenden kritischen Leiterbahnen vorverlegt und mit geschickter Verlegung von Restrict-Flächen und Dimension Wires den Autorouter für den Rest der Arbeit in die gewünschte Bahn lenken kann. Gelingt dies, so ist der Autorouter eine sehr angenehme Sache.

## Kapitel 11

Scripte

Mit der Fähigkeit, Scripte und sogar kleine in einer C-ähnlichen Programmiersprache verfasste Programme auszuführen, kann man Eagle zu einem sehr leistungsfähigen CAD-Programm ausbauen.

Viele immer wiederkehrende Abläufe, die in der täglichen Praxis häufiger vorkommen, als man denkt, lassen sich sehr oft in einfachen Scripten automatisieren. Als Beispiele hierfür sind folgende Punkte zu nennen:

- Zusammenstellen einer eigenen Bibliothek für ein Projekt aus vorgefertigten Scripten für Symbole, Gehäuse und sogar Bauteile
- Erstellen von fertigen Vorlagen für Schaltpläne
- Erzeugen von speziellen Platinenvorlagen
- usw.

Scripte bieten die einfachere Möglichkeit im Vergleich zu den ULPs, Eagle zur Verarbeitung von immer wiederkehrenden Aufgaben über eine einfache Textdatei zu bewegen. In den Scripten können alle auch in den Editorfenstern möglichen Kommandos in Textform mit dazugehörigen Parametern verarbeitet werden. Eine recht sinnvolle Anwendung ist im Kapitel zu den Bauteilbibliotheken angegeben. Mit Hilfe von eben diesen Scripten können Sie einfach und schnell Bauteile definieren und in die gerade zu bearbeitenden Bibliotheken einfügen. Weiterhin ist nur so zum Beispiel das Kopieren von Bibliothekselementen aus neueren Eagle-Versionen in Bibliotheken von älteren Versionen möglich, wenn Sie dabei gleichzeitig die Besonderheiten der jeweiligen Versionen berücksichtigen.

Die Scripte können mit jedem beliebigen Editor geöffnet und bearbeitet werden. Dazu kann durchaus das von Windows bekannte Notepad als auch der in Eagle integrierte Editor benutzt werden. Wer jedoch weitere Funktionen nutzen möchte (eventuell erweiterte Einfüge-, Ersetzungs- oder Löschoptionen), sollte sich in der recht großen Anzahl diverser Editoren umsehen.

Wichtig bei der Speicherung der Dateien ist dann allerdings, diese in reinem ASCII-Text mit der Datei-Endung `*.scr` abzuspeichern, damit diese von Eagle als Scripte erkannt und auch abgearbeitet werden können.

Die Scripte werden immer der Reihe nach abgearbeitet und es gibt keine Möglichkeit, Bedingungen abzufragen oder Verzweigungen zu programmieren. Eben dieses bedingt auch die Einhaltung von bestimmten Reihenfolgen in den Scripten. So müssen bei einem Script, mit dessen Hilfe man ein Bauteil erstellt, als Erstes Gehäuse und Symbol definiert sein, bevor das Bauteil (Device) dann in dem Script endgültig erstellt wird.

Weiterhin ist in den Scripten ebenfalls immer auf das benutzte Grid in Verbindung mit Koordinatenangaben zu achten. Aus diesem Grund sollten Sie am Anfang eines Scripts immer das zu verwendende Grid und die benutzten Layer angeben, damit es später nicht zu bösen Überraschungen kommt und dadurch die Arbeit von mehreren Stunden zunichtegemacht wird.

Der große Vorteil besteht allerdings darin, dass die fälschlicherweise ausgeführten Scripte mit UNDO [F9] in den einzelnen Schritten wieder verworfen werden können. Wer nun aber ein recht langes Script mit mehreren hundert Zeilen wieder rückgängig machen möchte, hat sehr viel »Tipparbeit« vor sich. Aus diesem Grund sollten Sie eher zu mehreren kleinen Scripten als zu einem großen Script tendieren.

Eine besondere Bedeutung kommt dem Script `eagle.scr` zu, in dem die Standard-Werte vorgegeben werden. Wer dauerhaft ein anderes Grid benutzt, die Reihenfolge der Menüeinträge im optionalen Textmenü oder bestimmte Einstellungen für alle seine Projekte verwenden will, sollte diese unbedingt in dieser Datei vornehmen und für eventuelle Neuinstallationen unbedingt sichern.

Um Ihnen einen Überblick über die Mächtigkeit von Scripten zu geben und um auch auf bestimmte Besonderheiten eingehen zu können, wollen wir Ihnen einmal einige Ausschnitte aus diversen Scripten im Einzelnen vorstellen.

11.1 Das Definitionsscript eagle.scr

Für die Konfiguration von Eagle ist insbesondere das Script `eagle.scr` überaus wichtig.

```
# Configuration Script
#
# This file can be used to configure the editor windows.

BRD:
Grid Mil 2.5 5 Lines On;
#Menu Add Change Copy Delete Display Grid Group Move Name Quit Rect \
#    Route Script Show Signal Split Text Value Via Window ';'
     Wire Write Edit;

SCH:
Grid Mil 50 2 Lines On;
```

```
Change Width 0.006;
#Menu Add Bus Change Copy Delete Display Gateswap Grid Group Invoke
Junction \
#     Label Move Name Net Pinswap Quit Script Show Split Value Window ';' \
#     Wire Write Edit;

LBR:
#Menu Close Export Open Script Write ';' Edit;

DEV:
Grid Default;
#Menu Add Change Copy Connect Delete Display Export Grid Move Name
Package \
#     Prefix Quit Script Show Value Window ';' Write Edit;

SYM:
Grid Default On;
Change Width 0.010;
#Menu Arc Change Copy Cut Delete Display Export Grid Group Move Name Paste
\
#     Pin Quit Script Show Split Text Value Window ';' Wire Write Edit;

PAC:
Grid Default On;
Change Width 0.005;
Change Size 0.050;
#Menu Add Change Copy Delete Display Grid Group Move Name Pad Quit \
#     Script Show Smd Split Text Window ';' Wire Write Edit;
```

Listing 11.1: `eagle.scr`

Das Script ist in mehrere Blöcke aufgeteilt, die die Einstellungen in den einzelnen Editorfenstern bestimmen. Diese Einstellungen werden bei jedem Öffnen eines Editorfensters oder beim Wechsel des Editormodus im Bibliothekseditor neu eingelesen. Befindet sich im Projekt-Verzeichnis eine eigene `eagle.scr`, so wird diese benutzt, ansonsten die, die im Script-Verzeichnis steht. Somit ist es jederzeit möglich, für bestimmte Projekte spezielle Grundeinstellungen vorzunehmen, wenn diese von den Standard-Werten abweichen sollen.

Zeilen, die mit einem Doppelkreuz # beginnen, sind so genannte Kommentarzeilen und werden nicht abgearbeitet. Falls zur besseren Übersicht die Zeilenlänge einen bestimmten Wert nicht überschreiten soll, muss dieses durch den Backslash \ am entsprechenden Zeilenende vermerkt werden. Jede Anweisung mit den dazugehörigen Parametern muss immer mit einem Semikolon ; abgeschlossen werden.

Die Datei `eagle.scr` ist zusätzlich in mehrere Abschnitte aufgeteilt, die durch das entsprechende Symbolwort gefolgt von einem Doppelpunkt : eingeleitet wird. Die dann folgenden Werte gelten für den vorher angegebenen Editor. In Listing 11.1 sind einige persönliche Änderungen im Vergleich zur Originalversion zu sehen. Im Layout-Editor kommt ein sehr feines Grid von 2,5 mil zur Anwendung. Dieses Grid hat sich als sehr effektiv für Platinen mit SMD-Bestückung bis hinunter zur Gehäuseform 0603 erwiesen. Wer mit anderen Bauformen arbeitet, sollte hier auf alle Fälle seine bevorzugten Werte eintragen. Auch die Einstellungen für den Schaltplan-Editor sind nur persönliche Vorgaben und können beliebig an die eigenen Bedürfnisse und Vorlieben angepasst werden.

Wichtig

Wichtig im Schaltplan-Editor ist allerdings, das Grid so zu wählen, dass Sie immer Ihre Symbole vernünftig platzieren und **immer alle Anschlusspins** auf dem Grid liegen, da Sie diese sonst nicht mit Netzen verbinden können.

Die auskommentierten Zeilen würden, wenn Sie das # entfernen würden, die Reihenfolge der Kommandos im optionalen Textmenü verändern. Wenn Sie also die Reihenfolge der Kommandos nach Ihren Wünschen ändern möchten, können Sie dies an dieser Stelle tun.

11.2 Ausführen von Scripten

Bei der Ausführung von Scripten müssen Sie sehr darauf achten, ob das gewünschte Script überhaupt im gerade geöffneten Editorfenster ausgeführt werden kann. Enthält das Script eine Anweisung, die im gerade geöffneten Editor nicht ausführbar ist, so gibt es eine Fehlermeldung mit einem entsprechenden Warnhinweis und einer passenden Fehlerbeschreibung. An dieser Stelle können Sie entscheiden, ob Sie das Script weiter abarbeiten oder ob Sie lieber abbrechen möchten.

In den Scripten ist es nicht möglich, mit Ausnahme des Bibliothekseditors, zwischen den Editorfenstern zu wechseln. Ein Script wird also immer im gerade aktuellen Fenster ausgeführt. Möchten Sie ein Script über das Control Panel mit der rechten Maustaste ausführen, so müssen Sie explizit den Editor angeben, in dem das Script ausgeführt werden soll.

Ein Script können Sie über die Kommandozeile durch den Aufruf von `SCRIPT` und Anfügen seines Dateinamens aufrufen. Wird der Script-Name ohne Angabe einer Dateiendung angegeben, so wird das dazugehörige `*.scr`-Script ausgeführt.

11.3 Erstellen von Scripten

Die Scripte können mit jedem beliebigen Texteditor (zum Beispiel Windows Notepad) sowie dem eingebauten Texteditor bearbeitet werden. Möchten Sie im Control Panel eine entsprechende Beschreibung der Funktion des Scripts angezeigt bekommen, so können Sie dies erreichen, indem Sie das Script mit mindestens einer Kommentarzeile beginnen. Der hier geschriebene Kommentartext wird später dann im Control Panel angezeigt.

Je nachdem, was in dem nun folgenden Script bearbeitet werden soll, ist es sinnvoll, diverse Voreinstellungen und Definitionen vorzunehmen. Bei Scripten, die in einem Editorfenster Zeichenfunktionen ausführen, sind auf alle Fälle die benutzten Layer und das zu benutzende Grid festzulegen. Falls nötig, können weitere allgemein gültige Parameter, die mittels `Set` festgelegt werden, am Anfang definiert werden.

Bei Angaben von Koordinaten sollten Sie sich für das gesamte Script auf eine Einheit und ein Grid festlegen, zum einen, um die Übersichtlichkeit zu erhöhen, zum anderen, um nicht plötzlich viel zu große oder zu kleine Zeichnungen zu bekommen.

Bei Koordinaten wiederum ist es manchmal von Vorteil, sich diese als relative Koordinaten zu definieren. Bei einem Script, mit dem Sie zum Beispiel eine komplette Baugruppe festlegen, können Sie so mit dem Kommando `Mark` einen Bezugspunkt aufzeigen, von dem aus die komplette Baugruppe definiert wird.

Ganz neu in der Eagle-Version 4.1 ist die Angabe von Polarkoordinaten. Diese Polarkoordinaten beziehen sich auf den gesetzten Referenzpunkt und sind in der Koordinatenangabe durch ein vorangestelltes »P« in der Form (P *Radius Winkel*) zu erkennen. Durch diese Koordinatenangabe ist es nun recht einfach möglich, Bauelemente um einen definierten Punkt herum anzuordnen.

Tipp

Ab der Version 4.1 bietet Eagle die Möglichkeit, Polarkoordinaten zu benutzen. Für Anwendungen, bei denen Bauteile oder anderes um einen bestimmten Punkt herum angeordnet werden sollen, ist dies eine sehr einfache Methode. Als Mittelpunkt dient dabei der mit `Mark` gesetzte relative Koordinatenursprung.

11.3.1 Erstellen einer Menü-Struktur

Wer lieber mit dem aus früheren Eagle-Versionen bekannten Textmenü arbeitet, kann dieses beliebig seinen Bedürfnissen anpassen, indem er die Kommandos und sogar vollständige Einstellungen in einem Script festlegt und dieses bei Bedarf ausführen lässt. In Listing 11.2 ist das mitgelieferte Script `menu.scr` zu sehen.

```
# Command Menu Setup
#
# This is an example that shows how to set up a complex command menu,
# including submenus and command aliases. To display the command menu in
# the editor windows you have to activate the option 'Command texts'
# in the 'Options/User Interface' menu.

MENU 'Grid {\
          Metric   {\
                   Fine   : Grid mm 0.1; |\
                   Coarse : Grid mm 1;\
                   } | \
          Imperial {\
                   Fine   : Grid inch 0.001; |\
                   Coarse : Grid inch 0.1;\
                   } | \
          On  : Grid On; | \
          Off : Grid Off;\
        }'\
     'Display {\
            Top       : Display None Top    Pads
Vias Dimension; |\
            Bottom    : Display None Bottom Pads Vias Dimension; |\
            Placeplan {\
                      Top    : Display None tPlace Dimension; |\
                      Bottom : Display None bPlace Dimension;\
                      }\
            }'\
     '---'\
     'Fit : Window Fit;'\
     'Add' 'Delete' 'Move' ';' 'Edit' 'Quit'\
     ;
```

Listing 11.2: Beispielscript für ein Menü

Sehr schön können Sie hier die Struktur und die Ausführung erkennen. In diesem Fall wird ein Textmenü mit den Punkten GRID, DISPLAY, FIT, ADD, DELETE, MOVE, ;, EDIT und QUIT erzeugt. Die Punkte GRID und DISPLAY öffnen weitere Menüunterpunkte, wie sie innerhalb der den Menüpunkten folgenden geschweiften Klammern definiert sind. Steht statt eines internen Befehls nur eine Art Beschreibungstext als Menüpunkt, so sind die auszuführenden Kommandos im Folgenden nach einem Doppelpunkt anzugeben. Sichtbar im Menü ist nur der vor dem Doppelpunkt stehende Text.

Wichtig ist unbedingt der Backslash \ am Ende jeder Zeile mit Ausnahme der letzten. Der Backslash sorgt dafür, dass der gesamte Text als eine Zeile behandelt wird, damit das Kommando MENU und die dahinter angegebenen Optionen auch richtig verarbeitet werden. In diesem Fall erleichtert die gewählte Aufteilung der eigentlich einzelnen Zeile auf mehrere durch Einfügen des Backslashs erheblich die Lesbarkeit des Textes.

Die zu erzeugenden Unterpunkte werden durch den senkrechten Strich ([AltGr]+[<] bzw. [Alt]+[1], [2] und [3]) abgegrenzt. Bitte beachten Sie, dass jeder Menüpunkt, der mehr als ein Wort oder einen Text enthält, der als Befehl interpretiert werden kann, in einfache Hochkommata eingeschlossen werden muss.

11.3.2 Erstellen von Bibliothekselementen

Das Schreiben von Scripten, die zur Erstellung von Bibliothekselementen dienen, ist für all diejenigen sinnvoll, die für jedes neue Projekt auch gleichzeitig eine neue Bibliothek erstellen. In solch einem Script (oder mehreren) können immer benutzte Elemente, sei es ein Gehäuse, ein Symbol oder sogar ein komplettes Bauteil, definiert werden. Spezielle nur für das Projekt benötigte Bauteile können dann immer noch nachträglich im Bibliothekseditor oder sogar über Scripte in die entsprechende Bibliothek eingefügt werden.

In diesen Scripten ist es sehr wichtig, eine gewisse Reihenfolge einzuhalten. Aus diesem Grund wollen wir die Gliederung eines exportierten Scripts der Bibliothek `resistor-dil.lbr` einmal näher vorstellen.

```
# Library script
#
# Exported from C:/PROGRAMME/EAGLE-4.11R2/lbr/resistor-dil.lbr at
23.04.2004 21:15:59
#
# EAGLE Version 4.11r2 Copyright (c) 1988-2004 CadSoft
#
Set Wire_Bend 2;
# Grid changed to 'mm' to avoid loss of precision!
Grid mm;
Layer  1 Top;
Layer 16 Bottom;
Layer 17 Pads;
Layer 18 Vias;
...
Layer 13 Route13;
Description '\
<b>Resistors in DIL Packages</b><p>\n\
<author>Created by librarian@cadsoft.de</author>';
```

Listing 11.3: Definitionsblock in einem Bibliotheksscript

Zu Anfang werden erst einmal alle wichtigen Definitionen, wie Grid, Layer und der Zeichenstil WIRE_BEND festgelegt. Im Anschluss wird hier die Beschreibung der Bibliothek festgelegt, wie sie im Control Panel zu lesen ist. Diesen Abschnitt kann man auch als *Definitionsabschnitt* bezeichnen.

In Folgenden werden nun die diversen Symbole (Listing 11.4) und Gehäuse (Listing 11.5) definiert.

```
...
Edit R1NV.sym;
Pin '1' Pas None Short R0 Pad 1 (-5.08 0);
Pin '2' Pas None Short R180 Pad 1 (5.08 0);
Layer 94;
Change Style Continuous;
Wire  0.254 (-2.54 -0.762) (2.54 -0.762);
Wire  0.254 (2.54 0.762) (-2.54 0.762);
Layer 96;
Change Size 1.778;
Change Ratio 8;
Change Font Proportional;
Text '>VALUE' R0 (2.54 -3.048);
Layer 94;
Wire  0.254 (2.54 -0.762) (2.54 0.762);
Wire  0.254 (-2.54 0.762) (-2.54 -0.762);
Layer 95;
Change Size 1.778;
Change Ratio 8;
Text '>NAME' R0 (-5.08 -3.048);
...
```

Listing 11.4: Symboldefinition in einem Bibliotheksscript

```
...
Edit DIL14.pac;
Description '<b>Dual In Line Package</b>';
Change Drill 0.8128;Pad '1' Long 0 R90 (-7.62 -3.81);
Change Drill 0.8128;Pad '2' Long 0 R90 (-5.08 -3.81);
Change Drill 0.8128;Pad '7' Long 0 R90 (7.62 -3.81);
Change Drill 0.8128;Pad '8' Long 0 R90 (7.62 3.81);
Layer 25;
Change Size 1.27;
Change Ratio 10;
Text '>NAME' R90 (-8.636 -3.048);
Change Drill 0.8128;Pad '3' Long 0 R90 (-2.54 -3.81);
Change Drill 0.8128;Pad '4' Long 0 R90 (0 -3.81);
```

```
Change Drill 0.8128;Pad '6' Long 0 R90 (5.08 -3.81);
Change Drill 0.8128;Pad '5' Long 0 R90 (2.54 -3.81);
Layer 27;
Change Size 1.27;
Change Ratio 10;
Text '>VALUE' R0 (-6.731 -0.635);
Change Drill 0.8128;Pad '9' Long 0 R90 (5.08 3.81);
Change Drill 0.8128;Pad '10' Long 0 R90 (2.54 3.81);
Change Drill 0.8128;Pad '11' Long 0 R90 (0 3.81);
Change Drill 0.8128;Pad '12' Long 0 R90 (-2.54 3.81);
Change Drill 0.8128;Pad '13' Long 0 R90 (-5.08 3.81);
Change Drill 0.8128;Pad '14' Long 0 R90 (-7.62 3.81);
Layer 21;
Wire  0.1524 (8.382 2.921) (-8.382 2.921);
Wire  0.1524 (-8.382 -2.921) (8.382 -2.921);
Wire  0.1524 (8.382 2.921) (8.382 -2.921);
Wire  0.1524 (-8.382 2.921) (-8.382 1.016);
Wire  0.1524 (-8.382 -2.921) (-8.382 -1.016);
Wire  0.1524 (-8.382 1.016) -180 (-8.382 -1.016);
...
```

Listing 11.5: Gehäusedefinition in einem Bibliotheksscript

Erst nachdem Gehäuse und Symbole definiert sind, können die entsprechenden Bauteile (Listing 11.6) generiert werden.

```
...
Edit E13R.dev;
Prefix 'RN';
Description '<b>DIL RESISTOR</b>';
Value On;
Add R1NV0 'A' Always 1 (0 22.86);
Add R1NVXX 'B' Always 1 (0 17.78);
Add R1NVXX 'C' Always 1 (0 12.7);
Add R1NVXX 'D' Always 1 (0 7.62);
Add R1NVXX 'E' Always 1 (0 2.54);
Add R1NVXX 'F' Always 1 (0 -2.54);
Add R1NVXX 'G' Always 1 (0 -7.62);
Add R1NVXX 'H' Always 1 (20.32 22.86);
Add R1NVXX 'I' Always 1 (20.32 17.78);
Add R1NVXX 'J' Always 1 (20.32 12.7);
Add R1NVXX 'K' Always 1 (20.32 7.62);
Add R1NVXX 'L' Always 1 (20.32 2.54);
Add R1NVXX 'M' Always 1 (20.32 -2.54);
Package 'DIL14' '''''';
```

```
Technology '';
Connect  'A.1' '1'  'B.1' '2'  'G.1' '7'  'H.1' '8'  'C.1' '3' \
         'D.1' '4'  'F.1' '6'  'E.1' '5'  'I.1' '9'  'J.1' '10'  'K.1' '11' \
         'L.1' '12'  'M.1' '13'  'A.2' '14';
```

Listing 11.6: Bauteildefinition in einem Bibliotheksscript

Mit solchen Bibliotheksscripten sind Sie in der Lage, sich sehr schnell eigene Bibliotheken aus exportierten Scripten zu erstellen. Dies ist übrigens die *einzige* Möglichkeit, Elemente aus neueren Eagle-Versionen in ältere Versionen zu übernehmen, wenn Sie dabei beachten, dass einige Optionen in den Scripten durch Überarbeitung entfernt werden müssen.

Ob diese Möglichkeit aber durch die in der neuesten Version 4.1 implementierte Kopierfunktion für Bibliothekselemente in Zukunft noch eine so große Bedeutung haben wird, ist nicht abzusehen.

11.3.3 Erstellen von Tastenzuweisungen

Obwohl in der Windows-Welt die Maus eine nicht mehr wegzudenkende Arbeitserleichterung gerade für grafische Funktionen gebracht hat, so ist es hin und wieder doch erheblich schneller und effektiver, statt vieler Mausklicks und -bewegungen einfach eine bestimmte Tastenkombination zu benutzen. Standardmäßig sind in Eagle die Funktionstasten mit wichtigen Funktionen belegt. Zu diesen schon vorhandenen Tastenkombinationen können Sie mit dem Kommando `Assign` weitere eigene Tastenzuweisungen festlegen.

```
# ASSIGN Script
#
# Assigns several function keys to start various ULPs for easy library
editing.
                                              # comment character '#'
LBR:
ASSIGN    A+N 'run nextpacdescript.ulp;';
# Control+N         edit next-Package Description
ASSIGN    C+N 'run editnext-dev-sym-pac.ulp;';
# Control+N         edit next Sym/Pac/Dev
ASSIGN   S+C+N 'run editnext-lbr.ulp;';
# Shift+Control+N   edit next LBR
ASSIGN   S+A+N 'run nextdevdescript.ulp;';
# Shift+Alt+N       edit next Device & Description
ASSIGN    A+P 'run prevpacdescript.ulp;';
# Control+P         edit previous Package & Description
ASSIGN    C+P 'run editprev-dev-sym-pac.ulp;';
# Control+P         edit previous Sym/Pac/Dev
ASSIGN   C+A+P 'run prevdevdescript.ulp;';
# Control+P         edit previous Device & Description
```

```
ASSIGN  S+C+P 'run editprev-lbr.ulp;';
# Shift+Control+P  edit previus LBR
ASSIGN    C+R 'run cmd-rename-in-lbr.ulp;';
# Control+R Rename Sym/Pac/Dev
ASSIGN A+S+C+R 'run remove-dev-sym-pac.ulp;';
# Alt+Shift+Control+R remove Device from LBR
ASSIGN    C+S 'write;';
# Control+S             save file
ASSIGN  S+C+S 'write;';
# Shift+Control+S     save file
ASSIGN A+S+C+S 'write;';
# Alt+Shift+Control+S save file
ASSIGN    C+M 'DESCRIPT'

PAC:
ASSIGN  C+A+N 'grid mil; ch size 50; grid last; change lay tname;
text  >NAME'
ASSIGN  C+A+V 'grid mil; ch size 50; grid last; change lay tvalue;
text  >VALUE'

SYM:
ASSIGN  C+S+N 'grid mil 50 on; ch size 70; change lay names; text  >NAME'
ASSIGN  C+S+V 'grid mil 50 on; ch size 70; change lay values;
text  >VALUE'

SCH:
ASSIGN    C+N 'run editnext-sheet.ulp;';
# Control-N edit next
ASSIGN    C+P 'run editprev-sheet.ulp;';
# Control-N edit previous
ASSIGN  S+C+P 'run cam2printer 1 schematic.cam;'
# start ULP
ASSIGN    C+D 'run cam2dxf schematic.cam;'
# start ULP

BRD:
ASSIGN  S+C+P 'run cam2printer 0 layout2.cam;'
# start ULP
ASSIGN    C+D 'run cam2dxf layout2.cam;'
# start ULP
```

Listing 11.7: Erstellen von Tastenzuweisungen

Wie bereits im Abschnitt über das Definitionsscript `Eagle.scr` beschrieben, hat auch dieses Script für die unterschiedlichen Editorfenster unterschiedliche Zuweisungen. Die Abschnitte werden wieder durch die Symbolworte für die entsprechenden Editoren, gefolgt von einem Doppelpunkt : eingeleitet.

Direkt nach dem Kommando `Assign` werden als Erstes die entsprechenden Steuerungstasten [Shift], [Strg] und [Alt] in beliebiger Kombination festgelegt, gefolgt von der zu drückenden Taste. Im Folgenden steht in Hochkomma eingeschlossen das von eben dieser Tastenkombination auszuführende Kommando mit eventuell dazugehörigen Optionen. Es können durchaus auch mehrere hintereinander auszuführende Kommandos sein, die dann durch ein Semikolon voneinander getrennt werden. Damit die entsprechenden Kommandos auch abgeschlossen und ausgeführt werden, ist am Ende ein Semikolon zu setzen.

Möchten Sie allerdings nur ein Kommando aufrufen und die entsprechenden Parameter durch Maus- oder Tastatureingabe abschließen, so muss das Semikolon entfallen.

11.3.4 Erstellen von benutzereigenen Scripten

An diese Stelle seien alle beliebigen Möglichkeiten genannt, die durch Scripte beschrieben werden können und das Arbeiten in Produktionsumgebungen und bei der Platinenentwicklung vereinfachen oder aber von lästigen Aufgaben befreit.

Wer zum Beispiel Einsteckkarten für irgendein modulares System entwickelt, deren Platinen immer die gleichen Außenmaße und entsprechende Steckverbinder an immer der gleichen Stelle haben, der kann sich eben solch ein Script erstellen, das ihm die Zeichnung der Platinenumrisse und die Platzierung der Steckverbinder abnimmt.

Sie sehen, die Möglichkeiten der Scripte sind sehr vielfältig und sollten nicht ungenutzt bleiben. In Verbindung mit dem Export von Bibliotheksscripten ist es sogar die einzige Möglichkeit, Bauteile in ältere Eagle-Versionen zu übertragen. Die Zeit, die man zum Schreiben der Scripte benötigt, wird hinterher durch die erheblich schnellere und einfachere Bedienung mehr als wettgemacht.

Kapitel 12

ULPs

Mit der in Eagle enthaltenen C-ähnlichen Programmiersprache ist es über die recht einfach gehaltenen Scripte hinaus möglich, sehr komplexe Programme zu schreiben und auszuführen. Solche Programme werden hier als *User Language Programs* (ULPs) bezeichnet. Die dabei möglichen Funktionen reichen vom Erzeugen einfacher Bauteillisten über die Neunummerierung von Bauteilen bis hin zum Erstellen von fertigen Programmen zur Steuerung von Fräsbohrplottern zur Prototypentwicklung.

12.1 Einfacher als gedacht

Jeder, der sich schon einmal in seinem Leben mit dem Programmieren nur ein bisschen beschäftigt hat, ist mit ein wenig Übung und Ausdauer schnell in der Lage, mit dem mächtigen Funktionsumfang der ULPs sehr nützliche und effektive Programme zu schreiben. Auch wer sich auf den ersten Blick in eines der bereits mitgelieferten ULPs von den doch eher kompliziert anmutenden Programmen abgeschreckt fühlt, stellt bei näherer Betrachtung fest, dass es einfacher ist, eigene ULPs zu schreiben oder aber bereits existierende an seine Bedürfnisse anzupassen.

Eine erhebliche Vereinfachung stellen dabei die bereits fertig vordefinierten Dialogfenster dar, mit denen man wirklich sehr schnell und unkompliziert alle möglichen Arten von Fenstern und dazugehörigen Buttons, Combofeldern und weiteren Fensterinhalten erstellen kann.

Sicherlich kann dieses Buch nicht alle möglichen Funktionen und Möglichkeiten der ULPs beschreiben, aber mit diesem Kapitel soll ein tieferer Einblick in ihre Erstellung gegeben werden.

Für die genauere Betrachtung bietet sich das ULP `bom.ulp` geradezu an. Dieses ULP, das in seiner ursprünglichen Form eine Bauteilliste aus einem Schaltplan erstellt, wollen wir betrachten und so erweitern, dass uns am Ende sogar eine einfache Kalkulation und eine komplette Bestellliste vorliegt.

Auch für Programmieranfänger ist die recht einfach gehaltene Syntax mit teilweise vorgefertigten Funktionen für Dialogfenster und einer einfach gehaltenen Objekt-Hierarchie gut geeignet, erste Erfahrungen zu machen oder zu vertiefen.

12.1.1 Was ist ein ULP?

Für all diejenigen, die noch nie etwas mit dem Programmieren zu tun hatten, soll an dieser Stelle erst einmal mit einer kurzen Einführung in die Grundstruktur eines Programms näher eingegangen werden.

Das nachfolgende kurze erste Programm enthält Beispiele für die meisten Grundelemente, aus denen ein ULP besteht:

- Kommentare
- Direktiven
- Typen
- Funktionen und Funktionsaufrufe
- Variablen und Konstantendeklarationen
- Schleifen
- Anweisungen

Im Folgenden wollen wir dann näher auf einzelne Elemente anhand von Beispielen kleinerer ULPs eingehen.

```
/* Beispielprogramm eines ULPs
   "Beispiel 1.ulp"             */
#usage "Ein kleines Beispiel\n"

int i;
string s = "Test";

string Umdrehen (string e)
{
  string hilf = ""; // Hilfsstring zur Rückgabe
  string c;         // Hilfsstring zur Verarbeitung

  for (int zaehler=0; zaehler <= strlen (s); zaehler++) {
    c = strsub (s, strlen(s) - zaehler, 1);
    hilf += c;
  }
  return hilf;
}

dlgDialog ("Beispiel 1") {
  dlgLabel(s);
  s = Umdrehen(s);
```

```
   dlgLabel(s);
   dlgPushButton("Ok") dlgAccept();
};
```

Listing 12.1: Beispielprogramm 1

In diesem kleinen Beispiel sind schon sehr viele der oben genannten Grundelemente vorhanden. Das Ergebnis von Listing 12.1 sehen Sie in Abbildung 12.1.

Abb. 12.1: Ergebnis Beispielprogramm 1

Die zwischen /* und */ eingeschlossenen Zeichen sind reine Kommentare und werden vom Programm-Interpreter nicht berücksichtigt. Gleiches gilt für die einem // folgenden Zeichen der gleichen Zeile. Kommentare sollte man nie unterschätzen und daher lieber zu viel als zu wenig von ihnen einfügen. Spätestens bei der späteren Erweiterung oder Überarbeitung leisten sie erhebliche Dienste bei der Fehlersuche, falls ein Programm nicht ganz das macht, was es sollte.

Der der Direktive `#usage` folgende Text, der unbedingt durch doppelte Anführungszeichen " begrenzt werden muss, entspricht dem Text, der im Control Panel als Beschreibung zu dem ULP angezeigt wird. In diesem Text sollten später unbedingt Informationen über die Funktion und den Gebrauch des jeweiligen ULPs enthalten sein.

In den folgenden beiden Zeilen werden Variablen, die im späteren Programmablauf benötigt werden, und deren Typ festgelegt. Die in Eagle benutzbaren Typen sind `char`, `int`, `real` und `string`. Dabei wird zuerst der Typ und dann der Name der Variablen oder aber auch einer Konstanten festgelegt. Bei der Definition ist es ebenfalls möglich, den Variablen einen definierten Startwert zuzuweisen. Im Beispiel werden die Variable `i` vom Typ `int` und eine Textvariable vom Typ `string` mit dem Namen `s` und dem Startwert `"Test"` definiert.

Der nun folgende Abschnitt beschreibt eine Funktion. In diesem Fall soll die Funktion, die den Namen »Umdrehen« hat, einen Rückgabewert vom Typ `string` ausgeben und mit einem Parameter mit Namen »e« vom Typ `string` aufgerufen werden. Bei »e« handelt es sich nun schon um eine so genannte lokale Variable, die nur innerhalb der entsprechenden Funktion bekannt ist. Jeder Versuch, von außerhalb dieser Funktion auf die Variable »e« zuzugreifen, endet mit einer Fehlermeldung.

Die Funktionsnamen sollte man sinnvollerweise so wählen, dass sie im Ansatz eine Beschreibung der Funktion darstellen, was später die Lesbarkeit und die Verständlichkeit erheblich erhöht. In diesem Fall dreht die entsprechende Funktion »Umdrehen« den übergebenen String »e« um und gibt den umgedrehten Text als String zurück.

Der tatsächliche Funktionskern befindet sich dann zwischen den geschweiften Klammern, einem so genannten Block. Ein Block wird immer von einer geschweiften Klammer begonnen und mit einer geschweiften Klammer abgeschlossen. Innerhalb eines Blockes finden Anweisungen und Deklarationen statt. Innerhalb eines Blockes können wiederum ein oder mehrere Blöcke enthalten sein.

Die Anweisung `return` beendet die Funktion und gibt den Rückgabewert des Funktionsaufrufes an die Stelle zurück, an der die Funktion aufgerufen wurde. Die Hilfsvariable `hilf` enthält in diesem Fall den zurückzugebenden Wert. Nur wenn die Funktion vom Typ `void` ist, können Sie auf die `return`-Anweisung verzichten, und die Funktion wird mit Erreichen des Endes ihres Funktionblockes beendet.

Der nun folgende Abschnitt beschreibt das eigentliche Hauptprogramm des ULP und besteht hauptsächlich aus Dialogfunktionen. Nur wenn das User-Language-Programm eine Funktion namens `main()` enthält, wird diese Funktion explizit als Hauptfunktion aufgerufen. In allen anderen Fällen werden die im ULP stehenden Anweisungen der Reihe nach abgearbeitet.

Dieses kann durchaus dazu führen, dass Anweisungen und Funktionsdefinitionen gemischt durcheinander stehen können. Aus Gründen der Übersichtlichkeit sollten Sie das aber unbedingt vermeiden, auch oder gerade wegen der fehlenden Möglichkeit, die ULPs im so genannten Debug-Modus testen zu können.

Nun bieten die ULPs auch die Möglichkeit, Eingaben verarbeiten zu können. In Listing 12.1 sind die entsprechenden Änderungen markiert zu sehen.

```
/* Beispielprogramm eines ULPs
   "Beispiel 2.ulp"            */
#usage "Ein kleines Beispiel\n"

string s = "Test";
string t = "";

string Umdrehen (string e)
{
  string hilf = ""; // Hilfsstring
  string c;

  for (int zaehler=0; zaehler <= strlen (e); zaehler++) {
```

```
    c = strsub(e, strlen (e) - zaehler, 1);
    hilf += c;
  }
  return hilf;
}

dlgDialog ("Beispiel 2") {
  dlgStringEdit(s);
  dlgLabel(t, 1);
  dlgPushButton("+Ok") t = Umdrehen(s);
  dlgPushButton("-Abbruch") dlgReject();
};
```

Listing 12.2: Beispielprogramm 2

Nun kann in einem Texteingabefeld mit der Funktion `dlgStringEdit` an die String-Variable `s` ein beliebiger Text übergeben werden, der nach Betätigen des OK-Buttons das Ergebnis unterhalb des Eingabefeldes ausgibt. In Abbildung 12.2 und Abbildung 12.3 sind die Ergebnisse des zweiten Beispielprogramms zu sehen.

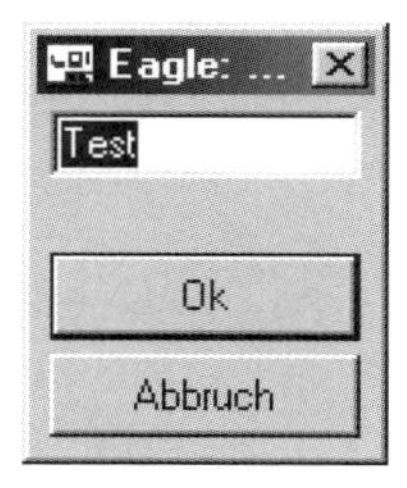

Abb. 12.2: Eröffnungsdialogfeld von Beispiel 2

Abb. 12.3: Ergebnis nach Eingabe

Damit das Ergebnis auch im Dialogfeld angezeigt wird, muss die Anweisung `dlgLabel` um den zweiten Parameter erweitert werden. Nur wenn dieser zweite Parameter ungleich 0 ist und es sich bei dem Ausgabe-String wie in unserem Fall um eine String-Variable handelt, wird die entsprechende Änderung des Variableninhaltes auch im Dialogfeld aktualisiert. Wie das Ergebnis aussieht, wenn man den zweiten Parameter weglässt oder auf den Wert 0 ändert, können Sie selbst einmal ausprobieren.

Mit dem »+« vor den Beschriftungstexten für den Button wird festgelegt, welches der Standard-Button ist. Ein »-« dagegen legt fest, welcher Button als Abbruch-Button festgelegt wird. Die entsprechenden Anweisungen, die den Dialogfunktionen folgen, werden ausgeführt, wenn der entsprechende Button betätigt wird.

Jeder, der sich schon einmal mit der Programmiersprache C befasst hat, sieht an den Beispielen auch deutlich die Ähnlichkeit zu dieser Programmiersprache. Viele eingebaute Funktionen und Anweisungen sind auch in C enthalten. Durch die bereits vorgefertigten Dialogfunktionen und weitere Vereinfachungen sind jedoch auch alle Programmiereinsteiger, insbesondere wenn sie sich die Beispielprogramme ansehen, sehr schnell in der Lage, sich entsprechende ULPs zu schreiben oder aber bereits existierende nach ihren Wüschen zu erweitern oder zu ändern.

Während der Programmentwicklung sollten Sie immer die Eagle-Hilfe als Fenster geöffnet halten, um sich dort jederzeit bei Unklarheiten Rat holen zu können. Für fast alle Funktionen und Anweisungen existiert eine oftmals mit Beispielen versehene Hilfe-Seite, die die meisten Probleme lösen kann.

Wichtig

Ganz wichtig ist, bei der Programmierung auf korrekte Groß-/Kleinschreibung zu achten, da der Interpreter alle Anweisungen, Funktionen, Variablen und Konstanten auf ihre genaue Schreibweise überprüft. Diese Arbeitsweise ist auch als »Case-Sensitive« bekannt.

12.2 Datenzugriff auf Objekte

Objekte in Zusammenhang mit Eagle beschreiben den Inhalt der entsprechenden Eagle-Dateien, die zur Laufzeit im entsprechenden Fenster geöffnet sind. Über die eingebauten Zugriffsstatements erhalten Sie hierarchisch aufgebaut Zugriff auf die entsprechenden Objekte und deren Eigenschaften. Auf die entsprechenden Eigenschaften wird mit Hilfe der »Members« zugegriffen.

Je nachdem, in welchem Editorfenster Sie sich gerade befinden, erhalten Sie mit den folgenden Zugriffsstatements eine Möglichkeit, auf die entsprechend hierarchisch aufgebauten Objekte und deren Eigenschaften zugreifen zu können:

- `library (L) {...}` auf alle Objekte im gerade geöffneten Bibliothekseditor
- `schematic(S) {...}` auf alle Objekte im gerade geöffneten Schaltplan-Editor
- `board(B) {...}` auf alle Objekte im gerade geöffneten Layout-Editor

Befinden Sie sich im Bibliothekseditor, haben Sie zusätzlich, je nach geöffneten Bibliothekseditor-Fenstern folgende Zugriffsstatements zur Verfügung:

- `deviceset(D) {...}`
- `package(P) {...}`
- `symbol(S) {...}`

Mit dem entsprechenden Statement ohne Angabe eines Arguments können Sie prüfen, ob das gegenwärtige Editorfenster mit dem zu öffnenden Statement übereinstimmt. In diesem Fall verhält sich das Statement wie eine Integer-Konstante, die den Wert 1 zurückgibt, sofern das entsprechende Editorfenster im Vordergrund geöffnet ist. Andernfalls wird der Wert 0 zurückgegeben.

```
if (schematic) {
  output("file.txt", "wt") {
    schematic(S) {
      S.parts(P)
      printf("Part: %s\n", P.name);
    }
  }
};
```

Listing 12.3: Beispielprogramm 3

Listing 12.3 überprüft, ob das gerade im Vordergrund geöffnete Fenster der Schaltplan-Editor ist, und schreibt dann eine Liste aller enthaltenen Elemente (Parts) in die Datei `file.txt`. Als Elemente gelten alle per ADD eingefügten Symbole und Ähnliches.

Gleichzeitig erkennen Sie die beiden unterschiedlichen Arten der »Members«, der Möglichkeit also, auf die Daten der Objekte zugreifen zu können.

- Data-Members: enthalten unmittelbare Objektdaten, zum Beispiel »NAME« oder »VALUE«, das heißt Name und Wert des entsprechenden Objektes.
- Loop-Members: bieten den Zugriff auf Objekte gleichen Typs, die mehrfach in einem Objekt höherer Hierarchiestufe enthalten sind, zum Beispiel Bauteile oder Wires.

Nachdem auf das Schaltplanobjekt S zugegriffen wird, wird über das Loop-Member `S.parts(P)` auf die entsprechenden Namen über `P.name` zugegriffen. Die Loop-Member werden dabei nach ihren Namen sortiert. Die einzelnen Objekte und deren Eigenschaften werden sehr ausführlich in der Eagle-Hilfe beschrieben und können gerade aufgrund ihres erheblichen Umfanges hier im Buch nicht ausführlich beschrieben werden.

Platine	Schaltplan	Bibliotheken
BOARD	SCHEMATIC	LIBRARY
GRID	GRID	GRID
LAYER	LAYER	LAYER
LIBRARY	LIBRARY	DEVICESET
CIRCLE	SHEET	DEVICE
HOLE	CIRCLE	GATE
RECTANGLE	RECTANGLE	PACKAGE
TEXT	TEXT	PAD
WIRE	WIRE	SMD
POLYGON	POLYGON	CIRCLE
WIRE	WIRE	HOLE
ELEMENT	PART	RECTANGLE
SIGNAL	INSTANCE	TEXT
CONTACTREF	BUS	WIRE
POLYGON	SEGMENT	POLYGON
WIRE	TEXT	WIRE
VIA	WIRE	SYMBOL
WIRE	NET	PIN
	SEGMENT	CIRCLE
	JUNCTION	RECTANGLE
	PINREF	TEXT
	TEXT	WIRE
	WIRE	POLYGON
		WIRE

Tabelle 12.1: Hierarchiestufen in den verschiedenen Editoren

In Tabelle 12.1 ist die Hierarchie der drei Hauptobjekte übersichtlich dargestellt. Die Eigenschaften der einzelnen Objekte werden im Hilfe-Index mit einem vorangestellten »UL_« vor dem eigentlichen Objektnamen erklärt und sind dort nach Data- und Loop-Membern getrennt aufgelistet.

Die Anweisung `board(B) {...}` definiert also eine Variable mit dem Namen »B«, die vom Typ `UL_BOARD` ist. Der Typ `UL_BOARD` wiederum stellt eine Struktur dar, das heißt, es handelt sich um eine Ansammlung mehrerer Variablen unter einem Namen. Bei diesen innerhalb der Struktur definierten Variablen kann es sich wiederum um einfache Variablen oder aber auch Konstanten der Typen `int`, `real`, `string` oder `char` oder aber wiederum um untergeordnete Strukturen handeln.

Diese im ersten Moment kompliziert erscheinende Zugriffsweise auf die Eigenschaften der Objekte erweist sich in der Praxis als sehr einfach. Indem Sie einfach zwischen den Variablennamen der entsprechenden Ebene einen Punkt ».« einfügen, haben Sie Zugriff auf den entsprechenden Inhalt der Variablen.

Würde man in Listing 12.3 in der fünften Zeile `P.name` durch `P.device.name` ersetzen, so würde statt des Namens des Elementes der Name des entsprechenden Bauteiles (Devices) stehen, in dem dieses definiert ist.

12.3 Besonderheiten der ULPs

Obwohl sich der gesamte Aufbau der ULPs stark an der Sprache C orientiert, gibt es bei der Programmierung doch einige Besonderheiten, in der sich die Programme unterscheiden.

12.3.1 Direktiven

Obwohl auch die ULPs sehr wohl die Direktive `#include` kennen, so wird sie hier jedoch nur zum Einbinden weiterer externer ULPs genutzt, in denen die entsprechend genutzten Funktionen auch vollständig vorhanden sein müssen. In den ULPs ist es nicht möglich, die Deklaration der Funktion vom eigentlichen Funktionsblock zu trennen.

Die zweite Direktive ist `#usage` und wird verwendet, um eine Beschreibung des ULP im Control Panel anzeigen zu lassen. In dieser Beschreibung sollten Informationen zur Funktion und deren Benutzung enthalten sein. Um dem Control Panel die Informationssuche so einfach wie möglich zu machen, sollte die `#usage`-Direktive möglichst am Anfang der Datei stehen.

Mit der Eagle-Version 4.11r2 wurde die `#usage`-Direktive dahingehend erweitert, dass Sie nun diese Informationen für mehrere Sprachen verfügbar machen können. Dazu müssen die entsprechenden Texte durch Komma getrennt angegeben werden. Jeder Text beginnt mit dem zweibuchstabigen Code der jeweiligen Sprache, gefolgt von einem Doppelpunkt. Der zweibuchstabige Code entspricht dem Rückgabewert der Funktion `language()`. Ist für die auf dem System verwendete Sprache kein passender Text vorhanden, wird der erste angegebene Text verwendet.

```
#usage "en: A sample\n"
           "Example for using the EAGLE User Language\n"
           "in different languages\n",
       "de: Beispiel\n"
           "Beispiel für die EAGLE-User-Language\n"
           "in verschiedenen Sprachen\n"
```

Listing 12.4: Beispiel für verschiedene Sprachen

Wie in Listing 12.4 zu sehen, sollten Sie als erste Sprache generell Englisch definieren, um das ULP für einen möglichst großen Benutzerkreis verständlich zu machen.

In diesem Zusammenhang muss unbedingt auf die ebenfalls neue `#require` hingewiesen werden. Sollte ein ULP neue oder veränderte Funktionen enthalten, die zu einer falschen Funktion oder auch nur zu einer Fehlermeldung führen würden, so können Sie dem Benutzer mit dieser Direktive eine konkrete Meldung geben, welche Eagle-Version er denn für die Ausführung des ULPs mindestens benötigt.

12.3.2 Funktionen

Aufgrund der Tatsache, dass in den ULPs keine Zeiger definiert werden, ist es auch nicht möglich, Werte, die an eine selbst geschriebene Funktion übergeben werden, innerhalb der Funktion zu bearbeiten und geändert zurückzugeben. Eine Funktion kann nur im so genannten »Call-by-Value«-Verfahren aufgerufen werden. Alle Änderungen, die innerhalb der Funktion mit den übergebenen Variablen vorgenommen werden, sind nach Beendigung der Funktion nicht mehr verfügbar.

Diese Einschränkung gilt allerdings nur für eigene Funktionen, bei schon eingebauten Funktionen (so genannten »Builtins«) ist dieses nicht immer richtig.

12.3.3 Dialogfenster

Eine erhebliche Vereinfachung stellen die Möglichkeiten zur Erstellung von Dialogfenstern dar. Mit den User-Language-Dialogfenstern ist es einfach, eigene Fenster oder aber sogar schon vorgefertigte Dialogfenster zur Information oder Benutzereingabe zu erstellen.

Die Basis eines jeden Dialogfensters ist die `dlgDialog`-Funktion, die das Grundgerüst eines jeden Dialogfensters darstellt. Im Anschluss an diese Funktion findet sich ein Block, in dem normalerweise andere Dialog-Objekte enthalten sind. Über die Funktionen `dlgReject()` und `dlgAccept()` wird das entsprechende Dialogfenster geschlossen.

Die Dialog-Objekte können wiederum in zwei Kategorien eingeteilt werden. Zum einen handelt es sich um Objekte, die das Aussehen des Fensters bestimmen. Die andere Kategorie besteht aus Objekten, die die Ein- und Ausgabebereiche festlegen.

Standardmäßig werden alle Dialog-Objekte untereinander angeordnet, womit sie einem `dlgVBoxLayout` entsprechen. Jedes neu erstellte Dialogfenster bzw. jeder definierte Dialog-Block wird in diesem Layout angelegt. Möchten Sie stattdessen Dialog-Objekte nebeneinander anordnen, müssen Sie diese in einem `dlgHBoxLayout`-Block definieren.

Mit Hilfe von `dlgGridLayout` und dem dazugehörigen `dlgCell` können Sie die Dialog-Objekte in einem zeilen- und spaltenorientierten Kontext beschreiben. Die oberste linke Zelle hat dabei die Koordinaten (0, 0). Die Größe wird automatisch an die Positionen der Dialog-Objekte angepasst, die in dem Block definiert werden.

Die beiden Objekte `dlgSpacing` und `dlgStretch` fügen in das Fensterlayout Leerflächen ein. Diese können unter anderem dazu benutzt werden, die Größe des Fensters zu verändern.

Zu der zweiten Kategorie der Dialogfenster gehören alle Dialogfenster, die zur Datenein- und -ausgabe dienen. Dabei muss insbesondere bei Eingabe-Dialogfenstern darauf geachtet werden, um welchen Typ es sich bei dem einzugebenden Wert handelt. So gibt es unterschiedliche Eingabe-Dialog-Objekte für `int`-, `real`-

und `string`-Variablen und bei `dlgIntEdit` und `dlgRealEdit` muss zusätzlich ein Wertebereich mit angegeben werden.

```
int hor = 1;
int ver = 1;
string fileName;
string ListViewKopf = "Position \tName \tValue";
numeric string ListViewDaten[] = {"1\tEins\tWert 1","2\tZwei\tWert2"};
numeric string ListBoxWerte[] = {"Eins", "Zwei", "Drei", "Vier"};

int Result = dlgDialog("Eingabe") {
  dlgTabWidget {
    dlgTabPage("Tab &1") {
      dlgHBoxLayout {
        dlgStretch(1);
        dlgLabel("Dies ist ein einfaches Dialogfenster");
        dlgStretch(1);
      }
      dlgHBoxLayout {
        dlgGroup("Horizontal") {
          dlgRadioButton("&Oben", hor);
          dlgRadioButton("&Mitte", hor);
          dlgRadioButton("&Unten", hor);
        }
        dlgGroup("Vertikal") {
          dlgRadioButton("&Links", ver);
          dlgRadioButton("M&itte", ver);
          dlgRadioButton("&Rechts", ver);
        }
      }
      dlgHBoxLayout {
        dlgLabel("Datei &Name:");
        dlgStringEdit(fileName);
        dlgPushButton("&Suchen") {
          fileName = dlgFileOpen("Dateiauswahl", fileName);
        }
      }
      dlgGridLayout {
        dlgCell(0, 0) dlgLabel("Reihe 0/Spalte 0");
        dlgCell(1, 0) dlgLabel("Reihe 1/Spalte 0");
        dlgCell(0, 1) dlgLabel("Reihe 0/Spalte 1");
        dlgCell(1, 1) dlgLabel("Reihe 1/Spalte 1");
      }
      dlgSpacing(10);
```

```
      dlgHBoxLayout {
        dlgStretch(1);
        dlgPushButton("+OK")     dlgAccept();
        dlgPushButton("Cancel") dlgReject();
      }
    }
    dlgTabPage("Tab &2") {
      int selected = 0;
      dlgListView(ListViewKopf, ListViewDaten, selected);
      dlgListBox(ListBoxWerte, selected);
      dlgHBoxLayout {
      int check = 1;
      dlgCheckBox("Anzeigen", check);
        int Wert = 10;
        dlgLabel("Anzahl");
        dlgSpinBox(Wert, 0, 59);
      }
    }
  }
};
```

Listing 12.5: Beispielprogramm 4 (Dialogfenster)

In Listing 12.5 sind zum besseren Verständnis fast alle Dialog-Objekte einmal aufgeführt. Bei der Definition der Variablen und Konstanten ist auch deutlich das Format der zur Ausgabe benötigten Variablen zu sehen.

Eine Besonderheit stellt dabei der Objekt-Aufruf `dlgFileOpen` dar, bei dem es sich um ein schon vollständig fertig definiertes Dialogfenster zum Öffnen einer Datei handelt. Neben diesem gehören noch `dlgFileSave`, `dlgDirectory` und `dlgMessageBox` zu den vordefinierten Dialogfenstern, mit denen Sie auf die entsprechenden Dateidialogfenster zugreifen können.

12.4 Erweiterung von »bom.ulp«

Mit dem ULP `bom.ulp` können Sie aus jedem Schaltplan heraus eine Stückliste aller im Schaltplan vorhandenen Bauteile erstellen. Zusätzlich bietet es die Möglichkeit, mit einer zusätzlichen Datei ausführliche Stücklisten mit zusätzlichen Informationen wie Bestellnummern, Herstellern und Preisen zu erstellen.

Mit einigen wenigen Anpassungen, die wir hier ausführlich beschreiben wollen, werden wir dieses ULP so ändern, dass damit sogar eine vorläufige Kalkulation und auch eine deutlich übersichtlichere Beschreibung bei der Stücklistendarstellung möglich ist.

12.4.1 Beschreibung der Funktion

Diese Beschreibung bezieht sich auf die ab Eagle-Version 4.0 mitgelieferte `bom.ulp`, in der die hier beschriebenen Änderungen durchgeführt werden. Mit Einschränkungen ist sicherlich auch eine entsprechende Fassung für ältere Eagle-Versionen möglich.

Damit die `bom.ulp` korrekt laufen kann, muss sie in einem Schaltplan-Editorfenster aufgerufen und ausgeführt werden. Dazu findet zu Anfang eine Abfrage nach dem gerade geöffneten Editorfenster statt. Falls es sich nicht um ein Schaltplan-Editorfenster handelt, wird eine Fehlermeldung ausgegeben und das ULP abgebrochen.

Im Folgenden werden alle notwendigen Daten der im Schaltplan vorhandenen Elemente ausgelesen und in entsprechenden Arrays abgelegt. Für die Ausgabe in einem entsprechenden `dlgListView`-Objekt werden die gesammelten Daten aufbereitet und dem Objekt entsprechend der gewählten Ausgabeform übergeben. Als Ausgabeform stehen die Darstellung für jedes Bauteil separat oder aber die Bauteile zusammengefasst nach ihren Werten zur Verfügung.

Aus einer zusätzlichen Datei, die Sie selber erstellen müssen, können Sie weitere Informationen zu jedem Bauteil entnehmen und als zusätzliche Beschreibung mit anzeigen. Diese so erstellten Listen können wahlweise als reine Textdatei oder aber als HTML-Datei zur Darstellung mit jedem beliebigen Browser abgespeichert werden.

12.4.2 Beschreibung der Änderungen

Mit den hier vorgestellten Anpassungen soll die bestehende `bom.ulp` so weit verändert werden, dass mit der entsprechend erstellten Zusatzdatei eine Kalkulation der Produktionskosten für den Einkauf und Vertrieb erstellt werden kann. Weiterhin wird die Darstellung beim HTML-Export ein wenig erweitert, um die Übersichtlichkeit zu verbessern. Einen ersten Eindruck der Änderungen vermittelt Abbildung 12.4.

Die beschriebenen Änderungen sollen dabei nur eine mögliche Erweiterung darstellen, die keinen Wert auf optimalen Programmcode oder Ähnliches legt, bei den Autoren aber in der Praxis sehr gut funktioniert. Im Folgenden werden nur die Änderungen und einige wichtige Funktionen dieses ULP beschrieben. Allein der Umfang des ULP hat von Eagle-Version 4.0 auf 4.1 von rund 600 auf mehr als 850 Zeilen Programm-Code zugenommen. Wer sich also noch ausführlicher mit dem gesamten ULP `bom.ulp` beschäftigen möchte, sollte es sich ausdrucken und die beschriebenen Änderungen anhand des Ausdrucks mit verfolgen. Zur besseren Übersicht sind die entsprechenden Änderungen **fett** markiert.

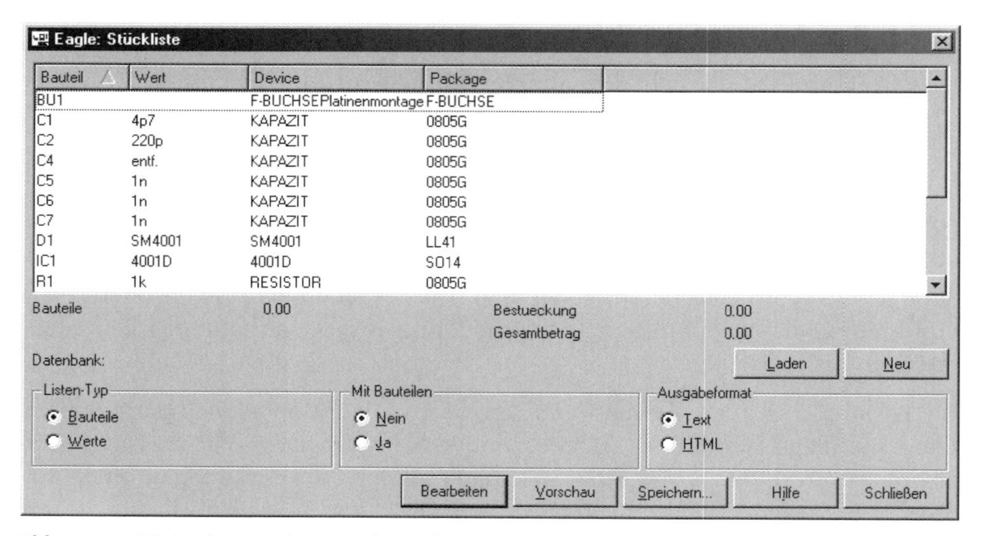

Abb. 12.4: Dialogfenster der geänderten `bom.ulp`

Aufgrund der mit der Eagle-Version 4.1 neu eingeführten Mehrsprachigkeit müssen wir einige Textbausteine in dem entsprechenden Array `I18N` hinzufügen. Dabei handelt es sich um folgende Zeilen:

Mit Hilfe dieser Array-Felder werden die fehlenden Übersetzungen hinzugefügt.

```
...
"Part\tValue\tDevice\tPackage\v"
"Bauteil\tWert\tDevice\tPackage\v"
,
"Qty\tValue\tDevice\v"
"Menge\tWert\tDevice\v"
,
"&Yes\v"
"&Ja\v"
,
"&No\v"
"&Nein\v"
,
"List with Parts\v"
"Mit Bauteilen\v"
,
...
```

Listing 12.6: Änderung 1

Zusätzlich brauchen wir noch weitere Variablen, die wir, da wir sie im Hauptprogramm benötigen, als globale Variablen definieren.

```
...
int OutputFormat = 0;
int WithParts = 0;
string sGesamtPreis, sBestueckPreis, sBauteilPreis;

string DatabaseFile;
...
```

Dass diese Variablen als `string`-Variablen definiert werden, hat einzig und allein den Grund, dass Eagle in dem Dialog-Objekt `dlgLabel()`, mit dem später die berechneten Werte ausgegeben werden, nur Strings ausgeben kann.

Als neue Funktion soll bei der Sortierung nach Bauteilwerten ermöglicht werden, die Namen der entsprechenden Bauteile mit anzuzeigen oder nicht. Für den Einkauf ist nur die Anzahl der Bauelemente, nicht jedoch jedes einzelne Bauteil von Bedeutung. Dagegen sind wiederum für die Produktion diese Daten sehr wohl wichtig, muss diese doch genau wissen, welches Bauteil mit welchem Wert wo platziert werden muss.

Nun kommen wir an den Punkt, an dem wir uns genauer Gedanken über unsere Datenbank und deren Inhalt machen müssen. Für unser Beispiel möchten wir für jedes Bauteil insgesamt noch vier Datensätze als zusätzliche Informationen hinzufügen. Diese sind:

1. Beschreibung des Bauteils
2. Interne Artikelnummer
3. Preis des Bauteils
4. Preis für die Bestückung des Bauteils

Diese Daten werden später in einer separaten Datei abgespeichert. Bei dieser Datei handelt es sich um eine reine Textdatei, in der die notwendigen Daten durch einen Tabulator voneinander getrennt abgespeichert werden. Dazu müssen wir passend zu unserem Programm eine entsprechende Datenbankdatei mit dem ULP generieren. Beim Hinzufügen der neuen Spaltenüberschriften muss in diesem Fall sehr genau auf die entsprechende Reihenfolge geachtet werden und das Ergebnis sollte wie in Abbildung 12.5 aussehen.

Bei den Datensätzen haben wir das Problem, dass sie in einer reinen Textdatei stehen werden und somit nicht in einem für eine Berechnung notwendigen Typ vorhanden sind. Dazu stellt uns Eagle allerdings die Funktion `strtod()` zur Verfügung, mit der wir den eigentlich nur als String vorliegenden Datenbankeintrag zu einem `real`-Wert umwandeln, mit dem sich dann auch die entsprechenden Berechnungen durchführen lassen.

Abb. 12.5: Neue Datenbank anlegen

Diese Berechnungen lassen wir in den beiden für die Listenerstellung zuständigen Funktionen `GeneratePartList` und `GenerateValueList` mit erledigen. Dazu fügen wir in beiden Funktionen insgesamt jeweils drei Variablen vom Typ `real` ein, die wir bei der späteren Berechnung benutzen.

```
void GeneratePartList(void)
{
  int NumLines = 0;
  real GesamtPreis = 0;
  real BauteilPreis = 0;
  real BestueckPreis = 0;
  (...)
```

Listing 12.7: Variablendefinition zur Preisberechnung (`GeneratePartList`)

bzw.

```
void GenerateValueList(void)
{
  int NumLines = 0;
  int Index[];
  real GesamtPreis = 0;
  real BauteilPreis = 0;
  real BestueckPreis = 0;
  (...)
```

Listing 12.8: Variablendefinition zur Preisberechnung (`GenerateValueList`)

Mit diesen Variablen berechnen wir die entsprechenden Summen und erzeugen dann im Anschluss die Inhalte der dazugehörigen `string`-Variablen am jeweiligen Ende beider Funktionen mit der Funktion `sprintf()`.

```
  Lines[NumLines] = "";
  sprintf (sGesamtPreis, "%3.2f", GesamtPreis);
  sprintf (sBauteilPreis, "%3.2f", BauteilPreis);
  sprintf (sBestueckPreis, "%3.2f", BestueckPreis);
}
```

Listing 12.9: Typwandlung der `real`-Werte in `string`-Werte

Mit der Übergabe der berechneten Werte an die im Hauptprogramm definierten Variablen werden diese bei einer Aktualisierung des Dialogfensters übernommen und angezeigt.

Die eigentliche Berechnung der einzelnen Preise findet ebenfalls für beide Funktionen in der Schleife statt, mit der die zusätzlichen Informationen aus der Datenbankdatei ausgewertet werden.

```
(...)
real MPreis = strtod (DatabaseLookup(key,2)); //Materialpreis
real BPreis = strtod (DatabaseLookup(key,3)); //Bestückungspreis
real GPreis = MPreis + BPreis;
GesamtPreis += GPreis;
BauteilPreis += MPreis;
BestueckPreis += BPreis;
(...)
```

Listing 12.10: Preisberechnung in `GeneratePartList`

```
(...)
if (Database[0])
    Lines[NumLines - 1] += "\tGesamtpreis";
(...)
string Quantity;
int anzahl = n2 - n1;
sprintf(Quantity, "%d", n2 - n1);
(...)
real MPreis = strtod (DatabaseLookup(key,2)) * anzahl; //Materialpreis
real BPreis = strtod (DatabaseLookup(key,3)) * anzahl; //Bestückungspreis
real GPreis = MPreis + BPreis;
GesamtPreis += GPreis;
BauteilPreis += MPreis;
BestueckPreis += BPreis;
```

```
sprintf (Quantity, "%3.2f", GPreis);
Lines[NumLines] += "\t" + Quantity;
(...)
```

Listing 12.11: Preisberechnung in GenerateValueList

Während in GeneratePartList() für jedes Bauteil die Preise berechnet werden, kann in GenerateValueList() die Anzahl der jeweiligen Bauteile mit zur Berechnung herangezogen werden.

Mit der Funktion DatabaseLookup() wird innerhalb der Datenbank nach den für das entsprechende Bauteil gültigen Informationen gesucht und der zweite bzw. dritte Datenbankwert, der zu dem Bauteil gehört, verarbeitet. Da diese Daten jedoch in reiner Textform vorhanden sind, müssen diese mit der Funktion strtod() in das real-Format umgewandelt werden. Mit diesen Werten können dann die entsprechenden Ergebnisse berechnet werden.

Zusätzlich wird in GenerateValueList eine neue Spalte hinzugefügt, in der für jeden Bauteilwert der Gesamtpreis bestehend aus Bauteilpreis und Bestückungspreis angezeigt wird. Somit hat man in jeder Zeile einen genauen Überblick über die entstehenden Kosten und kann an dieser Stelle bereits Posten erkennen, die zu hohen Kosten führen.

Um die Listen übersichtlicher zu gestalten, braucht in den mit GenerateValueList() erzeugten Listen nicht eine komplette Liste der Bauteile mit den entsprechenden Werten angezeigt zu werden. Gerade bei großen Projekten können die Listen der Bauteile sehr lang und damit auch sehr unübersichtlich werden. Weiterhin ist es für den Bauteileinkauf unerheblich, um welches Bauteil es sich handelt, sondern man möchte nur die Anzahl wissen.

```
(...)
if (WithParts)
   Lines[NumLines++] = tr("Qty\tValue\tDevice\tParts") +
   DatabaseHeader();
  else
   Lines[NumLines++] = tr("Qty\tValue\tDevice") + DatabaseHeader();
(...)
Lines[NumLines] = Quantity + "\t" + PartValue[i1] + "\t" +
PartDevice[i1];
      if (WithParts) Lines[NumLines] += "\t";
       for (;;) {
       if (WithParts) Lines[NumLines] += PartName[i1];
         if (++n1 < n2) {
            i1 = Index[n1];
        if (WithParts) Lines[NumLines] += ", ";
           }
```

```
        else
           break;
        }
```

Listing 12.12: Erstellen von Bauteillisten mit/ohne Bauteilnamen

Einfach durch Abfrage der Variablen `WithParts` werden die entsprechende Kopfzeile und die folgenden Zeilen angepasst und die Bauteilnamen eingefügt oder nicht.

Die unterschiedlichen Ergebnisse können Abbildung 12.6 und Abbildung 12.7 entnommen werden.

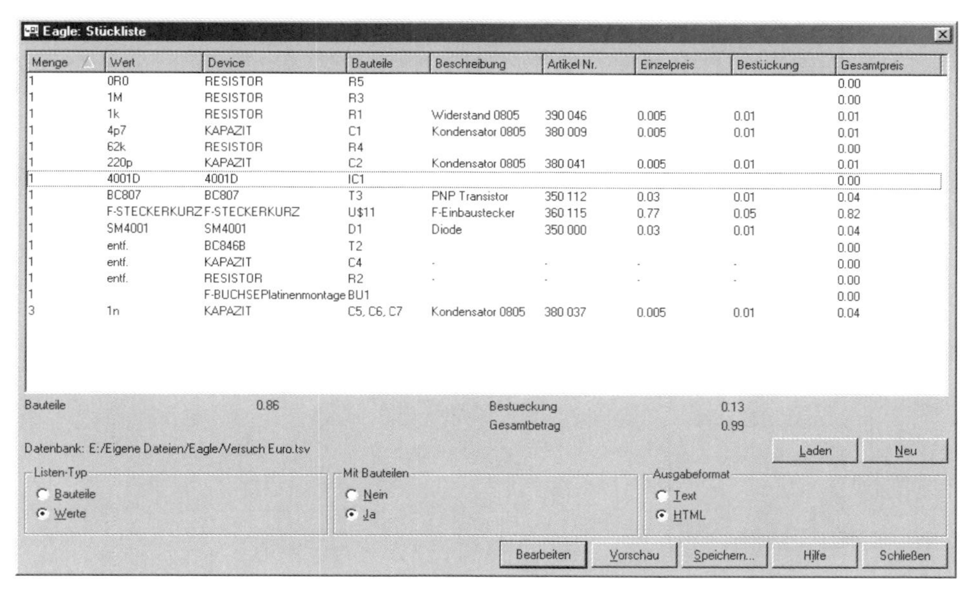

Menge	Wert	Device	Bauteile	Beschreibung	Artikel Nr.	Einzelpreis	Bestückung	Gesamtpreis
1	0R0	RESISTOR	R5					0.00
1	1M	RESISTOR	R3					0.00
1	1k	RESISTOR	R1	Widerstand 0805	390 046	0.005	0.01	0.01
1	4p7	KAPAZIT	C1	Kondensator 0805	380 009	0.005	0.01	0.01
1	62k	RESISTOR	R4					0.00
1	220p	KAPAZIT	C2	Kondensator 0805	380 041	0.005	0.01	0.01
1	4001D	4001D	IC1					0.00
1	BC807	BC807	T3	PNP Transistor	350 112	0.03	0.01	0.04
1	F-STECKERKURZ	F-STECKERKURZ	U$11	F-Einbaustecker	360 115	0.77	0.05	0.82
1	SM4001	SM4001	D1	Diode	350 000	0.03	0.01	0.04
1	entf.	BC846B	T2					0.00
1	entf.	KAPAZIT	C4	-	-	-	-	0.00
1	entf.	RESISTOR	R2	-	-	-	-	0.00
1		F-BUCHSEPlatinenmontage	BU1					0.00
3	1n	KAPAZIT	C5, C6, C7	Kondensator 0805	380 037	0.005	0.01	0.04

Abb. 12.6: Bauteilliste mit Bauteilnamen

Hierbei erkennen Sie auch, dass einige Bauteile in der Datenbank noch nicht definiert sind. Wenn Sie nun die entsprechende Spalte mit der Maus anwählen, können Sie mit einem Doppelklick das in Abbildung 12.8 gezeigte Fenster öffnen und die notwendigen Daten eingeben.

Bei der Dateneingabe müssen Sie bei den Preisen allerdings beachten, dass die Werte anstatt mit dem im Deutschen üblichen Komma als Dezimal-Trennzeichen mit dem im Englischen gebräuchlichen Punkt eingegeben werden müssen. Dieses führt insbesondere zur korrekten Funktion von `strtod()`, die nur mit dem Punkt zu einer richtigen Umwandlung kommt.

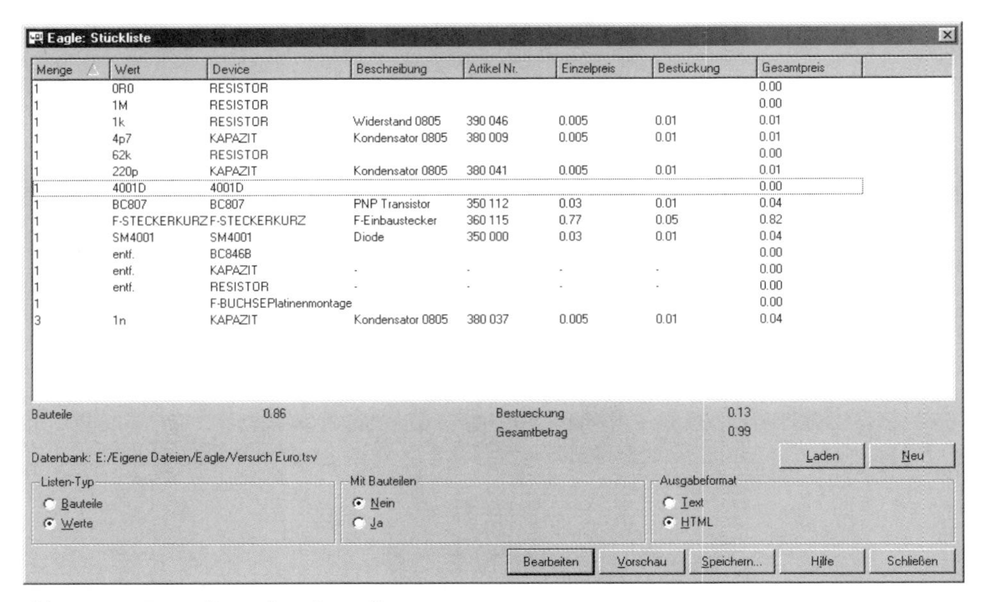

Abb. 12.7: Bauteilliste ohne Bauteilenamen

Abb. 12.8: Fenster zur Eingabe der Datenbankeinträge

Natürlich ist es auch möglich, schon bestehende Einträge zu bearbeiten, um Preise oder Artikelnummern zu aktualisieren.

Abb. 12.9: Bereits definiertes Bauteil in der Datenbank

In Abbildung 12.9 können Sie deutlich die eingegebenen Zahlenwerte mit dem Punkt erkennen, mit dem eine korrekte Funktion der Berechnung garantiert wird.

Die letzten Änderungen bestimmen nur das Aussehen der Listen, die als Ausgabeformat das HTML-Format benutzen, um mit jedem beliebigen aktuellen Webbrowser angesehen werden zu können.

In Abbildung 12.11 ist das ursprüngliche HTML-Ausgabeformat zu erkennen. Dieses entspricht im Wesentlichen auch dem exportierten Textformat und bietet daher gegenüber der einfachen Textausgabe eigentlich keine weiteren Vorteile.

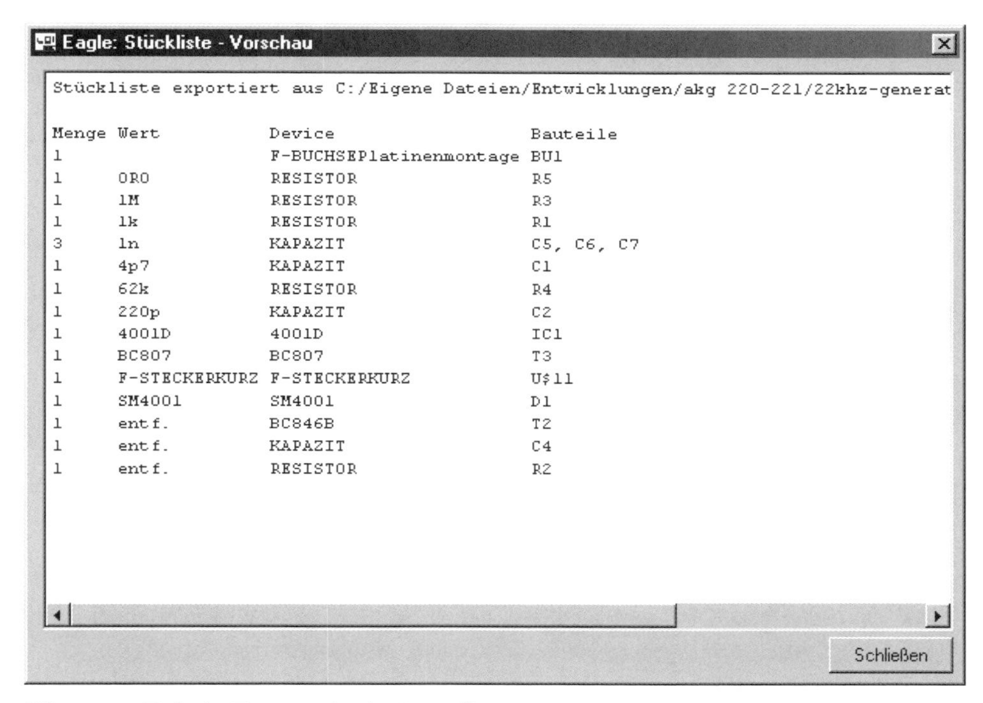

Abb. 12.10: Einfache Textausgabe der Bauteilliste

Wenn Sie sich stattdessen die in Abbildung 12.12 dargestellte Vorschau ansehen, erkennen Sie deutliche Verbesserungen, die insbesondere die Übersichtlichkeit stark erhöhen.

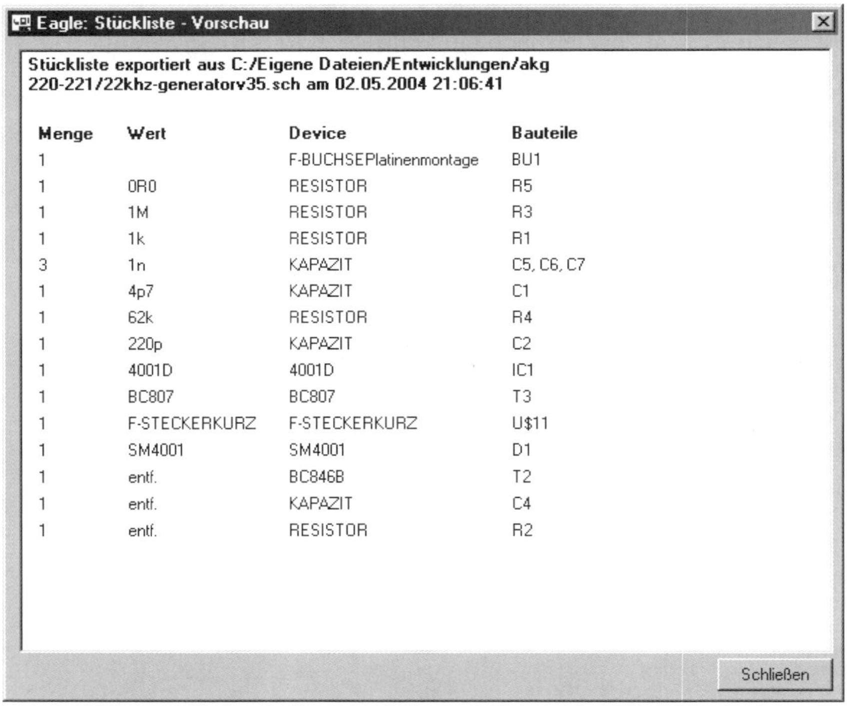

Eagle: Stückliste - Vorschau

Stückliste exportiert aus C:/Eigene Dateien/Entwicklungen/akg 220-221/22khz-generatorv35.sch am 02.05.2004 21:06:41

Menge	Wert	Device	Bauteile
1		F-BUCHSEPlatinenmontage	BU1
1	0R0	RESISTOR	R5
1	1M	RESISTOR	R3
1	1k	RESISTOR	R1
3	1n	KAPAZIT	C5, C6, C7
1	4p7	KAPAZIT	C1
1	62k	RESISTOR	R4
1	220p	KAPAZIT	C2
1	4001D	4001D	IC1
1	BC807	BC807	T3
1	F-STECKERKURZ	F-STECKERKURZ	U$11
1	SM4001	SM4001	D1
1	entf.	BC846B	T2
1	entf.	KAPAZIT	C4
1	entf.	RESISTOR	R2

Schließen

Abb. 12.11: Ursprüngliche HTML-Ausgabe

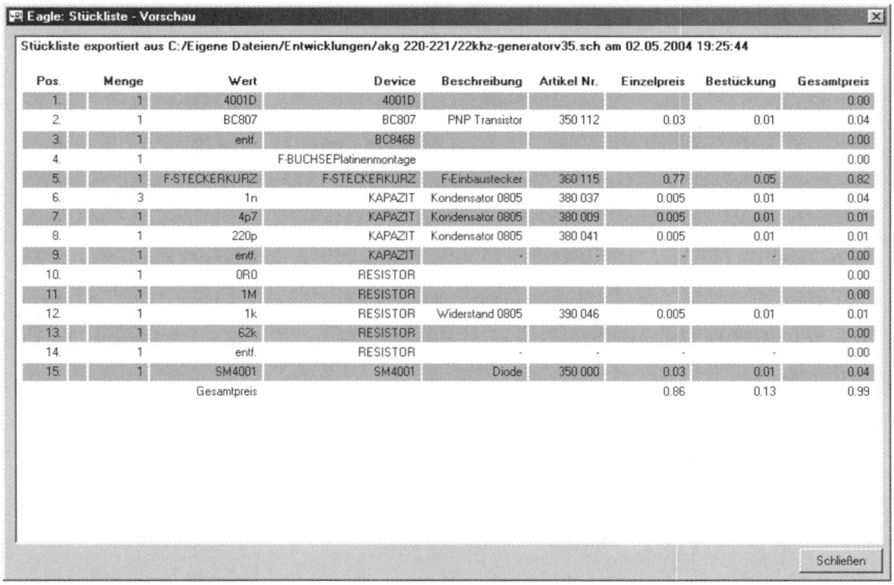

Eagle: Stückliste - Vorschau

Stückliste exportiert aus C:/Eigene Dateien/Entwicklungen/akg 220-221/22khz-generatorv35.sch am 02.05.2004 19:25:44

Pos.	Menge	Wert	Device	Beschreibung	Artikel Nr.	Einzelpreis	Bestückung	Gesamtpreis
1.	1	4001D	4001D					0.00
2.	1	BC807	BC807	PNP Transistor	350 112	0.03	0.01	0.04
3.	1	entf.	BC846B					0.00
4.	1		F-BUCHSEPlatinenmontage					0.00
5.	1	F-STECKERKURZ	F-STECKERKURZ	F-Einbaustecker	360 115	0.77	0.05	0.82
6.	3	1n	KAPAZIT	Kondensator 0805	380 037	0.005	0.01	0.04
7.	1	4p7	KAPAZIT	Kondensator 0805	380 009	0.005	0.01	0.01
8.	1	220p	KAPAZIT	Kondensator 0805	380 041	0.005	0.01	0.01
9.	1	entf.	KAPAZIT	-	-	-	-	0.00
10.	1	0R0	RESISTOR					0.00
11.	1	1M	RESISTOR					0.00
12.	1	1k	RESISTOR	Widerstand 0805	390 046	0.005	0.01	0.01
13.	1	62k	RESISTOR					0.00
14.	1	entf.	RESISTOR	-	-	-	-	0.00
15.	1	SM4001	SM4001	Diode	350 000	0.03	0.01	0.04
		Gesamtpreis				0.86	0.13	0.99

Schließen

Abb. 12.12: Neue HTML-Ausgabe

Zusätzlich zur ursprünglichen Form wurde eine Nummerierung eingeführt. Dieses hat insbesondere den Vorteil, schnell einen Überblick über die Anzahl der benutzten Bauelemente zu liefern.

Als weitere Erweiterung wurde eine farbliche Unterscheidung der einzelnen Zeilen eingefügt, womit die Lesbarkeit erheblich verbessert wurde.

```
string MakeListHTML(void)
{
  string List;
  List = "<b>" + MakeListHeader() + "</b>\n<p>\n";
  List += "<table>\n";
  int numHeaders;
  for (int l = 0; Lines[l]; l++) {
     if (l % 2)
      List += "<tr align=right bgcolor=#AAAAAA>";
     else
      List += "<tr align=right bgcolor=#FFFFFF>";
      List += "<td>";
     string hilfe;
     sprintf (hilfe, "%d", l);
     if (l == 0)
      hilfe = "<b>Pos</b>";
     List += hilfe + ".";
     List += "</td><td width=10></td>";
      string a[];
      int n = strsplit(a, Lines[l], '\t');
      if (l == 0)
         numHeaders = n;
      else
         n = numHeaders; // for the hidden key!
      for (int i = 0; i < n; i++) {
          if (l == 0)
             a[i] = "<b>" + a[i] + "</b>";
          List += "<td>" + a[i] + "</td>";
          }
      List += "</tr>\n";
      }
  if (Database[0]) {
   List += "<tr align=right bgcolor=#FFFFFF><td></td><td></td><td>
   </td><td>Gesamtpreis</td>";
   if (WithParts) List += "<td></td>";
   List += "<td></td><td></td><td></td><td>" + sBauteilPreis +
   "</td><td>" + sBestueckPreis;
```

```
    List += "</td><td>" + sGesamtPreis + "</td></tr>";
  }
  List += "</table>\n";
  return List;
}
```

Listing 12.13: Änderungen im HTML-Ausgabeformat

Mit diesen wenigen, aber äußerst effektiven Änderungen in der `MakeListHTML`-Funktion ist eine deutlich ansprechendere optische Aufbereitung eingetreten. Dieses Beispiel soll vor Augen führen, dass Sie sich nicht nur mit »einer« Programmiersprache, sondern wie im vorliegenden Beispiel auch einmal mit eigentlich völlig anderen Dingen befassen sollten. Für viele Probleme gibt es oft schon eine Lösung, die Sie nur entsprechend in Ihrem Projekt umsetzen müssen. In diesem Fall müssen Sie sich zusätzlich ein wenig mit der Syntax von HTML-Code beschäftigen, um eben diese Änderungen vornehmen zu können.

Die letzte und inzwischen eigentlich einfachste Aufgabe besteht nur noch darin, das Hauptfenster so weit zu erweitern, dass alle vorgenommenen Änderungen auch den gewünschten Zweck erfüllen.

```
dlgDialog(tr("Bill Of Material")) {
  dlgHBoxLayout dlgSpacing (700);
  dlgListView("", Lines, Selected) EditDatabase();
  dlgGridLayout {
    dlgCell(0, 0) dlgLabel("Bauteile");
    dlgCell(0, 1) dlgLabel(sBauteilPreis, 1);
    dlgCell(0, 2) dlgLabel("Bestueckung");
    dlgCell(0, 3) dlgLabel(sBestueckPreis, 1);
    dlgCell(1, 2) dlgLabel("Gesamtbetrag");
    dlgCell(1, 3) dlgLabel(sGesamtPreis, 1);
    }
  dlgHBoxLayout {
    dlgLabel(tr("Database:"));
    dlgLabel(DatabaseFile, 1);
    dlgStretch(1);
    dlgPushButton(tr("&Load")) if (OkToClose()) LoadDatabase();
    dlgPushButton(tr("&New"))  if (OkToClose()) NewDatabase();
    }
  dlgHBoxLayout {
    dlgGroup(tr("List type")) {
      dlgRadioButton(tr("&Parts"), ListType) GeneratePartList();
      dlgRadioButton(tr("&Values"), ListType) GenerateValueList();
      }
```

```
    dlgGroup(tr("List with Parts")) {
     dlgRadioButton(tr("&No"), WithParts) if (ListType)
     GenerateValueList();
      dlgRadioButton(tr("&Yes"), WithParts) if (ListType)
      GenerateValueList();
      }
     dlgGroup(tr("Output format")) {
       dlgRadioButton(tr("&Text"), OutputFormat);
       dlgRadioButton(tr("&HTML"), OutputFormat);
       }
     }
   dlgHBoxLayout {
     dlgStretch(10);
     dlgPushButton(tr("+Edit")) EditDatabase();
     dlgPushButton(tr("Vie&w")) ViewList();
     dlgPushButton(tr("&Save...")) SaveList();
     dlgPushButton(tr("H&elp")) DisplayHelp();
     dlgPushButton(tr("-Close")) if (OkToClose()) dlgAccept();
     }
   };
```

Listing 12.14: Anpassung der Hauptfensters

In Listing 12.14 ist noch einmal das komplette eigentliche Hauptprogramm mit den notwendigen Änderungen zur Anpassung der Dialogstruktur zu sehen. Mit wenigen kleinen Ergänzungen ist das in seiner ursprünglichen Form sehr einfach gehaltene `bom.ulp` zu einem recht nützlichen Werkzeug geworden. Mit den hier eingefügten Verbesserungen ist es einem Entwickler nun sehr schnell möglich, den Bauteileinkauf übersichtlich mit einer kompletten Liste inklusive einer einfachen Kalkulation zu erstellen.

Allein dieses Erfolgserlebnis sollte jeden dazu ermuntern, sich doch einmal ausführlicher mit den ULPs zu beschäftigen.

## Kapitel 13

Kurzreferenz

Hier möchten wir die Befehle, die aus den Editoren angewählt werden können, in ihrer Funktion und Anwendung kurz beschreiben. Wir gehen dazu alle Command Buttons für Schaltplan-Editor und Layout-Editor getrennt durch. Es werden dabei einige Befehle doppelt aufgeführt, jedoch unterscheidet sich in den meisten Fällen die Anwendung und Wirkung in den Editoren. Wir lassen bei den Beschreibungen der einzelnen Befehle bewusst die Möglichkeit der direkten Befehlseingabe mit Parametern aus. Wer sich dennoch über diese Möglichkeit informieren möchte, der schlage bitte unter dem entsprechenden Befehl in der Online-Hilfe nach. Beginnen wir zunächst mit den Editorbefehlen in der ACTION-Toolbar.

13.1 Die Editorbefehle in der Action-Toolbar

Die ACTION-Toolbar unterscheidet sich im Schaltplan-Editor nur marginal von dem im Layout-Editor. Der einzige Unterschied ist die Scrollbox zur Verwaltung der Schaltplanseiten. Deshalb werden hier beide Editoren gemeinsam behandelt.

	CAM	Aufruf des CAM-Prozessors zum Erstellen von Ausgabedaten
	SWITCH TO BOARD	Nur im Schaltplan-Editor. Ist schon eine zum Schaltplan gehörende Board-Datei vorhanden, so wird zum Layout-Editor umgeschaltet und gegebenenfalls die entsprechende Datei geöffnet. Existiert keine entsprechende Board-Datei, so wird diese aus den Schaltplandaten neu erstellt.
	SWITCH TO SCHEMATIC	Nur im Layout-Editor. Schaltet die Ansicht zum zugehörigen Schaltplan im Schaltplan-Editor um. Ist der Schaltplan-Editor noch nicht geöffnet, so wird er mit der entsprechenden Datei geöffnet.
	USE	Öffnet ein Auswahldialogfenster, mit dem Bibliotheken so aktiviert werden können, dass sie im ADD-Dialogfenster erscheinen. Es werden alle Bibliotheken angezeigt, die sich in den für Bibliotheken angegebenen Suchpfaden befinden.
	SCRIPT	Öffnet ein Auswahldialogfenster für Scripte. Es werden alle Scripte angezeigt, die sich in den für Scripte angegebenen Suchpfaden befinden. Nach Auswahl und Bestätigung mit OK läuft das Script automatisch ab.

	RUN	Öffnet ein Auswahldialogfenster für *User Language Programs* (*ULPs*). Es werden alle ULPs angezeigt, die sich in den für ULPs angegebenen Suchpfaden befinden. Nach Auswahl und Bestätigung mit OK läuft das ULP automatisch ab.
	FIT TO PAGE	Der Schaltplan oder das Layout werden auf die Bildschirmansicht eingepasst. Die Tastenkombination [Alt]+[F2] hat die gleiche Funktion.
	ZOOM IN	Vergrößert die Ansicht im Editorfenster.
	ZOOM OUT	Verkleinert die Ansicht im Editorfenster.
	REDRAW	Aktualisiert die Ansicht im Editor, wenn nach diversen Operationen die Darstellung etwas derangiert ist. Die Taste [F2] hat die gleiche Funktion.
	ZOOM SELECT	Mit ZOOM SELECT kann ein vorher gewählter Ausschnitt aus einer Zeichnung vergrößert werden. Dazu können zwei Vorgehensweisen gewählt werden. Aus früheren Versionen übernommen ist die erste Möglichkeit. Ist der ZOOM SELECT-Befehl ausgewählt, wird durch zwei Mausklicks im Editorfenster der zu vergrößernde Bereich festgelegt. Anschließend wird mit einem Klick auf GO der Bereich gezoomt. Bei der zweiten Möglichkeit wird um das zu vergrößernde Gebiet ein Rechteck gelegt. Dazu wird die linke Maustaste am gewünschten Startpunkt gedrückt und gehalten. Mit gehaltener Maustaste wird das Rechteck um den gewünschten Bereich aufgezogen. Wird die Maustaste losgelassen, wird der Bereich automatisch vergrößert.
	CANCEL	Bricht in Bearbeitung befindliche Vorgänge ab. Der Button ist nur aktiv, wenn das Stoppschild rot gefärbt ist.
	GO	Startet einen Befehl, wenn vorher noch Parameter eingegeben werden mussten und dieser dann nicht automatisch startet (zum Beispiel Autorouter nach SELECT oder ZOOM SELECT-Methode 1).

Jetzt bleibt nur noch die Beschreibung der Scrollbox zur Verwaltung mehrerer Schaltplanblätter. Für Anwender der Light-Version ist hier nicht viel zu holen, da nur ein Schaltplanblatt erlaubt ist. Hat man aber eine Lizenz für den Schaltplan-Editor erworben, so kann man bis zu 99 Schaltplanblätter pro Projekt erzeugen.

In Abbildung 13.1 ist die Scrollbox eines Schaltplans mit insgesamt 27 Blättern dargestellt. Vor der ersten Seite erscheinen zwei Einträge zur Verwaltung: NEW und REMOVE. Wie die Bezeichnungen schon erahnen lassen, wird mit NEW ein neues Schaltplanblatt angelegt und mit REMOVE wird das im Hauptfenster der Scrollbox angezeigte Blatt (hier Blatt 1 von 27) nach Bestätigung einer kurzen Nachfrage entfernt. In Eagle 5 können diese Operationen auch in der Schaltplan-Seitenvorschau vorgenommen werden.

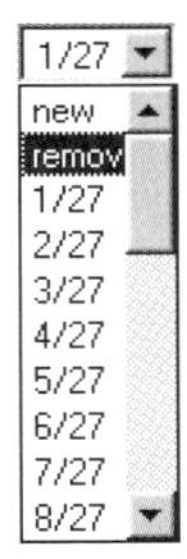

Abb. 13.1: Scrollbox zur Verwaltung von Schaltplanblättern

Tipp

Eagle 5 bietet hier auch die Möglichkeit, die Verwaltung der Schaltplanseiten per Drag&Drop in der Seitenvorschau vorzunehmen. Näheres dazu in Kapitel 2.

Allgemeines zur Ausführung von Befehlen in Eagle

Die Anwendung der verschiedenen Befehle in den Eagle-Editoren weicht ein wenig vom Windows-Standard ab. Sie kennen sicher die Vorgehensweise, eine Gruppe von Objekten oder einen Teil der Ansicht zu markieren, dann den Befehl aufzurufen und schon wird er auf die markierten Objekte angewendet. Bei Eagle ist das etwas anders. Viele Befehle lassen sich auf einzelne Objekte und auch auf Gruppen anwenden. Um hier ein einheitliches Vorgehen zu ermöglichen, wurde schon in den ersten Eagle-Versionen für DOS eingeführt, dass man zunächst den Befehl auswählt und dann diesen Befehl durch Anklicken mit der Maus auf das gewünschte Objekt anwendet. Möchte man einen Befehl auf eine Gruppe von Objekten anwenden, so müssen zuvor die gewünschten Objekte mit dem hierfür bereitgestellten Befehl GROUP gruppiert werden. Dann wird der Befehl wie auch bei den Einzelobjekten zunächst ausgewählt und mit einem Rechtsklick auf die Gruppe angewendet. Sie wundern sich bei der Einarbeitung in Eagle sicher so manches Mal, dass Sie meinen, Sie hätten einen Parameter geändert, aber irgendwie passiert halt nichts. Mit ziemlicher Sicherheit haben Sie nach Änderung des Parameters in den Menüs oder Dialogfenstern vergessen, diesen neuen Wert auf die betreffenden Objekte anzuwenden. Ein beliebtes Objekt für diesen Effekt sind Polygone. Wird zum Beispiel ein Parameter eines bestehenden Polygons geändert, so muss die neue Einstellung durch einen Klick auf den Polygonumriss angewendet werden.

13.2 Die Befehle des Schaltplan-Editors

Wenden wir uns jetzt also den verschiedenen Befehlen des Schaltplan-Editors zu. Aufgeteilt ist die Auflistung so, wie die Befehle auch in den Pulldown-Menüs auftauchen.

Angefangen wird mit der Gruppe zum Menü VIEW:

	GRID	Auswahl und Einstellung des Platzierungsrasters. Dieses Raster wird bei der Arbeit in den Editoren für alle Objekte verwendet. Dieses Raster ist nicht zu verwechseln mit dem Routingraster, das der Autorouter verwendet und das auch in dessen Setup eingestellt wird.
	INFO	Anzeigen von Informationen zu einem Objekt im Editor. Nach Auswahl des INFO-Befehls öffnet sich bei einem Mausklick auf ein Objekt im Editor ein Informationsfenster.
	SHOW	Hervorheben von Objekten im Editor. Sämtliche an ein Netz angeschlossene Objekte werden berücksichtigt. Die Vorgehensweise zum Hervorheben ist identisch mit der des INFO-Befehls. Es erscheint jedoch kein Informationsfenster, sondern alle Segmente eines Netzes im Schaltplan-Editor werden optisch hervorgehoben.
	DISPLAY	Auswahl der darzustellenden Layer im Editor. Nach Auswahl des DISPLAY-Befehls öffnet sich ein Dialogfenster, in dem die gewünschten Layer zur Anzeige ausgewählt werden können. Weiterhin können in dem Dialogfenster für jeden Layer die Darstellungseigenschaften wie Farbe und Füllmuster eingestellt werden.
	MARK	Setzen einer Markierung zu Messzwecken. Nach Auswahl des MARK-Befehls wird mit dem direkt folgenden Mausklick eine Markierung auf die Koordinaten des Mauscursors gesetzt. Sofort erscheint neben der normalen Koordinatenanzeige eine weitere, die die Position des Mauscursors relativ zur gesetzten Markierung anzeigt. Seit Eagle 4.1 wird diese Angabe auch in Betrag und Winkel angezeigt.

Weiter geht's mit der Gruppe zum Menü EDIT:

	MOVE	Bewegen von Objekten oder Gruppen von Objekten. Nach Auswahl des MOVE-Befehls hängt sich bei einem Mausklick ein auf den aktuellen Koordinaten des Mauscursors befindliches Objekt an den Mauscursor und kann frei mit der Maus bewegt werden. Kommen mehrere Objekte in Frage, so kann mit der rechten Maustaste das gewünschte Objekt ausgewählt werden. Bei Anwendung des MOVE-Befehls auf eine Gruppe von Objekten wird direkt mit der rechten Maustaste gearbeitet. Wird mit der linken Maustaste ein Objekt innerhalb einer Gruppe selektiert, so wird auch nur das eine Objekt bewegt und nicht die gesamte Gruppe, wie es eine Selektion mit der rechten Maustaste bewirkt hätte.

	COPY	Vervielfältigen von Bauteilen. Nach Auswahl des COPY-Befehls wird das Bauteil, das man als Nächstes anklickt, vervielfältigt. Das entstandene Bauteil hängt am Mauscursor und kann an beliebiger Stelle platziert werden. Dieser Vorgang kann beliebig oft wiederholt werden, bis ein anderer Befehl ausgewählt wird. Eagle 5 kann auch Gruppen von Objekten kopieren. Dazu den gewünschten Schaltplanausschnitt mit GROUP markieren und dann mit der rechten Maustaste die Gruppe anklicken. (Der Befehl COPY wird nach erfolgter Gruppierung automatisch wieder angewählt.)
	MIRROR	Spiegeln von Objekten an der Vertikalen. Nach Auswahl des MIRROR-Befehls wird ein mit einem Mausklick selektiertes Objekt an der Vertikalen gespiegelt. Spiegeln von Gruppen ist möglich, jedoch nur sinnvoll bei noch nicht verlegten Netzen.
	ROTATE	Drehen von Objekten in 90-Grad-Schritten mit der Maus. Nach Auswahl des ROTATE-Befehls wird ein angeklicktes Objekt mit jedem Mausklick um 90 Grad gegen den Uhrzeigersinn gedreht. Zum Drehen von Gruppen verwenden Sie die rechte Maustaste.
	GROUP	Gruppierung von Objekten. Zum Gruppieren wird nach Auswahl des GROUP-Befehls entweder ein Rechteck oder ein Vieleck um die zu bildende Gruppe von Objekten gelegt. Für die erste Methode wird an geeigneter Position die linke Maustaste gedrückt und gehalten. Dann wird mit der Bewegung der Maus ein Rechteck zur Umrahmung der gewünschten Gruppe gebildet. Nach Loslassen der Maustaste sind die vom Rechteck umschlossenen Objekte gruppiert. Diese Methode kann nicht angewendet werden, wenn Objekte, die nicht zur Gruppe gehören sollen, in dieses Rechteck hineinragen würden. Dann ist die Bildung einer Umrandung in Form eines beliebigen Vielecks sinnvoll. Dazu wird die linke Maustaste an geeigneter Position kurz gedrückt. Jetzt wird mit der Bewegung der Maus eine Linie gezogen. Jeder weitere Mausklick schließt ein Segment der Umrahmung ab und Sie können die Richtung ändern. Kommen Sie wieder in die Nähe des Startpunkts, so schließen Sie das Vieleck mit einem Klick der rechten Maustaste ab. Alle Objekte innerhalb des Vielecks sind nun gruppiert. Achtung: Die Anwendung von Befehlen auf Gruppen erfolgt in der Regel mit der rechten Maustaste! Der Befehl GROUP ist in Eagle 5 transparent, was bedeutet, dass GROUP den vorher aktiven Befehl nicht beendet. Als Beispiele seien die Befehle COPY und MOVE genannt, die nach der Auswahl einer Gruppe automatisch wieder aktiv werden – sofern sie vor der Auswahl des GROUP-Befehls aktiv waren.

	CHANGE	Änderung von Befehlsparametern wie Strichbreite, Schriftgröße und vieles mehr. Nach Auswahl des CHANGE-Befehls öffnet sich ein Menü, in dem der zu ändernde Parameter ausgewählt werden kann. Die abschließende Eingabe erfolgt entweder in Untermenüs oder Dialogfenstern.
	CUT	Kopieren von Objekten oder Gruppen aus dem Editor in die Zwischenablage. Nach Auswahl des CUT-Befehls wird mit einem Mausklick ein Objekt oder eine vorher gebildete Gruppe in die Zwischenablage kopiert. Bei diesem Befehl wird, egal ob ein einzelnes Objekt oder eine Gruppe bearbeitet wird, immer mit der linken Maustaste gearbeitet. Der Befehl CUT ist jetzt transparent, das heißt, er beendet einen vorher aktiven Befehl nicht mehr!
	PASTE	Kopieren von Objekten oder Gruppen aus der Zwischenablage in den Editor. Die Umkehrung des CUT-Befehls. Nach Auswahl des PASTE-Befehls wird ein in der Zwischenablage befindliches Objekt oder eine Gruppe durch einen Mausklick an geeigneter Stelle auf dem Schaltplanblatt platziert. Dieser Vorgang kann beliebig oft wiederholt werden. Jeder Mausklick platziert eine weitere Instanz der in der Zwischenablage befindlichen Daten auf dem Schaltplanblatt.
	DELETE	Löschen von Objekten aus dem Editor. Innerhalb des Eagle-Schaltplan-Editors hat die `Entf`-Taste keine Funktion. Möchte man ein Objekt oder eine Gruppe löschen, so muss der DELETE-Befehl verwendet werden. Bei ausgewähltem DELETE-Befehl wird mit jedem Mausklick das Objekt an entsprechender Position gelöscht. Möchte man eine vorher erstellte Gruppe löschen, so geschieht dies mit der rechten Maustaste. Bei aktiver FORWARD BACK ANNOTATION ist DELETE nur im Schaltplan-Editor möglich.
	ADD	Einfügen von Bauteilen aus Bibliotheken in den Editor. Nach Auswahl des ADD-Befehls erscheint ein Dialogfenster, in dem die für das aktuell geöffnete Projekt aktivierten Bibliotheken und deren Inhalt in Form einer Baumstruktur enthalten sind. Ist das gesuchte Element gefunden, so wird es mit einem Klick auf OK an den Mauscursor gehängt und kann dann an der gewünschten Stelle auf dem Schaltplanblatt mit einem erneuten Mausklick platziert werden. Es können durch entsprechend viele Mausklicks mehrere gleiche Elemente, zum Beispiel Widerstände platziert werden.
	NAME	Benennung von Objekten im Editor. Ist der NAME-Befehl ausgewählt und klickt man dann ein Objekt an, das benannt werden kann (Symbole, Netze), dann öffnet sich ein kleines Dialogfenster mit einem Eingabefeld, in das der gewünschte Name eingegeben werden kann. Die Eingabe wird automatisch in Großbuchstaben umgewandelt.

	VALUE	Eingabe von Bauteilwerten bei passiven Bauteilen oder Typenbezeichnungen bei Halbleitern. Ist der VALUE-Befehl ausgewählt, öffnet sich bei einem Mausklick auf ein Objekt, das einen Parameter für den Wert beinhaltet, ein kleines Dialogfenster, in dem der gewünschte Wert eingegeben werden kann. Wenn für mehrere Objekte derselbe Wert eingegeben werden soll, so kann man nach Auswahl des VALUE-Befehls den gewünschten Wert eingeschlossen in Hochkommata (zum Beispiel `'2µ2'`) eingeben. Nach einem abschließenden `Enter` wird der Wert jedem Objekt zugewiesen, das jetzt angeklickt wird. Es kann jederzeit ein neuer Wert wie eben beschrieben in das Eingabefeld des Editors eingegeben werden, mit dem dann fortgefahren wird. Soll die Werteingabe wieder für jedes Objekt einzeln vorgenommen werden, so genügt ein weiterer Klick auf den VALUE-Button.
	SMASH	Die Beschriftungen von Bauteilen im Schaltplan werden vom Symbol getrennt und können dann separat bewegt werden. Ist der SMASH-Befehl ausgewählt, so wird er auf jedes Bauteil mit an das Symbol gekoppelten NAMES und VALUES durch einen einfachen Mausklick angewendet. Zu erkennen ist die erfolgreiche Anwendung durch die dann an jedem NAME oder VALUE vorhandenen ORIGINS, die ein eigenständiges Bewegen des Textes ermöglichen.
	MITER	Abrundung oder Abschrägung von Strichknicken. Ist der MITER-Befehl ausgewählt, so erscheinen in der PARAMETER-Toolbar ein Eingabefeld und zwei Buttons. Mit den Buttons kann man zwischen Abschrägung und Abrundung wählen und in das Eingabefeld ist der Krümmungsradius einzugeben. Es wird dabei die gerade im Platzierungsraster gewählte Einheit verwendet. Sind diese Parameter gewählt, wird einfach mit der Maus auf die abzurundende Ecke eines Netzes geklickt. Es wird immer nur ein Knick pro Klick abgerundet. Ist ein anderer Krümmungsradius als 0 gewählt, so wendet Eagle die MITER-Funktion immer beim Zeichnen von Knicken an.
	PINSWAP	Einfacher Austausch der Belegung von Anschlusspins innerhalb eines Gates. Ist der PINSWAP-Befehl ausgewählt, so können zwei Pins eines Symbols getauscht werden, indem man die zu tauschenden Pins nacheinander mit der Maus anklickt. Diese Operation ist nur möglich, wenn sich beide Pins innerhalb eines Gates befinden und denselben Swaplevel besitzen. Eventuell schon im Layout vorhandene Leiterbahnen müssen nach einem Pinswap neu verlegt werden.
	GATESWAP	Tauschen der Belegung von Gattern innerhalb eines Bausteins. Ist der GATESWAP-Befehl ausgewählt, so können zwei Gates, die sich in einem Bauteil befinden und denselben Swaplevel besitzen, getauscht werden, indem man die zu tauschenden Gates nacheinander mit der Maus anklickt. Eventuell schon im Layout vorhandene Leiterbahnen müssen nach einem Gateswap neu verlegt werden.

	SPLIT	Aufteilung von Netzen im Schaltplan in mehrere Segmente zum Einfügen zusätzlicher Knicke. Ist der SPLIT-Befehl ausgewählt, so wird ein Netz an der Stelle, an der man mit der Maus klickt, in zwei Segmente geteilt. Das Netz hängt jetzt wie ein Gummiband am Mauscursor und kann neu verlegt werden. Sind weitere Knicke nötig, so ist an entsprechender Stelle einfach erneut mit der Maus zu klicken. Mit der rechten Maustaste kann der Verlauf des Netzes zum Mauscursor verändert werden (siehe auch WIRE, NET).
	INVOKE	Darstellung von Objekten mit Addlevel Request im Editor (siehe Kapitel über Bibliotheken). Ist der INVOKE-Befehl ausgewählt, so wird bei einem Bauteil, dessen Addlevel Request lautet, ein kleines Dialogfenster eingeblendet, in dem die bisher versteckten Anschlüsse aufgelistet sind. Man kann jetzt auswählen, welche Anschlüsse auf dem Schaltplanblatt zusätzlich dargestellt werden sollen.
	REPLACE	Neu in Eagle 5! Wird REPLACE im Schaltplan angewendet, so wird das im konsistenten Layout vorhandene zugehörige Bauteil ohne Änderung von Position und Orientierung ebenfalls ersetzt. Anwendung: siehe REPLACE im Layout-Editor.

Jetzt folgt die Gruppe zum Menü DRAW:

	WIRE	Zeichnen von Linien in den Editoren; kann zum Zeichnen von zum Beispiel Hilfslinien benutzt werden. Ist der WIRE-Befehl ausgewählt, so zeichnet man mit der Maus eine Linie, indem man zunächst den gewünschten Startpunkt durch einen Mausklick festlegt. Dann bewegt man die Maus in die Richtung, in die die Linie verlaufen soll. Die Art, wie die Linie dem Mauscursor folgt, kann durch Klicken der rechten Maustaste während des Zeichnens verändert werden. Soll ein Segment der Linie abgeschlossen und damit festgelegt werden, so ist ein Mausklick mit der linken Maustaste erforderlich. Beendet wird das Zeichnen der Linie durch einen Doppelklick. Achtung! Der Doppelklick muss auf demselben Rasterpunkt erfolgen! Wird die Maus beim Klicken bewegt, so werden nur weitere Segmente angehängt. Das Platzierungsraster sollte nicht zu fein gewählt sein! In der PARAMETER-Toolbar befinden sich bei ausgewähltem WIRE-Befehl auch Eingabemöglichkeiten für Strichstärke (Einheit wie im Platzierungsraster), Linienstil (zum Beispiel gestrichelt) und für den Layer, in dem die Linie gezeichnet werden soll. Ebenfalls kann hier noch einmal die MITER-Funktion eingestellt werden.

T	TEXT	Einfügen von Text in das Schaltplanblatt. Wird der TEXT-Befehl ausgewählt, öffnet sich zunächst ein kleines Dialogfenster, in dem der einzufügende Text eingegeben werden kann. Hat man die Eingabe mit Enter abgeschlossen, so hängt der Text am Mauscursor. Jetzt kann, während der Text am Mauscursor hängt, in der PARAMETER-Toolbar der Layer gewählt werden, in den der Text eingefügt werden soll. Weiterhin kann die Position des Textes zu seinem ORIGIN festgelegt und auch seine Größe und Strichstärke gewählt werden. Mit der rechten Maustaste kann der Text in 90-Grad-Schritten gegen den Uhrzeigersinn gedreht werden. Durch einen abschließenden Mausklick wird der Text dann auf dem Schaltplanblatt platziert. Soll ein Text mehrfach platziert werden, so braucht man nur an den entsprechenden Positionen erneut zum Platzieren zu klicken. Zur Eingabe eines neuen Textes ist der TEXT-Befehl erneut auszuwählen.
	CIRCLE	Zeichnen eines Kreises; der Mittelpunkt des Kreises ist der Startpunkt und liegt fest. Ist der CIRCLE-Befehl ausgewählt, so legt ein folgender Mausklick an der gewünschten Position auf dem Schaltplanblatt den Mittelpunkt des zu zeichnenden Kreises fest. Durch Bewegen der Maus vom Startpunkt (Mittelpunkt) weg wird der Radius des zu zeichnenden Kreises bestimmt. Ist der gewünschte Radius erreicht, wird der Kreis durch einen erneuten Mausklick gezeichnet. Ist Strichstärke 0 gewählt, wird der Kreis ausgefüllt. Ein solcher Kreis kann nicht benannt oder kontaktiert werden.
	ARC	Zeichnen eines Kreissegments; der Startpunkt ist fest und liegt auf dem Kreisumfang. Ist der ARC-Befehl ausgewählt, so legt man mit einem folgenden Mausklick auf die gewünschte Position auf dem Schaltplanblatt den Startpunkt fest. Durch Bewegen der Maus vom Startpunkt weg wird der Radius und die Lage des Kreissegments ausgehend vom Startpunkt bestimmt. Ist der gewünschte Radius erreicht, so wird mit einem erneuten Mausklick das Zeichnen des eigentlichen Kreissegments eingeleitet. In der PARAMETER-Toolbar kann dazu während des Zeichnens der Layer, die Strichstärke, die Zeichenrichtung (im oder gegen den Uhrzeigersinn) und die Ausformung der Enden des Kreissegments gewählt werden. Durch Bewegen der Maus wird das gewünschte Kreissegment jetzt gezeichnet und durch einen abschließenden Mausklick festgelegt. Ein solches Kreissegment kann benannt und kontaktiert werden.
	RECT	Zeichnen eines Rechteckes. Ist der RECT-Befehl ausgewählt, so wird durch einen Mausklick an der gewünschten Stelle auf dem Schaltplanblatt die erste Ecke des zu zeichnenden Rechteckes festgelegt. Man bewegt dann die Maus so lange, bis das gewünschte Rechteck erstellt ist. Während des Zeichnens kann in der PARAMETER-Toolbar der Layer, in dem das Rechteck dargestellt werden soll, gewählt werden. Nach einem abschließenden Mausklick ist das Rechteck gezeichnet. Ein solches Rechteck kann nicht benannt oder kontaktiert werden.

	POLYGON	Zeichnen von Polygonen. Ist der POLYGON-Befehl ausgewählt, so zeichnet man ein Polygon, indem man an der gewünschten Position auf dem Schaltplanblatt den Startpunkt durch einen Mausklick festlegt. Dann wird der Umriss des zu zeichnenden Polygons ähnlich wie beim WIRE-Befehl gezeichnet. Wird das letzte Segment des Polygonumrisses durch einen Klick auf den Startpunkt des Polygons abgeschlossen, so wird der jetzt vollständige Umriss mit dem gewählten Füllmuster ausgefüllt. Während des Zeichnens des Umrisses können in der PARAMETER-Toolbar die Eigenschaften des zu zeichnenden Polygons gewählt werden. Das sind die Strichstärke, mit der es gefüllt wird, der Layer, in dem es gezeichnet wird, die Zeicheneigenschaften des Umrisses und das Füllmuster. Die weiteren Einstellmöglichkeiten wie ISOLATE und ORPHANS sind im Schaltplan nicht von Bedeutung, da ein Polygon nur im Layout-Editor benannt und kontaktiert werden kann.
	BUS	Erstellen einer Busstruktur im Schaltplan. Ist der BUS-Befehl aktiviert, so zeichnet man zunächst genau wie beim WIRE-Befehl eine Linie in den Schaltplan. Diese ist nur auffallend blau. Anschließend wird dieser gezeichnete Bus mit dem NAME-Befehl benannt. Der Name ist nach speziellen Regeln zu vergeben und muss die Anzahl der Leitungen im Bus enthalten, zum Beispiel NAME[1..8]. Dies wäre ein Bus mit 8 Leitungen und der Bezeichnung NAME. Achten Sie auf die Einstellung des Platzierungsrasters!
	NET	Elektrische Vernetzung der Schaltung. Ist der NET-Befehl ausgewählt, so können Bauteile in einer Schaltung vernetzt werden. Ein Mausklick auf einen Bauteilanschluss oder einen BUS legt den Startpunkt fest. Das Verlegen des Netzes erfolgt ähnlich wie das Zeichnen eines WIRE. Beendet werden kann ein Netz nur an einem anderen Bauteilanschluss oder an einem anderen Netz. Werden zwei Netze verbunden, so wird automatisch ein *Junction* gesetzt. Ist ein Bus der Startpunkt eines Netzes, so muss man zunächst in einem kleinen sich öffnenden Menü die gewünschte Leitung des Busses auswählen, die durch das Netz weitergeführt werden soll. Achten Sie auf die Einstellung des Platzierungsrasters!
	JUNCTION	Manuelles Setzen einer Verbindung im Schaltplan. Sollen zwei sich kreuzende Netze als verbunden gekennzeichnet werden, so setzt man einen Verbindungspunkt (*Junction*). Nach Auswahl des JUNCTION-Befehls kann durch einen Mausklick auf eine Kreuzung zusammengehöriger Netze ein Junction gesetzt werden. Handelt es sich bei den sich kreuzenden Netzen um verschiedene Netze, so fragt Eagle, ob beide verbunden werden sollen. Dieser Befehl kommt zur Anwendung, wenn unter OPTIONS im Pulldown-Menü die Funktion AUTO SET JUNCTION deaktiviert wurde. Ansonsten werden Junctions automatisch gesetzt. Achten Sie auf die Einstellung des Platzierungsrasters!

	LABEL	Der Name des Netzes erscheint als Text im Editor. Ist der LABEL-Befehl ausgewählt, so wird an jedes Netz, das nachfolgend angeklickt wird, der eingegebene Name als Beschriftung auf dem Schaltplanblatt dargestellt. Nach dem Mausklick auf ein Netz erscheint der Name und hängt am Mauscursor. Ist die gewünschte Position für das Label gefunden, so wird er mit einem abschließenden Klick an der Stelle festgelegt. In Eagle 5 kann mit Querverweis-Labels auf eine Fortführung des Netzes auf einem anderen Schaltplanblatt hingewiesen werden.
	ATTRIBUT	Ein ATTRIBUT ist eine beliebige Kombination aus einem Namen und einem Wert, die dazu benutzt werden kann, einem bestimmten Bauteil jede Art von Information zuzuordnen. ATTRIBUTE werden in der Bauteil-Bibliothek für jedes Bauteil definiert. Attribute, die auf der Device-Ebene definiert wurden, werden für jedes Bauteil dieses Typs im Schaltplan verwendet. Im Schaltplan können jedem Bauteil weitere Attribute hinzugefügt werden. Falls Attribute als variabel definiert wurden, können bestehende Attribute von Bauteilen mit anderen Werten überschrieben werden. Ein Element im BOARD hat alle Attribute des zugehörigen Bauteils im Schaltplan und kann weitere eigene Attribute haben.

Und zum Schluss noch die Rubrik TOOLS

	ERC	Aufruf des *Electrical Rule Check* zur Kontrolle der Konsistenz von Schaltplan und Layout eines Projekts. Dieser Befehl kann nur aufgerufen werden, wenn gleichzeitig ein Schaltplan und ein Layout gleichen Namens geöffnet sind. Ist diese Bedingung erfüllt, so prüft Eagle, ob sie in Bauteilen und Verschaltung übereinstimmen. Ist dies der Fall, so erstellt Eagle eine Textdatei, die eventuell gefundene kleinere Auffälligkeiten auflistet und mit der Feststellung abschließt, dass Schaltplan und Layout konsistent sind. Danach wird die FORWARD BACK ANNOTATION aktiviert. Stellt Eagle fest, dass Schaltplan und Layout nicht übereinstimmen, so werden alle erkannten gravierenden Fehler in der schon erwähnten Textdatei aufgelistet. Abschließend legt Eagle fest, dass Unstimmigkeiten bestehen und somit Schaltplan und Layout nicht konsistent sind. Die FORWARD BACK ANNOTATION kann nicht aktiviert werden! Der Befehl ERC ist jetzt transparent, das heißt, er beendet einen vorher aktiven Befehl nicht mehr!
	ERRORS	Vom ERC bzw. DRC gefundene Fehler anzeigen. Der Befehl ERRORS ist jetzt transparent, das heißt, er beendet einen vorher aktiven Befehl nicht mehr!

So, das waren die Befehle, die im Schaltplan-Editor zur Verfügung stehen. Gehen Sie gleich weiter und schauen Sie, welche Befehle im Layout-Editor zur Verfügung stehen und welche Funktionen dahinter stehen.

13.3 Die Befehle des Layout-Editors

Viele Befehle stehen auch im Schaltplan-Editor zur Verfügung, doch werden sie hier noch einmal erwähnt, weil die Anwendung oder die Funktion mitunter unterschiedlich ist. Außerdem gibt es Lizenzen, die keinen Schaltplan-Editor beinhalten, weshalb es so ohne dauerndes Blättern möglich ist, sich kurz über die einzelnen Befehle zu informieren.

	GRID	Auswahl und Einstellung des Platzierungsrasters. Dieses Raster wird bei der Arbeit in den Editoren für alle Objekte verwendet. Dieses Raster ist nicht zu verwechseln mit dem Routingraster, das der Autorouter verwendet und das auch in dessen Setup eingestellt wird.
	INFO	Anzeigen von Informationen zu einem Objekt im Editor. Nach Auswahl des INFO-Befehls öffnet sich bei einem Mausklick auf ein Objekt im Editor ein Informationsfenster.
	SHOW	Hervorheben von Objekten im Editor. Sämtliche an ein Signal angeschlossenen Objekte werden berücksichtigt. Die Vorgehensweise zum Hervorheben ist identisch mit der des INFO-Befehls. Es erscheint jedoch kein Informationsfenster, sondern alle Segmente eines Signals im Layout-Editor werden optisch hervorgehoben.
	DISPLAY	Auswahl der darzustellenden Layer im Editor. Nach Auswahl des DISPLAY-Befehls öffnet sich ein Dialogfenster, in dem die gewünschten Layer zur Anzeige ausgewählt werden können. Weiterhin können in dem Dialogfenster für jeden Layer die Darstellungseigenschaften wie Farbe und Füllmuster eingestellt werden.
	MARK	Setzen einer Markierung zu Messzwecken. Nach Auswahl des MARK-Befehls wird mit dem direkt folgenden Mausklick eine Markierung auf die Koordinaten des Mauscursors gesetzt. Sofort erscheint neben der normalen Koordinatenanzeige eine weitere, die die Position des Mauscursors relativ zur gesetzten Markierung anzeigt. Seit Eagle 4.1 wird diese Angabe auch in Betrag und Winkel angezeigt.

Weiter geht's mit der Gruppe zum Menü EDIT:

	MOVE	Bewegen von Objekten oder Gruppen von Objekten. Nach Auswahl des MOVE-Befehls hängt sich bei einem Mausklick ein auf den aktuellen Koordinaten des Mauscursors befindliches Objekt an den Mauscursor und kann frei mit der Maus bewegt werden. Kommen mehrere Objekte in Frage, so kann mit der rechten Maustaste das gewünschte Objekt ausgewählt werden. Bei Anwendung des MOVE-Befehls auf eine Gruppe von Objekten wird direkt mit der rechten Maustaste gearbeitet. Wird mit der linken Maustaste ein Objekt innerhalb einer Gruppe selektiert, so wird auch nur das eine Objekt bewegt und nicht die gesamte Gruppe, wie es eine Selektion mit der rechten Maustaste bewirkt hätte.
	COPY	Vervielfältigen von Bauteilen. Nach Auswahl des COPY-Befehls wird das Bauteil vervielfältigt, das man als Nächstes anklickt. Das neu entstandene Bauteil hängt am Mauscursor und kann an beliebiger Stelle platziert werden. Dieser Vorgang kann beliebig oft wiederholt werden, bis ein anderer Befehl ausgewählt wird. Eagle 5 kann auch Gruppen von Objekten kopieren. Dazu den gewünschten Layoutausschnitt mit GROUP markieren und dann mit der rechten Maustaste die Gruppe anklicken. (Der Befehl COPY wird nach erfolgter Gruppierung automatisch wieder angewählt.)
	MIRROR	Spiegeln von Objekten an der Vertikalen; ein Bauteil im Layout wechselt von Layer TPLACE zu BPLACE; Spiegeln von Gruppen ist möglich, jedoch nur sinnvoll bei noch nicht verlegten Leiterbahnen, da Bauteile den Layer wechseln!
	ROTATE	Drehen von Objekten in 90-Grad-Schritten mit der Maus oder direkte Eingabe des Winkels. Ist der ROTATE-Befehl ausgewählt, so kann ein beliebiges Objekt im Layout durch Klicken mit der rechten Maustaste in 90-Grad-Schritten gegen den Uhrzeigersinn gedreht werden. In der PARAMETER-Toolbar erscheinen ein Eingabefeld und vier Buttons. In das Eingabefeld kann ein beliebiger Winkel (0 bis 360°) eingetragen werden. Nach Abschluss der Eingabe mit [Enter] wird ein danach angeklicktes Objekt um den eingegebenen Winkel gedreht. Mit den beiden folgenden Buttons kann das *Spin Flag* eines Textes gewählt werden. Wird der Button SPINNED gewählt, so kann ein Text zum Beispiel über Kopf dargestellt werden. Im Layout-Editor kann der Drehwinkel auch direkt mit der Maus bestimmt werden. Mit Click&Drag können Sie ein Objekt um einen beliebigen Winkel drehen. Klicken Sie dazu auf das Objekt und bewegen Sie die Maus mit gedrückter Maustaste vom Objekt weg. Nachdem Sie die Maus eine kurze Strecke bewegt haben, beginnt das Objekt sich zu drehen. Bewegen Sie die Maus, bis der gewünschte Winkel erreicht ist, und lassen Sie dann die Maustaste los. Sollten Sie es sich zwischenzeitlich anders überlegt haben und das Objekt lieber doch nicht rotieren wollen, so können Sie bei immer noch gedrückter Maustaste die [Esc]-Taste drücken, um den Vorgang abzubrechen. Die gleiche Operation kann auch auf eine Gruppe angewendet werden, indem die rechte Maustaste verwendet wird. Die Gruppe wird um den Punkt rotiert, an dem die Maustaste gedrückt wurde.

	GROUP	Gruppierung von Objekten. Zum Gruppieren wird nach Auswahl des GROUP-Befehls entweder ein Rechteck oder ein Vieleck um die zu bildende Gruppe von Objekten gelegt. Für die erste Methode wird an geeigneter Position die linke Maustaste gedrückt und gehalten. Dann wird mit der Bewegung der Maus ein Rechteck zur Umrahmung der gewünschten Gruppe gebildet. Nach Loslassen der Maustaste sind die vom Rechteck umschlossenen Objekte gruppiert. Diese Methode kann nicht angewendet werden, wenn Objekte, die nicht zur Gruppe gehören sollen, in dieses Rechteck hineinragen würden. Dann ist die Bildung einer Umrandung in Form eines beliebigen Vieleckes sinnvoll. Dazu wird die linke Maustaste an geeigneter Position kurz gedrückt. Jetzt wird mit der Bewegung der Maus eine Linie gezogen. Jeder weitere Mausklick schließt ein Segment der Umrahmung ab und es kann die Richtung geändert werden. Kommt man wieder in die Nähe des Startpunkts, so wird das Vieleck mit einem Klick auf die rechte Maustaste abgeschlossen. Alle Objekte innerhalb des Vielecks sind nun gruppiert. Achtung: Die Anwendung von Befehlen auf Gruppen erfolgt in der Regel mit der rechten Maustaste! Der Befehl GROUP ist jetzt transparent, das heißt, er beendet einen vorher aktiven Befehl nicht mehr!
	CHANGE	Änderung von Befehlsparametern wie Strichbreite, Schriftgröße und vieles mehr. Nach Auswahl des CHANGE-Befehls öffnet sich ein Menü, in dem der zu ändernde Parameter ausgewählt werden kann. Die abschließende Eingabe erfolgt entweder in Untermenüs oder Dialogfenstern.
	CUT	Kopieren von Objekten oder Gruppen aus dem Editor in die Zwischenablage. Nach Auswahl des CUT-Befehls wird mit einem Mausklick ein Objekt oder eine vorher gebildete Gruppe in die Zwischenablage kopiert. Bei diesem Befehl wird, egal ob ein einzelnes Objekt oder eine Gruppe bearbeitet wird, immer mit der linken Maustaste gearbeitet. Der Befehl CUT ist jetzt transparent, das heißt, er beendet einen vorher aktiven Befehl nicht mehr!
	PASTE	Kopieren von Objekten oder Gruppen aus der Zwischenablage in den Editor. Die Umkehrung des CUT-Befehls. Nach Auswahl des PASTE-Befehls wird ein in der Zwischenablage befindliches Objekt oder eine Gruppe durch einen Mausklick an geeigneter Stelle im Layout platziert. Dieser Vorgang kann beliebig oft wiederholt werden. Jeder Mausklick platziert eine weitere Instanz der in der Zwischenablage befindlichen Daten im Layout. Der Befehl PASTE ist jetzt transparent, das heißt, er beendet einen vorher aktiven Befehl nicht mehr!

	DELETE	Löschen von Objekten aus dem Editor. Innerhalb des Eagle-Layout-Editors hat die [Entf]-Taste keine Funktion. Möchte man ein Objekt oder eine Gruppe löschen, so muss der DELETE-Befehl verwendet werden. Bei ausgewähltem DELETE-Befehl wird mit jedem Mausklick das Objekt an entsprechender Position gelöscht. Möchte man eine vorher erstellte Gruppe löschen, so geschieht dies mit der rechten Maustaste. Bei aktiver FORWARD BACK ANNOTATION ist DELETE nur im Schaltplan-Editor möglich.
	ADD	Einfügen von Bauteilen aus Bibliotheken in den Editor. Nach Auswahl des ADD-Befehls erscheint ein Dialogfenster, in dem die für das aktuell geöffnete Projekt aktivierten Bibliotheken und deren Inhalt in Form einer Baumstruktur enthalten sind. Ist das gesuchte Element gefunden, so wird es mit einem Klick auf OK an den Mauscursor gehängt und kann dann an der gewünschten Stelle im Layout mit einem erneuten Mausklick platziert werden. Es können durch entsprechend viele Mausklicks mehrere gleiche Elemente, zum Beispiel Widerstände, platziert werden. Bei aktiver FORWARD BACK ANNOTATION ist der ADD-Befehl nur im Schaltplan-Editor anwendbar!
	NAME	Benennung von Objekten im Editor. Ist der NAME-Befehl ausgewählt und klickt man dann ein Objekt an, das benannt werden kann (Bauteile, Signale), dann öffnet sich ein kleines Dialogfenster mit einem Eingabefeld, in das der gewünschte Name eingegeben werden kann. Die Eingabe wird automatisch in Großbuchstaben umgewandelt.
	VALUE	Eingabe von Bauteilwerten bei passiven Bauteilen oder Typenbezeichnungen bei Halbleitern. Ist der VALUE-Befehl ausgewählt, öffnet sich bei einem Mausklick auf ein Objekt, das einen Parameter für den Wert beinhaltet, ein kleines Dialogfenster, in dem der gewünschte Wert eingegeben werden kann. Wenn für mehrere Objekte derselbe Wert eingegeben werden soll, so kann man nach Auswahl des VALUE-Befehls den gewünschten Wert eingeschlossen in Hochkommata (zum Beispiel '2µ2') eingeben. Nach einem abschließenden [Enter] wird der Wert jedem Objekt zugewiesen, das jetzt angeklickt wird. Es kann jederzeit ein neuer Wert wie eben beschrieben in das Eingabefeld des Editors eingegeben werden, mit dem dann fortgefahren wird. Soll die Werteingabe wieder für jedes Objekt einzeln vorgenommen werden, so genügt ein weiterer Klick auf den VALUE-Button.
	SMASH	Die Beschriftungen von Bauteilen im Layout werden vom Package getrennt und können dann separat bewegt werden. Ist der SMASH-Befehl ausgewählt, so wird er auf jedes Bauteil mit an das Package gekoppelten NAMES und VALUES durch einen einfachen Mausklick angewendet. Zu erkennen ist die erfolgreiche Anwendung durch die dann an jedem NAME oder VALUE vorhandenen ORIGINS, die ein eigenständiges Bewegen des Textes ermöglichen.

	MITER	Abrundung oder Abschrägung von Leiterbahnknicken. Ist der MITER-Befehl ausgewählt, so erscheinen in der PARAMETER-Toolbar ein Eingabefeld und zwei Buttons. Mit den Buttons kann man zwischen Abschrägung und Abrundung wählen und in das Eingabefeld ist der Krümmungsradius einzugeben. Es wird dabei die gerade im Platzierungsraster gewählte Einheit verwendet. Sind diese Parameter gewählt, wird einfach mit der Maus auf die abzurundende Ecke einer Leiterbahn geklickt. Es wird immer nur ein Knick pro Klick abgerundet. Ist ein anderer Krümmungsradius als 0 gewählt, so wendet Eagle die MITER-Funktion immer beim Zeichnen von Leiterbahnknicken an.
	PINSWAP	Ist der PINSWAP-Befehl ausgewählt, so können zwei Pins eines Bauteils getauscht werden, indem man die zu tauschenden Pins nacheinander mit der Maus anklickt. Diese Operation ist nur möglich, wenn beide Pins denselben Swaplevel besitzen, der größer als 0 sein muss. Eventuell schon im Layout vorhandene Leiterbahnen müssen nach einem Pinswap neu verlegt werden. Bei aktivierter FORWARD BACK ANNOTATION nur im Schaltplan sinnvoll!
	REPLACE	Ersetzen von Bauteilgehäusen durch ein anderes. Wird der REPLACE-Befehl ausgewählt, so öffnet sich dasselbe Dialogfenster wie beim ADD-Befehl. Aus diesem Dialogfenster wählen Sie das gewünschte Gehäuse aus und bestätigen mit OK. Jetzt können Sie jedes beliebige Package, das sich im Layout befindet, durch das im Dialogfenster ausgewählte ersetzen. Es ist dabei egal, welches Package durch welches ersetzt wird, solange keine Signale angeschlossen sind. Sind schon Signale angeschlossen, so verweigert Eagle die Ausführung des REPLACE-Befehls, wenn mit dem neuen Package die bestehenden Signale nicht alle kontaktiert werden können. Der REPLACE-Befehl kann bis Eagle 4.16 nur bei nicht aktiver FORWARD BACK ANNOTATION angewendet werden! Ist ein konsistentes Projekt in Bearbeitung, empfiehlt sich hier die Anwendung des UPDATE-Befehls, nachdem man das gewünschte Package in der Bauteilbibliothek eingefügt hat. Ab Eagle 5 kann der REPLACE-Befehl auch bei aktiver FORWARD BACK ANNOTATION im Layout angewendet werden. Dies funktioniert aber nur, wenn alle *Gates* des ersetzenden Bauteiles mit denen des zu ersetzenden übereinstimmen. Somit bietet sich der REPLACE-Befehl im Layout für zum Beispiel Änderungen der Gehäuseform an.
	SPLIT	Aufteilung von Leiterbahnen im Layout in mehrere Segmente zum Einfügen zusätzlicher Knicke. Ist der SPLIT-Befehl ausgewählt, so wird eine Leiterbahn an der Stelle, an der man mit der Maus klickt, in zwei Segmente geteilt. Die Leiterbahn hängt jetzt wie ein Gummiband am Mauscursor und kann neu verlegt werden. Sind weitere Knicke nötig, so ist an entsprechender Stelle einfach erneut mit der Maus zu klicken. Mit der rechten Maustaste kann der Verlauf der Leiterbahn zum Mauscursor verändert werden (siehe auch WIRE, ROUTE).

	OPTIMIZE	Zum Zusammenfügen von nicht richtig verbundenen Leiterbahnsegmenten. Die Segmente müssen genau in einer Linie liegen und können dann mit OPTIMIZE zusammengefügt werden. Diese Funktion ist standardmäßig bei allen Routing-Vorgängen aktiviert (Einstellung im Menü OPTIONEN|EINSTELLUNGEN|VERSCHIEDENES) – begradigt man zum Beispiel mit dem MOVE-Befehl eine Leiterbahn, so stellt man fest, dass alle auf einer Linie liegenden Segmente zu einem einzigen Segment verschmelzen. Der Befehl OPTIMIZE ist jetzt transparent, das heißt, er beendet einen vorher aktiven Befehl nicht mehr!
	ROUTE	Zum Verlegen von Leiterbahnen, wenn schon eine Verbindung als Airwire vorhanden ist. Ist der ROUTE-Befehl ausgewählt, wird bei einem nachfolgenden Mausklick auf einen Airwire die Verlegung einer Leiterbahn begonnen. Vor Beginn oder auch während der Arbeit mit dem ROUTE-Befehl kann in der PARAMETER-Toolbar unter anderem der Layer geändert werden, in dem eine Leiterbahn verlegt werden soll. Weitere Einstellungen betreffen die beim Wechsel des Layers zu setzenden Durchkontaktierungen (siehe VIA). Beim Verlegen der Leiterbahn folgt seit Eagle 4.1 der Airwire dynamisch der Spitze der gerade verlegten Leiterbahn und zeigt somit automatisch den aktuell kürzesten Weg zum Ziel. Der Layerwechsel ist bei Eagle 5 vereinfacht worden: Leiterbahnsegment durch einfachen Linksklick beenden, mittlere Maustaste betätigen, neuen Layer im Kontextmenü auswählen und weiter routen. Ist man mit dem zuletzt gerouteten Verlauf der Leiterbahn nicht zufrieden, so kann durch einen Druck auf die [Esc]-Taste die Leiterbahn bis zum letzten durch einen Mausklick abgeschlossenen Segment wieder aufgetrennt werden. Will man eine ROUTE-Aktion abbrechen, hat man zwei Möglichkeiten: Durch einen Doppelklick wird das Verlegen der Leiterbahn an der aktuellen Position beendet. Je nach gewähltem Platzierungsraster ist ein positionskonstanter Doppelklick aber schwierig. Die zweite Möglichkeit nutzt den beschriebenen Gebrauch der [Esc]-Taste. Ein einfacher Klick an der gewünschten Position und anschließend die [Esc]-Taste drücken hat dieselbe Funktion.
	RIPUP	Im Grunde das Gegenteil von ROUTE. Verwandelt eine Leiterbahn Segment für Segment in einen Airwire zurück. Ist der RIPUP-Befehl ausgewählt, so wird mit jedem nachfolgenden Mausklick auf eine Leiterbahn mindestens ein Segment in einen Airwire zurückverwandelt. Ein freigerechnetes Polygon kann mit RIPUP wieder auf die Umrissdarstellung zurückgesetzt werden. Dazu ist nach Auswahl des RIPUP-Befehls auf den Umriss des zurückzusetzenden Polygons zu klicken. Liegen mehrere Umrisse von Polygonen in verschiedenen Layern übereinander, so kann mit der rechten Maustaste das gewünschte Polygon ausgewählt werden.

	LOCK	Der LOCK-Befehl kann auf Bauteile in einem Board angewendet werden und verhindert, dass diese bewegt, gedreht oder gespiegelt werden können. Dies ist nützlich für Dinge wie Steckerleisten, die an einer genau festgelegten Stelle montiert werden müssen und nicht unbeabsichtigt verschoben werden dürfen.

Jetzt folgt die Gruppe zum Menü DRAW:

	WIRE	Zeichnen von Linien in den Editoren; kann zum Zeichnen von Leiterbahnen benutzt werden, aber zum Beispiel auch für Hilfslinien oder Bemaßungen. Ist der WIRE-Befehl ausgewählt, so zeichnet man mit der Maus eine Linie, indem man zunächst den gewünschten Startpunkt durch einen Mausklick festlegt. Dann bewegt man die Maus in die Richtung, in die die Linie verlaufen soll. Die Art, wie die Linie dem Mauscursor folgt, kann durch Klicken der rechten Maustaste während des Zeichnens verändert werden. Soll ein Segment der Linie abgeschlossen und damit festgelegt werden, so ist ein Mausklick mit der linken Maustaste erforderlich. Beendet wird das Zeichnen der Linie durch einen Doppelklick. Achtung! Der Doppelklick muss auf demselben Rasterpunkt erfolgen! Wird die Maus beim Klicken bewegt, so werden nur weitere Segmente angehängt. Das Platzierungsraster sollte nicht zu fein gewählt sein! In der PARAMETER-Toolbar befinden sich bei ausgewähltem WIRE-Befehl auch Eingabemöglichkeiten für Strichstärke (Einheit wie im Platzierungsraster), Linienstil (zum Beispiel gestrichelt) und für den Layer, in dem die Linie gezeichnet werden soll. Ebenfalls kann hier noch einmal die MITER-Funktion eingestellt werden. Ein WIRE kann vor dem Zeichnen benannt werden, indem der gewünschte Name in Hochkommata eingeschlossen in das Eingabefeld des Editors eingegeben und mit `Enter` bestätigt wird. Dieser Name hat so lange Gültigkeit, bis das Zeichnen durch Betätigen der `Esc`-Taste unterbrochen wurde, ein anderer Name eingegeben wurde oder ein anderer Befehl gewählt wurde (siehe auch ROUTE).
	TEXT	Einfügen von Text in das Layout. Wird der TEXT-Befehl ausgewählt, öffnet sich zunächst ein kleines Dialogfenster, in dem der einzufügende Text eingegeben werden kann. Hat man die Eingabe mit `Enter` abgeschlossen, so hängt der Text am Mauscursor. Jetzt kann, während der Text am Mauscursor hängt, in der PARAMETER-Toolbar der Layer, in den der Text eingefügt werden soll, gewählt werden. Weiterhin kann die Position des Textes zu seinem ORIGIN festgelegt und auch seine Größe und Strichstärke gewählt werden. Mit der rechten Maustaste kann der Text in 90-Grad-Schritten gegen den Uhrzeigersinn gedreht werden. Durch einen abschließenden Mausklick wird der Text dann auf dem Schaltplanblatt platziert.

Soll ein Text mehrfach platziert werden, so braucht man nur an den entsprechenden Positionen erneut zum Platzieren zu klicken. Zur Eingabe eines neuen Textes ist der TEXT-Befehl erneut auszuwählen. Mit dem Befehl ROTATE und der Click&Drag-Funktion kann auch Text in beliebigem Winkel gedreht werden.

	CIRCLE	Zeichnen eines Kreises; der Mittelpunkt des Kreises ist der Startpunkt und liegt fest. Ist der CIRCLE-Befehl ausgewählt, so legt ein folgender Mausklick an der gewünschten Position im Layout den Mittelpunkt des zu zeichnenden Kreises fest. Durch Bewegen der Maus vom Startpunkt (Mittelpunkt) weg wird der Radius des zu zeichnenden Kreises bestimmt. Ist der gewünschte Radius erreicht, wird der Kreis durch einen erneuten Mausklick gezeichnet. Ist Strichstärke 0 gewählt, wird der Kreis ausgefüllt. Ein solcher Kreis kann nicht benannt oder kontaktiert werden.
	ARC	Zeichnen eines Kreissegments; der Startpunkt ist fest und liegt auf dem Kreisumfang. Ist der ARC-Befehl ausgewählt, so legt man mit einem folgenden Mausklick auf die gewünschte Position im Layout den Startpunkt fest. Durch Bewegen der Maus vom Startpunkt weg wird der Radius und die Lage des Kreissegments ausgehend vom Startpunkt bestimmt. Ist der gewünschte Radius erreicht, so wird mit einem erneuten Mausklick das Zeichnen des eigentlichen Kreissegments eingeleitet. In der PARAMETER-Toolbar kann dazu während des Zeichnens der Layer, die Strichstärke, die Zeichenrichtung (im oder gegen den Uhrzeigersinn) und die Ausformung der Enden des Kreissegments gewählt werden. Durch Bewegen der Maus wird das gewünschte Kreissegment jetzt gezeichnet und durch einen abschließenden Mausklick festgelegt. Ein solches Kreissegment kann benannt und kontaktiert werden.
	RECT	Zeichnen eines Rechtecks. Ist der RECT-Befehl ausgewählt, so wird durch einen Mausklick an der gewünschten Stelle im Layout die erste Ecke des zu zeichnenden Rechtecks festgelegt. Man bewegt dann die Maus so lange, bis das gewünschte Rechteck erstellt ist. Während des Zeichnens kann in der PARAMETER-Toolbar der Layer gewählt werden, in dem das Rechteck dargestellt werden soll. Nach einem abschließenden Mausklick ist das Rechteck gezeichnet. Ein solches Rechteck kann nicht benannt oder kontaktiert werden.
	POLYGON	Zeichnen von Polygonen. Ist der POLYGON-Befehl ausgewählt, so zeichnet man ein Polygon, indem man an der gewünschten Position im Layout den Startpunkt durch einen Mausklick festlegt. Dann wird der Umriss des zu zeichnenden Polygons ähnlich wie beim WIRE-Befehl gezeichnet. Abschließend wird das letzte Segment des Polygonumrisses durch einen Klick auf den Startpunkt des Polygons festgelegt. Hat das Abschließen des Polygonumrisses geklappt, so hängt die Umrisslinie nicht mehr am Mauscursor und der jetzt geschlossene Umriss ist hervorgehoben.

		Ist der Polygonumriss fertiggestellt, so wird dem Polygon jetzt mit dem Name-Befehl der Signalname gegeben, mit dem es kontaktiert werden soll (zum Beispiel GND). Während des Zeichnens des Umrisses können in der Parameter-Toolbar die Eigenschaften des zu zeichnenden Polygons gewählt werden. Das sind die Strichstärke, mit der es gefüllt wird, der Layer, in dem es gezeichnet wird, die Zeicheneigenschaften des Umrisses und das Füllmuster. Die weiteren Einstellmöglichkeiten betreffen die Abstände, die das Polygon zu anderen Signalen einhält (Isolate), ob Teile des Polygons, die nicht elektrisch kontaktiert werden können, gezeichnet werden oder nicht (Orphans), die Strichabstände bei Verwendung von Füllmustern (Spacing) und den Rang des Polygons bei Überlappung mehrerer Polygone innerhalb eines Layers (Rank). Ein Polygon kann nur im Layout-Editor benannt und kontaktiert werden.
	Via	Einfügen von Durchkontaktierungen in ein Layout. Ist der Via-Befehl ausgewählt, hängt sofort eine Durchkontaktierung am Mauscursor. Es können dann in der Parameter-Toolbar zunächst die Eigenschaften der zu zeichnenden Durchkontaktierungen festgelegt werden. Vorgewählt werden können die Form des Restrings auf Ober- und Unterseite der Leiterplatte (Shape), die Layer, die die Durchkontaktierung verbinden sollen (Layer), der Bohrdurchmesser (Drill) und der Durchmesser des Restrings (Diameter). Sind diese Einstellungen vorgenommen, kann eine Durchkontaktierung an der gewünschten Position im Layout durch einen Mausklick platziert werden. Soll die Durchkontaktierung mit einem bestimmten Signal verbunden werden, so kann sie entweder nach der Platzierung mit dem Name-Befehl benannt werden, oder man trägt, während der Via-Befehl aktiv ist, den gewünschten Signalnamen in Hochkommata eingeschlossen in das Eingabefeld des Editors ein. Nach einem abschließenden `Enter` gehören alle nun platzierten Durchkontaktierungen zu dem genannten Signal.
	Signal	Verbinden von Bauteilanschlüssen mit Airwires. Ist der Signal-Befehl ausgewählt, so können Airwires gezeichnet werden, die immer von Bauteilanschluss zu Bauteilanschluss verlaufen. Ein Airwire kann nur durch einen Mausklick auf einen Bauteilanschluss (Pad) begonnen und durch einen Mausklick auf ein anderes Pad beendet werden. Jeder Airwire verbindet also mindestens zwei Pads miteinander. Konnte ein Airwire verlegt werden, so ist die elektrische Verbindung für Eagle garantiert hergestellt. Das Verlegen von Airwires geschieht unabhängig vom Platzierungsraster, also können auch nicht im Raster liegende Bauteilanschlüsse kontaktiert werden!

	Hole	Zeichnen eines Loches. Ist der Hole-Befehl ausgewählt, so hängt sofort ein solches Loch am Mauscursor. Es kann nun in der Parameter-Toolbar der gewünschte Bohrdurchmesser ausgewählt und, falls nicht in der Liste enthalten, eingetragen werden. Mit einem Mausklick an der gewünschten Position im Layout wird das Loch platziert.
	Attribut	Ein Attribut ist eine beliebige Kombination aus einem Namen und einem Wert, die dazu benutzt werden kann, einem bestimmten Bauteil jede Art von Information zuzuordnen. Attribute werden in der Bauteil-Bibliothek für jedes Bauteil definiert. Attribute, die auf der Device-Ebene definiert wurden, werden für jedes Bauteil dieses Typs im Schaltplan verwendet. Im Schaltplan können jedem Bauteil weitere Attribute hinzugefügt werden. Falls Attribute als variabel definiert wurden, können bestehende Attribute von Bauteilen mit anderen Werten überschrieben werden. Ein Element im Board hat alle Attribute des zugehörigen Bauteils im Schaltplan und kann weitere eigene Attribute haben.

Und zum Schluss noch die Befehle unter der Rubrik Tools:

	Ratsnest	Optimierung der Airwire-Anordnung in einem Layout zum Beispiel nach Platzierungsänderungen. Wird der Ratsnest-Befehl aktiviert, so werden zunächst alle noch im Layout befindlichen Airwires in ihrem Verlauf neu berechnet, damit jeweils die kürzeste Verbindung in Luftlinie gezeigt wird. Ist im Pulldown-Menü unter Options die Option Ratsnest processes Polygons aktiviert, so werden im Layout enthaltene Polygone freigerechnet. Der Befehl Ratsnest ist jetzt transparent, das heißt, er beendet einen vorher aktiven Befehl nicht mehr!
	Auto	Aufruf des Autorouters. Es erscheint zunächst das Autorouter-Dialogfenster zur Eingabe von Parameterwerten. Anschließend kann der Autorouter durch einen Klick auf OK oder Select gestartet werden.
	Erc	Durchführung eines *Electrical Rule Check* zur Überprüfung der Konsistenz von Schaltplan und Layout eines Projekts. Der Aufruf aus dem Layout-Editor ist nur möglich, wenn gleichzeitig ein gleichnamiger Schaltplan geöffnet ist. Ist diese Bedingung erfüllt, so prüft Eagle, ob sie in Bauteilen und Verschaltung übereinstimmen. Ist dies der Fall, so erstellt Eagle eine Textdatei, die eventuell gefundene kleinere Auffälligkeiten auflistet und mit der Feststellung abschließt, dass Schaltplan und Layout konsistent sind.

		Danach wird die FORWARD BACK ANNOTATION aktiviert. Stellt Eagle fest, dass Schaltplan und Layout nicht übereinstimmen, so werden alle erkannten gravierenden Fehler in der schon erwähnten Textdatei aufgelistet. Abschließend legt Eagle fest, dass Unstimmigkeiten bestehen und somit Schaltplan und Layout nicht konsistent sind. Die FORWARD BACK ANNOTATION kann nicht aktiviert werden! Der Befehl ERC ist jetzt transparent, das heißt, er beendet einen vorher aktiven Befehl nicht mehr!
	DRC	Aufruf des DESIGN RULE-Dialogfensters und anschließender Design Rule Check zur Überprüfung eines Layouts. Im DESIGN RULE-Dialogfenster werden zunächst die für das aktuelle Projekt geltenden Design-Regeln eingegeben. Nach einem Klick auf OK wird der Design Rule Check gestartet. Gefundene Fehler werden im ERRORS-Fenster aufgelistet. Der Befehl DRC ist jetzt transparent, das heißt, er beendet einen vorher aktiven Befehl nicht mehr!
	ERRORS	Anzeige der im DRC gefundenen Fehler. Zur Fehlerbehebung können die fehlerhaften Bereiche der Reihe nach groß dargestellt und bearbeitet werden. Der Befehl ERRORS ist jetzt transparent, das heißt, er beendet einen vorher aktiven Befehl nicht mehr!

Das Rich Text Format

Im Rich Text Format werden zur Formatierung eines Textes Tags (Steuerzeichen) verwendet. Damit können mit Eagle Texte z.B. in der Description von Projekten oder Bibliotheks-Objekten formatiert werden. Für viele Formatierungsfunktionen gibt es jeweils ein Anfangs-Tag und ein End-Tag, die den zu formatierenden Text umschließen. Ein End-Tag unterscheidet sich vom Anfangs-Tag durch den vorangestellten Slash. Text wird z.B. zu Rich Text, wenn die erste Zeile ein Tag enthält. Wenn das nicht der Fall ist und Sie den Text formatieren wollen, schließen Sie den ganzen Text in das `<qt>...</qt>`-Tag ein. CadSoft hat nur einen Teil der in der Rich-Text-Spezifikation enthaltenen Befehle verwendet.

Hier folgt eine Tabelle, die alle von Eagle unterstützten Rich-Text-Tags mit ihren verfügbaren Attributen auflistet.

Formatierungen

Tag	Beschreibung
`<qt>...</qt>`	Kennzeichnung eines Textes als Rich Text. Folgende Attribute sind dazu möglich: *bgcolor* Die Hintergrundfarbe, z.B. `bgcolor="yellow"` *background* Das Hintergrundbild, z.B. `background="granit.xpm"` *text* Die Standard-Textfarbe, z.B. `text="red"` *link* Die Farbe eines Links, z.B. `link="green"`
`<h1>...</h1>`	Kennzeichnet eine Hauptüberschrift
`<h2>...</h2>`	Kennzeichnet eine untergeordnete Überschrift
`<h3>...</h3>`	Eine weiter untergeordnete Überschrift
`<p>...</p>`	Erstellt einen linksbündigen Abschnitt. Wird das Attribut `align` verwendet, kann die Ausrichtung gewählt werden. Mögliche Werte sind `left`, `right` und `center`.
`<center>...</center>`	Ein zentrierter Abschnitt
`<blockquote>...</blockquote>`	Ein eingerückter Abschnitt

Tag	Beschreibung
<ul>...</ul>	Eine ungeordnete Liste. Mit type kann der Stil der Bullets gewählt werden. Voreingestellt ist type=disc. Möglich sind auch circle und square.
<ol>...</ol>	Eine geordnete Liste. Mit type kann hier die Art der Nummerierung definiert werden. Voreingestellt ist type=1, weitere Typen sind a oder A.
<li>...</li>	Ein Punkt in einer Liste. Dieses Tag kann nur innerhalb einer ungeordneten oder geordneten Liste angewendet werden.
<pre>...</pre>	Für größere Mengen von Code. Leerzeichen im Inhalt bleiben erhalten.
<a>...</a>	Ein Anker oder Link. Es können folgende Attribute verwendet werden. *href* Das Referenz-Ziel z.B. <a href="target.qml">...</a>. Sie dürfen auch einen zusätzlichen Anker innerhalb des angegebenen Ziel-Dokuments angeben, z.B. <a href="target.qml#123">...</a>. *name* Der Anker-Name, z.B. <a name="target">...</a>.
<em>...</em>	Emphasized (kursiv) wirkt wie <i>...</i>.
<strong>... </strong>	Stark (fett) wirkt wie <b>...</b>
<i>...</i>	Kursiver Text
<b>...</b>	Fetter Text
<u>...</u>	Unterstrichener Text
<big>...</big>	Größere Schrift
<small>... </small>	Kleinere Schrift
<code>...</code>	Kennzeichnet Code wie auch <tt>...</tt>. Für größere Mengen an Code verwenden Sie das Block-Tag pre.
<tt>...</tt>	Typewriter-Schriftart, also eine nicht-proportionale Schrift mit Serifen ähnlich Courier.
<font>...</font>	Bestimmung von Texthöhe, Schrift-Familie und Textfarbe. Das Tag versteht folgende Attribute. *color* Die Textfarbe, z.B. color="red" *size* Die logische Größe der Schrift. Logische Größen von 1 bis 7 werden unterstützt. Der Wert darf entweder absolut, z.B. size=3 oder relativ wie size=-2 sein. Im letzten Fall werden die Größen einfach addiert. *face* Die Schriftart-Familie, z.B. face=times

Tag	Beschreibung
`<img...>`	Ein Bild. Dieses Tag versteht die folgenden Attribute. *src* Name des Bildes, z.B. `<img src="qt.xpm">` Unterstützt werden die Bildformate `".bmp"` (Windows Bitmap Files) `".pbm"` (Portable Bitmap Files) `".pgm"` (Portable Grayscale Bitmap Files) `".png"` (Portable Network Graphics Files) `".ppm"` (Portable Pixelmap Files) `".xbm"` (X Bitmap Files) `".xpm"` (X Pixmap Files) *width* Breite des Bildes. Passt das Bild nicht in die angegebene Größe, wird es automatisch skaliert. *height* Die Höhe des Bildes. *align* Bestimmt wo das Bild platziert wird. Standardmäßig wird ein Bild `inline` platziert, genauso wie ein Buchstabe. Legen Sie `left` oder `right` fest, um das Bild an der entsprechenden Stelle zu platzieren.
`<hr>`	Eine waagrechte Linie
` `	Ein Zeilenumbruch
`<nobr>...</nobr>`	Kein Zeilenumbruch. Die »Word Wrap« Funktion, die einen automatischen Zeilenumbruch am rechten Fensterrand durchführt bleibt jedoch erhalten.
`<table>...` `</table>`	Eine Tabellen-Definition. Die Standardtabelle ist ohne Rahmen. Um einen Rahmen zu erhalten, setzen Sie das Boolesche Attribut `border`. Weitere Attribute für Tabellen sind *bgcolor* Die Hintergrundfarbe *width* Die Tabellenbreite. Wird entweder in Pixel oder in Prozent der Spaltenbreite angegeben, z.B. `width=80%`. *border* Die Breite des Tabellenrandes. Vorgabe ist 0 (= kein Rand). *cellspacing* Zusätzlicher Leerraum um die Tabellenzelle. Vorgabe ist 2. *cellpadding* Zusätzlicher Leerraum um den Inhalt einer Tabellenzelle. Vorgabe ist 1.
`<tr>...</tr>`	Eine Tabellen-Reihe. Kann nur in Verbindung mit `table` verwendet werden. Mögliches Attribut ist *bgcolor* Die Hintergrundfarbe

Tag	Beschreibung
`<td>...</td>`	Eine Zelle in einer Tabelle. Kann nur innerhalb *tr* verwendet werden. Dazu können diese Attribute verwendet werden. *bgcolor* Die Hintergrundfarbe *width* Die Zellenbreite. Wird entweder in Pixel oder in Prozent der gesamten Tabellenbreite angegeben, z.B. `width=50%`. *colspan* Legt fest, wie viele Spalten diese Zelle belegt. Vorgabe ist 1. *rowspan* Legt fest wie viele Reihen diese Zelle belegt. Vorgabe ist 1. *align* Positionierung, mögliche Angaben sind `left`, `right` und `center`. Vorgabe ist linksbündig.
`<th>...</th>`	Eine *Header*-Zelle in der Tabelle. Wie `td`, aber als Vorgabe mit zentrierter Ausrichtung und fetter Schriftart.
`<author>...` `</author>`	Markiert den Autor des Texts.
`<dl>...</dl>`	Eine Definitionsliste
`<dt>...</dt>`	Ein Definitions-Tag. Kann nur innerhalb `dl` verwendet werden.
`<dd>...</dd>`	Definitionsdaten. Kann nur innerhalb `dl` verwendet werden.

Sonderzeichen

`<`	<
`>`	>
`&`	&
` `	Leerzeichen ohne Umbruch
`ä`	ä
`ö`	ö
`ü`	Ü
`Ä`	Ä
`Ö`	Ö
`Ü`	Ü
`ß`	ß
`©`	©
`°`	°
`µ`	µ
`±`	±

Anhang B

Inhalt der CD

Auf der dem Buch beiliegenden CD sind neben einer Freeware-Version von Eagle 5.4.0 auch Dateien zu den in den Kapiteln behandelten Themen enthalten.

B.1 Eagle Version 5.4.0 Freeware

Zu der auf der CD enthaltenen Eagle-Version gehört das Verzeichnis `\Eagle5`.

In diesem Ordner befinden sich weitere Unterverzeichnisse, die nach den Betriebssystemen benannt sind, für die die enthaltenen Eagle-Installationsdateien gedacht sind. Im Verzeichnis `\Eagle5\doc` sind die von Cadsoft mitgelieferten Dokumente zu Eagle 5 und die Lizenzvereinbarung enthalten. Weiterhin sind die im Hauptverzeichnis enthaltenen Dateien Bestandteil der Eagle-Software.

B.1.1 Installation unter Windows

Wenn Sie die Eagle-CD in Ihr CD-ROM-Laufwerk einlegen, sollte nach kurzer Zeit automatisch ein Fenster zur Installation von Eagle 5.4.0 erscheinen, das den Beginn ebendieser anzeigt. Falls es nicht automatisch erscheint, doppelklicken Sie bitte auf das CD-ROM-Symbol im Ordner ARBEITSPLATZ bzw. starten Sie das Programm manuell: `D:\Eagle5\Windows\eagle-win-5.4.0.exe`, wobei `D:` für den Laufwerksbuchstaben Ihres CD-ROM-Laufwerks steht.

Für die Systemvoraussetzungen und eine Beschreibung des Installationsvorgangs unter Windows lesen Sie bitte Kapitel 1. Diese Eagle-Version kann auch lizenziert werden, sofern eine Lizenz für Eagle 5.0 oder höher bereits vorhanden ist. Die Vorgehensweise zur Lizenzierung ist ebenfalls in Kapitel 1 beschrieben. Ist bisher keine Lizenz vorhanden, so lesen Sie bitte die folgenden von der Firma Cadsoft aufgestellten Nutzungsbedingungen und Lizenzvereinbarungen.

EAGLE LIZENZVEREINBARUNG

Die folgende Lizenzvereinbarung zwischen der CadSoft Computer GmbH und Ihnen, dem Benutzer des Programms EAGLE, gilt als geschlossen, sobald Sie das Programm installiert haben.

Nutzungsrecht

Dem Käufer wird ein Nutzungsrecht für das Programm EAGLE (jedoch kein Eigentumsrecht) entsprechend dem Inhalt des User Labels und dem entsprechenden Eintrag im Programm übertragen. Das Nutzungsrecht beschränkt sich auf die im User-Label und im Programm eingetragene Person, Firma oder Institution. Das Recht der Vervielfältigung von Programm und zugehörigen Handbüchern verbleibt bei der CadSoft Computer GmbH. Eine Abänderung des Programms oder der Handbücher ist nicht gestattet.

Freeware Lizenz

Die »Freeware« Version von EAGLE ist beschränkt auf »non-profit« Anwendungen und auf die Programm-Evaluierung. »non-profit« bedeutet, sobald Sie durch die Verwendung von EAGLE Geld verdienen, müssen Sie das Programm registrieren! Dadurch ist jedem die Möglichkeit gegeben, EAGLE Light für seine privaten Zwecke zu verwenden. Ebenso können Schüler und Studenten diese Version für Ausbildungszwecke benutzen. Auch im kommerziellen Umfeld kann diese Version benutzt werden, solange es nur darum geht, die Tauglichkeit des Programms für den vorgesehenen Zweck zu testen. Sobald es aber für kommerzielle Zwecke eingesetzt wird, muß es registriert werden.

Leiterplattenhersteller, die lediglich Produktionsdaten (z.B. Gerber-Dateien) von Board-Dateien erstellen wollen, die sie von EAGLE-Anwendern erhalten haben, können dies ebenfalls mit der Freeware Version tun.

Die Freeware Lizenz ist ohne »User License Certificate« gültig.

Garantie

Die CadSoft Computer GmbH garantiert, daß alles von ihr gelieferte Material in einwandfreiem Zustand ist, und ersetzt defekte Lieferungen, falls innerhalb von 10 Tagen nach Erhalt berechtigte Gewährleistungs-Ansprüche beim Händler geltend gemacht werden.

Haftung

Eine Eignung des Vertragsgegenstandes für einen bestimmten Verwendungszweck wird nicht zugesichert. Eine Haftung des Lieferanten für Mangel-Folgeschäden ist ausgeschlossen.

Vertragsende

Ein Verstoß des Käufers gegen die Bestimmungen dieses Vertrages zieht die automatische und sofortige Beendigung des Nutzungsrechts nach sich, wobei der Käufer die an ihn gelieferten Programme und Handbücher an den Lieferanten zurückzugeben hat. Außerdem hat der Käufer sämtliche Kopien des Programms auf Datenträgern beliebiger Art nicht-rekonstruierbar zu löschen.

Dieser Text ist auf der CD in der Datei `License.txt` im Hauptverzeichnis enthalten.

B.1.2 Installation unter Linux

Systemvoraussetzungen

1. Intel-PC-basierendes Linux
2. Kernel-Version 2.6
3. X11 mit mindestens 8 bpp
4. Im Folgenden wird davon ausgegangen, dass die Eagle-CD unter `/cdrom` gemountet ist.

Tutorial

Das Eagle-Tutorial im PDF-Format befindet sich auf der Eagle-CD im Verzeichnis `/Eagle5/doc`. Falls Sie Eagle von CadSofts Homepage geladen haben, sollten Sie sich das Tutorial ebenfalls herunterladen.

Installation

Führen Sie die Installation am besten in einem Terminalfenster durch folgende Eingabe durch:

```
sh eagle-lin-5.4.0.run
```

Standardmäßig installiert sich dieses Paket in den Unterordner `/eagle-5.4.0` im Home-Verzeichnis des aktuellen Benutzers. Sie können es aber auch in ein anderes Verzeichnis umleiten, indem Sie das Script mit dem Namen des Verzeichnisses aufrufen, in dem EAGLE installiert werden soll.

```
sh eagle-lin-5.4.0.run /opt
```

Als weitere Möglichkeit kann EAGLE als sogenannter Super-User mittels `sudo` gestartet werden, womit EAGLE automatisch im Verzeichnis `/opt/eagle-5.4.0` installiert wird. Dabei sind im Anschluss die entsprechenden Dateirechte für alle erlaubten Benutzer anzupassen.

Benutzung

Um Eagle zu benutzen, gehen Sie bitte in das entsprechende Arbeitsverzeichnis.

```
cd /home/username/eagle-5.4.0/bin
```

bzw.

```
cd /opt/eagle-5.4.0/bin
```

Starten Sie Eagle durch Eingabe von `eagle`.

B.1.3 Installation unter Mac OS X

Durch die Auswahl der Datei `eagle-mac-5.4.0` wird EAGLE automatisch auf ihrem System installiert.

Octagon-Blenden im Gerber-RS-274X-Format

Die verschiedenen auf dem Markt befindlichen Gerber-Viewer sind sich nicht einig darüber, wie im RS-274X-Format Octagon-Blenden darzustellen sind. Es gibt hier die unterschiedlichsten Auffassungen bezüglich der Interpretation des Durchmessers und der Rotation. Eagle geht bei der Erzeugung von Octagon-Blenden im RS-274X-Format davon aus, dass der Viewer den Durchmesser als den Abstand zweier gegenüberliegender Eckpunkte interpretiert und dass zur Erreichung der korrekten Rotation eine Drehung um 22,5 Grad nötig ist. Sollte Ihr spezieller Gerber-Viewer diese Daten anders interpretieren, so können Sie dies in der Datei `eagle.def` den speziellen Gegebenheiten Ihres Viewers anpassen.

Wichtig

Bevor Sie Daten im RS-274X-Format an Ihren Leiterplattenhersteller schicken, sollten Sie sich unbedingt mit diesem in Verbindung setzen, um zu erfragen, wie seine Software die Octagon-Daten interpretiert.

B.2 Projektdateien zu den Kapiteln

B.2.1 Parallelport-Interface

Die zum in den Kapiteln 3, 4 und 5 behandelten Parallelport-Interface gehörenden Dateien sind im Unterverzeichnis `\LPT_Interface` auf der CD zu finden. In diesem Verzeichnis sind alle zu einem Projekt gehörenden Daten enthalten. Die einzelnen Dateien sind Zwischenstände im Verlauf des Projektes und parallel zu den Abbildungen in den Kapiteln durchnummeriert. Der Projektstand in der Datei `LPT_IO_3_11.sch` entspricht beispielsweise dem der Abbildung 3.11 Im Unterverzeichnis `\Ausgabedaten` ist ein aus der Datei `LPT_IO_Komplett.brd` erstellter Datensatz im Gerber-RS274X-Format enthalten.

Achtung! Bevor Sie mit den Dateien arbeiten:

1. Kopieren Sie das komplette Projektverzeichnis in Ihren Eagle-Projektordner.
2. Entfernen Sie bei allen Dateien den Schreibschutz.
3. Eventuell müssen Sie beim ersten Öffnen des Projektes den gewünschten Schaltplan oder das entsprechende Layout manuell öffnen, da die in der `eagle.epf` gespeicherten Pfade auf Ihrem Rechner nicht gültig sind.

B.2.2 Klonen von Layouts

Die zum in Kapitel 8 behandelten Thema Klonen gehörenden Dateien befinden sich im Unterverzeichnis `\Klon_It` auf der CD. In diesem Verzeichnis sind alle zu einem Projekt gehörenden Daten enthalten. Die einzelnen Dateien sind Zwischenstände im Verlauf des Projektes und parallel zu den Abbildungen in den Kapiteln durchnummeriert. Der Projektstand in der Datei `Klon_It_8_1.sch` entspricht beispielsweise dem der Abbildung 8.1.

Achtung! Bevor Sie mit den Dateien arbeiten:

1. Kopieren Sie das komplette Projektverzeichnis in Ihren Eagle-Projektordner.
2. Entfernen Sie bei allen Dateien den Schreibschutz.
3. Eventuell müssen Sie beim ersten Öffnen des Projektes den gewünschten Schaltplan oder das entsprechende Layout manuell öffnen, da die in der `eagle.epf` gespeicherten Pfade auf Ihrem Rechner nicht gültig sind.

B.2.3 CAM-Job

In Kapitel 9 über die Ausgabe von Daten wurde ein Cam-Job für den Cam-Prozessor erstellt. Dieser Job ist im Verzeichnis `\Cam` auf der CD enthalten.

Anwendung dieses Jobs:

1. Kopieren Sie die Datei in das Eagle-Unterverzeichnis für `Cam Jobs`. Voreinstellung ist dafür das Unterverzeichnis `\Cam` ausgehend vom Eagle-Hauptverzeichnis.
2. Entfernen Sie den Schreibschutz.
3. Der Job kann dann über OPEN|JOB im Cam-Prozessor geöffnet werden.

B.2.4 ULPs

Die in Kapitel 12 behandelten ULPs sind im Verzeichnis `\Ulp` auf der CD enthalten. Die Dateien sind wie im Kapitel benannt.

Anwendung der ULPs:

1. Kopieren Sie die Dateien in das Eagle-Unterverzeichnis für ULPs. Voreinstellung ist dafür das Unterverzeichnis `\Ulp`, ausgehend vom Eagle-Hauptverzeichnis.
2. Entfernen Sie den Schreibschutz.
3. Die ULPs können dann über FILE|RUN im Editor geöffnet werden.

Stichwortverzeichnis

D

E

U

V

W

Z